Analysis I

Matthias Hieber

Analysis I

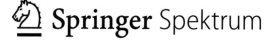 Springer Spektrum

Matthias Hieber
Fachbereich Mathematik
Technische Universität Darmstadt
Darmstadt, Deutschland

ISBN 978-3-662-57537-6   ISBN 978-3-662-57538-3 (eBook)
https://doi.org/10.1007/978-3-662-57538-3

Die Deutsche Nationalbibliothek verzeichnet diese Publikation in der Deutschen Nationalbibliografie; detaillierte bibliografische Daten sind im Internet über http://dnb.d-nb.de abrufbar.

Springer Spektrum

Verantwortlich im Verlag: Iris Ruhmann

Springer Spektrum ist ein Imprint der eingetragenen Gesellschaft Springer-Verlag GmbH, DE und ist ein Teil
von Springer Nature.
Die Anschrift der Gesellschaft ist: Heidelberger Platz 3, 14197 Berlin, Germany

Vorwort

Die Analysis ist eine der klassischen Kerndisziplinen der Mathematik. Neben vielen innermathematischen Verbindungen ist sie auch ein wichtiges Werkzeug in zahlreichen Wissenschaftsdiziplinen, von den Natur- und Ingenieurwissenschaften über die Informatik bis hin zur Ökonomie.

Besucht man heute als Studienanfänger einer Universität eine Analysis-Grundvorlesung, so erfährt man die Ergebnisse jahrhundertlanger Entwicklungen in ausgeklügelter Präzision und Effizienz. Es ist daher nicht verwunderlich, dass es eine gewisse Zeit erfordert, um mit dieser Ideenwelt vertraut zu werden.

In diesem zweibändigen Buch präsentieren wir eine Einführung in die faszinierende Welt der Analysis. Ihr Aufbau fußt auf einer mathematisch strikten Einführung der reellen Zahlen sowie einem rigorosen Verständnis des Konvergenzbegriffes einer Folge. Dieser ist für die gesamte Analysis von fundamentaler Bedeutung. Aufbauend auf diesem Begriff werden wir Reihen sowie die Stetigkeit bzw. die Differenzierbarkeit einer reell- oder komplexwertigen Funktion mittels der Konvergenz bestimmter Folgen definieren. Das Integral und seine Eigenschaften werden mittels eines weiteren Grenzprozesses, basierend auf der gleichmäßigen Konvergenz gewisser Funktionenfolgen, eingeführt.

Neben der Präsentation der wichtigsten Akteure des ersten Bandes, den Folgen, Reihen, stetigen, differenzierbaren und integrierbaren Funktionen, beschäftigen wir uns auch mit Überlegungen zum „Warum wird dies so gemacht?" und den Sätzen und Definitionen zugrundeliegenden Ideen. Diese dienen ebenfalls dazu, die mathematische Intuition weiter zu entwickeln und zu verbessern.

Jeder Dozent wird bei der Stoffauswahl sowie bei der Präsentation wichtiger Resultate jeweils etwas andere Akzente und Schwerpunkte setzen. Der vorliegende Text verfolgt einen modernen Ansatz, in dem zentrale Konzepte, wie Konvergenz, Kompaktheit, Stetigkeit und Differenzierbarkeit, frühzeitig, jedoch zunächst in einem überschaubaren Rahmen, eingeführt und dann anschließend mit steigender Komplexität und aus verschiedenen Blickwinkeln heraus behandelt werden. So untersuchen wir zum Beispiel den Begriff der Konvergenz einer Folge zunächst in $\mathbb{R}$ bzw. $\mathbb{C}$, dann in $\mathbb{R}^n$ und schließlich in metrischen Räumen. Dieses schrittweise Vorgehen gesteht dem Leser somit eine gewisse Gewöhnungsphase an schwierige Sachverhalte zu. Es findet ebenfalls Anwendung bei den vermittelten Rechentechniken.

Dieser Philosophie folgend zielt dieser Text nicht auf eine frühzeitige Spezialisierung auf eine bestimmte mathematische Richtung ab; die diskutierten Beispiele und Anwendungen reichen im Gegenteil von den algebraischen, transzendenten und den Bernoullischen Zahlen sowie der Riemannschen Zeta-Funktion über den Banachschen Fixpunktsatz, dem Gaußschen Fehlerintegral und der Stirlingschen Formel bis hin zur numerischen Berechnung von Integralen sowie dem Newtonschen Satz zur Nullstellenbestimmung gewisser Funktionen. Diese Beispiele verdeutlichen ferner die innermathematische Verzahnung der Analysis mit anderen Teilgebieten der Mathematik.

Die beiden miteinander verwobenen Bände sind so konzipiert, dass der beschriebene Inhalt gut in einem zweisemestrigen Kurs behandelt werden kann. Der fortgeschrittene Leser wird ferner bemerken, dass dieses Buch so aufgebaut ist, dass viele der Beweise auch in einem allgemeineren Rahmen, also zum Beispiel für Banachraumwertige Funktionen, ihre Gültigkeit behalten. Insofern kann ein zweites Lesen zu einem dann bereits fortgeschrittenen Zeitpunkt des Studiums durchaus gewinnbringend sein.

Am Ende jedes Kapitels findet sich ein Abschnitt mit ausgelagerten Anmerkungen und Ergänzungen. Diese werden typischerweise nicht explizit in der Vorlesung behandelt, dienen jedoch als Zusatz- und Hintergrundinformation zum behandelten Stoff und runden diesen ab.

Jeder Abschnitt endet mit zahlreichen Aufgaben unterschiedlicher Schwierigkeitsgrade. Manche dieser Aufgaben sind direkt mit dem Text verbunden. Sie geben dem Dozenten zum einen in der Vorlesung die Möglichkeit, ähnliche oder verwandte Argumente in einem Beweis nicht explizit wiederholen zu müssen und tragen so zu einem effizienten Fortschreiten im Stoff bei. Zum anderen wird durch deren Behandlung die wichtige Fähigkeit entwickelt, mathematische Argumente selbstständig variieren bzw. abwandeln zu können. Durch die Bearbeitung der Aufgaben wird sicherlich das Verständnis der behandelten Themen vertieft und eine Beschäftigung mit ihnen wird daher allen Studierenden dringend angeraten.

Wichtige mathematische Sätze haben wir oft mit einer Überschrift bzw. einem Kurznamen versehen, mit dem Ziel, die jeweiligen Sachverhalte kurz und einprägsam zu beschreiben und dadurch die inhaltliche Verinnerlichung zu erleichtern. Die Nummerierung ist so angelegt, dass bei Verweisen innerhalb eines Kapitels auf die jeweilige Kapitelnummer verzichtet wird. Verweise auf die Aufgaben erfolgen auf die gleiche Art; bei Verweisen auf Sätze und Aufgaben außerhalb des jeweiligen Kapitels wird die Kapitelnummer vorangestellt. Dies entlastet den Text sowohl in sprachlicher als auch in typographischer Hinsicht.

Es ist mir eine Freude, mich bei allen, die bei der Erstellung dieses Textes mitgeholfen haben, zu bedanken. Zunächst geht mein Dank an alle Studierenden meiner einführenden Vorlesungen in die Analysis. Ihr Interesse und ihr Enthusiasmus ermutigten mich zu diesem Projekt; aus den resultierenden Diskussionen und Rückmeldungen habe ich viel gelernt.

Ebenfalls bedanken möchte ich mich bei meinen Kollegen K. Grosse-Brauckmann, K.H. Hofmann, U. Kohlenbach und R. Nagel für viele Anregungen und Diskussionen.

Mein ganz besonderer Dank geht an Dr. K. Disser, Dr. A. Hussein, Dr. M. Saal und Dr. P. Tolksdorf, die viele Teile dieses Textes kritisch Korrekturgelesen und deren Kommentare zu wichtigen und wertvollen Verbesserungen geführt haben.

Bedanken möchte ich mich auch bei M. Gries, K. Kress, A. Seyfert und M. Wrona für viele Hinweise und bei H. Knötzele, R. Möll, M. Rothermel und L. Schlapp, die bei der Erstellung der Graphiken wesentlich mitgeholfen haben.

Mein Dank geht nicht zuletzt an Frau I. Ruhmann sowie an Frau A. Herrmann und Frau R. Zimmerschied vom Springer-Verlag für die stets gute Zusammenarbeit und die Unterstützung in allen Phasen des Projektes.

Darmstadt, im April 2018   Matthias Hieber

Inhaltsverzeichnis

Grundlagen: Mathematische Sprache, Zahlen, Mengen, Abbildungen

Zentrales Thema des vorliegenden Kapitels sind die reellen Zahlen. Diese bilden das Fundament, auf welchem wir die Analysis schrittweise aufbauen werden. Um diese Zahlen präzise und rigoros definieren zu können, beginnen wir mit einer Einführung in die Grundbausteine der mathematischen Sprache (Mengen, Aussagen, Abbildungen, logische Symbole).

Eingeführt werden die reellen Zahlen, bezeichnet mit dem Symbol $\mathbb{R}$, hier auf axiomatische Weise, grob gesprochen, zunächst als eine Menge, auf welcher zwei Verknüpfungen $+$ und $\cdot$ definiert sind, welche den in Abschnitt 2 beschriebenen Körper- und Anordnungsaxiomen genügen. Das Vollständigkeitsaxiom, welches besagt, dass eine nichtleere und nach oben beschränkte Teilmenge von $\mathbb{R}$ ein Supremum besitzt, erlaubt es uns dann, die reellen Zahlen $\mathbb{R}$ zu definieren, als eine Menge, versehen mit einer Addition $+$, einer Multiplikation $\cdot$ und einer Ordnung $<$, welche den Körper- und Anordnungsaxiomen sowie dem Vollständigkeitsaxiom genügen.

Die natürlichen Zahlen werden in Abschnitt 3 als die kleinste induktive Teilmenge von $\mathbb{R}$ definiert. Dies versetzt uns in die Lage, die Beweismethode der vollständigen Induktion einzuführen, welche dann an der Bernoullischen Ungleichung oder der endlichen geometrischen Reihe illustriert werden. Die Peano-Axiome der natürlichen Zahlen sowie die hierauf aufbauende und auf Dedekind beruhende Konstruktion der reellen Zahlen skizzieren wir, allerdings nur grob, in Abschnitt 8.

Abschnitt 4 widmet sich den ganzen, rationalen und irrationalen Zahlen. Von besonderer Wichtigkeit ist hier das auf dem Vollständigkeitsaxiom basierende Prinzip des Archimedes, welches impliziert, dass $\mathbb{Q}$ und $\mathbb{R}$ archimedisch angeordnete Körper sind und dass die rationalen sowie die irrationalen Zahlen dicht in $\mathbb{R}$ liegen.

In Abschnitt 5 beschäftigen wir uns mit der n-ten Wurzel einer positiven reellen Zahl, mit den Rechenregeln für rationale Potenzen reeller Zahlen sowie mit dem Begriff der Fakultät und den Binomialkoeffizienten.

Der Begriff der Mächtigkeit einer Menge wird in Abschnitt 6 eingeführt und untersucht. Wir beweisen insbesondere zwei auf Georg Cantor zurückgehende Resultate: Zum

© Springer-Verlag GmbH Deutschland, ein Teil von Springer Nature 2018
M. Hieber, *Analysis I*, https://doi.org/10.1007/978-3-662-57538-3_1

Einen, dass die Menge der rationalen Zahlen $\mathbb{Q}$ abzählbar ist, und zum anderen, dass das Vollständigkeitsaxiom die Überabzählbarkeit der Menge $\mathbb{R}$ der reellen Zahlen impliziert. Bemerkungen über algebraische und transzendente Zahlen sowie über die Mächtigkeit der Potenzmenge einer beliebigen Menge runden diesen Abschnitt ab.

Den Körper der komplexen Zahlen $\mathbb{C}$, welchen wir wiederum axiomatisch einführen, betrachten wir in Abschnitt 7. Eine besondere Rolle spielt hierbei die imaginäre Einheit $i \in \mathbb{C}$. Im Gegensatz zu $\mathbb{R}$, lässt sich der Körper $\mathbb{C}$ jedoch nicht anordnen. Elementare Eigenschaften komplexer Zahlen werden wir schließlich in der sogenannten Gaußschen Zahlenebene untersuchen.

In Abschnitt 8 skizzieren wir, ergänzend zu unserem axiomatischen Zugang, den auf Richard Dedekind beruhenden konstruktiven Zugang zu den reellen Zahlen.

1   Grundlegende Begriffe

In diesem Abschnitt möchten wir gewisse Sprechweisen vermitteln, die es erlauben, mathematische Inhalte und Objekte zu beschreiben und darzustellen. Sie bilden die Grundlage, auf welcher wir die Analysis schrittweise aufbauen werden.

Wir beginnen mit dem Begriff einer mathematischen Aussage und diskutieren weiter erste logische Begriffe, wie „Negation", „Implikation" und „Äquivalenz". Den fundamentalen Begriff einer Menge definieren wir hier nicht axiomatisch, sondern führen ihn naiv ein und untersuchen anschließend gewisse elementare Mengenoperationen. Das weitere Vorgehen besteht darin, Abbildungen bzw. Funktionen einzuführen und ihre ersten wichtigen Eigenschaften, wie Injektivität, Surjektivität und Bijektivität zu behandeln. Die Einführung der grundlegenden Begriffe einer Relation bzw. einer Äquivalenzrelation beenden diesen ersten Abschnitt.

Aussagenlogik
Die Mathematik basiert auf den Regeln der Aussagenlogik. Grundbausteine sind Aussagen im Sinne von Aristoteles, denen genau einer von zwei möglichen Wahrheitswerten zukommt. Dem *aristotelischen Aussagebegriff* („*Tertium non datur*") zufolge ist eine mathematische *Aussage* entweder wahr oder falsch, jedoch nie beides zugleich.

Beispiele für Aussagen sind:

a) Ein Tag hat 24 Stunden.

b) $4 > 2$.

c) Es gibt unendlich viele Primzahlen.

d) Es gibt unendlich viele Primzahlzwillinge, d. h., Primzahlen p, für die $p + 2$ ebenfalls eine Primzahl ist.

Keine Aussagen im Sinne der Mathematik sind:

e) Dieser Satz ist falsch.

f) Hoffentlich bestehe ich die Klausur.

Es ist hierbei unerheblich, ob der Wahrheitswert einer Aussage bekannt ist. So ist zum Beispiel bis heute nicht bekannt, ob Aussage d) wahr oder falsch ist.

Aussagen lassen sich zu neuen Aussagen logisch verknüpfen, und das Ergebnis einer solchen Verknüpfung wird in einer *Wahrheitstafel* festgelegt. Weiter sind die *Negation* $\neg A$ sowie die Verknüpfung zweier Aussagen A und B durch „*und*" und „*oder*", in Symbolen durch $A \wedge B$ beziehungsweise durch $A \vee B$, beschrieben, durch diese Wahrheitstafel definiert. Sind A und B zwei Aussagen, so bezeichnen wir mit

- „$A \Rightarrow B$" die Aussage „Aus A folgt B" oder „A impliziert B" (*Implikation*).

- „$A \Leftrightarrow B$" die Aussage „A gilt genau dann, wenn B gilt" oder „A ist äquivalent zu B" (*Äquivalenz*).

Die Aussage „$A \Leftrightarrow B$" bedeutet also „$A \Rightarrow B$" und „$B \Rightarrow A$". Die Wahrheitswerte dieser Aussagen ergeben sich aus der folgenden Wahrheitstabelle:

A	B	$\neg A$	$A \wedge B$	$A \vee B$	$A \Rightarrow B$	$A \Leftrightarrow B$
w	w	f	w	w	w	w
w	f	f	f	w	f	f
f	w	w	f	w	w	f
f	f	w	f	f	w	w

Die Implikation $A \Rightarrow B$ ist die für den Aufbau der Mathematik wohl wichtigste Verknüpfung.

1.1 Bemerkungen. a) Ist die Aussage A falsch, so ist für eine beliebige Aussage B die Implikation $A \Rightarrow B$ immer wahr. Diese Tatsache macht man sich in der Umgangssprache gerne zu Nutze: Der Satz „Wäre die Entscheidung damals anders getroffen worden, so wäre heute ..." ist bei beliebiger Fortsetzung immer korrekt.

b) Die Implikation ist transitiv, d. h., es gilt

$$(A \Rightarrow B) \wedge (B \Rightarrow C) \Rightarrow (A \Rightarrow C).$$

Wir können daher über eine Kette von Implikationen $A \Rightarrow B \Rightarrow \ldots \Rightarrow S$ einen mathematischen „Satz S" aus der „Annahme A" herleiten. Dies ist das *Prinzip des mathematischen Beweises*.

Die Aussage von Satz 1.2 lässt sich sofort aus der folgenden Wahrheitstafel ablesen:

A	B	$A \Rightarrow B$	$\neg A$	$\neg B$	$\neg B \Rightarrow \neg A$	$A \wedge \neg B$
w	w	w	f	f	w	f
w	f	f	f	w	f	w
f	w	w	w	f	w	f
f	f	w	w	w	w	f

1.2 Satz. *Es gilt* $(A \Rightarrow B) \Leftrightarrow (\neg B \Rightarrow \neg A)$.

Wir können aus Satz 1.2 ferner die folgenden Prinzipien ableiten:

a) *Umkehrschluss oder Kontraposition*: Die Aussage „$A \Rightarrow B$" ist nach Satz 1.2 äquivalent zu „$\neg B \Rightarrow \neg A$". Dies bedeutet, dass, falls $A \Rightarrow B$ gilt, A nicht wahr sein kann, wenn B falsch ist. Wir sagen auch, dass B *notwendig für* A ist.

b) *Prinzip des indirekten Beweises*: Um die Aussage „$A \Rightarrow B$" zu beweisen, genügt es die Aussage „$\neg B \Rightarrow \neg A$" zu zeigen oder die Annahme „$A \wedge (\neg B)$" zum Widerspruch zu führen.

Die folgende Wahrheitstafel impliziert Aussage a) des folgendes Satzes. Aussage b) wird analog bewiesen.

A	B	$A \vee B$	$\neg(A \vee B)$	$\neg A$	$\neg B$	$(\neg A) \wedge (\neg B)$
w	w	w	f	f	f	f
w	f	w	f	f	w	f
f	w	w	f	w	f	f
f	f	f	w	w	w	w

1.3 Satz. *Es gelten die folgenden Äquivalenzen:*

a) $\neg(A \vee B) \Leftrightarrow (\neg A) \wedge (\neg B)$,

b) $\neg(A \wedge B) \Leftrightarrow (\neg A) \vee (\neg B)$.

Logische Symbole

In mathematischen Texten werden oft sogenannte *Quantoren* verwendet. Ist $E(x)$ ein Ausdruck, der eine Aussage ist, wenn für x ein Objekt einer vorgegebenen Klasse von Objekten eingesetzt wird, so heißt E *Eigenschaft*. Gehört x zur Klasse X, ist also x ein *Element* von X, so schreiben wir $x \in X$, andernfalls $x \notin X$.

Der *Existenzquantor* $\exists$ bedeutet „es existiert", und

$$\exists x \in X : E(x)$$

bezeichnet die Aussage: „Es existiert ein x in der Klasse X, welches die Eigenschaft E besitzt".

Für den „für alle" Quantor verwenden wir die Bezeichnung $\forall$. So bedeutet

$$\forall\, x \in X : E(x)$$

die Aussage „Für jedes x in der Klasse X gilt die Eigenschaft E".

Ein Beispiel für eine wahre Aussage ist „$\forall\, n \in \mathbb{N} : n > 5 \Rightarrow n > 3$" und ein Beispiel für eine falsche Aussage „$\exists\, x \in \mathbb{N} : x^2 = -1$". Hierbei bezeichnet $\mathbb{N}$ die natürlichen Zahlen, welche wir jedoch erst in Abschnitt 3 präzise einführen.

Bei Aussagen mit mehreren Quantoren ist die Reihenfolge der Quantoren wesentlich: So sind „$\forall\, x\, \exists\, y : E(x, y)$" und „$\exists\, y\, \forall\, x : E(x, y)$" verschiedene Aussagen.

Um eine Aussage korrekt zu negieren, ist die folgende Umkehrregel hilfreich:

$$\neg\big(\forall\, x \in X : E(x)\big) \Leftrightarrow \exists\, x \in X : \neg E(x),$$
$$\neg\big(\exists\, x \in X : E(x)\big) \Leftrightarrow \forall\, x \in X : \neg E(x).$$

Ihre Richtigkeit kann leicht überprüft werden. Dies bedeutet, dass bei der Negation $\forall$ mit $\exists$ vertauscht und das Negationszeichen $\neg$ „nach hinten durchgezogen" wird.

Mengen und Aussagen

Der Begriff einer Menge wurde 1895 von Georg Cantor eingeführt, und seiner Definition folgend ist eine Menge „die ungeordnete Zusammenfassung verschiedener Elemente zu einem Ganzen".

Jeder Leser wird zustimmen, dass dies keine wirklich präzise Definition darstellt, und es dauerte nicht lange, bis Widersprüchlichkeiten innerhalb dieser Definition erkannt wurden. Bevor wir auf das berühmte Beispiel von Bertrand Russell näher eingehen, betrachten wir erste, einfache Beispiele von Mengen. So sind die natürlichen Zahlen $\mathbb{N} = \{1, 2, 3, 4, \ldots\}$, welche wir rigoros jedoch erst in Abschnitt 3 definieren, eine Menge, ebenso wie $\{n \in \mathbb{N} : n \text{ teilt } 15\} = \{1, 3, 5, 15\}$.

Es ist häufig zweckmäßig, eine Menge durch eine bestimmte Eigenschaft, die genau für die Elemente der Menge wahr ist, und nur für diese, zu beschreiben. Wir schreiben daher oft

$$X = \{x \in G : E(x)\},$$

wobei G eine Grundmenge ist, aus der die Elemente der Menge X ausgesondert werden sollen, und $E(x)$ eine Aussageform, die beim Einsetzen eines Elements aus G zu einer Aussage wird, d. h., zu einem Satz, der entweder richtig oder falsch ist. Betrachten wir das Beispiel

$$X = \{n \in \mathbb{N} : n \text{ ungerade}\},$$

so erkennen wir schnell den Vorteil dieser Methode im Vergleich zur reinen Aufzählung $X = \{1, 3, 5, 7, \ldots\}$.

Nicht alle Bildungsgesetze sind jedoch zulässig! Insbesondere gibt es die auf eine Konstruktion von Bertrand Russell zurückgehende Menge $M = \{X : X \text{ ist Menge}, X \notin X\}$, aller Mengen, die sich selbst als Element nicht enthalten, *nicht*. Wäre nämlich $X \in X$, so gehörte X nach Definition nicht zu M, falls $X \notin X$ wäre, so müsste X zu M gehören. Übersetzt in die Alltagssprache lautet das Russellsche Beispiel wie folgt: Definiert man den Dorfbarbier als den Mann, der alle Männer rasiert, die sich nicht selbst rasieren, so können wir nicht entscheiden, ob der Barbier sich selbst rasiert oder nicht.

Widersprüchlichkeiten dieser Art führten zur Entwicklung der *axiomatischen Mengenlehre* durch Ernst Zermelo, Abraham Fraenkel und anderen. Im Folgenden definieren wir den Begriff der Menge nicht axiomatisch, sondern legen ihn naiv zu Grunde und stellen uns damit auf den Standpunkt der *naiven* und nicht der axiomatischen Mengenlehre.

1.4 Definition. Es seien X und Y Mengen. Dann definieren wir die folgenden Notationen:

a) $x \in X$: x ist in X enthalten; $x \notin X$: x ist nicht in X enthalten.

b) $X \subset Y$: X ist eine Teilmenge von Y, d. h., jedes Element von X ist auch in Y enthalten $(x \in X \Rightarrow x \in Y)$.

c) $X \supset Y$: X ist Obermenge von Y bzw. Y ist Teilmenge von X $(y \in Y \Rightarrow y \in X)$.

d) $X = Y$: X und Y enthalten genau die gleichen Elemente.

e) $\emptyset$: Dieses Symbol bezeichnet die leere Menge, also die Menge, die kein Element enthält.

Insbesondere sind zwei Mengen X und Y gleich, wenn sowohl $X \subset Y$ als auch $Y \subset X$ gilt.

Wir definieren nun die Vereinigung, den Durchschnitt zweier Mengen sowie verwandte Begriffe.

1.5 Definition. Es seien X und Y Teilmengen einer Menge M. Dann heißt

a) $X \cup Y := \{x \in M : x \in X \text{ oder } x \in Y\}$ die *Vereinigung* von X und Y,

b) $X \cap Y := \{x \in M : x \in X \text{ und } x \in Y\}$ der *Durchschnitt* (oder Schnitt) von X und Y,

c) $X^c := \{x \in M : x \notin X\}$ das *Komplement* von X in M,

d) $X \backslash Y := \{x \in M : x \in X \wedge x \notin Y\}$ die *Mengendifferenz* von X und Y.

Ausgehend von den diesen Definitionen behandeln wir im folgenden Satz wichtige Regeln für Mengenoperationen.

1.6 Satz. *Es seien* X, Y *und* Z *Teilmengen einer Menge* M. *Dann gelten die folgenden Aussagen:*

a) $X \cup Y = Y \cup X$ *und* $X \cap Y = Y \cap X$ *(Kommutativgesetz),*

b) $(X \cup Y) \cup Z = X \cup (Y \cup Z)$ *und* $(X \cap Y) \cap Z = X \cap (Y \cap Z)$ *(Assoziativgesetz),*

c) $X \cup (Y \cap Z) = (X \cup Y) \cap (X \cup Z)$ *und* $X \cap (Y \cup Z) = (X \cap Y) \cup (X \cap Z)$ *(Distributivgesetz),*

d) $(X \cup Y)^c = X^c \cap Y^c$ *und* $(X \cap Y)^c = X^c \cup Y^c$ *(Regeln von De Morgan),*

e) $\emptyset \cup X = X$ *und* $\emptyset \cap X = \emptyset$.

Die Beweise dieser Aussagen beruhen auf den Regeln für die logischen Symbole $\wedge$, $\vee$ und $\neg$. Die Details hierzu verifizieren wir in den Übungsaufgaben.

1.7 Bemerkung. Im Folgenden werden wir häufig auch Vereinigungen und Schnitte von unendlich vielen Mengen betrachten und dabei folgende Notation benutzen: Es sei I eine nichtleere Menge (wir nennen diese Menge in diesem Zusammenhang Indexmenge), und für jedes $i \in I$ sei X_i eine Menge. Dann heißt $(X_i : i \in I)$ *Familie* von Mengen. Sind M eine Menge und $(X_i : i \in I)$ eine Familie von Teilmengen von M, so definieren wir den *Durchschnitt* bzw. die *Vereinigung* dieser Familie als

$$\bigcup_{i \in I} X_i := \{x \in M : \text{es existiert ein } j \in I \text{ mit } x \in X_j\},$$

$$\bigcap_{i \in I} X_i := \{x \in M : x \in X_j \quad \text{für alle } j \in I\}.$$

Gilt speziell $I = \{1, 2, 3, \ldots\}$, so schreiben wir auch $\bigcup_{n=1}^{\infty} X_n$ und $\bigcap_{n=1}^{\infty} X_n$ anstelle von $\bigcup_{n \in I} X_n$ und $\bigcap_{n \in I} X_n$.

Potenzmenge

Ist X eine Menge, so bezeichnen wir die Menge aller ihrer Teilmengen als die *Potenzmenge* von X und schreiben $P(X) := \{Y : Y \subset X\}$. Es gilt immer

$$\emptyset \in P(X) \quad \text{und} \quad X \in P(X),$$

aber X ist *keine* Teilmenge von $P(X)$. Insbesondere ist $P(X)$ stets nichtleer, da $P(\emptyset) = \{\emptyset\}$ gilt.

Ist zum Beispiel $X = \{0, 1\}$, so gilt $P(X) = \{\emptyset, \{0\}, \{1\}, X\}$. Ist ferner $X = \{\emptyset\}$, so gilt

$$P(\{\emptyset\}) = P(P(\emptyset)) = \{\emptyset, \{\emptyset\}\}.$$

Stellen wir uns, übersetzt in die Umgangssprache, die leere Menge $\emptyset$ als einen Sack vor, der nichts enthält, so ist $\{\emptyset\}$ ein Sack, der einen leeren Sack enthält, und $\{\{\emptyset\}\}$ ein Sack, der einen Sack enthält, der einen leeren Sack enthält. Dies sind jeweils jedoch sehr verschiedene Dinge!

Kartesisches Produkt

Sind X und Y beliebige Mengen, so heißt die Menge aller geordneten Paare (x, y) mit $x \in X$ und $y \in Y$ das *kartesische Produkt* von X und Y. Es wird mit $X \times Y$ bezeichnet. Es gilt also

$$X \times Y = \{(x, y) : x \in X, y \in Y\}.$$

Wir verwenden hier den Begriff des *geordneten Paares* ebenso naiv wie schon zu Beginn des Abschnitts den Begriff der Menge. Für uns genügt es, hier festzulegen, dass ein geordnetes Paar (x, y) eindeutig durch seine *Komponenten* x und y und deren Reihenfolge bestimmt ist. Wir vereinbaren, dass das kartesische Produkt einer Menge X mit der leeren Mengen ebenfalls leer ist, und es gilt daher

$$X \times \emptyset = \emptyset \times X = \emptyset.$$

Gilt $X = Y$, so schreiben wir anstelle von $X \times X$ auch X^2. Das Produkt von drei Mengen X, Y und Z wird durch

$$X \times Y \times Z := (X \times Y) \times Z$$

definiert. Wir können dieses Verfahren wiederholen und das Produkt von n Mengen als

$$X_1 \times \ldots \times X_n := (X_1 \times \ldots \times X_{n-1}) \times X_n$$

für jede natürliche Zahl $n \geq 1$ definieren. Ein Element $x \in X_1 \times \ldots \times X_n$ schreiben wir als n-Tupel $(x_1, \ldots, x_n)$. Anstelle von $X_1 \times \ldots \times X_n$ schreiben wir auch $\prod_{j=1}^{n} X_j$ und $X^n := X_1 \times \ldots \times X_n$, falls $X_j = X$ für alle $j = 1, \ldots, n$. Weiter ist

$$X^n = \{(x_1, x_2, \ldots, x_n) : x_1, \ldots, x_n \in X\}$$

die Menge aller n-Tupel mit Komponenten in X.

Funktionen

Wir beginnen mit dem für die gesamte Mathematik wichtigen Begriff der Abbildung bzw. der Funktion.

1.8 Definition.

a) Es seien X und Y Mengen. Eine *Funktion* oder *Abbildung* $f : X \to Y$ ist eine Vorschrift, welche jedem $x \in X$ in *eindeutiger Weise* ein Element $y \in Y$ zuordnet. Wir schreiben

$$f : X \to Y, \quad x \mapsto f(x).$$

b) Die Menge Graph $(f) := \{(x, f(x)) \in X \times Y : x \in X\} \subset X \times Y$ heißt der *Graph* von f.

c) Zwei Funktionen $f : X \to Y$ und $g : X \to Y$ heißen gleich, falls $f(x) = g(x)$ für alle $x \in X$ gilt.

d) Die Menge Abb(X, Y) ist definiert als die Menge aller Funktionen $f : X \to Y$.

e) Ist $f : X \to Y$ eine Funktion, so heißt X der *Definitionsbereich von* f und im $(f) :=$ $f(X) := \{f(x) : x \in X\} = \{y \in Y : (\exists\, x \in X : f(x) = y)\} \subset Y$ der *Bildbereich von* f.

1.9 Beispiele. a) Die Abbildung $\mathrm{id}_X : X \to X$, $x \mapsto x$ heißt *Identität* (von X).

b) Sind X, Y nichtleer und $c \in Y$, so ist $X \to Y$, $x \mapsto c$ eine *konstante Abbildung*.

c) Es gibt genau eine Abbildung der leeren Mengen in eine beliebige Menge X, die *leere Abbildung* $e : \emptyset \to X$.

d) Ist $X \neq \emptyset$ und $A \subset X$, so heißt die Funktion χ_A, gegeben durch

$$\chi_A : X \to \{0, 1\}, \quad x \mapsto \begin{cases} 1, & x \in A, \\ 0, & x \in A^c, \end{cases}$$

die *charakteristische Funktion von* A.

e) Sind X und Y Mengen, $f : X \to Y$ eine Funktion und $A \subset X$, so heißt

$$f_{|A} : A \to Y, \quad x \mapsto f(x)$$

die *Einschränkung von* f *auf* A.

Komposition von Abbildungen

Sind $f : X \to Y$ und $g : Y \to Z$ Abbildungen, so definieren wir die *Komposition* von f mit g durch

$$g \circ f : X \to Z, \quad x \mapsto g(f(x)).$$

Ist zusätzlich $h : Z \to W$ eine weitere Abbildung, so sind die Kompositionen $(h \circ g) \circ f = h \circ (g \circ f) : X \to W$ wohldefiniert, und es gilt

$$(h \circ g) \circ f = h \circ (g \circ f). \tag{1.1}$$

Um dies zu verifizieren, stellen wir zunächst fest, dass die Definitions- und Wertebereiche der beiden obigen Funktionen identisch sind. Weiter gilt für alle $x \in X$

$$\big((h \circ g) \circ f\big)(x) = (h \circ g)\big(f(x)\big) = h\big(g(f(x))\big) = h\big((g \circ f)(x)\big) = \big(h \circ (g \circ f)\big)(x),$$

also auch die Gleichheit der Zuordnungsvorschrift.

Injektion, Surjektion, Bijektion

Die in der folgenden Definition formulierten drei mengentheoretischen Eigenschaften von Abbildungen sind von zentraler Bedeutung.

1.10 Definition. Es seien X und Y Mengen und $f : X \to Y$ eine Funktion. Dann heißt

a) f *injektiv*, falls für alle $x_1, x_2 \in X$ mit $x_1 \neq x_2$ gilt: $f(x_1) \neq f(x_2)$,

b) f *surjektiv*, falls $f(X) = Y$ gilt,

c) f *bijektiv*, falls f injektiv und surjektiv ist.

Ist $f : X \to Y$ eine Funktion, so ist f also genau dann injektiv, wenn $f(x_1) = f(x_2)$ impliziert, dass $x_1 = x_2$ für alle $x_1, x_2 \in X$ gilt.

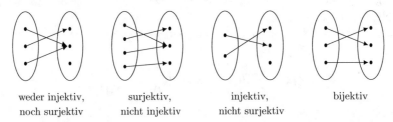

| weder injektiv, | surjektiv, | injektiv, | bijektiv |
| noch surjektiv | nicht injektiv | nicht surjektiv | |

Im Folgenden zeigen wir, dass sich bijektive Abbildungen auf eindeutige Weise umkehren lassen.

1.11 Satz. *Es seien X und Y Mengen und $f : X \to Y$ eine Funktion.*

a) *Dann ist f genau dann bijektiv, wenn für jedes $y \in Y$ genau ein $x \in X$ existiert, so dass $f(x) = y$ gilt.*

b) *Weiter ist f genau dann bijektiv, wenn eine Abbildung $g : Y \to X$ existiert mit $g \circ f = \mathrm{id}_X$ und $f \circ g = \mathrm{id}_Y$. In diesem Fall ist g eindeutig bestimmt.*

Beweis. a) Wir nehmen zunächst an, dass $f : X \to Y$ bijektiv ist. Insbesondere ist dann f surjektiv, und zu jedem $y \in Y$ existiert mindestens ein $x \in X$ mit $f(x) = y$. Gäbe es nun mehr als ein solches x, nämlich $x_1, x_2 \in X$ mit $f(x_1) = f(x_2) = y$, so folgt aus der Injektivität von f, dass $x_1 = x_2$ gilt. Es kann also nur ein solches $x \in X$ geben.

    Nehmen wir umgekehrt an, dass für jedes $y \in Y$ genau ein $x \in X$ existiert mit $f(x) = y$, so sind alle $y \in Y$ in $f(X)$ enthalten, und f ist surjektiv. Sind $x_1, x_2 \in X$ mit $f(x_1) = f(x_2)$ gegeben, so folgt aus der Voraussetzung, dass jedes $y \in Y$ genau ein Urbild besitzt, $x_1 = x_2$, d. h., f ist injektiv.

    b) Ist $f : X \to Y$ bijektiv, so existiert nach Aussage a) zu jedem $y \in Y$ genau ein $x \in X$ mit $f(x) = y$, und diese Zuordnung definiert eine Abbbildung $g : Y \to X$ mit den gewünschten Eigenschaften. Umgekehrt folgt aus $f \circ g = \mathrm{id}_Y$, dass f surjektiv ist. Ferner ist f auch injektiv, denn gilt $f(x) = f(y)$ für $x, y \in X$, so folgt $x = g\big(f(x)\big) =$

$g\big(f(y)\big) = y$. Um die Eindeutigkeit von g zu zeigen, sei $h : Y \to X$ mit $h \circ f = \mathrm{id}_X$ und $f \circ h = \mathrm{id}_Y$. Dann folgt aus (1.1)

$$g = g \circ \mathrm{id}_Y = g \circ (f \circ h) = (g \circ f) \circ h = \mathrm{id}_X \circ h = h,$$

also die behauptete Eindeutigkeit. $\square$

Umkehrabbildung

Satz 1.11 erlaubt es uns nun, die *Umkehrfunktion* f^{-1} einer bijektiven Funktion $f : X \to Y$ als die eindeutig bestimmte Funktion $f^{-1} : Y \to X$ mit der Eigenschaft

$$f \circ f^{-1} = \mathrm{id}_Y \text{ und } f^{-1} \circ f = \mathrm{id}_X$$

zu definieren. Der Beweis der folgenden Bemerkung ist dem Leser als Übungsaufgabe überlassen.

1.12 Bemerkung. Die Komposition $g \circ f : X \to Z$ zweier bijektiver Abbildungen $f : X \to Y$ und $g : Y \to Z$ ist wiederum bijektiv, und es gilt

$$(g \circ f)^{-1} = f^{-1} \circ g^{-1}.$$

Sind $f : X \to Y$ eine Abbildung und $A \subset X$, so heißt

$$f(A) := \{f(x) \in Y : x \in A\}$$

das *Bild von A unter f*, und für jedes $B \subset Y$ heißt

$$f^{-1}(B) := \{x \in X : f(x) \in B\}$$

das *Urbild von B unter f*.

Ist $f : X \to Y$ eine (nicht notwendigerweise bijektive) Abbildung, so induzieren die obigen Festsetzungen die *Mengenabbildungen*

$$\tilde{f} : P(X) \to P(Y), \quad A \mapsto f(A)$$

und

$$\widetilde{f^{-1}} : P(Y) \to P(X), \quad B \mapsto f^{-1}(B).$$

Ist $f : X \to Y$ bijektiv, so bezeichnet f^{-1} die Umkehrfunktion; andernfalls steht f^{-1} für die von f induzierte Mengenfunktion $\widetilde{f^{-1}}$. Zur Vereinfachung der Notation und da es aus dem Kontext immer klar sein sollte, welche Abbildung wir meinen, bezeichnen wir die induzierte Mengenabbildung $\widetilde{f^{-1}}$ im Folgenden ebenfalls mit f^{-1}.

Relationen

Zur Darstellung vieler mathematischer Sachverhalte ist es zweckmäßig, gewisse Beziehungen zwischen Elementen einer Menge X zu axiomatisieren. Wir nennen hierzu eine Teilmenge $R \subset X \times X$ eine *Relation* auf X und schreiben $x \sim_R y$, falls $(x, y) \in R$. Eine Relation $\sim_R$ heißt

- *reflexiv*, wenn $x \sim_R x$ gilt,

- *symmetrisch*, wenn $x_1 \sim_R x_2 \Rightarrow x_2 \sim_R x_1$ gilt,

- *transitiv*, wenn $x_1 \sim_R x_2 \wedge x_2 \sim_R x_3 \Rightarrow x_1 \sim_R x_3$ gilt.

Eine *Äquivalenzrelation auf einer Menge X* ist eine reflexive, symmetrische und transitive Relation auf X und wird mit $\sim$ bezeichnet. Ferner heißt für jedes $x \in X$ die Menge

$$[x] := \{y \in X : y \sim x\}$$

Äquivalenzklasse von x, und jedes $y \in [x]$ wird *Repräsentant* dieser Äquivalenzklasse genannt. Weiter wird mit

$$X/\sim := \{[x] : x \in X\}$$

die Menge aller Äquivalenzklassen von X bezüglich $\sim$ bezeichnet. Klarerweise ist $X/\sim$ eine Teilmenge von $P(X)$, die sogenannte *Restklassenmenge modulo* $\sim$.

Eine Relation $\leq$ auf einer Menge X heißt *Ordnungsrelation* oder *Ordnung* auf X, falls sie transitiv, reflexiv und *antisymmetrisch* ist. Dies bedeutet, dass aus $x \leq y$ und $y \leq x$ die Gleichheit $x = y$ folgt. Ist $\leq$ eine Ordnung auf X, so heißt das Paar $(X, \leq)$ *geordnete Menge*. Gilt zusätzlich $x \leq y$ oder $y \leq x$ für alle $x, y \in X$, so heißt $\leq$ *totale Ordnung* auf X. Weiter definieren wir

$$x \geq y :\Leftrightarrow y \leq x, \quad x < y :\Leftrightarrow (x \leq y) \wedge (x \neq y), \quad x > y :\Leftrightarrow y < x.$$

Ist $\leq$ eine totale Ordnung auf X, so gilt für je zwei Elemente $x, y \in X$ immer genau eine der drei Relationen

$$x < y, \quad x = y, \quad y < x.$$

Ist umgekehrt $<$ eine transitive Relation auf X, so dass für je zwei Elemente die obige Trichotomie gilt, so definiert

$$x \leq y :\Leftrightarrow x < y \text{ oder } x = y$$

eine totale Ordnung auf X. Sind X eine Menge und $(Y, \leq)$ eine geordnete Menge, so wird durch

$$f \leq g :\Leftrightarrow f(x) \leq g(x), \quad x \in X$$

eine Ordnung auf $\text{Abb}(X, Y)$ definiert, die *punktweise Ordnung*. Im Allgemeinen ist $\text{Abb}(X, Y)$ versehen mit der punktweisen Ordnung jedoch nicht total geordnet.

Aufgaben

1. Man beweise die folgenden Aussagen:
   a) $A \Leftrightarrow B$ ist genau dann wahr, wenn $(A \Rightarrow B) \wedge (B \Rightarrow A)$.

   b) $A \Rightarrow B$ ist genau dann wahr, wenn $\neg B \Rightarrow \neg A$.

   c) $\neg B \Rightarrow \neg A$ ist genau dann wahr, wenn $A \wedge \neg B$ falsch ist.

2. Es seien $A = \{1, 3\}$, $B = \{4, 9, 36\}$ und $C = \{n^2 : n \in \mathbb{N}\}$. Welche der folgenden Aussagen sind wahr und welche falsch?

   a) $A \subset B$, b) $A \neq B$, c) $B \subset C$, d) $\{4, 9\} \subset C \cap B$, e) $\{1\} \subset (A \cap B) \cup C$,

   f) $A \subset C \setminus B$, g) $C \cup B = C$.

3. Es seien A, B beliebige Mengen. Man beweise: $A \cap B \subset A$ und $B \subset A \cup B$ und $A \cup \emptyset = A$ und $B \cap \emptyset = \emptyset$.

4. Man beweise die Aussagen von Satz 1.6.

5. Es sei X eine Menge und $\{A_n : n \geq 1\}$ eine Menge von Teilmengen von X. Man zeige die *De Morganschen Regeln*:
   a) $X \setminus [\bigcup_{n=1}^{\infty} A_n] = \bigcap_{n=1}^{\infty} (X \setminus A_n)$

   b) $X \setminus [\bigcap_{n=1}^{\infty} A_n] = \bigcup_{n=1}^{\infty} (X \setminus A_n)$

6. Für eine Abbildung $f : X \to Y, x \mapsto f(x)$ beweise man die folgenden Aussagen:
   a) Ist f injektiv, dann gibt es eine Menge $M \subset Y$, so dass die Abbildung $r : X \to M, x \mapsto f(x)$ bijektiv ist.

   b) Ist f surjektiv, dann gibt es eine Menge $N \subset X$, so dass die Einschränkung $f|_N : N \to Y, x \mapsto f(x)$ bijektiv ist.

   c) f ist genau dann injektiv, wenn eine Abbildung $g : Y \to X$ existiert mit $g(f(x)) = x$ für alle $x \in X$.

   d) f ist genau dann surjektiv, wenn eine Abbildung $h : Y \to X$ existiert mit $f(h(y)) = y$ für alle $y \in Y$.

   Die Abbildung g wie in Aufgabenteil c) nennt man *Linksinverse* von f, die Abbildung h wie in Aufgabenteil d) heißt *Rechtsinverse* von f.

7. Für Mengen X, Y, Z seien $f : X \to Y$ und $g : Y \to Z$ Abbildungen. Man entscheide, ob die folgenden Aussagen wahr sind:
   a) Sind f und g injektiv, so ist $g \circ f$ injektiv.

   b) Ist $g \circ f$ injektiv, so ist g injektiv.

   c) Ist $g \circ f$ surjektiv, so ist g surjektiv.

   d) Ist $g \circ f$ surjektiv, so ist f surjektiv.

8. Sind X, Y und Z Mengen und $f : X \to Y$ sowie $g : Y \to Z$ bijektive Abbildungen, so zeige man, dass auch $g \circ f : X \to Z$ bijektiv ist und dass $(g \circ f)^{-1} = f^{-1} \circ g^{-1}$ gilt.

9. Es sei X eine nichtleere Menge und $A \subset X$. Man betrachte die oben eingeführte charakteristische Funktion χ_A von A sowie die Menge $\mathrm{Abb}(X, \{0, 1\})$. Man zeige, dass die Abbildung

$$P(X) \to \mathrm{Abb}(X, \{0, 1\}), \quad A \mapsto \chi_A$$

bijektiv ist.

10. Es seien X, Y nichtleere Mengen, $f : X \to Y$ eine injektive Funktion und $A, B \subset X$.

a) Man zeige: $f(A \cap B) = f(A) \cap f(B)$.

b) Man zeige: $f(X \setminus A) = f(X) \setminus f(A)$.

c) Man finde Beispiele dafür, dass die Aussagen a) bzw. b) für beliebige Funktionen nicht wahr sind.

11. Es sei $f: X \to Y, x \mapsto f(x)$ eine Abbildung. Für $A \subset X$ und $B \subset Y$ betrachte man die Mengen

$$f(A) := \{f(x) \in Y : x \in A\} \quad \text{und} \quad f^{-1}(B) := \{x \in X : f(x) \in B\}.$$

Für $A_1, A_2 \subset X$ und $B_1, B_2 \subset Y$ beweise man:

a) $f(A_1 \cup A_2) = f(A_1) \cup f(A_2)$.

b) $f^{-1}(B_1 \cup B_2) = f^{-1}(B_1) \cup f^{-1}(B_2)$.

c) $f(A_1 \cap A_2) \subset f(A_1) \cap f(A_2)$.

d) $f^{-1}(B_1 \cap B_2) = f^{-1}(B_1) \cap f^{-1}(B_2)$.

e) Ist $B \subset Y$, so gilt $f^{-1}(B^c) = [f^{-1}(B)]^c$.

Man unterscheide hier sorgfältig zwischen dem Urbild $f^{-1}(B)$ einer Menge $B \subset Y$ und der Umkehrabbildung f^{-1}.

12. Es seien X, Y nichtleere Mengen, $f : X \to Y$ eine Funktion und R_f die Relation

$$R_f := \{(x, y) \in X \times X : f(x) = f(y)\}.$$

Man beweise, dass R_f eine Äquivalenzrelation definiert und dass für jedes $x \in X$ die Äquivalenzklasse von x durch

$$[x] := \{x \in X : f(x) = y\} \quad \text{für alle } y \in f(X)$$

gegeben ist.

13. Man zeige: Ist $\leq$ eine totale Ordnung auf einer Menge X, so wird auf $X \times X$ eine totale Ordnung durch

$$(a, b) \preceq (c, d) :\Leftrightarrow (a < c) \vee (a = c \wedge b \leq d)$$

definiert, die sogenannte *lexikographische Ordnung*.

2   Reelle Zahlen

Was sind die reellen Zahlen? Dies ist – je nach Standpunkt – eine mehr oder weniger schwierige Frage.

Eine fundamentale Arbeit von Richard Dedekind [Ded32] mit dem Titel *Was sind und was sollen die Zahlen?* aus dem Jahre 1888 beschäftigt sich mit der mengentheoretischen Begründung der Zahlen. Seinem Weg folgend und aufbauend auf ein auf Guiseppe Peano zurückgehendes Axiomensystem der natürlichen Zahlen, kann man dann die ganzen, die rationalen und schließlich die reellen Zahlen „konstruieren". Für eine Beweisskizze dieser Konstruktion verweisen wir auf Abschnitt 8; viele weitere und vertiefende Informationen finden sich zum Beispiel auch in [Mue17].

Im Gegensatz zu diesem *konstruktiven* Vorgehen zum Aufbau des Zahlensystems hat David Hilbert [Hil23] im Jahre 1899 eine *axiomatische* Einführung der reellen Zahlen vorgeschlagen.

Wir folgen in diesem Abschnitt diesem zweiten Zugang zur Menge $\mathbb{R}$ der reellen Zahlen, die wir *nicht* konstruieren, sondern axiomatisch einführen. Wir beschreiben sie also durch gewisse Regeln, welche festlegen, wie man mit diesen Zahlen „rechnen" darf. Diese Regeln nennen wir das *Axiomensystem der reellen Zahlen*. Genauer gesagt besteht dieses aus

- den Körperaxiomen,
- den Anordnungsaxiomen sowie
- dem Vollständigkeitsaxiom.

Der hier beschriebene axiomatische Zugang zu den reellen Zahlen ist direkter als der konstruktive Weg. Die unten beschriebenen Axiome bilden dann den Ausgangspunkt für alle weiteren Schlüsse und mathematischen Aussagen werden nur dann als wahr angesehen, wenn diese ausgehend von den Axiomen bewiesen werden können.

Körperaxiome

Wir beginnen unsere axiomatische Einführung der reellen Zahlen $\mathbb{R}$ mit den Körperaxiomen.

2.1 Die Körperaxiome. Auf der Menge $\mathbb{R}$ seien zwei Verknüpfungen, die der *Addition* „+", sowie die der *Multiplikation* „·", wie folgt erklärt:

Addition: $\mathbb{R} \times \mathbb{R} \to \mathbb{R} : (x, y) \mapsto x + y,$

Multiplikation: $\mathbb{R} \times \mathbb{R} \to \mathbb{R} : (x, y) \mapsto x \cdot y.$

Diese erfüllen die folgenden Axiome der Addition und Multiplikation sowie das Distributivgesetz.

Axiome der Addition

(A1) *Kommutativgesetz*: Für alle $x, y \in \mathbb{R}$ gilt $x + y = y + x$.

(A2) *Assoziativgesetz*: Für alle $x, y, z \in \mathbb{R}$ gilt $(x + y) + z = x + (y + z)$.

(A3) *Existenz eines neutralen Elements*: Es existiert $0 \in \mathbb{R}$ mit $x + 0 = x$ für alle $x \in \mathbb{R}$.

(A4) *Existenz eines inversen Elements*: Für jedes $x \in \mathbb{R}$ existiert $-x \in \mathbb{R}$ mit $x + (-x) = 0$.

Axiome der Multiplikation

(M1) *Kommutativgesetz*: Für alle $x, y \in \mathbb{R}$ gilt $x \cdot y = y \cdot x$.

(M2) *Assoziativgesetz*: Für alle $x, y, z \in \mathbb{R}$ gilt $(x \cdot y) \cdot z = x \cdot (y \cdot z)$.

(M3) *Existenz eines neutralen Elements*: Es existiert $1 \in \mathbb{R}, 1 \neq 0$, mit $x \cdot 1 = x$ für alle $x \in \mathbb{R}$.

(M4) *Existenz eines inversen Elements*: Für jedes $x \in \mathbb{R}$ mit $x \neq 0$ existiert $x^{-1} \in \mathbb{R}$ mit $x \cdot x^{-1} = 1$.

Das folgende Distributivgesetz besagt wie Addition und Multiplikation kombiniert werden dürfen.

(D) *Distributivgesetz*: Für alle $x, y, z \in \mathbb{R}$ gilt $x \cdot (y + z) = (x \cdot y) + (x \cdot z)$.

Ein Tripel $(K, +, \cdot)$, bestehend aus einer Menge K und zwei Operationen $+$ und $\cdot$, welche den obigen Körperaxiomen genügen, nennt man einen *Körper*. Wenn klar ist, welche Operationen gemeint sind, spricht man einfach vom Körper K. In der Linearen Algebra werden Körper und deren Eigenschaften in wesentlich größerer Ausführlichkeit behandelt als hier.

2.2 Bemerkungen. a) In einem Körper sind die neutralen und inversen Elemente eindeutig bestimmt.

b) Die Aussage $x \cdot y = 0$ impliziert, dass $x = 0$ oder $y = 0$ gilt.

Führen wir noch die folgende vereinfachenden Schreibweisen ein,

$$xy := x \cdot y, \quad \frac{x}{y} := x \cdot y^{-1}, \quad x - y := x + (-y), \quad x^2 := x \cdot x, \quad 2x := x + x,$$

so gilt in einem Körper:

a) Die Gleichung $ax = b$ besitzt für $a \neq 0$ die eindeutige Lösung $x = \frac{b}{a}$.

b) Die Gleichung $a + x = b$ besitzt die eindeutige Lösung $x = b - a$.

Anordnungsaxiome

Im Folgenden werden wir gewisse Zahlen $x \in \mathbb{R}$ als *positiv* auszeichnen und hierfür $x > 0$ schreiben. Es sollen dabei folgende Axiome gelten:

2.3 Die Anordnungsaxiome.

(O1) Für jedes $x \in \mathbb{R}$ gilt genau eine der Beziehungen $x = 0$, $x > 0$, $-x > 0$.

(O2) Sind $x > 0$ und $y > 0$, so folgt $x + y > 0$.

(O3) Sind $x > 0$ und $y > 0$, so folgt $x \cdot y > 0$.

Axiom (O2) beschreibt die *Verträglichkeit der Anordnung mit der Addition* und Axiom (O3) die *Verträglichkeit der Anordnung mit der Multiplikation*. Die folgende Definition ermöglicht es uns, beliebige Elemente von $\mathbb{R}$ zu vergleichen.

2.4 Definition. Für $x, y \in \mathbb{R}$ setzt man

$$x > y :\Leftrightarrow x - y > 0,$$
$$x \geq y :\Leftrightarrow x - y > 0 \quad \text{oder} \quad x - y = 0.$$

Ein Element $x \in \mathbb{R}$ heißt *positiv*, wenn $x > 0$ gilt. Für $x > y$ und $x \geq y$ schreibt man auch $y < x$ bzw. $y \leq x$. Gilt $x < 0$, so heißt x *negativ*. Ferner heißt

$$\mathbb{R}_+ := \{x \in \mathbb{R} : x > 0\}$$

die Menge der positiven, reellen Zahlen.

Rechenregeln und Absolutbetrag

Die obigen Axiome implizieren die folgenden Rechenregeln für die reellen Zahlen.

2.5 Bemerkungen. Für reelle Zahlen $x, y, z, \alpha, \beta \in \mathbb{R}$ gelten die folgenden Aussagen:
   a) Es gilt genau eine der Beziehungen $x = y$, $x < y$ oder $x > y$ (*Trichotomiegesetz*).
   b) Ist $x < y$ und $y < z$, so gilt $x < z$ (*Transitiviät*).
   c) Ist $x < y$ und $\alpha \leq \beta$, so gilt $x + \alpha < y + \beta$ (*Monotonie der Addition*).
   d) Ist $x < y$, so gilt $-x > -y$.
   e) Ist $x < y$ und $\alpha > 0$, so gilt $\alpha x < \alpha y$ (*Monotonie der Multiplikation*).
   f) Für $x \neq 0$ gilt $x^2 > 0$, insbesondere ist $1 > 0$.
   g) Ist $0 < x < y$, so gilt $0 < \frac{1}{y} < \frac{1}{x}$.
   h) Ist $x < y$, so folgt $x < \frac{x+y}{2} < y$ (*arithmetisches Mittel*).

Beweis. Aussage a) folgt direkt aus Definition 2.4 und dem Anordnungsaxiom (O1).
   b) Nach Definition 2.4 gilt $y - x > 0$ und $z - y > 0$. Das Anordnungsaxiom (O2) sowie das Kommutativgesetz der Addition (A1) implizieren, dass $z - x = -x + z = (y - x) + (z - y) > 0$ ist; also gilt $z > x$ und somit $x < z$.
   Für den Beweis der Aussagen c), d) und e) verweisen wir auf die Übungsaufgaben.
   f) Sei zunächst $x > 0$. Dann gilt $x \cdot x = x^2 > 0$ aufgrund von (O3). Ist $x < 0$, so impliziert die Aussage d), dass $-x > 0$ ist. Wegen (O3) gilt daher $(-x)(-x) = x^2 > 0$.

g) Da $x > 0$ und $(x^{-1})^2 > 0$ ist, gilt $x^{-1} = x \cdot (x^{-1})^2 > 0$ und analog $y^{-1} > 0$. Also ist $x^{-1} \cdot y^{-1} > 0$ wegen (O3). Die Voraussetzung $0 < x < y$ kombiniert mit der Aussage e) und dem Kommutativgesetz der Multiplikation (M1) impliziert dann

$$y^{-1} = x \cdot (x^{-1}y^{-1}) < y(x^{-1}y^{-1}) = x^{-1}.$$

Den Beweis der Aussage h) überlassen wir dem Leser wiederum als Übungsaufgabe. $\square$

2.6 Bemerkung. Die Körper- und Anordnungsaxiome implizieren, dass es außer 0 und 1 noch weitere Zahlen in $\mathbb{R}$ gibt. Addiert man in der Ungleichung $0 < 1$ auf beiden Seiten 0 bzw. 1, so erhalten wir

$$0 + 0 = 0 < 1 + 0 = 1 < 1 + 1 = 2,$$

also gilt $2 \neq 0$ und $2 \neq 1$.

2.7 Bemerkung. Wir nennen einen Körper K *angeordnet*, wenn es in ihm eine Teilmenge P, genannt *Positivbereich*, gibt, so dass Folgendes gilt:
  a) Für jedes $a \in K$ gilt genau eine der drei Aussagen: $a \in P$, $-a \in P$, $a = 0$.
  b) Mit $a, b \in P$ sind auch $a + b \in P$ und $a \cdot b \in P$.

  Ein *angeordneter Körper* ist dann ein Quadrupel $(K, +, \cdot, P)$, bestehend aus einem Körper K mit Addition $+$ und Multiplikation $\cdot$ sowie einem Positivbereich P. Die obigen Axiome der Addition, Multiplikation und der Anordnung besagen, dass $(\mathbb{R}, >)$ ein angeordneter Körper ist.

Wir kommen nun zum Begriff des Absolutbetrags einer reellen Zahl.

2.8 Definition. (Absolutbetrag). Für $x \in \mathbb{R}$ ist der *Betrag* $|x|$ *von* x definiert als

$$|x| := \begin{cases} x, & x \geq 0, \\ -x, & x < 0. \end{cases}$$

2.9 Satz. *Der Absolutbetrag besitzt die folgenden Eigenschaften:*

a) Es gilt $|x| \geq 0$ für jedes $x \in \mathbb{R}$ und $|x| = 0 \Leftrightarrow x = 0$.

b) Für $\lambda, x \in \mathbb{R}$ gilt $|\lambda x| = |\lambda||x|$.

c) Es gilt $|x + y| \leq |x| + |y|$ für alle $x, y \in \mathbb{R}$.

Ungleichung c) wird *Dreiecksungleichung* genannt.
  Die Beweise der Aussagen a) und b) sind leichte Übungsaufgaben. Um Aussage c) zu beweisen, seien $x, y \in \mathbb{R}$. Es gilt dann $x \leq |x|$, $y \leq |y|$ sowie $-x \leq |x|$ und $-y \leq |y|$,

und die Monotonie der Addition (Bemerkung 2.5 c)) ergibt dann $-x - y \leq |x| + |y|$ sowie $x + y \leq |x| + |y|$. Deshalb gilt $|x + y| \leq |x| + |y|$.

Der Absolutbetrag besitzt weitere Eigenschaften, welche wir in der folgenden Bemerkung sammeln.

2.10 Bemerkung. Für den Absolutbetrag gelten die folgenden Aussagen:

a) $|-x| = |x|$, $\quad x \in \mathbb{R}$,

b) $||x|| = |x|$, $\quad x \in \mathbb{R}$,

c) $\left|\frac{x}{y}\right| = \frac{|x|}{|y|}$, $\quad x \in \mathbb{R}, y \neq 0$ und $|x \cdot y| = |x||y|$, $\quad x, y \in \mathbb{R}$,

d) $\left||x| - |y|\right| \leq |x - y|$, $\quad x, y \in \mathbb{R}$ (umgekehrte Dreiecksungleichung).

Die Beweise dieser Aussagen überlassen wir dem Leser als Übungsaufgaben.

Supremum, Maximum und das Vollständigkeitsaxiom
Wir kommen nun zum wichtigen Begriff des Supremums einer Menge reeller Zahlen.

2.11 Definition.
a) Eine Menge $M \subset \mathbb{R}$ heißt nach *oben beschränkt*, wenn eine reelle Zahl $s \in \mathbb{R}$ existiert mit
$$x \leq s \quad \text{für alle} \ x \in M.$$

In diesem Fall heißt s eine *obere Schranke* von M.

b) Eine obere Schranke s_0 heißt *kleinste obere Schranke* oder *Supremum* von $M \subset \mathbb{R}$, wenn für jede obere Schranke s von M die Relation $s_0 \leq s$ gilt. Existiert ein solches s_0, so setzt man
$$\sup M := s_0.$$

2.12 Bemerkung. Sind s_0 und s_0' kleinste obere Schranken von M, so folgt $s_0 \leq s_0'$ und $s_0' \leq s_0$, also gilt $s_0 = s_0'$. Dies bedeutet, dass das Supremum einer Menge reeller Zahlen *eindeutig* bestimmt ist.

In einer beschränkten Menge reeller Zahlen muss es keine größte Zahl geben. Wir betrachten hierzu das folgende Beispiel.

2.13 Beispiel. Setzen wir $I := \{x \in \mathbb{R} : 0 < x < 1\}$, so gilt $x < \frac{1+x}{2}$ für jedes $x \in I$ nach dem in Bemerkung 2.5 h) beschriebenen arithmetischen Mittel zweier reeller Zahlen. Also existiert keine Zahl $x \in I$, welche die größte wäre. Klarerweise ist 1 eine obere Schranke für I; es gilt $1 \notin I$, und wir verifizieren, dass 1 die kleinste obere Schranke von I ist. Nehmen wir an, es existiert eine obere Schranke $s < 1$ von I, so gilt nach Bemerkung 2.5 h) $s < \frac{s+1}{2} < 1$, im Widerspruch dazu, dass s eine obere Schranke von M ist.

Die Existenz des Supremums einer nach oben beschränkten, nichtleeren Menge reeller Zahlen garantieren wir durch das Vollständigkeitsaxiom.

2.14 Das Vollständigkeitsaxiom. Es sei $M \subset \mathbb{R}$ eine nichtleere und nach oben beschränkte Menge. Dann besitzt M ein Supremum s_0.

Alle Grenzprozesse der Analysis basieren auf dem obigen Vollständigkeitsaxiom. Insofern bildet dieses Axiom auch die Grundlage der gesamten Differential- und Integralrechnung.

Die folgenden Bezeichnungen sind gebräuchlich: Ist X eine nichtleere Menge reeller Zahlen, so schreiben wir

$$\sup X < \infty,$$

falls X nach oben beschränkt ist; andernfalls setzen wir

$$\sup X := \infty.$$

Das Symbol ∞ wird als *unendlich* bezeichnet.

2.15 Bemerkung. Die Menge $\mathbb{R}$ der reellen Zahlen ist somit axiomatisch eingeführt, als eine Menge, versehen mit der Addition $+$, der Multiplikation $\cdot$, sowie der Ordnung $<$, welche den Körper- und Anordnungsaxiomen, sowie dem Vollständigkeitsaxiom genügen. Weitere Eigenschaften des Körpers $\mathbb{R}$ werden wir in Bemerkung 4.8 und Abschnitt 8.3 diskutieren.

In Beispiel 2.13 haben wir gesehen, dass im Allgemeinen das Supremum einer nach oben beschränkten Menge nicht Element der Menge selbst sein muss. Dies motiviert die Definition des Maximums einer Menge reeller Zahlen.

2.16 Definition. Es sei $\emptyset \neq M \subset \mathbb{R}$ und $s_0 = \sup M$. Gilt $s_0 \in M$, so heißt s_0 *Maximum* von M. Man setzt

$$\max M := s_0.$$

Kehren wir nochmals zu Beispiel 2.13 zurück und betrachten wiederum die Menge $I := \{x \in \mathbb{R} : x < 1\}$. Wir haben schon gesehen, dass $\sup I = 1$ gilt; wegen $1 \notin I$, ist jedoch 1 kein Maximum von I. Definieren wir $J := \{x \in \mathbb{R} : x \leq 1\}$, so gilt $\max J = 1$.

Die folgende Charakterisierung des Supremums wird im Weiteren eine wichtige Rolle spielen.

2.17 Satz. (Charakterisierung des Supremums). *Sind $M \subset \mathbb{R}$ eine nichtleere und nach oben beschränkte Menge und $s_0 \in \mathbb{R}$, so gilt $\sup M = s_0$ genau dann, wenn $m \leq s_0$ für alle $m \in M$ und für jedes $\varepsilon > 0$ ein $x \in M$ mit $x > s_0 - \varepsilon$ existiert.*

Beweis. ⇒: Gilt $s_0 = \sup M$, so ist $m \leq s_0$ für alle $m \in M$. Nehmen wir an, es existiert $\varepsilon > 0$, so dass für alle $m \in M$ die Ungleichung $m \leq s_0 - \varepsilon$ gilt, so ist $s := s_0 - \varepsilon$ eine obere Schranke von M, im Widerspruch zur Definition von s_0.

⇐: Nach Voraussetzung ist s_0 eine obere Schranke von M. Nehmen wir an, es existiert ein $s \in \mathbb{R}$ mit $s < s_0$ und es gilt $m \leq s$ für alle $m \in M$, so wählen wir $\varepsilon := s_0 - s > 0$. Somit gilt $s = s_0 - \varepsilon$ und $m \leq s_0 - \varepsilon$ für alle $m \in M$, im Widerspruch zur Definition von s_0. □

Existenz und Eindeutigkeit der Quadratwurzel

Die Körpereigenschaft von $\mathbb{R}$ impliziert, dass wir die Gleichung $bx = a$ für beliebige $a, b \in \mathbb{R}$ mit $b \neq 0$ stets eindeutig lösen können, nämlich mit $x = a/b$. Ist dies auch für Gleichungen der Form $bx^2 = a$ mit $a, b \in \mathbb{R}$ und $b \neq 0$ richtig?

Im Folgenden zeigen wir, dass das Vollständigkeitsaxiom insbesondere die Existenz einer Wurzel einer positiven, reellen Zahl impliziert. Um dies auszuführen, sei $a \geq 0$ und

$$M := \{x \in \mathbb{R} : x \geq 0 \quad \text{und} \quad x^2 \leq a\}.$$

Dann ist M nach oben beschränkt, denn es gilt $x \leq 1 + a$ für alle $x \in M$. Ferner ist offensichtlich $M \neq \emptyset$, da $0 \in M$. Das Vollständigkeitsaxiom impliziert daher, dass $s_0 := \sup M$ existiert. Wir zeigen im Folgenden, dass

$$s_0^2 = a$$

gilt. Ist $a = 0$, so gilt $s_0 = 0$, und wir können daher annehmen, dass $a > 0$ und somit auch $s_0 > 0$ ist.

Wir zeigen zunächst die Ungleichung $s_0^2 \geq a$.

Nehmen wir an, dass diese Behauptung falsch ist, so ist $a - s_0^2 > 0$ und somit $\varepsilon := \frac{a - s_0^2}{2s_0 + 1} > 0$. Ferner ist $\varepsilon < 1$, denn angenommen, es gilt $\varepsilon \geq 1$, so ist

$$a - s_0^2 \geq 2s_0 + 1 \quad \Leftrightarrow \quad a \geq s_0^2 + 2s_0 + 1 = (s_0 + 1)^2.$$

Also ist $s_0 + 1 \in M$ und somit $s_0 + 1 \leq \sup M = s_0$, im Widerspruch zur Definition von s_0! Also gilt $\varepsilon^2 < \varepsilon$ und daher

$$(s_0 + \varepsilon)^2 = s_0^2 + 2s_0\varepsilon + \varepsilon^2 < s_0^2 + (2s_0 + 1)\varepsilon = s_0^2 + a - s_0^2 = a.$$

Folglich ist $s_0 + \varepsilon \in M$ und somit auch $s_0 + \varepsilon \leq s_0$, wiederum im Widerspruch zur Definition von s_0. Deshalb gilt $s_0^2 \geq a$.

Wir zeigen jetzt die umgekehrte Ungleichung $s_0^2 \leq a$.

Wir nehmen wiederum an, die Behauptung ist falsch. Dann gilt $s_0^2 - a > 0$, und setzen wir $\delta := \frac{s_0^2 - a}{2s_0} > 0$, so ist $s := s_0 - \delta = \frac{2s_0^2 - s_0^2 + a}{2s_0} = \frac{s_0^2 + a}{2s_0} > 0$ und

$$s^2 = s_0^2 - 2s_0\delta + \delta^2 = s_0^2 - s_0^2 + a + \delta^2 = a + \delta^2 > a.$$

Also gilt $s^2 > a \geq x^2$ für alle $x \in M$ und $s > x$ für alle $x \in M$. Somit ist $s^2 < s_0^2$ eine obere Schranke von M, im Widerspruch zur Minimalität von s_0.

Zusammenfassend gilt also $s_0^2 = a$, und wir haben die Existenz einer reellen Zahl $s_0 \geq 0$ bewiesen, derart dass $s_0^2 = a$ gilt.

Gäbe es eine weitere reelle Zahl $s_1 \geq 0$ mit $s_1^2 = a$, so wäre

$$0 = s_0^2 - s_1^2 = (s_0 - s_1)(s_0 + s_1),$$

und es muss daher mindestens einer der Faktoren $s_0 - s_1$ und $s_0 + s_1$ verschwinden. Wäre $s_0 - s_1 = 0$, so folgte $s_0 = s_1$. Wäre aber $s_0 + s_1 = 0$, so folgte $s_0 = s_1 = 0$, da $s_0 \geq 0$ und $s_1 \geq 0$. Es folgt daher $s_0 = s_1$.

Zusammenfassend haben wir den folgenden Satz bewiesen.

2.18 Satz. *Zu jeder reellen Zahl $a \geq 0$ existiert genau eine reelle Zahl $w \geq 0$ mit $w^2 = a$.*

Die Zahl w heißt *Wurzel von a* und wird mit $\sqrt{a} := w$ bezeichnet.

Infimum und Minimum beschränkter Mengen

In Analogie zu nach oben beschränkten Mengen betrachten wir auch nach unten beschränkte Mengen reeller Zahlen und definieren das *Infimum* einer solchen Menge.

2.19 Definition.

a) Eine Menge $M \subset \mathbb{R}$ heißt nach *unten beschränkt*, wenn ein $r \in \mathbb{R}$ existiert mit

$$r \leq x \quad \text{für alle } x \in M.$$

In diesem Fall heißt r *untere Schranke* von M.

b) Eine untere Schranke r_0 heißt *größte untere Schranke* oder *Infimum* von M, wenn für alle untere Schranken r von M die Ungleichung $r \leq r_0$ gilt. In diesem Fall setzt man

$$\inf M := r_0.$$

c) Gilt $r_0 \in M$, so heißt r_0 *Minimum von M*, und man setzt

$$\min M := r_0.$$

d) Ist $M \subset \mathbb{R}$ nach oben und unten beschränkt, so heißt M *beschränkt*.

Falls $M \subset \mathbb{R}$ nach unten beschränkt ist, so schreiben wir

$$\inf M > -\infty$$

und setzen

$$\inf M := -\infty,$$

falls M nicht nach unten beschränkt ist. Das Symbol $-\infty$ wird als *minus unendlich* bezeichnet.

Für eine beliebige Menge M ist $-M$ definiert als $-M := \{-m : m \in M\}$.

2.20 Lemma. *Für eine Menge $M \subset \mathbb{R}$ gelten die folgenden Aussagen:*

a) *M ist genau dann nach unten beschränkt, wenn $-M$ nach oben beschränkt ist.*

b) *Jede nichtleere, nach unten beschränkte Menge M besitzt ein Infimum. Dieses ist eindeutig bestimmt.*

c) *Ist $M \neq \emptyset$ nach unten beschränkt, so gilt $\inf M = -\sup(-M)$.*

Den nicht schwierigen Beweis dieser Aussagen überlassen wir dem Leser als Übungsaufgabe.

In Analogie zu Satz 2.17 charakterisieren wir das Infimum einer nichtleeren und nach unten beschränkten Menge reeller Zahlen wie folgt.

2.21 Satz. *Sind $M \subset \mathbb{R}$ eine nichtleere und nach unten beschränkte Menge und $r_0 \in \mathbb{R}$, so gilt $r_0 = \inf M$ genau dann, wenn $r_0 \leq m$ für alle $m \in M$ und für alle $\varepsilon > 0$ ein $x \in M$ existiert mit $x < r_0 + \varepsilon$.*

Aufgaben

1. Man folgere aus dem Axiomensystem der reellen Zahlen $\mathbb{R}$, dass für gegebenes $x \in \mathbb{R}$ das inverse Element $-x$ eindeutig bestimmt ist und dass $-(-x) = x$ gilt.

2. Man beweise die Aussagen c), d), e) und h) in Bemerkung 2.5.

3. Ausgehend von den Körper- und Anordnungsaxiomen von $\mathbb{R}$ leite man folgende Relationen für $x, y, u, v, s \in \mathbb{R}$ her:

    a) Falls $x < y$ und $u \leq v$, so gilt $x + u < y + v$.

    b) Falls $x < y$, so gilt $-x > -y$.

    c) Falls $x < y$ und $s > 0$, so gilt $sx < sy$.

4. Man leite aus den Körperaxiomen her, dass $\frac{a}{b} \cdot \frac{c}{d} = \frac{ac}{bd}$ für alle $a, b, c, d \in \mathbb{R}$ mit $b, d \neq 0$ gilt.

5. Man beweise die Aussagen a) und b) von Satz 2.9.

6. Man bestimme alle $x \in \mathbb{R}$, welche der Ungleichung

    a) $\left| \frac{x+4}{x-2} \right| < x$,

    b) $|x - a| + |x - b| \leq b - a$ für $a \leq b$

    genügen.

7. Man beweise die Aussagen in Bemerkung 2.10 und insbesondere die *umgekehrte Dreiecksun-gleichung*:

    Für $x, y \in \mathbb{R}$ gilt $\big| |x| - |y| \big| \le \big| x - y \big|$.

8. Für $a, b \in \mathbb{R}$ mit $a > 0$ und $b > 0$ definiert man das *arithmetische, geometrische* und *harmonische Mittel* durch

    $$A(a,b) := \frac{a+b}{2}, \qquad G(a,b) := \sqrt{ab}, \qquad H(a,b) := \frac{2ab}{a+b}.$$

    Man beweise die Ungleichungen

    $$H(a,b) \le G(a,b) \le A(a,b)$$

    und zeige, dass Gleichheit nur für den Fall $a = b$ gilt.

9. Man beweise die Aussagen in Lemma 2.20.

10. Man untersuche, ob die folgenden Mengen reeller Zahlen beschränkt sind, und bestimme gegebenenfalls ihr Supremum, Infimum, Maximum und Minimum:

    a) $A := \left\{ x + \frac{1}{x} : \frac{1}{2} < x \le 2 \right\}$,

    b) $B := \{ x \in \mathbb{R} : \text{es existiert ein } y \in \mathbb{R} \text{ mit } (x+2)^2 + 4y^2 < 9 \}$,

    c) $C := \{ 2^m + n^2 : m, n \in \mathbb{N} \}$,

    d) $D := \left\{ \frac{1}{n+1} + \frac{1+(-1)^n}{2n} : n \in \mathbb{N} \right\}$,

    e) $E := \left\{ \frac{|x|}{|x|+1} : x \in \mathbb{R} \right\}$.

11. Man zeige, dass für nichtleere, beschränkte Mengen $A, B \subseteq \mathbb{R}$ gilt:

    a) $\sup\{ a + b : a \in A, b \in B \} = \sup A + \sup B$,

    b) $\sup\{ a - b : a \in A, b \in B \} = \sup A - \inf B$,

    c) Gilt $A \subset B$, so folgt $\inf B \le \inf A \le \sup A \le \sup B$,

    d) $\sup(A \cup B) = \max\{ \sup A, \sup B \}$.

12. Es sei $A \subset \mathbb{R}$ eine nichtleere Menge mit $\inf A > 0$. Man zeige, dass die Menge

    $$A' := \{ 1/x : x \in A \}$$

    nach oben beschränkt ist und dass $\sup A' = 1/\inf A$ gilt.

3 Natürliche Zahlen

In diesem Abschnitt führen wir die natürlichen Zahlen als kleinste induktive Teilmenge von $\mathbb{R}$ ein und betrachten die Beweismethode der *vollständigen Induktion*, die anhand von verschiedenen Beispielen, wie etwa der Bernoullischen Ungleichung und der geometrischen Reihe, illustriert wird.

Induktive Mengen
Wir beginnen mit der Definition einer induktiven Menge.

3.1 Definition. Eine Menge $M \subset \mathbb{R}$ heißt *induktiv*, wenn die beiden folgenden Bedingungen gelten:

a) $1 \in M$.

b) Ist $x \in M$, so ist auch $x + 1 \in M$.

Klarerweise ist die Menge der reellen Zahlen $\mathbb{R}$ induktiv. Betrachten wir die Menge $M := \{x \in \mathbb{R} : x \geq a\}$, so ist M ebenfalls induktiv, sofern nur $a \leq 1$ gilt.

3.2 Definition. Die Menge $\mathbb{N}$ der *natürlichen Zahlen* ist definiert als der Durchschnitt aller induktiven Teilmengen M von $\mathbb{R}$, d. h., als

$$\mathbb{N} := \bigcap_{M \text{ induktiv}, M \subset \mathbb{R}} M.$$

Weiterhin definiert man

$$\mathbb{N}_0 := \mathbb{N} \cup \{0\}.$$

Da nach Definition $1 \in M$ für jede induktive Menge $M \subset \mathbb{R}$ ist auch $1 \in \mathbb{N}$. Ferner, ist $x \in \mathbb{N}$, so gilt $x \in M$ für jede induktive Teilmenge $M \subset \mathbb{R}$ und somit gilt $x + 1 \in M$ für jede induktive Teilmenge $M \subset \mathbb{R}$ und es folgt $x + 1 \in \mathbb{N}$. Also ist $\mathbb{N}$ induktiv und da $\mathbb{N} \subset M$ für jede induktive Menge $M \subset \mathbb{R}$ gilt, ist $\mathbb{N}$ die *kleinste induktive Teilmenge von* $\mathbb{R}$. Genauer gesagt gilt der folgende Satz.

3.3 Satz. (Induktionsprinzip). *Ist $M \subset \mathbb{N}$ eine induktive Menge, so gilt $M = \mathbb{N}$.*

Der Beweis ist einfach. Nach Voraussetzung gilt $M \subset \mathbb{N}$, und aus der Definition von $\mathbb{N}$ folgt $\mathbb{N} \subset M$. Also gilt $M = \mathbb{N}$.

Vollständige Induktion
Das obige Induktionsprinzip erlaubt es uns, die *Beweismethode der vollständigen Induktion* einzuführen.

3.4 Satz. (Prinzip der vollständigen Induktion). *Für jedes $n \in \mathbb{N}$ sei eine Aussage $A(n)$ definiert. Es gelte:*

a) *$A(1)$ ist richtig (Induktionsanfang).*

b) *Für jedes $n \in \mathbb{N}$ gilt: Aus der Richtigkeit von $A(n)$ folgt die Richtigkeit von $A(n+1)$ (Induktionsschritt).*

Dann ist $A(n)$ für jedes $n \in \mathbb{N}$ richtig.

Der Beweis ist wiederum einfach. Wir setzen $M := \{n \in \mathbb{N} : A(n) \text{ ist wahr}\}$. Wegen a) und b) ist dann $M \subset \mathbb{N}$ induktiv. Satz 3.3 impliziert dann, dass $M = \mathbb{N}$ gilt.

Im Folgenden zeigen wir zentrale Eigenschaften der natürlichen Zahlen mittels des Prinzips der vollständigen Induktion.

3.5 Satz. *Es gelten die folgenden Aussagen:*

a) *$n \geq 1$ für jedes $n \in \mathbb{N}$.*

b) *Für $n \in \mathbb{N}$ gilt entweder $n = 1$ oder $n - 1 \in \mathbb{N}$.*

c) *Sind $n, m \in \mathbb{N}$, so gilt $n + m \in \mathbb{N}$ und $n \cdot m \in \mathbb{N}$.*

d) *Sind $n, m \in \mathbb{N}$ und ist $n > m$, so gilt $n - m \in \mathbb{N}$.*

e) *Ist $n \in \mathbb{N}$, so existiert kein $m \in \mathbb{N}$ mit $n < m < n + 1$.*

Beweis. a) Wir verifizieren, dass $M := \{n \in \mathbb{N} : n \geq 1\}$ eine induktive Teilmenge von $\mathbb{N}$ ist. Der Induktionssatz 3.4 impliziert daher $M = \mathbb{N}$.

c) Für $m \in \mathbb{N}$ betrachten wir die Aussage $A(n) : n + m \in \mathbb{N}$. Da $m \in \mathbb{N}$, gilt auch $m + 1 \in \mathbb{N}$, und somit ist $A(1)$ wahr. Gilt $A(n)$, also $n + m \in \mathbb{N}$, so folgt $(n + 1 + m) = (n + m) + 1 \in \mathbb{N}$, und somit ist auch $A(n + 1)$ wahr. Daher gilt $A(n)$ für jedes $n \in \mathbb{N}$, und da $m \in \mathbb{N}$ beliebig gewählt war, folgt die erste der Aussagen in c). Die zweite Aussage in c) beweisen wir analog. Für den Beweis der verbleibenden Aussagen b), d) und e) verweisen wir auf die Übungsaufgaben. $\square$

3.6 Satz. *Jede nichtleere Menge natürlicher Zahlen besitzt ein kleinstes Element.*

Beweis. Es sei $M \subset \mathbb{N}$ und $M \neq \emptyset$. Wegen $\inf \mathbb{N} = 1$ ist M nach unten beschränkt, und es gilt $a := \inf M > -\infty$. Es ist zu zeigen, dass $a \in M$ gilt. Wäre $a \notin M$, so wäre $a < m$ für alle $m \in M$. Wählen wir in der in Satz 2.21 gegebenen Charakterisierung des Infimums zunächst $\varepsilon = 1$, so finden wir ein $m \in M$ mit $a < m < a + 1$. Wählen wir weiter $\varepsilon := m - a$, so gibt es $n \in M$ mit $a < n < a + \varepsilon = m$. Also gilt $a < n < m < a + 1$ und somit $0 < m - n < 1$. Dies widerspricht jedoch der Aussage von Satz 3.5 d), dass $m - n \in \mathbb{N}$ gilt. $\square$

Wir formulieren nun eine Variante des Induktionsprinzips. Sie besagt, dass wir alle Aussagen $A(k)$ für $n_0 \leq k \leq n$ verwenden können, um den Induktionsschritt $n \to n + 1$ sicherzustellen.

3.7 Satz. (Eine Variante des Induktionsprinzips). *Es sei $n_0 \in \mathbb{N}$ und für jedes $n \geq n_0$ sei $A(n)$ eine Aussage. Es gelte:*

a) $A(n_0)$ ist richtig.

b) Für jedes $n \geq n_0$ gilt: Aus der Richtigkeit von $A(n_0)$, $A(n_0 + 1), \ldots, A(n)$ folgt, dass $A(n + 1)$ richtig ist.

Dann ist $A(n)$ für jedes $n \geq n_0$ richtig.

Der einfache Beweis sei dem Leser überlassen. Auf diese Weise kann man zum Beispiel zeigen, dass $2^n > n^2$ für alle $n \geq 5$ gilt.

Bevor wir weitere Beispiele zur vollständigen Induktion diskutieren, wollen wir noch eine wichtige Anwendung der vollständigen Induktion, nämlich das *Prinzip der rekursiven Definition*, einführen.

3.8 Satz. (Rekursionssatz). *Es seien X eine nichtleere Menge, $x \in X$, und für jedes $n \in \mathbb{N}$ sei eine Abbildung $F_n : X^n \to X$ gegeben. Dann existiert eine eindeutig bestimmte Abbildung $f : \mathbb{N}_0 \to X$ mit*

a) $f(0) = x$,

b) $f(n + 1) = F_{n+1}\big(f(0), f(1), \ldots, f(n)\big)$, $n \in \mathbb{N}_0$.

Den (nicht ganz einfachen) Beweis überlassen wir (dennoch) dem Leser als Übungsaufgabe.

In den folgenden Beispielen definieren wir die n-te Potenz sowie endliche Summen und endliche Produkte reeller Zahlen rekursiv.

3.9 Beispiele. a) *n-te Potenz:* Wir definieren zunächst die *n-te Potenz* rekursiv wie folgt: Für $x \in \mathbb{R}$ setzen wir

$$x^0 := 1,$$
$$x^n := x \cdot x^{n-1}, \quad n \in \mathbb{N}.$$

b) *Endliche Summen und Produkte*: Für jedes $j \in \mathbb{N}_0$ seien reelle Zahlen $a_j \in \mathbb{R}$ gegeben. Dann ist die endliche Summe $\sum\limits_{j=0}^{n} a_j$ und das endliche Produkt $\prod\limits_{j=0}^{n} a_j$ definiert durch

$$\sum_{j=0}^{0} a_j := a_0, \quad \sum_{j=0}^{n} a_j := a_n + \sum_{j=0}^{n-1} a_j, \quad n \in \mathbb{N},$$

$$\prod_{j=0}^{0} a_j := a_0, \quad \prod_{j=0}^{n} a_j := a_n \cdot \prod_{j=0}^{n-1} a_j, \quad n \in \mathbb{N}.$$

Entsprechend definieren wir für $l \in \mathbb{N}$

$$\sum_{j=l}^{n} a_j \quad \text{bzw.} \quad \prod_{j=l}^{n} a_j, \quad n \geq l.$$

Wir illustrieren nun die Beweismethode der vollständigen Induktion anhand einiger Beispiele.

3.10 Beispiele. Mittels des Prinzips der vollständigen Induktion lassen sich nun die folgenden Aussagen beweisen:

a) Sind $a \in \mathbb{R}$ und $n, m \in \mathbb{N}_0$, so gilt $a^n \cdot a^m = a^{n+m}$.

b) *Bernoullische Ungleichung*: Für $x > -1$ und $n \in \mathbb{N}$ gilt

$$(1 + x)^n \geq 1 + nx.$$

Den Beweis überlassen wir dem Leser als Übungsaufgabe.

c) *Geometrische Reihe*: Für $q \in \mathbb{R}$ mit $q \neq 1$ und $n \in \mathbb{N}$ gilt

$$1 + q^1 + q^2 + \ldots + q^n = \sum_{j=0}^{n} q^j = \frac{1 - q^{n+1}}{1 - q}.$$

Beweis. Für $n \in \mathbb{N}$ sei $A(n)$ die Aussage, dass $1 + q^1 + q^2 + \ldots + q^n = \frac{1-q^{n+1}}{1-q}$ für jedes $q \in \mathbb{R}$ mit $q \neq 1$ gelte. Wir beginnen mit dem

Induktionsanfang: $A(1)$ ist richtig, denn es gilt $1 + q = \frac{1-q^2}{1-q} = 1 + q$.

Der *Induktionsschritt* lautet wie folgt: Ist $A(n)$ für $n \in \mathbb{N}$ richtig, so gilt

$$\underbrace{1 + q^1 + \ldots + q^n}_{= \frac{1-q^{n+1}}{1-q}} + q^{n+1} = \frac{1 - q^{n+1}}{1 - q} + q^{n+1} = \frac{1 - q^{n+1} + (1-q)q^{n+1}}{1 - q}$$

$$= \frac{1 - q^{n+2}}{1 - q}.$$

Also ist $A(n+1)$ richtig, und nach Satz 3.4 gilt die Aussage $A(n)$ dann für alle $n \in \mathbb{N}$. $\square$

d) Sind $a_j, b_j \in \mathbb{R}$ für $j = 1, \ldots, m$, so gilt

$$\sum_{j=1}^{m} a_j + \sum_{j=1}^{m} b_j = \sum_{j=1}^{m} (a_j + b_j) \quad \text{und} \quad \left| \sum_{j=1}^{m} a_j \right| \leq \sum_{j=1}^{m} |a_j|.$$

In der Analysis ist der Begriff der Folge von sehr großer Wichtigkeit. Die in Satz 3.8 definierte Abbildung f ist ein Beispiel hierfür. Wir definieren nun den Begriff einer Folge allgemein.

3.11 Definition. Ist M eine Menge, so heißt eine Abbildung $f : \mathbb{N} \to M$ eine *Folge in M*.

Setzen wir $a_n := f(n)$ für $n \in \mathbb{N}$, so schreiben wir $(a_n)_{n \in \mathbb{N}}$ oder auch kürzer (a_n). Gelegentlich ist es hilfreich, eine Folge als Abbildung $f : \mathbb{N}_0 \to M$ zu verstehen; in diesem Fall schreiben wir $(a_n)_{n \in \mathbb{N}_0}$.

Aufgaben

1. Man beweise die folgenden und in Satz 3.5 beschriebenen Eigenschaften der natürlichen Zahlen $\mathbb{N}$ mittels des Prinzips der vollständigen Induktion:

   a) Für $n, m \in \mathbb{N}$ gilt $m \cdot n \in \mathbb{N}$.

   b) Für $n \in \mathbb{N}$ existiert *kein* $m \in \mathbb{N}$ mit $n < m < n + 1$.

2. Man beweise mittels des Prinzips der vollständigen Induktion, dass für $a \in \mathbb{R}$ und $n, m \in \mathbb{N}$ gilt:

$$a^n \cdot a^m = a^{n+m}.$$

3. Für $m \in \mathbb{N}$ seien $a_1, \ldots, a_m \in \mathbb{N}$. Man beweise: Gilt für ein $n \in \mathbb{N}$

$$\prod_{i=1}^{m} (1 + a_i) > 2^n, \quad \text{so folgt} \quad \sum_{i=1}^{m} a_i > n.$$

4. Man beweise die Bernoullische Ungleichung: Für $x \in \mathbb{R}$ mit $x > -1$ und $n \in \mathbb{N}$ gilt

$$(1 + x)^n \geq 1 + nx.$$

5. Gegeben sei ein Schachbrett mit der Seitenlänge 2^n, $n \in \mathbb{N}$, von dem man ein beliebiges Feld entfernt. Man zeige, dass man das Brett mit L-förmigen Kartonstücken überdecken kann, wobei die Kartonstücke so groß sind, dass sie genau drei Felder bedecken und sich nicht überlappen.

6. Wo steckt der Fehler im Beweis des Satzes: Alle Pferde sind weiß.

    Beweis: Wir stellen fest, dass es offensichtlich weiße Pferde gibt, und beweisen die Behauptung durch vollständige Induktion in der folgenden Form: Jede Herde von n Pferden, die dieses eine weiße Pferd enthält, besteht nur aus weißen Pferden.

    Induktionsanfang $n = 1$: Die Behauptung ist offensichtlich richtig für $n = 1$.

    Induktionsschritt $n \Rightarrow n + 1$: Die Behauptung sei schon bewiesen für jede Herde, die aus n Pferden besteht. Betrachten wir nun eine Herde von $n + 1$ Pferden, so sondern wir vorüberge-hend ein Pferd aus dieser Herde aus. Nach Induktionsvoraussetzung besteht die übrig bleibende Herde aus n Pferden nur aus weißen Pferden. Bringen wir das ausgesonderte Pferd wieder zur Herde zurück und entfernen stattdessen ein anderes Pferd, so bleibt nach Induktionsvorausset-zung wiederum eine Herde aus lauter weißen Pferden zurück, so dass das zuvor ausgesonderte Pferd ebenfalls weiß sein muss. Wir haben also gezeigt, dass jedes Pferd aus der Herde mit $(n + 1)$ Pferden weiß ist.

7. Eine Zahl $n \in \mathbb{N}$ heißt durch $m \in \mathbb{N}$ teilbar genau dann, wenn ein $q \in \mathbb{N}$ existiert mit $n = mq$. Man zeige induktiv, dass für $n(k) := 10^k - 1$ mit $k \in \mathbb{N}_0$ die folgenden Aussagen gelten:

    a) $n(k) \in \mathbb{N}_0$ für alle $k \in \mathbb{N}$.

    b) $n(k)$ ist durch 3 und durch 9 teilbar für alle $k \in \mathbb{N}$.

8. Man beweise mit vollständiger Induktion, dass für alle $n \in \mathbb{N}$ gilt:

    a) $5^n - 1$ ist durch 4 teilbar.

    b) $3^{2^n} - 1$ ist durch 2^{n+2} teilbar.

    c) Die Anzahl A_n aller Teilmengen einer n-elementigen Menge ist gegeben durch $A_n = 2^n$.

9. Man folgere aus Aufgabe 7, dass eine Zahl $n \in \mathbb{N}$ genau dann durch 3 beziehungsweise durch 9 teilbar ist, wenn die Quersumme durch 3 beziehungsweise durch 9 teilbar ist. Man verwende, dass für jede Zahl $n \in \mathbb{N}$ ein $N \in \mathbb{N}$ existiert und Zahlen $i_k \in \{0, 1, 2, 3, 4, 5, 6, 7, 8, 9\}$ für $k \in \mathbb{N}$ mit $k \le N$ derart existieren, dass die Dezimaldarstellung

$$n = \sum_{k=0}^{N} i_k 10^k$$

    gilt, wobei $q(n) := \sum_{k=0}^{N} i_k$ die Quersumme von n bezeichnet.

10. Man beweise Satz 3.8.

11. (Heron Verfahren). Für $a \ge 0$ definiere man rekursiv für ein $r > 0$

$$x_0 := r, \quad x_{n+1} := \frac{1}{2}\left(x_n + \frac{a}{x_n}\right), \quad n \in \mathbb{N}_0.$$

    Man beweise:

    a) $x_n > 0$ für alle $n \in \mathbb{N}$.

    b) $x_n \ge \sqrt{a}$ für alle $n \in \mathbb{N}$. Man zeige zuerst, dass $x < y \Leftrightarrow \sqrt{x} < \sqrt{y}$ für beliebige $x, y \ge 0$ gilt.

    c) $x_{n+1} \le x_n$ für jedes $n \in \mathbb{N}$.

    d) Man folgere aus b) und c), dass die Menge $X := \{x_n : n \in \mathbb{N}_0\}$ beschränkt ist.

4   Ganze, rationale und irrationale Zahlen

Nach der Einführung der natürlichen Zahlen definieren wir nun die *ganzen*, die *rationalen* sowie die *irrationalen Zahlen* und werden sehen, dass die Menge $\mathbb{Q}$, im Gegensatz zu $\mathbb{Z}$ oder $\mathbb{N}$, einen Körper bildet. Weiter beschäftigen wir uns mit der archimedischen Anordnung der reellen Zahlen und speziell mit der klassischen Schlussweise der Analysis. Wir beweisen, dass die Menge $\mathbb{Q}$ der rationalen Zahlen „dicht" in $\mathbb{R}$ liegt, in dem Sinne, dass für je zwei reelle Zahlen $a, b \in \mathbb{R}$ mit $a < b$ immer ein $q \in \mathbb{Q}$ existiert mit $a < q < b$.

Ganze, rationale und irrationale Zahlen
Wir definieren die Menge $\mathbb{Z}$ der *ganzen Zahlen* als

$$\mathbb{Z} := \mathbb{N}_0 \cup \{-n : n \in \mathbb{N}\}$$

sowie die Menge $\mathbb{Q}$ der *rationalen Zahlen* als

$$\mathbb{Q} := \{p/q : p, q \in \mathbb{Z}, q \neq 0\}.$$

Es ist an dieser Stelle sehr interessant festzustellen, dass $\mathbb{Q}$ ein Körper ist. Genauer gesagt gilt der folgende Satz.

4.1 Satz. *Die Menge $\mathbb{Q}$, versehen mit den Operationen $+$ und $\cdot$, bildet einen Körper.*

Wie beweisen wir dies am einfachsten? Im folgenden Lemma stellen wir diejenigen Eigenschaften zusammen, welche hierfür überprüft werden müssen.

4.2 Lemma. *Es seien K versehen mit den Operationen $+$ und $\cdot$ ein Körper, $L \subset K$, und es gelte:*

a) *L ist abgeschlossen bezüglich $+$ und $\cdot$, d. h., es gilt $a + b \in L$ und $a \cdot b \in L$ für alle $a, b \in L$,*

b) *$0 \in L$ und $1 \in L$,*

c) *L ist abgeschlossen bezüglich der Inversenbildung, d. h., gilt $a \in L$, so ist auch $-a \in L$, und gilt $a \in L$ mit $a \neq 0$, so ist $a^{-1} \in L$.*

Dann ist L, versehen mit den Operationen $+$ und $\cdot$, ein Körper.

Den Beweis des obigen Lemmas überlassen wir dem Leser als Übungsaufgabe, ebenso die Verifizierung der Gültigkeit der in Lemma 4.2 genannten Bedingungen für den Fall $K = \mathbb{R}$ und $L = \mathbb{Q}$.

4.3 Bemerkungen. a) Wir haben bereits in Bemerkung 2.7 notiert, dass Körper über ihre algebraische Struktur hinaus eine Ordnungsstruktur besitzen können. In diesem Fall nennen wir einen Körper K *angeordnet*, wenn, wie bereits in Bemerkung 2.7 vermerkt, eine Beziehung $>$ definiert ist, welche die folgenden Eigenschaften erfüllt:

i) Für $x \in K$ gilt genau eine der Beziehungen: $x = 0$, $x > 0$, $-x > 0$.

ii) Für $x, y \in K$ mit $x > 0$ und $y > 0$ gilt $x + y > 0$ und $x \cdot y > 0$.

b) Da die Anordnungsaxiome von $\mathbb{R}$ aus Abschnitt 2 insbesondere auch für $\mathbb{Q}$ gelten, sehen wir, dass $\mathbb{R}$ und $\mathbb{Q}$ nicht nur Körper, sondern sogar angeordnete Körper sind.

Ferner nennen wir die Elemente von $\mathbb{R} \setminus \mathbb{Q}$ *irrationale Zahlen*. Es sei an dieser Stelle angemerkt, dass $\mathbb{R} \setminus \mathbb{Q}$ kein Körper ist.

4.4 Lemma. *Die Zahl $\sqrt{2}$ ist irrational.*

Beweis. Angenommen, $\sqrt{2}$ hat die Darstellung $\sqrt{2} = \frac{p}{q}$ mit $p, q \in \mathbb{Z}$, so könnten wir $\sqrt{2}$ auch als „gekürzten Bruch", d. h., mit minimalem q darstellen. Quadrieren sowie Multiplikation mit q^2 ergeben unter Berücksichtigung von Übungsaufgabe 2.4, dass $2q^2 = p^2$ gilt. Daher ist p^2 gerade; nach Übungsaufgabe 4.2 gilt dies dann auch für p, und somit können wir p als $p = 2n$ für ein $n \in \mathbb{N}$ darstellen. Es gilt dann $2q^2 = 4n^2$, also $q^2 = 2n^2$, und somit ist q^2, also auch q, gerade. Insgesamt sind also p und q gerade, und q war nicht minimal gewählt, im Widerspruch zur Annahme. $\square$

Archimedische Anordnung von $\mathbb{R}$ und klassische Schlussweise der Analysis

Gegenstand dieses Unterabschnitts ist die *archimedischen Anordnung* der reellen Zahlen. Die Bedeutung des Vollständigkeitsaxioms wird im folgenden Satz nochmals sehr deutlich.

4.5 Satz. *Die Menge $\mathbb{N}$ ist nicht nach oben beschränkt.*

Beweis. Nehmen wir an, dass $\mathbb{N}$ nach oben beschränkt ist, so existiert $s_0 = \sup \mathbb{N}$ nach dem Vollständigkeitsaxiom. Wählen wir in der Charakterisierung des Supremums in Satz 2.17 speziell $\varepsilon = 1$, so existiert ein $n \in \mathbb{N}$ mit $n > s_0 - 1$. Also gilt $n + 1 > s_0$, im Widerspruch zur Definition von s_0. $\square$

Mit Hilfe von Satz 4.5 können wir nun das *Prinzip des Archimedes* beweisen.

4.6 Satz. (Prinzip des Archimedes). *Für jedes $a > 0$ und jedes $b \in \mathbb{R}$ existiert ein $n \in \mathbb{N}$ mit $n \cdot a > b$.*

Nehmen wir an, es gilt $n \cdot a \le b$ für ein $a > 0$, ein $b \in \mathbb{R}$ und alle $n \in \mathbb{N}$, so wäre $\mathbb{N}$ nach oben beschränkt durch $\frac{b}{a}$, im Widerspruch zu Satz 4.5.

Eine Variante des archimedischen Prinzips ist die *klassische Schlussweise der Analysis*.

4.7 Satz. (Klassische Schlussweise der Analysis). *Ist $0 \le a < \frac{1}{n}$ für alle $n \in \mathbb{N}$, so gilt $a = 0$.*

Nehmen wir an, es gilt $a > 0$, so wäre $n \cdot a < 1$ für alle $n \in \mathbb{N}$, im Widerspruch zum archimedischen Prinzip in Satz 4.6.

Wir weisen noch einmal darauf hin, dass die Aussagen der Sätze 4.5, 4.6 und 4.7 ganz wesentlich auf dem Vollständigkeitsaxiom beruhen.

4.8 Bemerkungen. a) Ausgehend vom obigen Prinzip des Archimedes ist es natürlich, einen angeordneten Körper K *archimedisch* zu nennen, wenn zu $a, b \in K$ mit $0 < a < b$ ein $n \in \mathbb{N}$ existiert mit $na > b$.

b) Aufgrund von Satz 4.6 sind $\mathbb{R}$ und $\mathbb{Q}$ *archimedisch angeordnete Körper.*

c) In diesem Zusammenhang ist es natürlich zu fragen, ob neben $\mathbb{R}$ noch weitere archimedisch angeordnete Körper existieren, welche dem Vollständigkeitsaxiom genügen? Nach b) sind sowohl $\mathbb{R}$ als auch $\mathbb{Q}$ archimedisch angeordnete Körper und in Abschnitt 7 werden wir sehen, dass neben $\mathbb{R}$ auch die Menge $\mathbb{C}$ der komplexen Zahlen, versehen mit der dort definierten Addition und Multiplikation, einen vollständigen Körper definiert. Um die obige Frage zu beantworten, führen wir zunächst den Begriff des *Körperisomorphismus* ein. Zwei Körper K und L heißen *isomorph*, wenn eine bijektive Abbildung $\Phi : K \to L$ existiert mit

$$\Phi(x + y) = \Phi(x) + \Phi(y), \quad \Phi(x \cdot y) = \Phi(x) \cdot \Phi(y), \quad x, y \in K.$$

Sind $(K, >_K)$ und $(L, >_L)$ zusätzlich angeordnete Körper, so heißen K und L *isomorph als angeordnete Körper*, falls zusätzlich $x >_K 0$ genau dann gilt, wenn $\Phi(x) >_L 0$ ist.

d) In Abschnitt 8.3 skizzieren wir einen Beweis für die Aussage, dass, falls K ein vollständiger und archimedisch angeordneter Körper ist, K als angeordneter Körper isomorph zu $\mathbb{R}$ ist.

Dichtheit der rationalen und irrationalen Zahlen in $\mathbb{R}$

Im folgenden Satz beschreiben wir eine fundamentale Beziehung zwischen rationalen und reellen Zahlen.

4.9 Satz. *Die Menge $\mathbb{Q}$ liegt dicht in $\mathbb{R}$, d. h., sind $a, b \in \mathbb{R}$ mit $a < b$, so existiert ein $q \in \mathbb{Q}$ mit $a < q < b$.*

Beweis. Da $b - a > 0$, existiert nach dem archimedischen Prinzip, Satz 4.6, ein $n \in \mathbb{N}$ mit $n(b-a) > 1$ und somit $nb > na + 1$. Weiter folgt, wiederum aus dem archimedischen Prinzip, die Existenz von $m_1, m_2 \in \mathbb{N}$ mit $m_1 > na$ und $m_2 > -na$. Es existiert also ein $m \in \mathbb{Z}$ mit $m - 1 \le na < m$. Zusammen folgt

$$na < m \le 1 + na < nb,$$

und setzen wir $q := m/n \in \mathbb{Q}$, so folgt die Behauptung. $\qquad\square$

Wir können weiter zeigen, dass auch $\mathbb{R} \setminus \mathbb{Q}$ dicht in $\mathbb{R}$ liegt.

4.10 Satz. *Sind $a, b \in \mathbb{R}$ mit $a < b$, so existiert ein $\xi \in \mathbb{R} \setminus \mathbb{Q}$ mit $a < \xi < b$.*

Beweis. Nach Satz 4.9 existieren rationale Zahlen $q_1, q_2 \in \mathbb{Q}$ mit $a < q_1 < b$ und $q_1 < q_2 < b$. Setzen wir $\xi := q_1 + (q_2 - q_1)/\sqrt{2}$, so folgt $q_1 < \xi < q_2$, da $\sqrt{2} > 1$ ist. Weiter ist $\xi \notin \mathbb{Q}$, da ansonsten auch $\sqrt{2} = (q_2 - q_1)/(\xi - q_1)$ rational wäre, im Widerspruch zu Lemma 4.4. $\qquad\square$

Aufgaben

1. Man beweise die Aussage in Lemma 4.2 und verifiziere die Gültigkeit der darin genannten Bedingungen für $K = \mathbb{R}$ und $L = \mathbb{Q}$.

2. Man zeige die folgende Aussage: Ist $p \in \mathbb{N}$ und p^2 gerade, so ist auch p gerade.

3. Man zeige: Für jedes $x \in \mathbb{R}$ gilt $x = \sup\{q \in \mathbb{Q} : q < x\}$.

4. Für $m \in \mathbb{N}$ sei auf der Menge $\mathbb{Z}$ eine Relation definiert durch:

$$a \sim b :\Leftrightarrow b - a \text{ ist durch } m \text{ teilbar.}$$

    Hierzu sagt man auch, dass a *kongruent zu b modulo m* sei. Man zeige:
    a) Die Relation $\sim$ ist eine Äquivalenzrelation.
    b) Ist $\mathbb{Z}(m) := \{0, 1, \ldots, m - 1\}$ für $m \geq 2$, so existiert zu jedem $a \in \mathbb{Z}$ genau ein $\tilde{a} \in \mathbb{Z}(m)$ mit $a \sim \tilde{a}$.
    c) Sind $k, 1 \in \mathbb{Z}(m)$ und definiert man auf $\mathbb{Z}(m)$ eine

$$\text{Addition } \oplus \text{ durch } k \oplus 1 := \widetilde{k + 1} \text{ und eine Multiplikation } \otimes \text{ durch } k \otimes 1 := \widetilde{k \cdot 1},$$

       so ist $\mathbb{Z}(m)$ eine abelsche Gruppe bzgl. der Addition $\oplus$ und $\mathbb{Z}(m) \setminus \{0\}$ eine abelsche Gruppe bzgl. der Multiplikation $\otimes$ genau dann, wenn m eine Primzahl ist.
    d) $\mathbb{Z}(m)$ ist ein Körper bzgl. $\oplus$ und $\otimes$ genau dann, wenn m eine Primzahl ist.

5. Man zeige, dass die angeordneten Körper $\mathbb{Q}$ und $\mathbb{R}$ nicht isomorph sind.

6. Ist K ein Körper und existieren zwei Elemente $a, b \in K$ mit $a^2 + b^2 = -1$, so kann K nicht angeordnet werden.

7. Man zeige, dass für $q \in \mathbb{Q}$ und $r \in \mathbb{R} \setminus \mathbb{Q}$ die folgenden Aussagen gelten:
    a) $q + r \in \mathbb{R} \setminus \mathbb{Q}$.
    b) Für $r \neq 0$ ist $\frac{1}{r} \in \mathbb{R} \setminus \mathbb{Q}$.
    c) Für $q \neq 0$ ist $r \cdot q \in \mathbb{R} \setminus \mathbb{Q}$.

8. Es seien $\alpha \in \mathbb{R} \setminus \mathbb{Q}$ und $S_\alpha := \{m + n\alpha : n, m \in \mathbb{Z}\}$. Man zeige: Sind $a, b \in \mathbb{R}$ mit $a < b$, so existiert ein $\xi \in S_\alpha$ mit $a < \xi < b$.

9. Man beweise:
    a) Sind $p, q \in \mathbb{Q}$ mit $p < q$, so existiert $\xi \in \mathbb{R} \setminus \mathbb{Q}$ mit $p < \xi < q$.
    b) Sind $x, y \in \mathbb{R} \setminus \mathbb{Q}$ mit $x < y$, so existiert $q \in \mathbb{Q}$ mit $x < q < y$.

5 Wurzeln, Fakultäten und Binomialkoeffizienten

Wir haben in Abschnitt 2 gesehen, dass zu jeder reellen Zahl $a \geq 0$ genau eine reelle Zahl $w \geq 0$ existiert mit der Eigenschaft, dass $w^2 = a$ gilt. Um die Existenz von w zu zeigen, benutzten wir ganz wesentlich das Vollständigkeitsaxiom (V). Wir betonen an dieser Stelle nochmals, dass wir alleine mit den Körper- und Anordnungsaxiomen von $\mathbb{R}$ die Existenz einer Wurzel von a nicht beweisen können.

Im Folgenden verallgemeinern wir die obige Aussage über die Quadratwurzel auf die n-te Wurzel einer reellen Zahl $a \geq 0$, wobei $n \in \mathbb{N}$ eine beliebige natürliche Zahl bezeichnet.

5.1 Satz. *Es seien $a \in \mathbb{R}$ mit $a \geq 0$ und $n \in \mathbb{N}$. Dann existiert genau eine reelle Zahl $w \geq 0$ mit $w^n = a$.*

Wir nennen w die *n-te Wurzel* aus a und schreiben

$$\sqrt[n]{a} := w \quad \text{oder} \quad a^{1/n} := w.$$

Ist $a > 0$, so setzen wir außerdem

$$a^{-1/n} := \frac{1}{a^{1/n}}.$$

Die Eindeutigkeit von w im obigen Satz ergibt sich aus der Darstellung

$$x_1^n - x_2^n = (x_1 - x_2)\left(x_1^{n-1} + x_1^{n-2}x_2 + x_1^{n-3}x_2^2 + \cdots + x_2^{n-1}\right),$$

ähnlich wie im Beweis von Satz 2.18. Eine Modifikation des im Beweis von Satz 2.18 gegebenen Arguments zur Existenz von w liefert auch die Existenz der n-ten Wurzel von a. Wir überlassen es dem Leser als Übungsaufgabe, dies im Detail auszuführen.

Rationale Exponenten

Wie definieren wir a^q für beliebiges $q \in \mathbb{Q}$? Gilt $q = m/n$ mit $n, m \in \mathbb{N}$, so ist es, ausgehend von Satz 5.1 naheliegend, a^q durch $a^q := (\sqrt[n]{a})^m$ zu definieren. Wir überprüfen zunächst, dass der so definierte Wert von a^q nicht von der speziellen Wahl von n und m abhängt. Es seien also $m, n, p, r \in \mathbb{N}$ mit $q = m/n = p/r$. Dann ist $mr = pn$, und für $a \geq 0$ gilt

$$\left((\sqrt[n]{a})^m\right)^r = \left(\sqrt[n]{a}\right)^{mr} = \left(\sqrt[n]{a}\right)^{pn} = \left((\sqrt[n]{a})^n\right)^p = a^p,$$
$$\left((\sqrt[r]{a})^p\right)^r = \left(\sqrt[r]{a}\right)^{pr} = \left((\sqrt[r]{a})^r\right)^p = a^p.$$

Die Eindeutigkeit der r-ten Wurzel impliziert dann $\left(\sqrt[n]{a}\right)^m = \left(\sqrt[r]{a}\right)^p$, und somit ist die folgende Definition von a^q gerechtfertigt.

Für $a \geq 0$ und $q \in \mathbb{Q}$ mit $q = m/n$ für $n, m \in \mathbb{N}$ setzen wir

$$a^q := \left(\sqrt[n]{a}\right)^m. \tag{5.1}$$

Insbesondere gilt $a^0 = 1$ für jedes $a \geq 0$. Ist $a > 0$, so setzen wir $a^{-q} := \frac{1}{a^q}$.

Für $a, b \geq 0$ gelten dann die folgenden Rechenregeln für rationale Exponenten $p, q \in \mathbb{Q}$:

$$a^p a^q = a^{p+q}, \quad a^p b^p = (ab)^p, \quad (a^p)^q = a^{pq}$$

sowie

$$\frac{a^p}{a^q} = a^{p-q}, \quad \frac{a^p}{b^p} = \left(\frac{a}{b}\right)^p, \quad \text{falls } a, b > 0.$$

Fakultät und Binomialkoeffizienten

Wir kommen nun zum Begriff der *Fakultät*. Für $n \in \mathbb{N}_0$ definieren wir $n!$ (sprich n-Fakultät) rekursiv als

$$0! := 1,$$
$$(n + 1)! := (n + 1)n!, \quad n \in \mathbb{N}_0.$$

Weiter führen wir die *Binomialkoeffizienten* für $a \in \mathbb{R}$ und $k \in \mathbb{N}_0$ ein als

$$\binom{a}{0} := 1, \quad \binom{a}{k} := \frac{a(a - 1) \cdots (a - k + 1)}{k!}.$$

Sind $n, k \in \mathbb{N}_0$ und gilt $0 \leq k \leq n$, so erhalten wir

$$\binom{n}{k} = \frac{n!}{k!(n - k)!} = \binom{n}{n - k}.$$

Wir verifizieren in den Übungsaufgaben mittels des Prinzips der vollständigen Induktion die Gültigkeit des folgenden *Additionstheorems* für die Binomialkoeffizienten.

5.2 Lemma. *Für* $n, k \in \mathbb{N}_0$ *gilt*

$$\binom{n}{k} + \binom{n}{k + 1} = \binom{n + 1}{k + 1}.$$

Diese Aussage erlaubt eine einfache sukzessive Berechnung der Binomialkoeffizienten in der als *Pascalsches Dreieck* bezeichneten Anordnung:

$$
\begin{array}{ccccccccc}
n = 0 & & & & 1 & & & & \\
n = 1 & & & 1 & & 1 & & & \\
n = 2 & & 1 & & 2 & & 1 & & \\
n = 3 & 1 & & 3 & & 3 & & 1 & \\
n = 4 & 1 & & 4 & & 6 & & 4 & & 1 \\
\vdots & & & & \vdots & & & &
\end{array}
$$

Jeder Eintrag ist die Summe der beiden links und rechts darüberstehenden Einträge.

Die Fakultät und die Binomialkoeffizienten spielen in der Kombinatorik eine große Rolle. Insbesondere kann man zeigen, dass für $n \in \mathbb{N}$ und $k \in \mathbb{N}_0$ die Anzahl der k-elementigen Teilmengen einer nichtleeren Menge mit n Elementen im Fall $0 < k \leq n$ gegeben ist durch $\binom{n}{k}$.

Gibt es Beziehungen zwischen der Kombinatorik und der Analysis? Ein Beispiel hierfür ist der folgende binomische Lehrsatz, welchen wir jetzt ebenfalls mittels vollständiger Induktion beweisen.

5.3 Satz. (Binomischer Lehrsatz). *Für $a, b \in \mathbb{R}$ und $n \in \mathbb{N}$ gilt*

$$
(a + b)^n = \sum_{j=0}^{n} \binom{n}{j} a^j b^{n-j}.
$$

Beweis. Wir beginnen mit dem Induktionsanfang. Die Behauptung ist offensichtlich richtig für $n = 1$, denn es gilt

$$
(a + b) = \sum_{j=0}^{1} \binom{1}{j} a^j b^{1-j} = \binom{1}{0} b + \binom{1}{1} a = b + a = a + b.
$$

Um den Induktionsschritt zu beweisen, nehmen wir an, dass die Aussage des Satzes für ein $n \in \mathbb{N}$ gilt. Dann erhalten wir unter Verwendung von Lemma 5.2

$$
(a + b)^{n+1} = (a + b)(a + b)^n = (a + b) \sum_{j=0}^{n} \binom{n}{j} a^j b^{n-j}
$$

$$
= \sum_{j=0}^{n} \binom{n}{j} a^{j+1} b^{n-j} + \sum_{j=0}^{n} \binom{n}{j} a^j b^{n-j+1}
$$

$$
= \sum_{j=1}^{n+1} \binom{n}{j-1} a^j b^{n-(j-1)} + \sum_{j=0}^{n} \binom{n}{j} a^j b^{n-j+1}
$$

$$= \sum_{j=1}^{n} \left[\binom{n}{j-1} + \binom{n}{j} \right] a^j b^{n-j+1} + \binom{n}{0} a^0 b^{n+1} + \binom{n}{n} a^{n+1} b^0$$

$$= \sum_{j=0}^{n+1} \binom{n+1}{j} a^j b^{n-j+1}.$$

Somit gilt die Aussage des Satzes auch für $n + 1$, und die Behauptung folgt dann aus Satz 3.4 über die vollständige Induktion. $\qquad\qquad\qquad\qquad\qquad\qquad\qquad$ $\square$

Aufgaben

1. Man führe den Beweis von Satz 5.1 im Detail aus.

2. Man beweise: Sind $a, b \in \mathbb{R}_+$ und $p, q \in \mathbb{Q}$, so gilt

$$a^{p+q} = a^p a^q, \qquad a^p b^p = (ab)^p, \qquad (a^p)^q = a^{pq}.$$

3. Man zeige: Sind $a, b \in \mathbb{R}$ mit $0 \le a < b$ und $n \in \mathbb{N}$, so gilt $\sqrt[n]{a} < \sqrt[n]{b}$.

4. Man zeige:

   a) $\displaystyle\sum_{k=1}^{n} (-1)^k k^2 = (-1)^n \binom{n+1}{2}$ für jedes $n \in \mathbb{N}$.

   b) $\displaystyle\sum_{k=0}^{n} (-1)^k \binom{n}{k} = 0$ für jedes $n \in \mathbb{N}$.

5. Man beweise Lemma 5.2.

6. (Ungleichung Geometrisches-Harmonisches Mittel). Man zeige: Sind $n \in \mathbb{N}$ und $a_1, a_2 \dots, a_n$ reelle Zahlen mit $a_i > 0$ für alle $i = 1, \dots, n$, so gilt

$$\frac{n}{\frac{1}{a_1} + \frac{1}{a_2} + \cdots \frac{1}{a_n}} \le \sqrt[n]{a_1 a_2 \cdots a_n}.$$

7. Es seien $n \in \mathbb{N}$, $s := \sum_{j=1}^{n} a_j$ mit $a_j > -1$ für alle j mit $1 \le j \le n$. Man zeige:

$$\prod_{j=1}^{n} (1 + a_j) \le \left(1 + \frac{s}{n} \right)^n.$$

   Hinweis: Man verwende die obige Ungleichung über das geometrische und harmonische Mittel.

8. a) Es sei $n \in \mathbb{N}$. Man zeige, dass keine der n aufeinanderfolgenden Zahlen

$$(n + 1)! + 2, (n + 1)! + 3, \dots, (n + 1)! + (n + 1)$$

   eine Primzahl ist und folgere, dass es beliebig große Primzahllücken gibt.

   b) (Der Satz von Euklid). Man zeige, dass es unendlich viele Primzahlen gibt.
   Hinweis: Sind $p_0, \dots, p_m$ Primzahlen, so betrachte man $p := p_0 \cdot p_1 \cdots p_m + 1$ und führe die Annahme, dass p keine Primzahl ist, zum Widerspruch.

6 Mächtigkeit von Mengen und Überabzählbarkeit

Gibt es „mehr" reelle Zahlen als rationale Zahlen? Gibt es „mehr" rationale Zahlen als natürliche Zahlen? Was bedeutet hier „mehr"? Gibt es Mengen, die echt „größer" sind als die Menge der reellen Zahlen?

Zur Beantwortung dieser Fragen führen wir jetzt den Begriff der Mächtigkeit einer Menge ein und studieren insbesondere abzählbare bzw. überabzählbare Mengen. Wir zeigen, dass die Menge der ganzen Zahlen $\mathbb{Z}$ sowie die Menge der rationalen Zahlen $\mathbb{Q}$ abzählbar sind, also gleichmächtig zu $\mathbb{N}$ sind. Die Vollständigkeit von $\mathbb{R}$ impliziert, dass die Menge der reellen Zahlen $\mathbb{R}$ eine echt größere Mächtigkeit besitzt als diejenige der rationalen Zahlen.

Mächtigkeit von Mengen

Eine Menge X heißt *endlich*, falls X leer ist oder falls ein $n \in \mathbb{N}$ und eine Bijektion von $\{1, \ldots, n\}$ auf X existieren. Ist eine Menge X nicht endlich, so heißt sie *unendlich*. Ferner heißt

$$\text{Anz(X)} := \begin{cases} 0, & \text{falls } X = \emptyset, \\ n, & \text{falls ein } n \in \mathbb{N} \text{ und eine Bijektion von } \{1, \ldots, n\} \text{ auf } X \text{ existieren,} \\ \infty, & \text{falls } X \text{ unendlich,} \end{cases}$$

die *Anzahl* einer Menge X.

Die folgenden Definitionen gehen auf Georg Cantor, einen der Begründer der Mengenlehre, zurück.

6.1 Definition. Es seien X, Y Mengen.

a) Die Mengen X und Y heißen *gleichmächtig*, wenn es eine bijektive Abbildung $f : X \to Y$ gibt. Ferner hat Y eine *größere Mächtigkeit als X*, wenn X zu einer Teilmenge von Y gleichmächtig ist, aber Y zu keiner Teilmenge von X.

b) Die Menge X heißt *abzählbar*, wenn sie zu $\mathbb{N}$ gleichmächtig ist, d. h., wenn eine Funktion $f : \mathbb{N} \to X$ derart existiert, dass zu jedem $x \in X$ genau ein $n \in \mathbb{N}$ existiert mit $f(n) = x$. Mit der Bezeichnung $a_n = f(n)$ gilt in diesem Fall $X = \{a_1, a_2, a_3, \ldots\}$.

c) Die Menge X heißt *überabzählbar*, wenn X nicht abzählbar und nicht endlich ist.

d) Die Menge X heißt *höchstens abzählbar*, wenn sie endlich oder abzählbar ist.

6.2 Lemma. *Die Menge $\mathbb{Z}$ ist abzählbar.*

Der Beweis ist einfach. Zum Beispiel liefert die Zuordnung

$$
\begin{array}{ccccccccc}
1 & 2 & 3 & 4 & 5 & 6 & 7 & \dots \\
\downarrow & \downarrow & \downarrow & \downarrow & \downarrow & \downarrow & \downarrow & \dots \\
0 & 1 & -1 & 2 & -2 & 3 & -3 & \dots
\end{array}
$$

eine Bijektion $f : \mathbb{N} \to \mathbb{Z}$ mit $f(n) = n/2$ für gerades n und $f(n) = (1-n)/2$ für ungerades n. $\qquad\qquad\square$

Die obige Aussage erscheint zunächst paradox, da $\mathbb{Z}$ mit einer echten Teilmenge von $\mathbb{Z}$ gleichmächtig ist. Bei endlichen Mengen taucht ein solches Phänomen nicht auf.

6.3 Satz. *Die Menge $\mathbb{Q}$ ist abzählbar.*

Beweis. Wir stellen jede positive rationale Zahl dar als p/q mit $p, q \in \mathbb{N}$ und ordnen die Brüche nach dem folgenden Schema, aus dem wir die ungekürzten Brüche herausstreichen, um Mehrfachzählungen zu vermeiden:

$$
\begin{array}{ccccc}
1 & \to & 2 & \quad 3 & \to \quad 4 \qquad 5 \; \dots \\
& \swarrow & & \nearrow & \swarrow \\
\frac{1}{2} & & \frac{2}{\cancel{2}} & \frac{3}{2} & \frac{4}{\cancel{2}} \quad \frac{5}{2} \; \dots \\
\downarrow & \nearrow & & \swarrow \\
\frac{1}{3} & & \frac{2}{3} & \frac{3}{\cancel{3}} & \frac{4}{3} \quad \frac{5}{3} \; \dots \\
& \swarrow \\
\frac{1}{4} & & \frac{2}{\cancel{4}} & \frac{3}{4} & \frac{4}{\cancel{4}} \quad \frac{5}{4} \; \dots \\
\downarrow & \nearrow \\
\frac{1}{5} & \dots
\end{array}
$$

Durchnummerieren in Pfeilrichtung ergibt dann die Abzählung $\{x \in \mathbb{Q} : x > 0\} = \{a_1, a_2, a_3, \dots,\}$. Setzen wir weiter $b_1 = 0$, $b_{2n} = a_n$ und $b_{2n+1} = -a_n$ für $n \in \mathbb{N}$, so gilt $\mathbb{Q} = \{b_1, b_2, b_3, \dots\}$. $\qquad\qquad\square$

Überabzählbarkeit von $\mathbb{R}$

Zur Untersuchung der Mächtigkeit von $\mathbb{R}$ führen wir zunächst den Begriff der Intervallschachtelung ein. Hierzu definieren wir für $a, b \in \mathbb{R}$ mit $a < b$ die folgenden *Intervalle*:

$$
\begin{aligned}
&\textit{Abgeschlossenes Intervall}: && [a, b] := \{x \in \mathbb{R} : a \le x \le b\}, \\
&\textit{Offenes Intervall}: && (a, b) := \{x \in \mathbb{R} : a < x < b\}, \\
&\textit{Rechts halboffenes Intervall}: && [a, b) := \{x \in \mathbb{R} : a \le x < b\}, \\
&\textit{Links halboffenes Intervall}: && (a, b] := \{x \in \mathbb{R} : a < x \le b\}.
\end{aligned}
$$

Wir bezeichnen sie alle mit I. Die *Länge* $|I|$ jedes dieser Intervalle mit den *Randpunkten* a, b wird als $|I| := b - a$ definiert.

6.4 Definition. Eine *Intervallschachtelung* ist eine Folge $(I_n)_{n \in \mathbb{N}}$ von abgeschlossenen Intervallen $I_n = [a_n, b_n]$ mit $a_n < b_n$ für alle $n \in \mathbb{N}$, welche die folgenden Eigenschaften erfüllt:

a) $I_{n+1} \subset I_n$ für alle $n \in \mathbb{N}$.

b) Zu jedem $\varepsilon > 0$ existiert ein Intervall I_n mit $|I_n| < \varepsilon$.

Das in (2.14) beschriebene Vollständigkeitsaxiom impliziert nun das in Satz 6.5 dargestellte wichtige Resultat.

6.5 Satz. *Zu jeder Intervallschachtelung gibt es genau eine reelle Zahl r, die in allen Intervallen der Schachtelung enthalten ist.*

Beweis. Ist $I_n = [a_n, b_n]$ für $n \in \mathbb{N}$ eine Intervallschachtelung, so gilt wegen Eigenschaft a)

$$a_1 \leq a_2 \leq a_3 \leq \ldots \leq a_n \ldots \leq b_n \leq \ldots \leq b_3 \leq b_2 \leq b_1. \qquad (6.1)$$

Es seien nun $A := \{a_1, a_2, \ldots\}$ die Menge der linken Randpunkte und $B := \{b_1, b_2, \ldots\}$ die Menge der rechten Randpunkte. Offensichtlich sind die Mengen A und B nicht leer und beschränkt. Nach dem Vollständigkeitsaxiom existiert $a := \sup A$ und $b := \inf B$. Wegen (6.1) gilt dann

$$a_n \leq a \leq b_n \quad \text{und} \quad a_n \leq b \leq b_n \quad \text{für jedes } n \in \mathbb{N},$$

da alle a_n untere Schranken von B und alle b_n obere Schranken von A sind. Da a eine untere Schranke von B ist, gilt $a \leq b$ und daher $a_n \leq a \leq b \leq b_n$ für alle $n \in \mathbb{N}$. Wegen

$$0 \leq b - a \leq b_n - a_n = |I_n| \quad \text{für jedes } n \in \mathbb{N}$$

impliziert Eigenschaft b) mit $\varepsilon_n = \frac{1}{n}$ nun gemeinsam mit der klassischen Schlussweise der Analysis, Satz 4.7, dass $b - a = 0$ gilt. Es ist also $a = b \in I_n$ für jedes $n \in \mathbb{N}$. Wäre $c \in \mathbb{R}$ eine weitere Zahl mit $c \in I_n$ für alle $n \in \mathbb{N}$, so wäre $a \leq c \leq b$ und daher $a = b = c$. Es gibt also genau eine reelle Zahl, die in allen Intervallen enthalten ist. $\quad \square$

6.6 Satz. (Satz von Cantor). *Das Intervall $[0, 1]$ ist überabzählbar.*

Beweis. Wir nehmen an, dass $I_0 = [0, 1]$ abzählbar wäre. Dann existiert eine Bijektion $\mathbb{N} \to I_0$, gegeben durch $n \mapsto x_n$. Wir konstruieren nun eine Intervallschachtelung

$I_1, I_2, \ldots$ mit $I_n \subset I_0$ für alle $n \in \mathbb{N}$ derart, dass für jedes $\varepsilon > 0$ ein I_n existiert mit $|I_n| < \varepsilon$, aber

$$x_n \notin I_n \quad \text{für jedes} \quad n \in \mathbb{N}$$

gilt. Wir beginnen damit, I_0 in drei gleich lange, abgeschlossene Intervalle aufzuteilen, und wählen als Intervall I_1 ein solches Teilintervall, welches x_1 nicht enthält. Es gilt also $x_1 \notin I_1$ und $|I_1| = 3^{-1}$. Nun zerlegen wir I_1 in drei gleich lange, abgeschlossene Intervalle und wählen als I_2 ein Teilintervall, welches x_2 nicht enthält. Wegen $I_2 \subset I_1$ gilt

$$x_2 \notin I_2, \quad I_2 \subset I_1, \quad |I_2| = 3^{-2}.$$

Fahren wir so fort, erhalten wir (unter Verwendung des archimedischen Prinzips) eine Intervallschachtelung $I_1, I_2, \ldots$ mit $x_n \notin \bigcap_{j=1}^{\infty} I_j$ für alle $n \in \mathbb{N}$. Andererseits existiert nach Satz 6.5 genau ein $x \in [0, 1]$ mit $\bigcap_{j=1}^{\infty} I_j = x$. Also ist $x \in [0, 1]$, aber x kommt in der obigen Abzählung nicht vor, d. h., $x \neq x_n$ für alle $n \in \mathbb{N}$. Dies ist jedoch ein Widerspruch dazu, dass $n \mapsto x_n$ eine Bijektion von $\mathbb{N}$ auf $[0, 1]$ sein sollte. Also ist $[0, 1]$ nicht abzählbar. Da $[0, 1]$ offensichtlich nicht endlich ist, folgt die Behauptung.   □

Die folgenden Aussagen erweisen sich oft als sehr nützlich. Ihre Beweise überlassen wir dem Leser als Übungsaufgabe.

6.7 Bemerkungen.   a) Ist X abzählbar und Y höchstens abzählbar, so ist $X \cup Y$ abzählbar.

b) Ist X eine unendliche Menge und Y höchstens abzählbar, so ist X gleichmächtig mit $X \cup Y$.

c) Aussage b) impliziert, dass die Mengen $(0, 1)$ und $[0, 1]$ gleichmächtig sind.

d) Die Abbildung $f : (0, 1) \to \mathbb{R}$, $x \mapsto (2 - 1/x)(x - 1)^{-1}$ ist bijektiv. Nach Aussage c) sind die Mengen $\mathbb{R}$ und $[0, 1]$ also gleichmächtig, und wegen Satz 6.6 sind beide Mengen überabzählbar.

e) Ist $X \subset \mathbb{R}$ abzählbar, so ist $\mathbb{R} \setminus X$ eine nicht abzählbare, unendliche Menge. Insbesondere ist also die Menge $\mathbb{R} \setminus \mathbb{Q}$ der irrationalen Zahlen überabzählbar.

f) Die Vereinigung höchstens abzählbar vieler höchstens abzählbarer Mengen ist eine höchstens abzählbare Menge.

g) Jede Teilmenge einer höchstens abzählbaren Menge ist höchstens abzählbar.

Mächtigkeit der Potenzmenge

Wir führen unsere Untersuchungen fort mit einem Resultat über die Mächtigkeit der Potenzmenge einer Menge, welches ebenfalls auf Cantor zurückgeht.

6.8 Satz.   *Es sei X eine beliebige Menge. Dann existiert keine Surjektion von X auf $P(X)$.*

Beweis. Ist $X = \emptyset$ die leere Menge, so ist die Behauptung richtig, da $P(\emptyset) = \{\emptyset\}$ gilt und es keine Abbildung von der leeren Menge in eine nichtleere Menge gibt. Im Folgenden sei daher $X \neq \emptyset$. Wir betrachten eine beliebige Abbildung $f : X \to P(X)$ sowie die Teilmenge $A := \{x \in X : x \notin f(x)\}$ von X. Wir nehmen nun an, es gibt ein $y \in X$ mit $f(y) = A$. Dann gilt entweder $y \in A$ oder $y \notin A$. Im ersten Fall folgt dann $y \notin f(y) = A$, welches auf einen Widerspruch führt. Im zweiten Fall folgt $y \notin A = f(y)$, also $y \in A$, welches ebenfalls auf einen Widerspruch führt. Daher kann f nicht surjektiv sein. $\qquad\square$

Als unmittelbare Konsequenz dieses Satzes sehen wir, dass die Potenzmenge $P(\mathbb{N})$ der natürlichen Zahlen $\mathbb{N}$ überabzählbar ist, d. h., dass $\mathbb{N}$ überabzählbar viele Teilmengen besitzt.

6.9 Korollar. *Die Menge $P(\mathbb{N})$ ist überabzählbar.*

Der obige Satz von Cantor hat große Konsequenzen, denn, indem wir die Potenzmengenbildung fortsetzen, erhalten wir „unendlich viele verschieden große Unendlichkeiten". Genauer: Da wir $\mathbb{N}$ mittels der Abbildung $\mathbb{N} \to P(\mathbb{N})$, $n \mapsto \{n\}$ immer bijektiv auf eine Teilmenge von $P(\mathbb{N})$ abbilden können, besitzt $P(\mathbb{N})$ eine größere Mächtigkeit als $\mathbb{N}$. Weiter ist jeder der Mengen

$$\mathbb{N}, \quad P(\mathbb{N}), \quad P(P(\mathbb{N})), \quad P(P(P(\mathbb{N}))), \quad \ldots$$

mächtiger als die vorangehende. Heute bilden die Entdeckungen von Cantor eine wichtige Grundlage der Mathematik.

Mächtigkeit von Produktmengen
Wir betrachten schließlich noch die Mächtigkeit von Produkten abzählbarer Mengen und erhalten als Folgerung aus Bemerkung 6.7 f) das folgende Resultat.

6.10 Satz.
a) *Sind X, Y abzählbare Mengen, so ist $X \times Y$ abzählbar.*

b) *Ist X abzählbar und $n \in \mathbb{N}$, so ist X^n abzählbar.*

6.11 Bemerkung. Es ist überraschend, dass abzählbare Produkte *endlicher* Mengen im Allgemeinen nicht mehr höchstens abzählbar sind, wie es das Beispiel der Menge $\mathrm{Abb}(\mathbb{N}, \{0, 1\})$ zeigt, welche überabzählbar ist. Ein Beweis hierfür beruht auf der Tatsache, dass die Abbildung

$$P(\mathbb{N}) \to \mathrm{Abb}(\mathbb{N}, \{0, 1\}), \quad A \mapsto \chi_A$$

bijektiv ist und somit $\mathrm{Abb}(\mathbb{N}, \{0, 1\})$ und $P(\mathbb{N})$ gleichmächtig sind. Korollor 6.9 impliziert dann die Behauptung.

Ein alternativer Beweis hierfür beruht auf dem folgenden *Cantorschen Diagonalverfahren*. Wir nehmen an, dass $M := \mathrm{Abb}(\mathbb{N}, \{0, 1\})$ abzählbar ist und stellen M dar als $M = \{f_1, f_2, \ldots\}$ mit $f_k = (a_{k_1}, a_{k_2}, \ldots)$ mit $a_{ki} \in \{0, 1\}$ für alle $i, k \in \mathbb{N}$. Definieren wir $f = (b_1, b_2, \ldots)$ durch $b_i = 1 - a_{ii}$ für $i \in \mathbb{N}$, so gilt $b_1 \neq a_{11}$ und $f \neq f_1$, und allgemeiner ist $f \neq f_i$ für alle $i \in \mathbb{N}$. Klarerweise ist jedoch $f \in M$, im Widerspruch zu $M = \{f_1, f_2, \ldots\}$.

Existenz transzendenter Zahlen

Die Entdeckung der Überabzählbarkeit der reellen Zahlen $\mathbb{R}$ durch Cantor zog dramatische Konsequenzen innerhalb der Mathematik nach sich. Ein möglicher Weg zur Konstruktion der reellen Zahlen bestand darin, die rationalen Zahlen zunächst um die Lösungen von Polynomgleichungen der Form

$$p(x) = a_n x^n + a_{n-1} x^{n-1} + \ldots + a_1 x + a_0 = 0$$

mit Koeffizienten $a_0, a_1, \ldots, a_n \in \mathbb{Z}$ zu erweitern. Hierbei heißt eine reelle Zahl $\xi \in \mathbb{R}$ *algebraisch*, wenn sie Nullstelle eines Polynoms der obigen Form mit Koeffizienten $a_0, a_1, \ldots, a_n \in \mathbb{Z}$ ist, d. h., wenn $n \in \mathbb{N}$ und $a_0, \ldots, a_n \in \mathbb{Z}$ mit $a_n \neq 0$ existieren, so dass $p(\xi) = 0$ gilt. Zum Beispiel ist jede rationale Zahl a/b als Nullstelle des Polynoms $p(x) = bx - a$ algebraisch, aber auch $\sqrt{2}$ ist als Nullstelle des Polynoms $x^2 - 2$ algebraisch. Ist ξ algebraisch, so heißt das kleinstmögliche obige n der Grad von x.

Es war lange Zeit unklar, ob es reelle Zahlen gibt, welche nicht Nullstellen von solchen Polynomen sind. Man nennt solche Zahlen, also reelle Zahlen, welche nicht algebraisch sind, *transzendente* Zahlen. Die Transzendenz einer gegebenen Zahl, wie etwa π, nachzuweisen, ist schwierig, und Ferdinand Lindemann gelang erst 1882 der Beweis für die Transzendenz von π.

Cantor konnte, ohne eine einzige transzendente Zahl explizit zu benennen, beweisen, dass überabzählbar viele solcher Zahlen *existieren*.

Man kann zeigen, dass ein Polynom der obigen Art höchstens n Nullstellen besitzt. Benennen wir die Menge dieser Nullstellen mit $M = M_{(a_0, \ldots, a_n)}$, so stimmt $A_n = \bigcup_{(a_0, \ldots, a_n)} M_{(a_0, \ldots, a_n)}$ mit der Menge aller algebraischen Zahlen vom Grad höchstens n überein, wobei die Vereinigung über alle $(a_0, \ldots, a_n) \in \mathbb{Z}^{n+1} \setminus \{(0, \ldots, 0)\}$ genommen wird. Da nach Satz 6.10 mit $\mathbb{Z}$ auch $\mathbb{Z}^{n+1}$ abzählbar ist, folgt aus Bemerkung 6.7 f) die Abzählbarkeit von A_n und mit demselben Argument die Abzählbarkeit der Menge aller algebraischen Zahlen $A = \bigcup_{n=1}^{\infty} A_n$. Wäre die Menge der transzendenten Zahlen $T = \mathbb{R} \setminus A$ abzählbar, so wäre auch $\mathbb{R} = T \cup A$ abzählbar, im Widerspruch zu Satz 6.6 und Bemerkung 6.7 d).

Wir erhalten also ein weiteres berühmtes Ergebnis von Cantor.

6.12 Satz. *Die Menge der transzendenten Zahlen ist überabzählbar.*

Aufgaben

1. (Das Hilbertsche Hotel). Dieses Hotel habe unendlich viele Zimmer, genauer gesagt *abzählbar viele*. Eines Abends ist das Hotel voll belegt, und in jedem der genannten Zimmer befindet sich genau ein Gast. Ein müder Wanderer kommt vorbei und bittet den Portier um ein Zimmer. Er weist ihn ab, da das Hotel ja voll belegt ist. Der Wanderer ist verzweifelt und will schon gehen, als der Hoteldirektor herbeigelaufen kommt und den Portier anherrscht: „Wie können Sie diesen Mann wegschicken?" Und zum Wanderer sagt er: „Selbstverständlich können wir Ihnen ein Zimmer anbieten".

   a) In welcher Weise bringt der Hoteldirektor alle Gäste unter?

   b) Später kommt ein Bus mit 30 neuen Gästen. Der Portier winkt ab, und der Direktor greift erneut ein. Wie?

   c) Der Abend ist sehr unruhig, und es fährt ein Bus mit abzählbar vielen Insassen vor. Der Portier ist verzweifelt, aber der Direktor findet mit dem Versprechen eines kleinen Preisnachlasses auf das Frühstück wiederum eine Lösung. Welche? Natürlich wird wieder umgezogen, aber wie?

   d) Schließlich kommen abzählbar viele Busse mit je abzählbar vielen Insassen an. Der Portier hat inzwischen gekündigt, aber der Direktor stellt alle Businsassen in Form eines unendlichen Rechtecks auf dem Vorplatz auf und verteilt die Nummern $1, 2, 3, \ldots$ nach dem Cantorschen Diagonalverfahren. Wie können alle Gäste untergebracht werden?

   e) Die Gerüchte, dass der Direktor schreiend in den Wald gelaufen sei und „Nur kein Kontinuum!" geschrien habe, konnten nicht bestätigt werden.

2. Man beweise Bemerkung 6.7 und folgere insbesondere aus Bemerkung 6.7 e), dass $\mathbb{R} \setminus \mathbb{Q}$ eine überabzählbare Menge ist.

3. Es sei M eine Menge, die zu $\mathbb{R}$ gleichmächtig ist, und A eine höchstens abzählbare, zu M disjunkte Menge. Man zeige, dass $M \cup A$ die gleiche Mächtigkeit wie $\mathbb{R}$ besitzt.

4. Man bestimme $P(P(P(\emptyset)))$.

5. Man beweise: Ist A eine n-elementige Menge für ein $n \in \mathbb{N}$, so ist die Potenzmenge $P(A)$ eine 2^n-elementige Menge.

6. Man zeige, dass die Anzahl der k-elementigen Teilmengen einer n-elementigen Menge durch $\binom{n}{k}$ gegeben ist.

7. Man zeige, dass das Intervall $(-1, 1)$ gleichmächtig zu $\mathbb{R}$ ist.

8. Es seien $a, b \in \mathbb{R}$ mit $a < b$. Man zeige, dass die Intervalle (a, b), $[a, b]$ und $[a, b)$ gleichmächtig zu $\mathbb{R}$ sind.

9. Man entscheide, ob die Menge aller *endlichen* Teilmengen von $\mathbb{N}$ abzählbar ist. Hinweis: Man betrachte die Abbildung $\mathbb{N}^n \to E_n(\mathbb{N})$, $(x_1, \ldots, x_n) \mapsto \{x_1, \ldots, x_n\}$, wobei $E_n(\mathbb{N})$ die Menge aller endlicher Teilmengen mit höchstens n Elementen bezeichnet.

7 Komplexe Zahlen

In Abschnitt 2 über die reellen Zahlen $\mathbb{R}$ haben wir gesehen, dass für jedes $x \in \mathbb{R}$ die Relation $x^2 \geq 0$ gilt. Insbesondere ist somit die Gleichung $x^2 = -1$ im Körper der reellen Zahlen *nicht* lösbar.

Im Folgenden betrachten wir den Körper der komplexen Zahlen $\mathbb{C}$, in welchem alle quadratischen (und sogar alle algebraischen Gleichungen) mindestens eine Lösung besitzen. Der Körper der komplexen Zahlen wird wiederum axiomatisch eingeführt. Genauer gesagt definieren wir auf $\mathbb{R}^2 = \mathbb{R} \times \mathbb{R}$ eine Addition $\oplus$ und eine Multiplikation $\odot$ so, dass $\oplus$ und $\odot$ die Körperaxiome des vorherigen Abschnitts erfüllen. Die Menge $\mathbb{R}^2$, versehen mit dieser Addition und Multiplikation, bezeichnen wir mit $\mathbb{C}$ und nennen $i := (0,1) \in \mathbb{C}$ die imaginäre Einheit. Im Gegensatz zu $\mathbb{R}$ lässt sich $\mathbb{C}$ jedoch *nicht* anordnen.

Wir fahren dann mit der Untersuchung elementarer Eigenschaften komplexer Zahlen fort und führen insbesondere deren Real- und Imaginärteil ein. Die Darstellung der komplexen Zahlen in der Gaußschen Zahlenebene ist von besonderer Wichtigkeit.

Körperaxiome
Wir beginnen mit der folgenden Definition.

7.1 Definition. Auf $\mathbb{R}^2 := \{(a,b) : a,b \in \mathbb{R}\}$ werden eine Addition $\oplus$ und eine Multiplikation $\odot$ wie folgt definiert:

$$\text{Addition}: \qquad \oplus : \mathbb{R}^2 \times \mathbb{R}^2 \to \mathbb{R}^2 : \quad (a,b) \oplus (c,d) := (a+c, b+d),$$
$$\text{Multiplikation}: \quad \odot : \mathbb{R}^2 \times \mathbb{R}^2 \to \mathbb{R}^2 : \quad (a,b) \odot (c,d) := (ac-bd, ad+bc).$$

Dann erfüllen die Verknüpfungen $\oplus$ und $\odot$ für $x = (a,b)$, $y = (c,d)$ und $z = (e,f) \in \mathbb{R}^2$ die in Abschnitt 2 formulierten Körperaxiome, wobei

$$
\begin{aligned}
0_\oplus &:= (0,0) &&\text{das \textit{neutrale Element bzgl. der Addition} } \oplus, \\
1_\odot &:= (1,0) &&\text{das \textit{neutrale Element bzgl. der Multiplikation} } \odot, \\
-(a,b) &:= (-a,-b) &&\text{das \textit{inverse Element bzgl. der Addition} } \oplus, \\
(a,b)^{-1} &:= \left(\tfrac{a}{a^2+b^2}, \tfrac{-b}{a^2+b^2}\right) &&\text{das \textit{inverse Element bzgl. der Multiplikation} } \odot, \\
&&&\text{falls } (a,b) \neq 0_\oplus = (0,0),
\end{aligned}
$$

bezeichnet.

Für den Beweis dieser Aussage verweisen wir auf die Übungen bzw. auf die Lineare Algebra.

Die Menge $\mathbb{R}^2$, versehen mit $\oplus$ und $\odot$, ist deshalb ein Körper, welchen wir den *Körper der komplexen Zahlen* nennen. Er wird mit $\mathbb{C}$ bezeichnet.

Für $(a, 0) \in \mathbb{C}$ gilt

$$(a, 0) \oplus (b, 0) = (a + b, 0),$$
$$(a, 0) \odot (b, 0) = (a \cdot b, 0),$$

d. h., identifizieren wir $a \in \mathbb{R}$ mit $(a, 0) \in \mathbb{C}$, so ist $\mathbb{R}$ ein *Teilkörper von* $\mathbb{C}$.

7.2 Definition. Die komplexe Zahl $i := (0, 1) \in \mathbb{C}$ heißt *imaginäre Einheit*.

Nach der Definition von $\odot$ gilt

$$i^2 = (0, 1) \odot (0, 1) = (-1, 0) = -1,$$

d. h., i ist eine Lösung der Gleichung $x^2 + 1 = 0$.

7.3 Bemerkung. Der Körper $\mathbb{C}$ lässt sich *nicht* anordnen, d. h., es existiert keine Relation $<$, für welche in $\mathbb{C}$ die Anordnungsaxiome aus Abschnitt 2 gelten würden. Nehmen wir an, dass $\mathbb{C}$ sich anordnen lassen würde, so wäre $z^2 > 0$ für jedes $z \in \mathbb{C}$ mit $z \neq 0$ und somit jedoch $0 < i^2 + 1^2 = -1 + 1 = 0$, im Widerspruch zum Anordnungsaxiom (O1). Wir verweisen ebenfalls auf Übungsaufgabe 4.6.

Real-, Imaginärteil und Betrag einer komplexen Zahl
Ist $z = (a, b) \in \mathbb{C}$ mit $a, b \in \mathbb{R}$, so gilt

$$(a, b) = \underbrace{(a, 0)}_{=a} \oplus \underbrace{(0, 1)}_{=i} \odot \underbrace{(b, 0)}_{=b} .$$

Identifizieren wir wie oben a mit $(a, 0)$, so gilt für $z = (a, b) \in \mathbb{C}$

$$\mathbb{C} \ni (a, b) = z = a + i \cdot b.$$

Die reelle Zahl a heißt *Realteil* von $z = a + ib$ und wird mit $\operatorname{Re} z = a$ bezeichnet. Ferner heißt b *Imaginärteil* von $z = a + ib$. Wir bezeichnen ihn mit $\operatorname{Im} z = b$.

7.4 Bemerkung. (Die Gaußsche Zahlenebene). Im Folgenden möchten wir die komplexen Zahlen als Vektoren in einem rechtwinkligen Koordinatensystem darstellen, der sogenannten *Gaußschen Zahlenebene*. Hierbei wird die komplexe Zahl $z = x + iy$ durch den Punkt (x, y) dargestellt. Reelle Zahlen entsprechen die Punkte auf der x-Achse, rein imaginäre Zahlen jenen der y-Achse. Die Addition komplexer Zahlen können wir uns dann durch die Addition von Vektoren veranschaulichen.

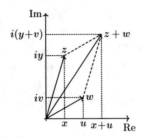

7.5 Definition. (Konjugation und Betrag). Sind $a, b \in \mathbb{R}$ und $z = a + ib \in \mathbb{C}$, so heißt die komplexe Zahl

$$\overline{z} := a - ib$$

die *konjugiert komplexe Zahl* von z.

Weiter ist der *Betrag* $|z|$ von z definiert als $|z| := \sqrt{z\overline{z}} = \sqrt{a^2 + b^2} \geq 0$.

Diese Definition des Betrags einer komplexen Zahl ist sinnvoll, da $z\overline{z} \geq 0$ für alle $z \in \mathbb{C}$ gilt. Insbesondere stimmt die Definition des Betrags für $z \in \mathbb{R}$ mit der Definition des Betrags einer reellen Zahl in Abschnitt 2 überein.

Den Betrag $|z|$ von $z \in \mathbb{C}$ können wir uns in der Gaußschen Zahlenebene durch den Abstand des Punktes z vom Nullpunkt veranschaulichen, und $|z_1 - z_2|$ entspricht dann dem Abstand der Punkte $z_1, z_2 \in \mathbb{C}$.

Im folgenden Satz stellen wir wichtige Rechenregeln für komplexe Zahlen zusammen. Die Beweise hierfür sind einfach und werden dem Leser als Übungsaufgabe überlassen. Es ist sicherlich lehrreich, sich die folgenden Aussagen in der Gaußschen Zahlenebene zu veranschaulichen.

7.6 Satz. (Rechenregeln für komplexe Zahlen). *Für komplexe Zahlen $z, w \in \mathbb{C}$ gelten die folgenden Rechenregeln:*

a) $\operatorname{Re}(z + w) = \operatorname{Re} z + \operatorname{Re} w, \quad \operatorname{Im}(z + w) = \operatorname{Im} z + \operatorname{Im} w,$

b) $\overline{z + w} = \overline{z} + \overline{w}, \quad \overline{z \cdot w} = \overline{z} \cdot \overline{w},$

c) $z \cdot \overline{z} = |z|^2,$

d) $z = 0 \Leftrightarrow |z| = 0 \Leftrightarrow \operatorname{Re} z = 0 \ und \operatorname{Im} z = 0,$

e) $|z| = |\overline{z}|,$

f) $|z + w| \leq |z| + |w|$ (Dreiecksungleichung),

g) $\big||z| - |w|\big| \leq |z - w|$ (umgekehrte Dreiecksungleichung).

Aufgaben

1. Man beweise, dass die in Definition 7.1 definierten Verknüpfungen $\oplus$ und $\odot$ die in Abschnitt 2 definierten Körperaxiome erfüllen.

2. Man beweise die Aussagen in Satz 7.6.

3. Man berechne $(12 + 5i)(2 + 3i)$ und $\bar{z}$, $\mathrm{Re}\, z$, $\mathrm{Im}\, z$, $\mathrm{Re}\, \dfrac{1}{z}$ und $\mathrm{Im}\, \dfrac{1}{z}$ von $z := \dfrac{12 + 5i}{2 + 3i}$.

4. Man zeige, dass $\left|\frac{1+it}{1-it}\right| = 1$ für alle $t \in \mathbb{R}$ gilt.

5. Man skizziere in der Gaußschen Zahlenebene die folgenden Punktmengen:
   a) $M_1 := \{z \in \mathbb{C} : |z - 1| \le 1\}$,
   b) $M_2 := \{z \in \mathbb{C} : |z - 1| \le |z + 1|\}$.

6. Man bestimme alle komplexen Zahlen mit der Eigenschaft $z^3 = 1$, und skizziere diese in der Gaußschen Zahlenebene.

7. Man bestimme sämtliche Lösungen $z \in \mathbb{C}$ der folgenden Gleichungen:
   a) $\frac{z}{1-i} + \frac{8+i}{i-2} = \frac{1}{2}\bar{z} - 3 - 2i$,
   b) $4z + \frac{52}{z} = 24$ mit $z \ne 0$,
   c) $z^2 - (3 + 5i)z - 16 + 4i = 0$.

8. Man beweise die Parallelogrammidentität in $\mathbb{C}$:

$$|z_1 + z_2|^2 + |z_1 - z_2|^2 = 2\big(|z_1|^2 + |z_2|^2\big), \quad z_1, z_2 \in \mathbb{C}.$$

8 Anmerkungen und Ergänzungen

1 Historisches

Augustus de Morgan (1806–1871) wurde 1806 als Sohn eines britischen Offiziers in Indien geboren und studierte ab 1823 am Trinity College in Cambridge. Er wurde als erster Professor für Mathematik am University College in London berufen und führte 1838 in rigoroser Weise den Begriff der *mathematischen Induktion* ein. De Morgan war ferner der Begründer der London Mathematical Society und ihr erster Präsident.

Richard Dedekind (1831–1916) wurde in Braunschweig geboren. Er promovierte 1852 in Göttingen und war der letzte Student von Carl Friedrich Gauß. Im Jahre 1858 folgte er einem Ruf nach Zürich und entwickelte in dieser Zeit die Idee der in Abschnitt 3 beschriebenen und heute nach ihm benannten Schnitte. Neben der Konstruktion der reellen Zahlen gehen viele Beiträge in der Zahlentheorie und Algebra auf ihn zurück, so zum Beispiel der Begriff des Ideals in einem Ring. Doktoranden, die seine Ideen aufgriffen, besaß er nicht. Für weitere Informationen verweisen wir auf das jüngst erschienene Buch von S. Müller-Stach [Mue17].

Es sei an dieser Stelle auch erwähnt, dass z. B. Leopold Kronecker (1823–1891) die Theorie des Irrationalen strikt ablehnte; für ihn gab es $\mathbb{R}$ nicht. Er lehnte insbesondere alle Beweise ab, bei denen unendliche viele Schlüsse verwendet werden. In die Geschichte der Mathematik eingegangen ist sein wohl bekanntester Ausspruch „Die ganzen Zahlen hat der liebe Gott gemacht, alles andere ist Menschenwerk", den man neben vielen seiner Vorstellungen vom Wesen der Zahlen in seinem Nachruf [Jahresberichte DMV 2 (1891/92), 5–31] nachlesen kann.

Georg Cantor (1845–1918) wurde in St. Petersburg geboren. Er promovierte 1867 in Berlin und verbrachte die meiste Zeit seiner akademischen Karriere in Halle. Das dortige Mathematische Institut heißt ihm zu Ehren heute Georg-Cantor-Haus. Seine grundlegenden Arbeiten zu Kardinal- und Ordinalzahlen sowie zur Überabzählbarkeit von $\mathbb{R}$ wurden von vielen zeitgenössischen Mathematikern abgelehnt. Er litt unter Depressionen und starb 1918 in einem Sanatorium in Halle.

2 Reelle Zahlen

Historisch gesehen war die Konstruktion der reellen Zahlen als ein Zahlenerweiterungsbereich der rationalen Zahlen ein sehr wichtiger Schritt im Aufbau der Analysis. Heute gebräuchliche Konstruktionen der reellen Zahlen beruhen auf folgenden Methoden:

- *Dedekindsche Schnitte*: Reelle Zahlen werden als *kleinste obere Schranken* von nach oben beschränkten, nichtleeren Teilmengen rationaler Zahlen definiert. Das in unserem Zugang eingeführte Vollständigkeitsaxiom steht in enger Verbindung mit diesem Zugang. Eine Beweisskizze dieses Zugangs wird unten in Anmerkung 3 beschrieben.

- *Äquivalenzklassen von Cauchy-Folgen*: Diese auf Cantor zurückgehende Konstruktion definiert reelle Zahlen als Äquivalenzklassen rationaler Cauchy-Folgen. Letztere werden in Kap. II eingeführt.

- Äquivalenzklassen von *Intervallschachtelungen* rationaler Intervalle.

Jede der drei genannten Methoden *vervollständigt* die rationalen Zahlen und führt (bis auf Isomorphie) zur gleichen Struktur, dem Körper der reellen Zahlen. Es sei auf Folgendes hingewiesen:

- die Methode der Dedekindschen Schnitte vervollständigt die Ordnung auf den rationalen Zahlen zu einer sogenannten *ordnungsvollständigen* Ordnung. Die rationalen Zahlen liegen bei dieser Konstruktion im Sinne der Ordnung *dicht* in den reellen Zahlen.

- die Methode der Cauchy-Folgen vervollständigt die Menge der rationalen Zahlen zu einem vollständigen Raum im topologischen Sinne. Bei dieser Konstruktion liegen die rationalen Zahlen im topologischen Sinne dicht in den reellen Zahlen, und jede Cauchy-Folge besitzt einen Grenzwert. Wir werden diese Methode in Abschnitt II.2 genauer betrachten.

- die Methode der Intervallschachtelungen abstrahiert die die numerische Berechnung reeller Zahlen. Hier werden reelle Zahlen mit einer gewissen Genauigkeit durch rationale Zahlen approximiert, und der Nachweis, dass sich die Näherung beliebig verbessern lässt, führt auf die Existenz eines Grenzwertes.

Für mehr Informationen in dieser Richtung verweisen wir z. B. auf O. Deisler [Dei07] und S. Müller-Stach [Mue17].

3 Dedekindsche Schnitte

Wie schon zu Beginn von Abschnitt 2 oder in Anmerkung 1 erwähnt, können die reellen Zahlen $\mathbb{R}$, ausgehend von den Peano-Axiomen, auch „konstruiert" werden. Für eine detaillierte und sehr lesenswerte Erklärung der Dedekindschen Arbeit [Ded32] in heutiger mathematischer Sprache verweisen wir auf [Mue17]. Dieser durchaus etwas langwierige und mühsame Weg von $\mathbb{N}$ zu $\mathbb{R}$ beruht auf den folgenden *Peano-Axiomen*: Die natürlichen Zahlen $\mathbb{N}$ sind definiert als eine Menge, versehen mit dem ausgezeichneten Element 1 und einer Abbildung $\nu : \mathbb{N} \to \mathbb{N} \setminus \{1\}$, für welche gilt:

(P1) ν ist injektiv.

(P2) Ist $N \subset \mathbb{N}$ mit $1 \in N$ und enthält N mit n auch $\nu(n)$, so gilt $N = \mathbb{N}$.

Für $n \in \mathbb{N}$ heißt $\nu(n)$ Nachfolger von n, und ν ist die Nachfolgerfunktion.

Wir skizzieren im Folgenden die Etappen auf diesem Weg und erinnern zunächst an den Begriff einer *Äquivalenzrelation auf einer Menge* X sowie an denjenigen einer *Ordnung*. Ersteren haben wir in Abschnitt 1 als eine Relation $\sim$ auf X definiert, welche folgende Eigenschaften erfüllt:

- $\sim$ ist *reflexiv*, d. h., $x \sim x$.

- $\sim$ ist *symmetrisch*, d. h., aus $x_1 \sim x_2$ folgt $x_2 \sim x_1$.

- $\sim$ ist *transitiv*, d. h., aus $x_1 \sim x_2$ und $x_2 \sim x_3$ folgt $x_1 \sim x_3$.

Ferner nannten wir für jedes $x \in X$ die Menge $[x] := \{y \in X : y \sim x\}$ *Äquivalenzklasse* von x, und jedes $y \in [x]$ bezeichneten wir als *Repräsentant* dieser Äquivalenzklasse. Weiter wird mit $X/\sim := \{[x] : x \in X\}$ die Menge aller Äquivalenzklassen von X bezüglich $\sim$ bezeichnet.

Eine Relation $\leq$ auf einer Menge X heißt *Ordnungsrelation* auf X, falls sie transitiv, reflexiv und antisymmetrisch ist, was bedeutet, dass aus $x \leq y$ und $y \leq x$ die Gleichheit $x = y$ folgt. Gilt weiter $x \leq y$ oder $y \leq x$ für alle $x, y \in X$, so bezeichnet $\leq$ eine *totale Ordnung* auf X.

Ist $P \subset K$ ein Positivbereich eines Körpers K, so wird K durch

$$a < b :\Leftrightarrow b - a \in P$$

total geordnet. Ist umgekehrt K total geordnet, so ist $P := \{a \in K : a > 0\}$ ein Positivbereich von K.

Zur Konstruktion der reellen Zahlen auf diesem Wege benötigen wir einen weiteren Begriff, der, wie bereits erwähnt, auf Dedekind zurückgeht. Zunächst vereinbaren wir folgende Notation: Für Teilmengen $A, B \subset K$ und Elemente $c \in K$ eines angeordneten Körpers K sei

$$A < c :\Leftrightarrow a < c \quad \text{für alle } a \in A,$$

$$A < B :\Leftrightarrow a < b \quad \text{für alle } a \in A \text{ und alle } b \in B.$$

In analoger Weise seien $A \leq c$ und $A \leq B$ erklärt.

Ist K eine angeordneter Körper, so heißt das Paar (A, B) nichtleerer Teilmengen von K *Dedekindscher Schnitt*, falls

$$A \cup B = K, \quad A \cap B = \emptyset \quad \text{und} \quad A < B.$$

Ferner heißt $c \in K$ eine *Schnittzahl* eines Dedekindschen Schnittes (A, B), falls

$$A \leq c \leq B.$$

Ist zum Beispiel $c \in K$, so ist (A, B) mit $A = \{a \in K : a < c\}$ und $B = \{b \in K : c \leq b\}$ ein Dedekindscher-Schnitt mit Schnittzahl c. Im angeordneten Körper $\mathbb{Q}$ definieren die Mengen

$$A = \{r \in \mathbb{Q} : r \leq 0 \text{ oder } r^2 < 2\} \quad \text{und} \quad B = \{r \in \mathbb{Q} : r > 0 \text{ und } r^2 > 2\}$$

einen Dedekindschen Schnitt. Dieser besitzt in $\mathbb{Q}$ jedoch keine Schnittzahl, denn diese wäre eine Lösung der Gleichung $x^2 = 2$.

Der folgende Satz besagt, dass in einem angeordneten Körper das Vollständigkeitsaxiom äquivalent dazu ist, dass jeder Dedekindsche Schnitt eine Schnittzahl besitzt. Hierbei sind in einem angeordneten Körper die Begriffe „obere" und „untere Schranke", sowie „Supremum" und „Infimum" analog zur Situation von $\mathbb{R}$ definiert.

Satz. *In einem angeordneten Körper sind folgende Aussagen äquivalent:*

a) Jede nichtleere, nach oben beschränkte Menge besitzt ein Supremum.

b) Jede nichtleere, nach unten beschränkte Menge besitzt ein Infimum.

c) Jeder Dedekindsche Schnitt besitzt eine Schnittzahl.

Das Vollständigkeitsaxiom in einem angeordneten Körper kann also dahingehend formuliert werden, dass jede nichtleere, nach oben beschränkte Teilmenge eines angeordneten Körpers ein Supremum besitzt.

Wir unterteilen unsere Konstruktionsskizze der reellen Zahlen in fünf Etappen:

1. Etappe, Addition und Multiplikation auf $\mathbb{N}$: Auf $\mathbb{N}$ definieren wir auf eindeutige Weise die Addition $+$ und Multiplikation $\cdot$ rekursiv durch

$$n + 1 := \nu(n), \qquad n + (m+1) := \nu(n+m),$$
$$n \cdot 1 := n, \qquad n \cdot (m+1) := n \cdot m + n.$$

Wir müssen jedoch erfahren, dass es bereits mühsam ist, daraus zum Beispiel die Kommutativität der Addition und Multiplikation sowie das Distributivgesetz herzuleiten.

2. Etappe, von $\mathbb{N}$ *zu* $\mathbb{Z}$: Wir führen auf $\mathbb{N} \times \mathbb{N}$ eine Äquivalenzrelation $\sim$ ein mittels

$$(n_1, m_1) \sim (n_2, m_2) \text{ genau dann, wenn } n_1 + m_2 = n_2 + m_1 \text{ gilt.}$$

Die assoziierten Äquivalenzklassen heißen „ganze Zahlen" und $\mathbb{Z}$ ist die Menge aller ganzen Zahlen.

3. Etappe, Addition und Multiplikation auf $\mathbb{Z}$: Sind z_1, z_2 ganze Zahlen, welche die zu (n_1, m_1) bzw. (n_2, m_2) gehörigen Äquivalenzklassen bezeichnen, so definieren wir

$$z_1 + z_2 := \text{ die Äquivalenzklasse, die zu } (n_1 + n_2, m_1 + m_2) \text{ gehört,}$$
$$z_1 \cdot z_2 := \text{ die Äquivalenzklasse, die zu } (n_1 n_2 + m_1 m_2, n_1 m_2 + n_2 m_1) \text{ gehört.}$$

In der Sprache der Algebra ist $(\mathbb{Z}, +, \cdot)$ dann ein *Ring*.

4. Etappe, von $\mathbb{Z}$ *zu* $\mathbb{Q}$: Auf $\mathbb{Z} \times \mathbb{N}$ definieren wir eine Äquivalenzrelation $\sim_q$ durch

$$(n_1, m_1) \sim_q (n_2, m_2) \text{ genau dann, wenn } m_2 n_1 = m_1 n_2 \text{ gilt.}$$

Die Menge aller assoziierten Äquivalenzklassen nennen wir die „rationalen Zahlen" und bezeichnen diese mit $\mathbb{Q}$.

5. Etappe, die Königsetappe von $\mathbb{Q}$ *zu* $\mathbb{R}$: Der Idee Dedekinds folgend, definieren wir, grob gesprochen, $\mathbb{R}$ als Menge der Dedekindschen Schnitte auf $\mathbb{Q}$. Um die Dedekindsche Konstruktion rigoros zu beschreiben, definieren wir $\mathcal{R}$ als die Familie aller Teilmengen $R \subset \mathbb{Q}$ mit den folgenden Eigenschaften:

(D-1) $\emptyset \subsetneq R \subsetneq \mathbb{Q}$,

(D-2) $R^c = \mathbb{Q} \setminus R < R$,

(D-3) R besitzt kein minimales Element, d. h., $\inf R \notin R$.

Für $R, S \in \mathcal{R}$ definieren wir nun durch

$$R < S :\Leftrightarrow S \subsetneqq R$$

eine Ordnung auf $\mathcal{R}$ und sehen, dass $\mathcal{R}$ hierdurch total geordnet wird. Weiter erklären wir auf $\mathcal{R}$ durch

$$R + S := \{r + s : r \in R \text{ und } s \in S\}$$

eine Addition, die alle Additionsaxiome erfüllt. Hierbei sind $0 := \{r \in \mathbb{Q} : r > 0\}$ und $-R := \{s \in \mathbb{Q} : s + R > 0\}$ das neutrale bzw. das zu R additiv inverse Element.

Eine Multiplikation wird zunächst für $R, S > 0$ durch

$$RS := \{rs : r \in R \text{ und } s \in S\}$$

definiert. Das neutrale Element der Multiplikation ist dann durch $I := \{r \in \mathbb{Q} : r > 1\}$ gegeben. Für beliebige $R, S \in \mathcal{R}$ wird die Multiplikation RS definiert durch $0R := 0$, $R0 := 0$ und

$$RS := \begin{cases} -((-R)S), & R < 0 < S, \\ -(R(-S)), & S < 0 < R, \\ (-R)(-S), & R, S < 0. \end{cases}$$

Man kann dann zeigen, dass $(\mathcal{R}, +, \cdot, <)$ ein angeordneter Körper ist. Weiter gilt: Ist $M \subset \mathcal{R}$ eine nach unten beschränkte Teilmenge von $\mathcal{R}$, so besitzt diese ein Infimum, nämlich $\inf M = \bigcup_{R \in M} R$. Nach obigem Satz ist $\mathcal{R}$ somit vollständig. Schließlich betrachten wir die Abbildung

$$\Phi : \mathbb{Q} \to \mathcal{R}, \quad r \mapsto R = \{s \in \mathbb{Q} : r < s\}.$$

Diese ist injektiv, aber nicht surjektiv, und somit wird $\mathbb{Q}$ in den Körper $\mathcal{R}$ eingebettet, und es gelten die Bedingungen des in Bemerkung 4.8 formulierten Isomorphiesatzes. Damit ist gezeigt, dass $\mathcal{R}$ bis auf Isomorphie mit $\mathbb{R}$ als vollständiger, angeordneter Körper übereinstimmt.

4 Irrationalitätsmaß

Das Irrationalitätsmaß beschreibt grob gesprochen, in welcher Weise eine irrationale Zahl durch rationale Zahlen approximiert werden kann. Für $\alpha \in \mathbb{R} \setminus \mathbb{Q}$ ist es folgendermaßen definiert: Ist

$$M(\alpha) := \left\{ r > 0 : \exists q_0(\alpha, r) > 0 : \left| \alpha - \frac{p}{q} \right| > \frac{1}{q^r} \quad \forall\, p, q \in \mathbb{Z}, q > q_0 \right\},$$

so ist das *Irrationalitätsmaß* von α definiert durch

$$\mu(\alpha) := \inf M(\alpha).$$

Da $\mathbb{Q}$ dicht in $\mathbb{R}$ liegt, können wir natürlich eine reelle Zahl beliebig genau durch rationale Zahlen approximieren. Die obige Definition macht jedoch eine stärkere Aussage: Sie beschreibt die Fähigkeit rationaler Zahlen, eine reelle Zahl bei festgehaltener Wachstumsschranke des Nenners zu approximieren.

Klaus Friedrich Roth zeigte, dass $\mu(\alpha) = 2$ für jede algebraische irrationale Zahl gilt. Weiter wusste schon Leonhard Euler, dass $\mu(e) = 2$ gilt, wobei e die von uns in Abschnitt II.1 eingeführte Eulersche Zahl bezeichnet.

5 Nicht angeordnete Körper

Neben $\mathbb{R}$ gibt es viele weitere Körper, wie zum Beispiel den zweielementigen Körper $\mathbb{F} = \{0, 1\}$ mit den Operationen

+	0	1
0	0	1
1	1	0

und

·	0	1
0	0	0
1	0	1

.

Dieser Körper kann nicht angeordnet werden, da $-1 = 1^2 = 1$ gilt und -1 somit eine Quadratzahl wäre.

6 Kontinuumshypothese

Georg Cantor leitete mit der Entdeckung der Sätze 6.3 und 6.6 die Entwicklung der Mengenlehre ein. Er bezeichnete die Menge $[0, 1]$ als das *Kontinuum* und stellte im Jahre 1878 die berühmte *Kontinuumshypothese* auf, nach der keine Menge mit einer Mächtigkeit zwischen $\mathbb{N}$ und $\mathbb{R}$ existiert.

Diese Hypothese wurde von David Hilbert (1862–1943) in seine berühmte Liste offener Probleme aufgenommen, die er im Jahre 1900 auf dem zweiten Internationalen Mathematikerkongress in Paris vorstellte. Aus heutiger Sicht weiß man, dass diese Hypothese auf der Basis der heute üblichen mengentheoretischen Axiomensysteme weder beweisbar noch widerlegbar ist. Genauer zeigte Kurt Gödel (1906–1978) im Jahre 1938, dass man die Kontinuumshypothese nicht widerlegen kann, und Paul Cohen (1934–2007) zeigte 1963, dass man sie auch nicht beweisen kann. Wir verweisen hinsichtlich weiterer Informationen hierzu z. B. auf Ebbinghaus [Ebb79].

Die Mächtigkeit von $\mathbb{N}$ wird mit $\aleph_0$, (sprich *aleph*$_0$), nach dem ersten Buchstaben im hebräischen Alphabet, bezeichnet. Die nächstgrößere Kardinalzahl ist (unter Verwendung der Kontinuumshypothese) $\aleph_1$, definiert als die Mächtigkeit von $\mathbb{R}$.

Konvergenz von Folgen und Reihen

Im Zentrum dieses Kapitels steht die Entwicklung und Diskussion des Grenzwertbegriffs. Dieser bildet das Fundament der Analysis und wird für alle unseren weiteren Untersuchungen, speziell für die Differential- und Integralrechnung, unentbehrlich sein.

Abschnitt 1 widmet sich dem Studium der Konvergenz von Folgen. Nach der Einführung der grundlegenden Definition der Konvergenz einer Folge reeller oder komplexer Zahlen und deren Grenzwert, diskutieren wir zunächst elementare Rechenregeln für konvergente Folgen.

Für den weiteren Aufbau der Analysis ist es wichtig, Kriterien zu entwickeln, welche die Konvergenz einer Folge implizieren, ohne deren Grenzwert explizit zu kennen. Dies führt uns auf den Begriff einer monotonen Folge reeller Zahlen, welche unter der Annahme, dass sie auch beschränkt ist, konvergiert. Insbesondere können wir folgern, dass die Folge $\left((1 + \frac{1}{n})^n\right)_{n \in \mathbb{N}}$ konvergiert; ihren Grenzwert bezeichnen wir mit der Eulerschen Zahl e, einer der berühmtesten Zahlen der gesamten Mathematik.

In Abschnitt 2 betrachten wir den umgekehrten Sachverhalt, d. h., beschränkte Folgen, und fragen nach der Existenz konvergenter Teilfolgen. Der Satz von Bolzano-Weierstraß beantwortet diese Frage in positiver Weise. Dies führt uns weiter auf den wichtigen Umgebungsbegriff sowie auf den Begriff des Häufungspunktes einer Folge.

Ein zentrales inneres Kriterium für die Konvergenz von Folgen ist unmittelbar mit dem Begriff der Cauchy-Folge verbunden, und wir zeigen, dass eine Folge in $\mathbb{C}$ genau dann konvergiert, wenn sie eine Cauchy-Folge ist.

Die Untersuchung von Reihen reeller oder komplexer Zahlen beginnt in Abschnitt 3 wiederum mit dem sogenannten Cauchy-Kriterium. Alternierende Reihen führen uns auf die Konvergenzkriterien von Dirichlet und Leibniz sowie auf den Begriff der absoluten Konvergenz. Das Majorantenkriterium und die hieraus resultierenden Wurzel- bzw. Quotientenkriterien bilden dann unsere Standardwerkzeuge für anstehende Konvergenzuntersuchungen von Reihen.

Abschnitt 4 beschäftigt sich mit Umordnungen von Reihen und dem Begriff der unbedingten Konvergenz. Wir beweisen insbesondere den Riemannschen Umordnungssatz,

© Springer-Verlag GmbH Deutschland, ein Teil von Springer Nature 2018
M. Hieber, *Analysis I*, https://doi.org/10.1007/978-3-662-57538-3_2

welcher besagt, dass man, gegeben ein beliebiges $b \in \mathbb{R}$, eine konvergente, aber nicht absolut konvergente Reihe, so umordnen kann, dass die umgeordnete Reihe gegen b konvergiert. Wir betrachten ferner Produkte von Reihen und insbesondere Cauchy-Produkte von Reihen und leiten hieraus die Funktionalgleichung und weitere Eigenschaften der Exponentialreihe ab.

Die Theorie der Potenzreihen weist eine lange Tradition in der Analysis auf: In Abschnitt 5 führen wir den Begriff des Konvergenzradius ein und zeigen, dass eine Potenzreihe im Inneren ihres Konvergenzkreises stets absolut konvergiert. Mit dem Identitätssatz für Potenzreihen beschließen wir diesen Abschnitt.

1 Konvergenz von Folgen

Wir beginnen diesen für den weiteren Aufbau der Analysis zentralen Abschnitt über die Konvergenz von Folgen und Reihen mit der präzisen Definition des Folgenbegriffs.

Konvergenz von Folgen

Wir erinnern zunächst an den in Definition I.3.11 eingeführten Begriff einer Folge. Ist M eine beliebige Menge, so nennen wir eine Abbildung $f : \mathbb{N} \to M$, die jedem $n \in \mathbb{N}$ ein Element $a_n \in M$ zuordnet, eine *Folge in* M. Setzt man $a_n := f(n)$ für alle $n \in \mathbb{N}$, so schreiben wir $(a_n)_{n \in \mathbb{N}}$ oder kürzer auch (a_n).

Gilt $a_n \in \mathbb{R}$ für alle $n \in \mathbb{N}$, so nennen wir $(a_n)_{n \in \mathbb{N}}$ eine *reelle Folge*; gilt analog $a_n \in \mathbb{C}$ für alle $n \in \mathbb{N}$, so heißt $(a_n)_{n \in \mathbb{N}}$ *komplexe Folge*. Gelegentlich ist es nützlich, eine Folge mit a_0 zu beginnen. In diesem Fall betrachten wir eine Folge dann als eine Abbildung $f : \mathbb{N}_0 \to M$, und wir schreiben $(a_n)_{n \in \mathbb{N}_0}$.

Setzen wir zum Beispiel $a_n := (-1)^n$ für jedes $n \in \mathbb{N}$, so entsteht die Folge $(-1, 1, -1, \ldots)$. Ferner liefert die Vorschrift $a_n := \frac{1}{n}$ für jedes $n \in \mathbb{N}$ die Folge $(1, \frac{1}{2}, \frac{1}{3}, \ldots)$, und setzen wir $a_n := a$ für alle $n \in \mathbb{N}$, so erhalten wir die konstante Folge $(a, a, a, \ldots)$.

Wir kommen nun zur zentralen Definition dieses Abschnitts, der Definition der Konvergenz einer Folge reeller oder komplexer Zahlen.

1.1 Definition. (Konvergenz einer Folge). Eine komplexe Folge $(a_n)_{n \in \mathbb{N}}$ heißt *konvergent gegen* $a \in \mathbb{C}$, wenn für jedes $\varepsilon > 0$ eine Zahl $N_0 \in \mathbb{N}$ existiert mit

$$|a_n - a| < \varepsilon \quad \text{für alle } n \geq N_0.$$

In Quantoren geschrieben bedeutet dies

$$\mathop{\forall}_{\varepsilon > 0} \; \mathop{\exists}_{N_0 \in \mathbb{N}} \; \mathop{\forall}_{n \geq N_0} \; |a_n - a| < \varepsilon.$$

Die Zahl a heißt *Grenzwert* oder *Limes* der Folge $(a_n)_{n \in \mathbb{N}}$, und wir schreiben

$$\lim_{n \to \infty} a_n = a \quad \text{oder} \quad a_n \overset{n \to \infty}{\longrightarrow} a.$$

Existiert ein $a \in \mathbb{C}$ mit $\lim_{n \to \infty} a_n = a$, so heißt $(a_n)_{n \in \mathbb{N}}$ *konvergente Folge*, andernfalls *divergente Folge*. Konvergiert $(a_n)_{n \in \mathbb{N}}$ gegen 0, so heißt $(a_n)_{n \in \mathbb{N}}$ *Nullfolge*.

Geometrisch gesehen bedeutet die Konvergenz einer Folge $(a_n)_{n \in \mathbb{N}}$, dass alle Folgenglieder a_n mit einem Index $n > N$ in einer ε-Umgebung

$$U_\varepsilon(a) := \{ z \in \mathbb{C} : |z - a| < \varepsilon \}$$

von a liegen.

1.2 Bemerkungen. a) Für eine Folge $(a_n)_{n \in \mathbb{N}}$ gilt $\lim_{n \to \infty} a_n = a$ genau dann, wenn $(a_n - a)_{n \in \mathbb{N}}$ eine Nullfolge ist.

b) Falls a_n nur für $n \geq N$ für ein gewisses $N \in \mathbb{N}$ definiert ist, so bezeichnet man $(a_N, a_{N+1}, \ldots)$ ebenfalls als Folge, und wir schreiben $(a_n)_{n \geq N}$.

c) Um die Notation kurz und handlich zu gestalten, schreiben wir anstelle von $(a_n)_{n \in \mathbb{N}}$ oft auch kürzer (a_n).

1.3 Satz. *Der Grenzwert einer konvergenten komplexen Folge ist eindeutig bestimmt, d. h., gilt* $\lim_{n \to \infty} a_n = a$ *und* $\lim_{n \to \infty} a_n = b$ *für* $a, b \in \mathbb{C}$, *so folgt* $a = b$.

Beweis. Ist $\varepsilon > 0$ beliebig gewählt, so existieren Zahlen $N_0^1, N_0^2 \in \mathbb{N}$ mit

$$|a_n - a| < \frac{\varepsilon}{2} \quad \text{für alle } n \geq N_0^1 \quad \text{und}$$

$$|a_n - b| < \frac{\varepsilon}{2} \quad \text{für alle } n \geq N_0^2.$$

Da $a - b = a - a_n + a_n - b$ für jedes $n \in \mathbb{N}$ gilt, folgt

$$0 \leq |a - b| \leq |a - a_n| + |a_n - b| < \varepsilon/2 + \varepsilon/2 = \varepsilon \quad \text{für alle } n \geq \max\{N_0^1, N_0^2\},$$

und die klassische Schlussweise der Analysis, Satz I.4.7, impliziert nun $|a - b| = 0$ und somit auch $a = b$. $\qquad \square$

1.4 Beispiele. a) Für $a \in \mathbb{C}$ konvergiert die konstante Folge $(a, a, \ldots)$ offensichtlich gegen a.

b) Die Folge $\left(\frac{1}{n}\right)_{n \in \mathbb{N}}$ ist eine Nullfolge. Um diese Aussage zu verifizieren, sei $\varepsilon > 0$ gegeben. Nach dem archimedischen Prinzip (Satz I.4.6) existiert eine Zahl $N_0 \in \mathbb{N}$ mit $N_0 \varepsilon > 1$. Also gilt

$$\left| \frac{1}{n} - 0 \right| \leq \frac{1}{N_0} < \varepsilon \quad \text{für alle } n \geq N_0.$$

c) Die Folge $\left(\frac{n}{n+1}\right)_{n \in \mathbb{N}}$ konvergiert gegen 1.

Um dies zu beweisen sei $\varepsilon > 0$ gegeben. Wiederum existiert nach dem archimedischen Prinzip, Satz I.4.6, ein $N_0 \in \mathbb{N}$ mit $N_0\, \varepsilon > 1$. Also folgt

$$\left| 1 - \frac{n}{n+1} \right| = \left| \frac{1}{n+1} \right| < \frac{1}{N_0} < \varepsilon \quad \text{für alle } n \geq N_0.$$

d) Für $n \in \mathbb{N}$ sei

$$a_n := \sum_{j=1}^{n} \frac{1}{j(j+1)}.$$

Da $\frac{1}{j(j+1)} = \frac{1}{j} - \frac{1}{j+1}$ für alle $j \geq 1$ gilt, folgt $a_n = 1 - \frac{1}{n+1} = \frac{n}{n+1}$ für jedes $n \in \mathbb{N}$, und $(a_n)_{n\in\mathbb{N}}$ konvergiert nach Beispiel c) gegen 1. Es gilt daher $\lim_{n\to\infty} a_n = 1$. Obige Summe wird oft auch als *Teleskopsumme* bezeichnet.

e) Es sei $a_n = (-1)^n$ für alle $n \in \mathbb{N}$. Dann divergiert die Folge $(a_n)_{n\in\mathbb{N}}$. Nehmen wir an, dass (a_n) gegen ein $a \in \mathbb{C}$ konvergiert, so existiert ein $N_0 \in \mathbb{N}$ mit $|a_n - a| < \frac{1}{2}$ für alle $n \geq N_0$. Also gilt für solche n

$$2 = |a_{n+1} - a_n| \leq |a_{n+1} - a| + |a - a_n| < \frac{1}{2} + \frac{1}{2} = 1.$$

Wir erhalten also einen Widerspruch, und somit ist die Folge $(a_n)_{n\in\mathbb{N}}$ divergent.

1.5 Definition. Eine Folge $(a_n)_{n\in\mathbb{N}} \subset \mathbb{C}$ heißt *beschränkt*, wenn eine Konstante $M > 0$ existiert mit

$$|a_n| \leq M \quad \text{für alle } n \in \mathbb{N}.$$

1.6 Satz. *Jede konvergente Folge $(a_n)_{n\in\mathbb{N}}$ ist beschränkt.*

Beweis. Es gelte $\lim_{n\to\infty} a_n = a$ für ein $a \in \mathbb{C}$. Nach Definition existiert für $\varepsilon = 1$ ein $N_0 \in \mathbb{N}$ mit $|a_n - a| < 1$ für alle $n \geq N_0$. Also gilt für $n \geq N_0$

$$|a_n| \leq |a_n - a| + |a| \leq 1 + |a|$$

und somit

$$|a_n| \leq \max \underbrace{\{|a_1|, |a_2|, \ldots, |a_{N_0-1}|, 1 + |a|\}}_{\text{endlich viele Terme}} =: M \quad \text{für alle } n \in \mathbb{N}. \qquad \square$$

1.7 Beispiele. a) Die Folge $\left((-1)^n \right)_{n\in\mathbb{N}}$ ist beschränkt, aber nicht konvergent.

b) Für $q \in \mathbb{C}$ und $n \in \mathbb{N}$ setzen wir $a_n := q^n$. Dann gilt:

i) Ist $|q| > 1$, so ist die Folge $(a_n)_{n\in\mathbb{N}}$ nicht beschränkt, also divergent.

ii) Ist $|q| < 1$, so ist $(a_n)_{n\in\mathbb{N}}$ eine Nullfolge.

Rechenregeln für konvergente Folgen

Wir fahren fort mit den Grenzwertsätzen für Summen, Produkte und Quotienten für konvergente Folgen.

1.8 Lemma. (Rechenregeln für konvergente Folgen). *Es seien* $(a_n)_{n \in \mathbb{N}}$ *und* $(b_n)_{n \in \mathbb{N}}$ *konvergente Folgen mit* $\lim_{n \to \infty} a_n = a$ *und* $\lim_{n \to \infty} b_n = b$. *Dann gelten die folgenden Aussagen:*

a) $\lim_{n \to \infty}(a_n + b_n) = a + b$.

b) $\lim_{n \to \infty}(a_n \cdot b_n) = ab$.

c) Ist $b \neq 0$, *so existiert ein* $N_0 \in \mathbb{N}$ *mit* $b_n \neq 0$ *für alle* $n \geq N_0$ *und* $\lim_{n \to \infty} \frac{a_n}{b_n} = \frac{a}{b}$.

Beweis. a) Nach Voraussetzung existieren zu gegebenem $\varepsilon > 0$ Zahlen $N_1, N_2 \in \mathbb{N}$ mit

$$|a_n - a| < \frac{\varepsilon}{2}, \quad n \geq N_1,$$

$$|b_n - b| < \frac{\varepsilon}{2}, \quad n \geq N_2.$$

Setzen wir $N_0 := \max\{N_1, N_2\}$, so gilt

$$|a + b - (a_n + b_n)| \leq \underbrace{|a - a_n|}_{< \frac{\varepsilon}{2}} + \underbrace{|b - b_n|}_{< \frac{\varepsilon}{2}} < \varepsilon \quad \text{für alle} \ \ n \geq N_0.$$

Die Behauptung folgt daher aus der Definition der Konvergenz.

Den Beweis der Aussagen b) und c) überlassen wir dem Leser als Übungsaufgabe. $\square$

Das folgende Beispiel illustriert die obigen Rechenregeln für konvergente Folgen. Für $n \geq 2$ setzen wir

$$a_n = \frac{3n^2 - 2n + 1}{-n^2 + n}.$$

Dann ist $a_n = \frac{3 - \frac{2}{n} + \frac{1}{n^2}}{-1 + \frac{1}{n}}$ für alle $n \geq 2$, und es folgt aus Lemma 1.8, dass $\lim_{n \to \infty} a_n = -3$ gilt.

Verträglichkeit von Konvergenz und Ordnung

Eine wichtige Vorgehensweise, um eine gegebene Folge auf Konvergenz hin zu untersuchen, besteht darin, ihre Folgenglieder gegen diejenigen einer konvergenten Folge abzuschätzen. Hierzu müssen wir jedoch sicherstellen, dass Konvergenz und Ordnung miteinander verträglich sind. Dies ist jedoch die Aussage des folgenden Satzes.

1.9 Satz. (Verträglichkeit von Konvergenz und Ordnung). *Es seien* $(a_n)_{n \in \mathbb{N}}$ *und* $(b_n)_{n \in \mathbb{N}}$ *konvergente, reelle Folgen mit* $\lim_{n \to \infty} a_n = a$ *und* $\lim_{n \to \infty} b_n = b$. *Existiert ein* $N_0 \in \mathbb{N}$ *mit* $a_n \leq b_n$ *für alle* $n \geq N_0$, *so folgt* $a \leq b$.

Das Beispiel der Folgen $(a_n)_{n\in\mathbb{N}}$ und $(b_n)_{n\in\mathbb{N}}$ mit $a_n = 0$ und $b_n = 1/n$ für alle $n \in \mathbb{N}$ zeigt, dass in der obigen Situation aus $a_n < b_n$ für alle $n \geq N_0$ nur $a \leq b$ und nicht $a < b$ folgt.

Beweis. Nehmen wir an, dass die Aussage in Satz 1.9 falsch ist, d. h., dass $a > b$ gilt, so existiert für $\varepsilon := \frac{a-b}{2} > 0$ nach Voraussetzung ein $N_0 \in \mathbb{N}$ mit

$$a - a_n \leq |a - a_n| < \varepsilon \quad \text{für alle } n \geq N_0,$$
$$b_n - b \leq |b - b_n| < \varepsilon \quad \text{für alle } n \geq N_0.$$

Deshalb gilt

$$b_n < b + \varepsilon = \frac{2b}{2} + \frac{a-b}{2} = \frac{a+b}{2} = a - \varepsilon < a_n \quad \text{für alle } n \geq N_0,$$

im Widerspruch zur Voraussetzung, dass $a_n \leq b_n$ für alle $n \geq N_0$ gilt. □

Der folgende *Sandwichsatz* folgt unmittelbar aus Satz 1.9.

1.10 Korollar. (Sandwichsatz). *Es seien* $(a_n)_{n\in\mathbb{N}}, (b_n)_{n\in\mathbb{N}}$ *und* $(c_n)_{n\in\mathbb{N}}$ *reelle Folgen. Gilt* $\lim_{n\to\infty} a_n = \lim_{n\to\infty} b_n = a$ *und existiert ein* $N_0 \in \mathbb{N}$ *mit*

$$a_n \leq c_n \leq b_n \quad \text{für alle } n \geq N_0,$$

so ist $\lim_{n\to\infty} c_n = a$.

Monotone Folgen und die Eulersche Zahl e
Für den weiteren Aufbau der Analysis ist es sehr wichtig, Kriterien zu entwickeln, welche die Konvergenz einer Folge implizieren, ohne deren Grenzwert explizit zu kennen. Hierzu führen wir zunächst einige Begriffe ein.

1.11 Definition. Eine reelle Folge $(a_n)_{n\in\mathbb{N}}$ heißt

a) *monoton wachsend*, falls $a_{n+1} \geq a_n$ für alle $n \in \mathbb{N}$ gilt,

b) *streng monoton wachsend*, falls $a_{n+1} > a_n$ für alle $n \in \mathbb{N}$ gilt,

c) *monoton fallend*, falls $a_{n+1} \leq a_n$ für alle $n \in \mathbb{N}$ gilt,

d) *streng monoton fallend*, falls $a_{n+1} < a_n$ für alle $n \in \mathbb{N}$ gilt. Gilt einer dieser vier Fälle, so heißt $(a_n)_{n\in\mathbb{N}}$ *monotone Folge*.

1.12 Satz. *Jede beschränkte, monotone, reelle Folge* $(a_n)_{n\in\mathbb{N}}$ *konvergiert, und zwar*

a) *gegen* $\sup\{a_n : n \in \mathbb{N}\}$, *wenn* $(a_n)_{n\in\mathbb{N}}$ *monoton wachsend ist,*

b) *gegen* $\inf\{a_n : n \in \mathbb{N}\}$, *wenn* $(a_n)_{n\in\mathbb{N}}$ *monoton fallend ist.*

Beweis. a) Das Vollständigkeitsaxiom impliziert die Existenz von $s := \sup\{a_n : n \in \mathbb{N}\}$. Aus der Charakterisierung des Supremums in Satz I.2.17 folgern wir, dass für gegebenes $\varepsilon > 0$ ein $N_0 \in \mathbb{N}$ existiert mit der Eigenschaft, dass

$$s - \varepsilon < a_{N_0} \leq a_n \leq s \quad \text{für alle } n \geq N_0$$

gilt. Deshalb ist $-\varepsilon < a_n - s \leq 0$ für alle $n \geq N_0$. und es gilt $|a_n - s| < \varepsilon$ für alle $n \geq N_0$. Also konvergiert die Folge $(a_n)_{n \in \mathbb{N}}$ gegen s.

Der Beweis der Aussage b) verläuft analog. $\qquad\square$

1.13 Beispiel. Wir betrachten die Folge $(p_n)_{n \in \mathbb{N}}$ definiert durch

$$p_n := \frac{2}{1} \cdot \frac{4}{3} \cdot \frac{6}{5} \cdots \frac{2n}{2n-1}, \quad n \in \mathbb{N},$$

und zeigen als Anwendung von Satz 1.12, dass ein $p \in \mathbb{R}$ mit $\sqrt{2} \leq p \leq 2$ existiert mit

$$\lim_{n \to \infty} \frac{p_n}{\sqrt{n}} = p.$$

Wir bemerken zunächst, dass

a) die Folge $\left(\frac{p_n}{\sqrt{n}}\right)$ monoton fällt und

b) die Folge $\left(\frac{p_n}{\sqrt{n+1}}\right)$ monoton wächst.

Aussage a) folgern wir aus der Abschätzung

$$\left(\frac{p_{n+1}\sqrt{n}}{p_n\sqrt{n+1}}\right)^2 = \frac{4n^2 + 4n}{4n^2 + 4n + 1} < 1, \quad n \in \mathbb{N},$$

während Aussage b) aus

$$\left(\frac{p_{n+1}\sqrt{n+1}}{p_n\sqrt{n+2}}\right)^2 = \frac{4n^3 + 12n^2 + 12n + 4}{4n^3 + 12n^2 + 9n + 2} > 1, \quad n \in \mathbb{N}$$

folgt. Damit gilt für alle $n \in \mathbb{N}$

$$\sqrt{2} = \frac{p_1}{\sqrt{2}} \leq \frac{p_n}{\sqrt{n+1}} < \frac{p_n}{\sqrt{n}} \leq p_1,$$

und Satz 1.12 impliziert, dass die Folge $\left(\frac{p_n}{\sqrt{n}}\right)_{n \in \mathbb{N}}$ gegen ein $p \in \mathbb{R}$ mit $\sqrt{2} \leq p \leq 2$ konvergiert.

Satz 1.12 erlaubt es uns weiter, insbesondere auch die k-te Wurzel einer reellen Zahl $a > 0$ aus einem anderen als dem in Satz I.5.1 beschriebenen Standpunkt zu verstehen.

Dort haben wir gezeigt, dass für $a > 0$ und $k \in \mathbb{N}$ mit $k \geq 2$ genau eine reelle Zahl $w > 0$ derart existiert, dass $w^k = a$ gilt. In diesem Fall haben wir $\sqrt[k]{a} = a^{1/k} = w$ geschrieben.

Wir wollen nun einen alternativen Beweis für die obige Aussage geben, jetzt jedoch mittels Satz 1.12. Alternative Beweise für bekannte Sachverhalte geben oft neue Einblicke in eine gegebene Problematik und sind deshalb oft sehr wertvoll, obwohl damit keine neuen Resultate bewiesen werden.

1.14 Beispiel. Unser alternativer Beweis der *Existenz* der k-ten Wurzel einer reellen Zahl $a > 0$ mittels Monotonieargumenten verläuft wie folgt: Wir definieren zunächst eine Folge $(a_j)_{j \in \mathbb{N}}$ rekursiv durch

$$a_1 := a + 1, \quad a_{j+1} := a_j \left(1 + \frac{a - a_j^k}{k \cdot a_j^k} \right), \quad j \in \mathbb{N}. \tag{1.1}$$

Mittels vollständiger Induktion können wir die folgenden Aussagen beweisen:

a) $a_j > 0$ für alle $j \in \mathbb{N}$.

b) $a_j^k \geq a$ für alle $j \in \mathbb{N}$.

c) $a_{j+1} \leq a_j$ für alle $j \in \mathbb{N}$, d.h., $(a_j)_{j \in \mathbb{N}}$ ist eine monoton fallende Folge.

Wir wollen den Beweis an dieser Stelle nicht ausführen und verweisen auf Übungsaufgabe 1.2, bemerken aber, dass wir für den Beweis der Aussage b) im Induktionsschritt mit Vorteil die Bernoullische Ungleichung (Beispiel I.3.10b)) verwenden können.

Da die Folge $(a_j)_{j \in \mathbb{N}}$ beschränkt und monoton fallend ist, impliziert Satz 1.12, dass

$$w := \lim_{j \to \infty} a_j = \inf\{a_j : j \in \mathbb{N}\}$$

gilt. Ferner gilt $\lim_{j \to \infty} a_{j+1} = w$, und Lemma 1.8b) impliziert $\left(\lim_{j \to \infty} a_j \right)^k = \lim_{j \to \infty} a_j^k \geq a > 0$. Weiterhin folgt aus den in Lemma 1.8 beschriebenen Rechenregeln für konvergente Folgen, dass

$$a_{j+1} = a_j \left(1 + \frac{a - a_j^k}{k \cdot a_j^k} \right) \xrightarrow{j \to \infty} w \cdot \left(1 + \frac{a - w^k}{k \cdot w^k} \right)$$

gilt. Es folgt also $w = w\left(1 + \frac{a - w^k}{k \cdot w^k}\right)$ und somit $a = w^k$.

Um die *Eindeutigkeit* von w zu beweisen, betrachten wir $u, v > 0$ mit $u^k = a = v^k$ und $u \neq v$. Ohne Beschränkung der Allgemeinheit sei $u < v$. Dann gilt aber $a = u^k < v^k = a$, und wir erhalten einen Widerspruch.

Es ist interessant, die obige Folge $(a_j)_{j \in \mathbb{N}}$ auch geometrisch zu interpretieren: Sie ist die Grundlage für die näherungsweise Berechnung der k-ten Wurzel einer gegebenen reellen Zahl $a > 0$ und wir werden im Rahmen des *Newton-Verfahrens* in Abschnitt IV.3 auf diese Folge zurückkommen.

Die Eulersche Zahl e

Wir kommen nun zu einer weiteren und sehr wichtigen Anwendung von Satz 1.12, nämlich zur Definition der *Eulerschen Zahl e*.

1.15 Satz und Definition. (Die Zahl e**).** *Die Folge* $(a_n)_{n \in \mathbb{N}}$, *definiert durch*

$$a_n := \left(1 + \frac{1}{n}\right)^n, \quad n \in \mathbb{N},$$

ist konvergent. Ihr Grenzwert heißt Eulersche Zahl *und wird mit e bezeichnet. Ferner gilt die Abschätzung*

$$2 \leq \lim_{n \to \infty} a_n = e \leq 3.$$

Beweis. Um die Konvergenz der obigen Folge $(a_n)_{n \in \mathbb{N}}$ zu beweisen, genügt es, nach Satz 1.12 und 1.9 zu zeigen, dass

a) $(a_n)_{n \in \mathbb{N}}$ eine monoton wachsende Folge ist,

b) $2 \leq a_n \leq 3$ für alle $n \geq 1$ gilt.

Zu a): Wir verifizieren mittels der Bernoullischen Ungleichung (Beispiel I.3.10b), dass für $n \geq 2$ die Ungleichung

$$\frac{a_n}{a_{n-1}} = \frac{\left(\frac{n+1}{n}\right)^n}{\left(\frac{n}{n-1}\right)^{n-1}} = \left(\frac{\frac{n+1}{n}}{\frac{n}{n-1}}\right)^n \cdot \frac{n}{n-1} = \left(\frac{n^2 - 1}{n^2}\right)^n \cdot \frac{n}{n-1}$$

$$= \left(1 - \frac{1}{n^2}\right)^n \cdot \frac{n}{n-1} \geq \left(1 - \frac{1}{n}\right)\frac{n}{n-1} = 1$$

erfüllt ist. Also gilt $a_n \geq a_{n-1}$ für alle $n \in \mathbb{N}$ mit $n \geq 2$.

Zu b): Nach Aussage a) gilt $a_1 = 2 \leq a_n$ für alle $n \in \mathbb{N}$. Weiter gilt nach dem binomischen Lehrsatz, Satz I.5.3,

$$a_n = \left(1 + \frac{1}{n}\right)^n = \sum_{j=0}^{n} \binom{n}{j} \frac{1}{n^j} = 2 + \sum_{j=2}^{n} \binom{n}{j} \frac{1}{n^j}.$$

Für $2 \leq j \leq n$ gilt weiter

$$\binom{n}{j} \frac{1}{n^j} = \frac{n!}{j!(n-j)!} \frac{1}{n^j} = \frac{1 \cdot 2 \cdots n}{1 \cdot 2 \cdots (n-j)\underbrace{n \cdots n}_{j-mal}} \frac{1}{j!} \leq \frac{1}{j!} \leq \frac{1}{2^{j-1}}.$$

Somit erhalten wir unter Verwendung des in Beispiel I.3.10c) erzielten Wertes der endlichen geometrischen Reihe

$$a_n \leq 1 + \sum_{j=1}^{n} \frac{1}{2^{j-1}} = 1 + \sum_{j=0}^{n-1} \frac{1}{2^j} = 1 + \frac{1 - (\frac{1}{2})^n}{1 - \frac{1}{2}} \leq 3. \qquad \square$$

Wichtige Standardbeispiele
Wir betrachten jetzt wichtige Grenzwerte, welche uns im weiteren Verlauf immer wieder
begegnen werden.

1.16 Beispiele. a) Für $s \in \mathbb{Q}, s > 0$ gilt

$$\lim_{n \to \infty} \frac{1}{n^s} = 0.$$

Zu gegebenem $\varepsilon > 0$ wählen wir $N_0 \in \mathbb{N}$ mit $N_0 \geq \varepsilon^{\frac{-1}{s}}$. Dann gilt $\frac{1}{n^s} < \varepsilon$ für alle $n > N_0$.
  b) Für $a > 0$ gilt

$$\lim_{n \to \infty} \sqrt[n]{a} = 1.$$

Wir betrachten zunächst den Fall $a \geq 1$. Setzen wir $b_n := \sqrt[n]{a} - 1$ für $n \in \mathbb{N}$, so folgt aus
der Bernoullischen Ungleichung $a = (1 + b_n)^n \geq 1 + n b_n$ für alle $n \in \mathbb{N}$. Insbesondere
ist also $b_n < \frac{a}{n}$, und wählen wir zu $\varepsilon > 0$ ein $N_0 > \frac{a}{\varepsilon}$, so gilt

$$|\sqrt[n]{a} - 1| = b_n < \varepsilon, \quad n > N_0.$$

Gilt $a < 1$, so ist $a^{-1} > 1$, und mittels der in Lemma 1.8c) bewiesenen Rechenregel folgt
die Aussage aus dem oben Bewiesenen:

$$\lim_{n \to \infty} \sqrt[n]{a} = \left(\lim_{n \to \infty} \sqrt[n]{a^{-1}} \right)^{-1} = 1.$$

  c) Es gilt

$$\lim_{n \to \infty} \sqrt[n]{n} = 1.$$

Der binomische Lehrsatz impliziert für $b_n := \sqrt[n]{n} - 1 \geq 0$

$$n = (1 + b_n)^n \geq 1 + \frac{n(n-1)}{2} b_n^2, \quad \text{also } n - 1 \geq \frac{n(n-1)}{2} b_n^2 \quad \text{für alle } n \in \mathbb{N}.$$

Daher ist $b_n^2 \leq \frac{2}{n}$ für alle $n \in \mathbb{N}$, und wählen wir zu $\varepsilon > 0$ ein $N_0 \in \mathbb{N}$ mit $N_0 \geq \frac{2}{\varepsilon^2}$, so
gilt

$$|\sqrt[n]{n} - 1| = b_n < \varepsilon, \quad n > N_0.$$

  d) Für $a \in \mathbb{C}$ mit $|a| > 1$ und $k \in \mathbb{N}$ gilt

$$\lim_{n \to \infty} \frac{n^k}{a^n} = 0,$$

d. h., für a mit $|a| > 1$ wächst die Funktion $n \mapsto a^n$ schneller als *jede* Potenz $n \mapsto n^k$.
    In dieser Situation sind zwei entgegengesetzte Kräfte am Werk: Der Zähler n^k wächst
über alle Grenzen, während der Term $\frac{1}{a^n}$ nach 0 strebt. Es ist nun nicht ohne Weiteres
einzusehen, welcher Term überwiegt.

Setzen wir $x_n := \frac{n^k}{|a|^n}$ für $n \in \mathbb{N}$, so gilt

$$\frac{x_{n+1}}{x_n} = \left(1 + \frac{1}{n}\right)^k \frac{1}{|a|}, \quad n \in \mathbb{N},$$

und somit ist $\left(\frac{x_{n+1}}{x_n}\right)$ eine monoton fallende Folge, welche gegen $1/|a|$ konvergiert. Wählen wir $q \in \mathbb{R}$ mit $1/|a| < q < 1$, so existiert ein $N_0 \in \mathbb{N}$ mit $x_{n+1}/x_n < q$ für alle $n \geq N_0$, und es gilt

$$x_n < q^{n-N_0} x_{N_0} \quad \text{für alle } n \geq N_0.$$

Somit erhalten wir

$$x_n = \left|\frac{n^k}{a^n}\right| < q^{n-N_0} x_{N_0} = \frac{x_{N_0}}{q^{N_0}} q^n, \quad n \geq N_0,$$

und es folgt die Behauptung, da (q^n) nach Beispiel 1.7b) eine Nullfolge ist.

e) Für $a \in \mathbb{C}$ gilt

$$\lim_{n \to \infty} \frac{a^n}{n!} = 0,$$

d. h., die Fakultät $n \mapsto n!$ wächst schneller als *jede* der Funktionen $n \mapsto a^n$.

Um dies einzusehen, wählen wir zu $q \in (0, 1)$ ein $N \in \mathbb{N}$ mit $|a|/k < q$ für alle $k > N$. Somit gilt

$$\left|\frac{a^n}{n!}\right| = \frac{|a|^N}{N!} \prod_{k=N+1}^{n} \frac{|a|}{k} \leq \frac{|a|^N}{N!} q^{n-N} = \frac{|a|^N}{q^N N!} q^n, \quad n > N,$$

und die Aussage folgt wiederum aus Beispiel 1.7b).

Konvergenz von Mittelwerten

In gewissen Fällen können wir den Grenzwert einer konvergenten Folge durch den Grenzwert einer assoziierten Mittelwertfolge bestimmen. Wir werden auf diese Beobachtung in Kapitel X im Zusammenhang von Konvergenz von Fourier-Reihen zurückkommen.

1.17 Satz. *Sind $(a_n) \subset \mathbb{C}$ eine Folge und $(\sigma_n) \subset \mathbb{C}$ eine weitere Folge definiert durch*

$$\sigma_n := \frac{a_1 + \ldots + a_n}{n}, \quad n \in \mathbb{N},$$

so gilt: Konvergiert (a_n) gegen $a \in \mathbb{C}$, so konvergiert (σ_n) ebenfalls gegen a.

Beweis. Nach Voraussetzung existiert für $\varepsilon > 0$ ein $N_1 \in \mathbb{N}$ mit $|a_n - a| \leq \varepsilon/2$ für alle $n \geq N_1$. Für $n \geq N_1 + 1$ gilt dann

$$|\sigma_n - a| \leq \frac{1}{n} \sum_{j=1}^{n} |a_j - a| = \frac{1}{n} \sum_{j=1}^{N_1} |a_j - a| + \frac{1}{n} \sum_{j=N_1+1}^{n} |a_j - a|.$$

Weiter existiert ein $N_2 \in \mathbb{N}$ mit $\frac{1}{n} \sum_{j=1}^{N_1} |a_j - a| \leq \varepsilon/2$ für alle $n \geq N_2$. Wählen wir $N = \max\{N_1 + 1, N_2\}$, so gilt $|\sigma_n - a| \leq \varepsilon/2 + \varepsilon/2$ für alle $n \geq N$ und somit die Behauptung.   □

Uneigentliche Konvergenz

Zum Abschluss dieses Abschnitts führen wir an dieser Stelle noch den Begriff der *uneigentlichen Konvergenz* ein. Hierzu erweitern wir die rellen Zahlen $\mathbb{R}$ um die zwei Elemente $+\infty$ und $-\infty$ sowie die komplexen Zahlen $\mathbb{C}$ um ∞ und setzen

$$\overline{\mathbb{R}} := \mathbb{R} \cup \{+\infty, -\infty\} \quad \text{und} \quad \overline{\mathbb{C}} := \mathbb{C} \cup \{\infty\}.$$

Eine Folge $(a_n)_{n \in \mathbb{N}} \subset \mathbb{R}$ heißt dann *uneigentlich konvergent in $\overline{\mathbb{R}}$ gegen $+\infty$ bzw. $-\infty$*, falls zu jedem $K > 0$ ein $N_K \in \mathbb{N}$ existiert mit

$$a_n > K \quad \text{bzw.} \quad a_n < -K \text{ für alle } n \geq N_K.$$

Zum Beispiel konvergiert die Folge $(-n)_{n \in \mathbb{N}} \subset \mathbb{R}$ uneigentlich gegen $-\infty$, die Folge $((-2)^n)_{n \in \mathbb{N}}$ divergiert hingegen in $\overline{\mathbb{R}}$.

Analog zur obigen Situation nennen wir eine Folge $(a_n)_{n \in \mathbb{N}} \subset \mathbb{C}$ *uneigentlich konvergent in $\mathbb{C}$ gegen ∞*, falls zu jedem $K > 0$ ein $N_K \in \mathbb{N}$ existiert mit

$$|a_n| \geq K \text{ für alle } n \geq N_K.$$

Eine Folge reeller Zahlen, die in $\overline{\mathbb{R}}$ konvergiert, konvergiert, aufgefasst als Folge in $\mathbb{C}$, auch in $\overline{\mathbb{C}}$. Hingegen impliziert die Konvergenz in $\overline{\mathbb{C}}$ nicht notwendigerweise die Konvergenz in $\overline{\mathbb{R}}$, wie das Beispiel der schon betrachteten Folge $((-2)^n)_{n \in \mathbb{N}}$ zeigt: Diese Folge konvergiert uneigentlich in $\overline{\mathbb{C}}$ gegen ∞, aber sie ist divergent in $\overline{\mathbb{R}}$.

Aufgaben

1. Man beweise die Aussagen von Lemma 1.8b) und c).

2. Man beweise die im alternativen Beweis der Existenz der k-ten Wurzel in Beispiel 1.14 aufgeführten Eigenschaften der in (1.1) rekursiv definierten Folge (a_j).

3. Man untersuche die folgenden Folgen auf Konvergenz und bestimme gegebenenfalls ihren Grenzwert:

$$a_n := \frac{1}{\sqrt{n}}, \; n \in \mathbb{N}, \qquad\qquad b_n := \frac{2^n + (-3)^n}{(-2)^n + 3^n}, \; n \in \mathbb{N},$$

$$c_n := \sqrt{n+1} - \sqrt{n}, \; n \in \mathbb{N}, \qquad d_n := \frac{(2n^2 - 3n)(n^3 + 1)}{(n+2)(n^2 + n^4)}, \; n \in \mathbb{N}.$$

4. Man untersuche die folgenden Folgen auf Konvergenz und bestimme gegebenenfalls ihren Grenzwert:

$$a_n := \begin{cases} 0, & \text{falls } n \in \mathbb{N} \text{ gerade,} \\ \frac{1}{n^2}, & \text{falls } n \in \mathbb{N} \text{ ungerade,} \end{cases} \qquad b_n := \frac{6n^6 + 9n^5 - n^4 - 7n^3 + n^2 - 5}{2n^6 + n^4 + 3n^2 - 5}, \; n \in \mathbb{N},$$

$$c_n := (-1)^n \sqrt{n+1} \left(\sqrt{n+1} - \sqrt{n} \right), \; n \in \mathbb{N}, \qquad d_n := \frac{n^n}{n!}, \; n \in \mathbb{N}.$$

5. Es seien $(a_n)_{n \in \mathbb{N}}$ und $(b_n)_{n \in \mathbb{N}}$ Folgen in $\mathbb{C}$. Man entscheide für die folgenden vier Aussagen jeweils, ob sie gültig sind, und gebe jeweils einen Beweis, bzw. ein Gegenbeispiel an:

   a) Ist $(a_n)_{n \in \mathbb{N}}$ konvergent und $(b_n)_{n \in \mathbb{N}}$ divergent, so ist $(a_n + b_n)_{n \in \mathbb{N}}$ divergent.

   b) Ist $(a_n)_{n \in \mathbb{N}}$ konvergent und $(b_n)_{n \in \mathbb{N}}$ divergent, so ist $(a_n \cdot b_n)_{n \in \mathbb{N}}$ divergent.

   c) Ist $(a_n)_{n \in \mathbb{N}}$ divergent und $(b_n)_{n \in \mathbb{N}}$ divergent, so ist $(a_n + b_n)_{n \in \mathbb{N}}$ divergent.

   d) Ist $(a_n)_{n \in \mathbb{N}}$ divergent und $(b_n)_{n \in \mathbb{N}}$ divergent, so ist $(a_n \cdot b_n)_{n \in \mathbb{N}}$ divergent.

6. Man entscheide, welche der folgenden Aussagen richtig oder falsch sind und begründe seine Entscheidung:

   a) Jede beschränkte Folge konvergiert.

   b) Es gibt Folgen, die zugleich konvergieren und divergieren.

   c) Jede divergente Folge ist unbeschränkt.

   d) Für jede konvergente Folge $(a_n)_{n \in \mathbb{N}}$ existiert $\max\{a_n : n \in \mathbb{N}\}$.

   e) Jede konvergente Folge ist beschränkt.

   f) Konvergiert eine reelle Folge $(a_n)_{n \in \mathbb{N}}$ gegen a in $\mathbb{R}$ und ist $a_n > 0$ für jedes $n \in \mathbb{N}$, so ist auch $a > 0$.

   g) Eine Folge $(a_n)_{n \in \mathbb{N}}$ konvergiert genau dann gegen a, wenn für jedes $\varepsilon > 0$ ein $N \in \mathbb{N}$ existiert, so dass $|a_n - a| \leq \varepsilon$ für alle $n \geq N$ gilt.

   h) Summen, Differenzen, Produkte und Quotienten divergenter Folgen sind divergent.

   i) Jede monotone Folge ist beschränkt.

7. Man zeige, dass für eine Menge $M \subset \mathbb{C}$ die beiden folgenden Aussagen äquivalent sind:

   a) M ist beschränkt.

   b) Für jede Folge (a_n), bestehend aus Elementen von M, ist $\left(\frac{a_n}{n} \right)$ eine Nullfolge.

8. Man beweise den Sandwichsatz, Satz 1.10, und bestimme mittels dieses Satzes den Grenzwert

$$\lim_{n \to \infty} \frac{1}{\sqrt{n^2 + 3}}.$$

9. Nach Satz 1.15 gilt

$$\lim_{n \to \infty} \left(1 + \frac{1}{n} \right)^n = e \geq 2.$$

Man erkläre, was an der folgenden Argumentation falsch ist, und begründe, warum man so auf ein *falsches* Ergebnis kommt:

Es ist $\lim_{n \to \infty} 1/n = 0$, also gilt $\lim_{n \to \infty} 1 + 1/n = 1$ und damit schließlich

$$\lim_{n \to \infty} \left(1 + \frac{1}{n}\right)^n = \lim_{n \to \infty} 1^n = \lim_{n \to \infty} 1 = 1.$$

10. (Arithmetisches und geometrisches Mittel). Es seien $a_0, b_0 \in \mathbb{R}$ mit $0 < a_0 < b_0$. Die beiden Folgen $(a_n)_{n \in \mathbb{N}_0}$ und $(b_n)_{n \in \mathbb{N}_0}$ seien rekursiv definiert durch

$$a_{n+1} := \sqrt{a_n b_n},\ n \in \mathbb{N}_0 \quad \text{und} \quad b_{n+1} := \frac{a_n + b_n}{2},\ n \in \mathbb{N}_0.$$

Man zeige:

a) $0 \le a_n \le b_n$ für alle $n \in \mathbb{N}$.

b) Die Folge $(a_n)_{n \in \mathbb{N}}$ ist monoton wachsend, und die Folge $(b_n)_{n \in \mathbb{N}}$ ist monoton fallend.

c) Die Folgen $(a_n)_{n \in \mathbb{N}}$ und $(b_n)_{n \in \mathbb{N}}$ sind konvergent.

d) Es gilt $\lim_{n \to \infty} a_n = \lim_{n \to \infty} b_n$.

11. Man entscheide jeweils (Beweis oder Gegenbeispiel), ob $(a_n)_{n \in \mathbb{N}}$ eine Nullfolge ist, wenn es zu jedem $\varepsilon > 0$ ein $N_0 \in \mathbb{N}$ gibt, so dass für alle $n \ge N_0$ gilt:

a) $|a_n + a_{n+1}| < \varepsilon$,   b) $|a_n| < 2\varepsilon^4$,   c) $|a_n \cdot a_{n+1}| < \varepsilon$,

d) $|a_n^2 + a_n| < \varepsilon$,   e) $|a_n \cdot a_{n+m}| < \varepsilon$ für alle $m \in \mathbb{N}$.

12. Die Folge (a_n) sei rekursiv definiert durch

$$a_0 := 1, \quad a_{n+1} := 1 + \frac{1}{a_n}, \quad n \in \mathbb{N}_0.$$

Man zeige, dass die Folge (a_n) konvergiert und bestimme ihren Grenzwert.

13. Die *Fibonacci-Zahlen* sind rekursiv definiert durch

$$f_0 := 0,\ f_1 := 1,\ f_{n+1} := f_n + f_{n-1}, \quad n \in \mathbb{N}.$$

Man beweise, dass die Folge $(f_{n+1}/f_n)_{n \in \mathbb{N}}$ gegen a konvergiert, wobei a den Grenzwert aus Aufgabe 12 bezeichnet.

14. (Approximation des Supremums). Es sei $X \subset \mathbb{R}$ nichtleer und beschränkt. Man zeige, dass dann eine Folge $(x_n)_n \subset X$ existiert mit $\lim_{n \to \infty} x_n = \sup X$.

15. (Rekursive Folgen). Es seien $q, a_0 \in \mathbb{C} \setminus \{0\}$ und $a_n := q \cdot a_{n-1}$ für $n \in \mathbb{N}$.

a) Man zeige, dass $(a_n)_{n \in \mathbb{N}}$ für $|q| < 1$ konvergiert und für $|q| > 1$ divergiert.

b) Man folgere, dass $n q^n \xrightarrow{n \to \infty} 0$, falls $q \in \mathbb{C}$ mit $|q| < 1$.

c) Konvergiert die Folge $(n! q^n)_{n \in \mathbb{N}}$ für $q \in \mathbb{C}$ mit $0 < |q| < 1$?

16. (Vertauschen von Grenzprozessen). Es sei $a_{kn} := \frac{1}{\sqrt[k]{n}}$ für $k, n \in \mathbb{N}$. Man beweise:

a) Für jedes festes $k \in \mathbb{N}$ ist $(a_{kn})_{n \in \mathbb{N}}$ eine Nullfolge.

b) Für jedes festes $n \in \mathbb{N}$ konvergiert $(a_{kn})_{k \in \mathbb{N}}$ gegen 1.

c) Man finde eine Abbildung $f : \mathbb{N} \to \mathbb{N}$ so, dass $(a_{kf(k)})_{k \in \mathbb{N}}$ gegen $\frac{1}{2}$ konvergiert.

17. (Monotone Konvergenz). Es sei $a \geq 0$. Weiter sei $a_0 > 0$ und

$$a_{n+1} := \frac{1}{2}\left(a_n + \frac{a}{a_n}\right), \quad n \in \mathbb{N}_0.$$

    a) Man beweise, dass $\lim_{n\to\infty} a_n = \sqrt{a}$ gilt.

    b) Man gebe jeweils inf und sup, gegebenenfalls auch min und max, der Menge $\{a_n : n \in \mathbb{N}\} \subset \mathbb{R}$ an.

18. Man beweise die folgenden Aussagen:

    a) Ist $(a_n) \subset \mathbb{C}$ eine Folge derart, dass $(a_{n+1} - a_n)_{n\in\mathbb{N}}$ gegen $a \in \mathbb{C}$ konvergiert, so konvergiert die Folge $\left(\frac{a_n}{n}\right)_{n\in\mathbb{N}}$ ebenfalls gegen a.

    b) Ist $(a_n) \subset \mathbb{R}$ eine Folge mit $a_n > 0$ für jedes $n \in \mathbb{N}$ und konvergiert $\left(\frac{a_{n+1}}{a_n}\right)_{n\in\mathbb{N}}$ gegen ein $a \in \mathbb{R}$, so konvergiert $(\sqrt[n]{a_n})_{n\in\mathbb{N}}$ ebenfalls gegen a.

    c) Sind die Folgen $(a_n)_{n\in\mathbb{N}}$ und $(b_n)_{n\in\mathbb{N}}$ für $n \in \mathbb{N}$ gegeben durch $a_n = \frac{n}{\sqrt[n]{n!}}$ und $b_n = \frac{1}{n^2}\sqrt[n]{\frac{(3n)!}{n!}}$, so gilt $\lim_{n\to\infty} a_n = e$ und $\lim_{n\to\infty} b_n = 27/e^2$.

2 Satz von Bolzano-Weierstraß und Cauchysches Konvergenzkriterium

Die Tatsache, dass jede konvergente Folge beschränkt ist, war ein grundlegendes Resultat des vorherigen Abschnitts. Im Folgenden untersuchen wir den umgekehrten Sachverhalt, also beschränkte Folgen, und fragen nach der Existenz konvergenter Teilfolgen.

Betrachten wir das Beispiel der Folge $(a_n)_{n\in\mathbb{N}} = (-1)^n$, so ist obige Frage leicht zu beantworten: Es existieren mindestens zwei konvergente Teilfolgen, nämlich $(a_{2n})_{n\in\mathbb{N}}$ und $(a_{2n+1})_{n\in\mathbb{N}}$.

Der Satz von Bolzano-Weierstraß gibt eine bejahende Antwort auf diese Frage im allgemeinen Kontext. Da dieser Satz für den weiteren Aufbau der Konvergenztheorie grundlegend ist, formulieren wir ihn auf zwei unterschiedliche Arten, zuerst über die Existenz von Teilfolgen und anschließend über die Existenz von Häufungspunkten.

Der Satz von Bolzano-Weierstraß legt es weiter nahe, der Frage nachzugehen, ob wir die Konvergenz einer komplexen Zahlenfolge nachweisen können, ohne ihren Grenzwert explizit zu kennen. Hierzu führen wir den Begriff der Cauchy-Folge ein, der für den weiteren Aufbau der Analysis essentiell ist.

Satz von Bolzano-Weierstraß mittels konvergenten Teilfolgen
Wir beginnen mit der formalen Definition einer Teilfolge einer gegebenen Folge.

2.1 Definition. Es sei $(a_n)_{n\in\mathbb{N}}$ eine Folge und $\varphi : \mathbb{N} \to \mathbb{N}$ eine Funktion, derart dass $\left(\varphi(k)\right)_{k\in\mathbb{N}}$ eine streng monoton wachsende Folge natürlicher Zahlen ist. Dann heißt die Folge $\left(a_{\varphi(k)}\right)_{k\in\mathbb{N}}$ *Teilfolge* von $(a_n)_{n\in\mathbb{N}}$. Setzt man $\varphi(k) := n_k$, so schreibt man auch $(a_{n_k})_{k\in\mathbb{N}}$.

Zur Erläuterung dieser Definition betrachten wir die Folge $(a_n)_{n \in \mathbb{N}}$ mit $a_n := (-1)^n$. Wählen wir in der obigen Definition $\varphi(k) = 2k$, so gilt $a_{2k} = 1$ für alle $k \in \mathbb{N}$; wählen wir hingegen $\varphi(k) = 2k + 1$, so gilt $a_{2k+1} = -1$ für alle $k \in \mathbb{N}$.

Anschaulich gesprochen wählen wir bei einer Teilfolge also gewisse Folgenglieder aus (dies definiert die Bildmenge von φ) und lassen die anderen Folgenglieder dann weg, ohne die Reihenfolge der Folge zu ändern. Um den zweiten Punkt zu gewährleisten, muss φ streng monoton wachsend sein.

2.2 Lemma. *Jede beschränkte Folge* $(a_n)_{n \in \mathbb{N}} \subset \mathbb{R}$ *besitzt eine monotone Teilfolge.*

Beweis. Um die Existenz der oben behaupteten Teilfolge zu zeigen, nennen wir eine Zahl $j \in \mathbb{N}$ niedrig, wenn $a_j \leq a_n$ für alle $n \geq j$ gilt, und unterscheiden dann zwei Fälle:

a) Zu jeder Zahl $m \in \mathbb{N}$ existiert ein niedriges $j > m$.

b) Es existiert $l \in \mathbb{N}$, so dass alle niedrigen j kleiner als l sind.

In Fall a) setzen wir

$$\varphi(1) := \min\{j \in \mathbb{N} : j \text{ niedrig}\},$$

$$\varphi(k + 1) := \min\{j \in \mathbb{N} : j \text{ niedrig und } j > \varphi(k)\}, \quad k \in \mathbb{N},$$

und sehen, dass $\big(\varphi(k)\big)_{k \in \mathbb{N}}$ nach Konstruktion eine streng monoton wachsende Folge und die Folge $(a_{\varphi(k)})_{k \in \mathbb{N}}$ monoton wachsend ist.

In Fall b) existiert zu jedem $m \geq l$ ein $n_1 > m$ mit $a_{n_1} < a_m$. Setzen wir

$$\varphi(1) := l,$$

$$\varphi(k + 1) := \min\{n_1 \in \mathbb{N} : n_1 > \varphi(k) \text{ und } a_{n_1} < a_{\varphi(k)}\}, \quad k \in \mathbb{N},$$

so ist $\big(\varphi(k)\big)_{k \in \mathbb{N}}$ wiederum streng monoton wachsend, die Folge $(a_{\varphi(k)})_{k \in \mathbb{N}}$ ist jedoch monoton fallend. $\square$

Wir kommen nun zum ersten zentralen Resultat dieses Abschnitts, dem Satz von Bolzano-Weierstraß. Er ist ein sehr wichtiger Existenzsatz, auf den sich viele weitere Ergebnisse der Analysis stützen.

2.3 Theorem. (Bolzano-Weierstraß, 1. Fassung). *Jede beschränkte Folge* $(a_n)_{n \in \mathbb{N}} \subset \mathbb{C}$ *besitzt eine konvergente Teilfolge.*

Beweis. Für den Fall, dass $(a_n)_{n \in \mathbb{N}}$ eine reelle Folge ist, folgt die Behauptung unmittelbar aus Lemma 2.2 und Satz 1.12.

Wir betrachten daher im Folgenden eine komplexe Folge $(a_n)_{n \in \mathbb{N}}$, d. h., es gelte $a_n \in \mathbb{C}$ für alle $n \in \mathbb{N}$. Dann ist $(\mathrm{Re}\, a_n)_{n \in \mathbb{N}}$ eine beschränkte reelle Folge, und nach der obigen Aussage für reelle Folgen besitzt diese eine konvergente Teilfolge $(\mathrm{Re}\, a_{\varphi_1(k)})_{k \in \mathbb{N}}$.

Ferner ist $(\operatorname{Im} a_{\varphi_1(k)})_{k \in \mathbb{N}}$ eine reelle beschränkte Folge. Wiederum existiert nach der obigen Aussage eine konvergente Teilfolge $(\operatorname{Im} a_{\varphi_2 \circ \varphi_1(k)})_{k \in \mathbb{N}}$. Setzen wir $\varphi = \varphi_2 \circ \varphi_1$, so ist $\big(\varphi(k)\big)_{k \in \mathbb{N}}$ streng monoton wachsend und $(a_{\varphi(k)})_{k \in \mathbb{N}}$ eine konvergente Teilfolge von $(a_n)_{n \in \mathbb{N}}$. $\qquad\qquad\qquad\qquad\qquad\qquad\qquad\qquad\qquad\qquad\qquad\qquad\qquad\quad$ $\square$

Satz von Bolzano-Weierstraß mittels Häufungspunkten

Um die Aussage des Satzes von Bolzano-Weierstraß noch aus einer anderen Perspektive zu verstehen, führen wir jetzt den Begriff des Häufungspunktes einer Folge ein.

2.4 Definition. (Häufungspunkt einer Folge). Eine Zahl $a \in \mathbb{C}$ heißt *Häufungspunkt* einer Folge $(a_n)_{n \in \mathbb{N}} \subset \mathbb{C}$, wenn für jedes $\varepsilon > 0$ unendlich viele $n \in \mathbb{N}$ existieren mit $|a - a_n| < \varepsilon$.

Wir verwenden hier folgende Sprechweise: Eine Eigenschaft E gilt für *unendlich viele n*, wenn die Menge $\{n \in \mathbb{N} : E(n)\}$ unbeschränkt ist. Sie gilt für *fast alle n* oder *für alle bis auf endlich viele n*, wenn die Menge $\{n \in \mathbb{N} : \neg E(n)\}$ endlich und daher auch beschränkt ist.

Die Anforderung, Häufungspunkt einer Folge zu sein, ist schwächer als diejenige an die Konvergenz dieser Folge. Dies wird unmittelbar am Beispiel der Folge $(a_n) = \big((-1)^n\big)$, $n \in \mathbb{N}$, klar. Diese Folge besitzt genau zwei Häufungspunkte, nämlich 1 und -1. Um zu sehen, dass außer 1 und -1 keine weiteren Häufungspunkte der Folge (a_n) existieren, nehmen wir an, dass $x \in \mathbb{C} \setminus \{1, -1\}$ ein Häufungspunkt der Folge (a_n) ist, wählen dann $\varepsilon_0 > 0$ so klein, dass $|x - a_n| < \varepsilon_0$ für kein $n \in \mathbb{N}$ erfüllt ist, und erhalten so einen Widerspruch.

2.5 Beispiele. a) Ist die Folge $(a_n)_{n \in \mathbb{N}}$ gegeben durch $(a_n)_{n \in \mathbb{N}} = \big(\frac{1}{2}, 2, \frac{1}{3}, 3, \frac{1}{4}, 4, \dots\big)$, so ist $a = 0$ ein Häufungspunkt von $(a_n)_{n \in \mathbb{N}}$, die Folge $(a_n)_{n \in \mathbb{N}}$ ist jedoch divergent.

b) Die Folge $(a_n)_{n \in \mathbb{N}} = (i^n)_{n \in \mathbb{N}} = (1, i, -1, -i, 1, i, -1, \dots)$ besitzt genau vier Häufungspunkte, nämlich $1, i, -1, -i$.

c) Die Folge $(a_n)_{n \in \mathbb{N}}$, gegeben durch $a_n = n$ für jedes $n \in \mathbb{N}$, besitzt keine Häufungspunkte und auch keine konvergente Teilfolge.

Im Folgenden bezeichnet $\mathbb{K}$ stets den Körper der reellen oder komplexen Zahlen, d. h., es gilt $\mathbb{K} = \mathbb{R}$ oder $\mathbb{K} = \mathbb{C}$.

2.6 Definition. Für $a \in \mathbb{K}$ und $\varepsilon > 0$ heißt die Menge $U_\varepsilon(a) := \{z \in \mathbb{K} : |a - z| < \varepsilon\}$ *ε-Umgebung von a*.

2.7 Bemerkungen. Mittels der oben vereinbarten Sprechweise können wir die Begriffe Grenzwert und Häufungspunkt einer Folge nun auch folgendermaßen charakterisieren:

a) Eine Zahl $a \in \mathbb{K}$ ist Limes einer Folge $(a_n)_{n \in \mathbb{N}} \subset \mathbb{K}$ genau dann, wenn für alle $\varepsilon > 0$ die Menge $U_\varepsilon(a)$ fast alle Folgenglieder a_n enthält, d. h., alle bis auf endlich viele.

b) Eine Zahl $a \in \mathbb{K}$ ist genau dann Häufungspunkt der Folge $(a_n)_{n \in \mathbb{N}} \subset \mathbb{K}$, wenn für jedes $\varepsilon > 0$ die Menge $U_\varepsilon(a)$ unendlich viele Folgenglieder a_n enthält.

Der folgende Satz beschäftigt sich mit den Zusammenhängen zwischen den Begriffen Teilfolge, Häufungspunkt und Konvergenz.

2.8 Satz. *Für eine Folge $(a_n)_{n \in \mathbb{N}} \subset \mathbb{K}$ gelten die folgenden Aussagen:*

a) *Eine Zahl $a \in \mathbb{K}$ ist genau dann ein Häufungspunkt von $(a_n)_{n \in \mathbb{N}}$, wenn eine Teilfolge $\left(a_{n_k}\right)_{k \in \mathbb{N}}$ von $(a_n)_{n \in \mathbb{N}}$ existiert, die gegen a konvergiert.*

b) *Ist $(a_n)_{n \in \mathbb{N}}$ konvergent und $\left(a_{n_k}\right)_{k \in \mathbb{N}}$ eine Teilfolge von $(a_n)_{n \in \mathbb{N}}$, so konvergiert $\left(a_{n_k}\right)_{k \in \mathbb{N}}$, und es gilt $\lim_{n \to \infty} a_n = \lim_{k \to \infty} a_{n_k}$.*

c) *Ist $(a_n)_{n \in \mathbb{N}}$ konvergent, so besitzt $(a_n)_{n \in \mathbb{N}}$ genau einen Häufungspunkt, nämlich $\lim_{n \to \infty} a_n$.*

Beweis. Wir beweisen nur Aussage a) und überlassen den Beweis der Aussagen b) und c) dem Leser als Übungsaufgabe.

$\Rightarrow$: Nach Bemerkung 2.7b) liegen für jedes $\varepsilon > 0$ unendlich viele Folgenglieder a_n in $U_\varepsilon(a)$. Setzen wir $n_1 := 0$ und wählen für jedes $k > 1$ ein $n_k > n_{k-1}$ mit $a_{n_k} \in U_{\frac{1}{k}}(a)$, so ist $(n_k)_{k \in \mathbb{N}}$ eine streng monoton wachsende Folge, und es gilt $|a - a_{n_k}| < \frac{1}{k}$ für alle $k \geq 1$. Es gilt also

$$\lim_{k \to \infty} a_{n_k} = a.$$

$\Leftarrow$: Ist $a := \lim_{k \to \infty} a_{n_k}$, so enthält $U_\varepsilon(a)$ für jedes $\varepsilon > 0$ fast alle a_{n_k} für $k \in \mathbb{N}$, also unendlich viele, und die Behauptung folgt aus den Bemerkungen 2.7a) und b). $\qquad \square$

Wir kommen nun zur zweiten Formulierung des Satzes von Bolzano-Weierstraß. Sie folgt unmittelbar aus den in Satz 2.8a) getroffenen Vorüberlegungen und aus Theorem 2.3.

2.9 Theorem. (Bolzano-Weierstraß, 2. Fassung). *Jede beschränkte, reelle Folge $(a_n)_{n \in \mathbb{N}}$ besitzt mindestens einen Häufungspunkt.*

Im Folgenden betrachten wir für eine beschränkte Folge $(a_n) \subset \mathbb{R}$ die Menge

$$H(a_n) := \{a \in \mathbb{R} : a \text{ ist Häufungspunkt von } (a_n)\}.$$

2.10 Satz. *Ist $(a_n)_{n \in \mathbb{N}}$ eine beschränkte Folge in $\mathbb{R}$, so besitzt die Menge der Häufungspunkte von $(a_n)_{n \in \mathbb{N}}$ ein Minimum und ein Maximum.*

Beweis. Ist $H(a_n)$ wie oben definiert, so gilt

$$\inf\{a_n : n \in \mathbb{N}\} \leq h \leq \sup\{a_n : n \in \mathbb{N}\} \quad \text{für alle} \ h \in H(a_n).$$

Der Satz von Bolzano-Weierstraß, Theorem 2.9, und Satz 2.8a) implizieren, dass $H(a_n)$ nach oben beschränkt ist und $H(a_n) \neq \emptyset$ gilt. Nach dem Vollständigkeitsaxiom existiert also $s := \sup H(a_n)$. Um zu zeigen, dass $s \in H(a_n)$ gilt, sei $\varepsilon > 0$ gegeben. Nach der in Satz I.2.17 gegebenen Charakterisierung des Supremums einer Menge reeller Zahlen, existiert ein $a \in H(a_n)$ mit $a \leq s < a + \frac{\varepsilon}{2}$. Es ist also $|s - a| < \frac{\varepsilon}{2}$, und für $x \in U_{\frac{\varepsilon}{2}}(a)$ gilt

$$|s - x| \leq |s - a| + |a - x| < \frac{\varepsilon}{2} + \frac{\varepsilon}{2} = \varepsilon.$$

Somit erhalten wir $U_{\frac{\varepsilon}{2}}(a) \subset U_\varepsilon(s)$, und da $U_{\frac{\varepsilon}{2}}(a)$ unendlich viele Folgenglieder a_n enthält, gilt dies auch für $U_\varepsilon(s)$. Bemerkung 2.7b) impliziert dann, dass $s \in H(a_n)$ gilt.

Der Beweis für das Minimum verläuft analog. □

Limes superior und Limes inferior
Setzen wir in der obigen Situation

$$s := \max H(a_n) \quad \text{und} \quad r := \min H(a_n),$$

so heißt s *Limes superior* und r *Limes inferior* der Folge $(a_n)_{n\in\mathbb{N}}$ und wir schreiben

$$s = \limsup_{n\to\infty} a_n \quad \text{oder} \quad s = \overline{\lim}_{n\to\infty} a_n,$$

$$r = \liminf_{n\to\infty} a_n \quad \text{oder} \quad r = \underline{\lim}_{n\to\infty} a_n.$$

Ferner setzen wir

$$\limsup a_n = \infty \quad \text{bzw.} \quad \liminf a_n = -\infty,$$

falls zu jedem $K > 0$ unendlich viele n existieren mit $a_n > K$ bzw. $a_n < -K$.

2.11 Beispiele. a) Wir betrachten wiederum die Folge $(a_n)_{n\in\mathbb{N}} = \left((-1)^n\right)_{n\in\mathbb{N}}$. Dann gilt klarerweise $\limsup_{n\to\infty} a_n = 1$ und $\liminf_{n\to\infty} a_n = -1$.

b) Die Folge $(a_n)_{n\in\mathbb{N}}$ sei gegeben durch $a_n = \left(1 + \frac{(-1)^n}{n}\right)^n$. Betrachten wir die Teilfolgen $(a_{2n})_{n\in\mathbb{N}}$ und $(a_{2n+1})_{n\in\mathbb{N}}$, so gilt

$$\limsup_{n\to\infty} a_n = e \quad \text{und} \quad \liminf_{n\to\infty} a_n = 1/e.$$

c) Wir betrachten die Folge

$$\left(1, \frac{1}{2}, \frac{2}{2}, \frac{3}{2}, \frac{1}{3}, \frac{2}{3}, \frac{3}{3}, \frac{4}{3}, \frac{5}{3}, \frac{1}{4}, \ldots, \frac{7}{4}, \frac{1}{5}, \ldots, \frac{9}{5}, \ldots\right),$$

welche formal gegeben ist durch

$$a_n := \frac{j}{k+1} \quad \text{für } n = k^2 + j, \text{ wobei } j = 1, 2, \ldots, 2k+1 \text{ und } k \in \mathbb{N}_0.$$

Dann kommt jedes $q \in \mathbb{Q}$ mit $0 < q < 2$ in dieser Folge (sogar unendlich oft) vor, und es gilt

$$\limsup_{n \to \infty} a_n = 2 \quad \text{und} \quad \liminf_{n \to \infty} a_n = 0.$$

Ferner ist jedes $x \in \mathbb{R}$ mit $0 \leq x \leq 2$ ein Häufungspunkt der obigen Folge. Insbesondere besitzt diese Folge also unendlich viele Häufungspunkte.

2.12 Bemerkungen. a) Die Begriffe lim sup bzw. lim sup sowie Häufungspunkt erlauben es uns nun, die Konvergenz einer beschränkten, reellen Folge (a_n) wie folgt zu charakterisieren:

$$(a_n) \text{ ist konvergent} \quad \Leftrightarrow \quad \limsup_{n \to \infty} a_n = \liminf_{n \to \infty} a_n$$

$$\Leftrightarrow (a_n) \text{ besitzt genau einen Häufungspunkt.}$$

Weiterhin, falls (a_n) konvergiert, so gilt

$$\lim_{n \to \infty} a_n = \limsup_{n \to \infty} a_n = \liminf_{n \to \infty} a_n.$$

b) Ist (a_n) eine beschränkte Folge in $\mathbb{R}$, so sind die Folgen (x_n) bzw. (y_n), definiert durch

$$x_n := \sup\{a_k : k \geq n\} \text{ bzw. } y_n := \inf\{a_k : k \geq n\}, \quad n \in \mathbb{N}$$

monoton fallend bzw. monoton wachsend, und nach Satz 1.12 konvergieren (x_n) und (y_n) daher gegen $\inf_{n \in \mathbb{N}}\{\sup_{k \geq n} a_k\}$ bzw. $\sup_{n \in \mathbb{N}}\{\inf_{k \geq n} a_k\}$. Somit können wir den Limes superior und Limes inferior einer beschränkten, reellen Folge (a_n) äquivalent auch wie folgt beschreiben:

$$\limsup_{n \to \infty} a_n = \lim_{n \to \infty} x_n = \lim_{n \to \infty} (\sup_{k \geq n} a_k) = \inf_{n \in \mathbb{N}}\{\sup_{k \geq n} a_k\},$$

$$\liminf_{n \to \infty} a_n = \lim_{n \to \infty} y_n = \lim_{n \to \infty} (\inf_{k \geq n} a_k) = \sup_{n \in \mathbb{N}}\{\inf_{k \geq n} a_k\}.$$

Die beiden obigen Darstellungen motivieren nochmals die Bezeichnungen lim sup und lim inf und werden häufig auch zur Definition dieser Größen verwandt.

Cauchy-Folgen und Vollständigkeit

Unsere bisher behandelten Konvergenzkriterien haben, mit Ausnahme von Satz 1.12, den Nachteil, dass man zu ihrer Anwendung schon eine gewisse Vermutung über den Grenzwert haben musste. Wir betrachten nun ein sogenanntes „inneres" Kriterium und fragen, ob wir die Konvergenz einer reellen Zahlenfolge (a_n) nachweisen können, ohne ihren Grenzwert a zu kennen. Der Begriff der Cauchy-Folge ist in diesem Zusammenhang von zentraler Bedeutung.

2.13 Definition. Eine Folge $(a_n)_{n \in \mathbb{N}} \subset \mathbb{K}$ heißt *Cauchy-Folge*, wenn für jedes $\varepsilon > 0$ ein $N_0 \in \mathbb{N}$ existiert mit

$$|a_n - a_m| < \varepsilon \quad \text{für alle } n, m \geq N_0.$$

Im folgenden Theorem *charakterisieren* wir die Konvergenz einer Folge in $\mathbb{K}$ mittels des Begriffs der Cauchy-Folge.

2.14 Theorem. (Cauchysches Konvergenzkriterium). *Eine Folge $(a_n)_{n \in \mathbb{N}} \subset \mathbb{K}$ konvergiert genau dann, wenn sie eine Cauchy-Folge ist.*

Beweis. $\Rightarrow$: Es sei $a = \lim_{n \to \infty} a_n$ und $\varepsilon > 0$. Nach Voraussetzung existiert ein $N_0 \in \mathbb{N}$ mit $|a - a_n| < \frac{\varepsilon}{2}$ für alle $n \geq N_0$. Also gilt

$$|a_n - a_m| \leq |a_n - a| + |a - a_m| < \frac{\varepsilon}{2} + \frac{\varepsilon}{2} = \varepsilon \quad \text{für alle } n, m \geq N_0,$$

und somit ist $(a_n)_{n \in \mathbb{N}}$ eine Cauchy-Folge.

$\Leftarrow$: Es sei $(a_n)_{n \in \mathbb{N}}$ eine Cauchy-Folge. Wir unterteilen den Beweis in drei Schritte:

a) Die Folge $(a_n)_{n \in \mathbb{N}}$ ist beschränkt. Um dies einzusehen, wählen wir $m_0 \in \mathbb{N}$ so, dass $|a_n - a_m| < 1$ für alle $n, m \geq m_0$ gilt. Wir erhalten dann $|a_n| - |a_m| \leq |a_n - a_m| < 1$ für alle $n, m \geq m_0$, und es gilt daher $|a_n| \leq 1 + |a_{m_0}|$ für alle $n \geq m_0$. Somit erhalten wir

$$|a_n| \leq \max\{|a_0|, |a_1|, \ldots, |a_{m_0-1}|, 1 + |a_{m_0}|\} \quad \text{für alle } n \in \mathbb{N},$$

und daher ist $(a_n)_{n \in \mathbb{N}}$ eine beschränkte Folge.

b) Der Satz von Bolzano-Weierstraß in der ersten Fassung (Theorem 2.3) impliziert, dass $(a_n)_{n \in \mathbb{N}}$ eine konvergente Teilfolge $(a_{n_k})_{k \in \mathbb{N}}$ besitzt mit $a := \lim_{k \to \infty} a_{n_k}$.

c) Für gegebenes $\varepsilon > 0$ existiert nach Voraussetzung ein $m_1 \in \mathbb{N}$ mit $|a_n - a_m| < \frac{\varepsilon}{2}$ für alle $n, m \geq m_1$. Weiter können wir nach Schritt b) ein $n_k \geq m_1$ wählen mit $|a - a_{n_k}| < \frac{\varepsilon}{2}$. Also gilt für alle $n \geq m_1$

$$|a_n - a| \leq |a_n - a_{n_k}| + |a_{n_k} - a| < \varepsilon/2 + \varepsilon/2 = \varepsilon.$$

Somit ist (a_n) eine konvergente Folge, und es gilt $\lim_{n \to \infty} a_n = a$. $\qquad \square$

2.15 Bemerkungen. a) Das obige Cauchysche Konvergenzkriterium besagt, dass in $\mathbb{K}$ jede Cauchy-Folge konvergiert. Hierfür sagen wir auch, dass der Körper $\mathbb{K}$, versehen mit der Betragsfunktion $|\cdot|$, *vollständig* ist. Das Vollständigkeitsaxiom impliziert also:

$$(\mathbb{R}, |\cdot|) \text{ ist vollständig.}$$

b) Es sei an dieser Stelle angemerkt, dass die Vollständigkeit von $(\mathbb{R}, |\cdot|)$, kombiniert mit den Körperaxiomen für $\mathbb{R}$, *nicht* die Aussage des Vollständigkeitsaxioms impliziert.

Vielmehr muss zur Vollständigkeit von $\mathbb{R}$ noch das archimedische Prinzip hinzugefügt werden, um die Äquivalenz zum Vollständigkeitsaxiom zu erhalten. Genauer gilt:

Vollständigkeitsaxiom $\Leftrightarrow$ archimedisches Prinzip und Vollständigkeit von $\mathbb{R}$

$\Leftrightarrow$ archimedisches Prinzip und Satz von Bolzano-Weierstraß in $\mathbb{R}$.

2.16 Beispiel. Ist $q \in \mathbb{C} \setminus \{1\}$ mit $|q| = 1$ und $a_n := q^n$ für jedes $n \in \mathbb{N}$, so gilt

$$|a_{n+1} - a_n| = |q|^n|q - 1| = |q - 1| > 0 \quad \text{für alle } n \geq 1.$$

Also ist nach dem Cauchyschen Konvergenzkriterium $(a_n)_{n \in \mathbb{N}}$ keine Cauchy-Folge und somit ist die Folge $(a_n)_{n \in \mathbb{N}}$ divergent. Zusammen mit Beispiel 1.7b)ii) haben wir also gezeigt, dass die Folge $(q^n)_{n \in \mathbb{N}}$ für $q \in \mathbb{C}$ genau dann konvergent ist, wenn $|q| < 1$ oder $q = 1$ gilt.

Als Beispiel für die Bedeutung und die Kraft des Begriffs der Cauchy-Folge betrachten wir zum Abschluss dieses Abschnitt den *Banachschen Fixpunktsatz* in $\mathbb{R}$. Wir werden in Abschnitt VI.2 diesen Satz noch in wesentlich größerer Allgemeinheit kennenlernen und beweisen. Das Grundprinzip seines Beweises ist jedoch mit dem Beweis von Theorem 2.17 identisch.

Banachscher Fixpunktsatz
Wir erinnern an dieser Stelle an die schon in Abschnitt I.6 eingeführte Notation eines abgeschlossenen Intervalls: Für $a, b \in \mathbb{R}$ mit $a \leq b$ setzen wir

$$[a, b] := \{x \in \mathbb{R} : a \leq x \leq b\}.$$

2.17 Theorem. (Banachscher Fixpunktsatz). *Es seien $a, b \in \mathbb{R}$ mit $a < b$ und $f : [a, b] \rightarrow [a, b]$ eine Abbildung. Existiert ein $q \in \mathbb{R}$ mit $0 < q < 1$, so dass*

$$|f(x) - f(y)| \leq q |x - y| \quad \text{für alle} \quad x, y \in [a, b] \tag{2.1}$$

gilt, so existiert genau ein $r \in [a, b]$ mit $f(r) = r$.

2.18 Bemerkungen. a) Die obige Zahl r heißt *Fixpunkt* von f.
   b) Eine Abbildung, welche der Bedingung (2.1) genügt, heißt *strikte Kontraktion*.

Beweis. Wir definieren für $x_0 \in [a, b]$ und $n \in \mathbb{N}_0$ die Folge $(x_n)_{n \in \mathbb{N}}$ durch

$$x_{n+1} := f(x_n)$$

und unterteilen unseren Beweis in drei Schritte:

Schritt 1. Die Folge $(x_n)_{n\in\mathbb{N}}$ ist konvergent.

Um dies zu zeigen, beweisen wir zunächst die Ungleichung

$$|x_m - x_{m-1}| \leq q^{m-1} |x_1 - x_0| \quad \text{für jedes } m \geq 1$$

mittels Induktion. Der Induktionsanfang $m = 1$ ist klar. Sei die Behauptung also für $m \in \mathbb{N}$ schon bewiesen. Dann gilt wegen (2.1) und der Induktionsvoraussetzung

$$
\begin{aligned}
|x_{m+1} - x_m| &= |f(x_m) - f(x_{m-1})| \\
&\leq q\, |x_m - x_{m-1}| \\
&\leq q q^{m-1} |x_1 - x_0| = q^m |x_1 - x_0|.
\end{aligned}
$$

Also gilt für $m > n$

$$
\begin{aligned}
|x_m - x_n| &\leq |x_m - x_{m-1}| + |x_{m-1} - x_{m-2}| + \ldots + |x_{n+1} - x_n| \\
&\leq (q^{m-1} + q^{m-2} + \ldots + q^n)|x_1 - x_0| \\
&= q^n \frac{1 - q^{m-n}}{1 - q} |x_1 - x_0| = \frac{q^n - q^m}{1 - q} |x_1 - x_0| \leq \frac{q^n}{1 - q} |x_1 - x_0|,
\end{aligned}
$$

wobei wir beim vorletzten Gleichheitszeichen den Wert der endlichen geometrischen Reihe benutzt haben. Die Voraussetzung $0 < q < 1$ impliziert nun gemeinsam mit Beispiel 2.16, dass $\lim_{n\to\infty} q^n = 0$ gilt. Daher ist $(x_n)_{n\in\mathbb{N}}$ eine Cauchy-Folge, und Theorem 2.14 impliziert, dass $(x_n)_{n\in\mathbb{N}}$ konvergiert. Wir setzen $r := \lim_{n\to\infty} x_n$.

Schritt 2. Es gilt $f(r) = r$, d.h., r ist Fixpunkt von f.

Um dies zu zeigen, sei $\varepsilon > 0$ beliebig gewählt. Dann existiert ein $N_0 \in \mathbb{N}$ mit $|r - x_n| < \frac{\varepsilon}{2}$ für alle $n \geq N_0$. Nach Voraussetzung erhalten wir also

$$
\begin{aligned}
|f(r) - r| &\leq |f(r) - x_{N_0+1}| + |x_{N_0+1} - r| \\
&= |f(r) - f(x_{N_0})| + |x_{N_0+1} - r| \\
&\leq q\, |r - x_{N_0}| + |x_{N_0+1} - r| < \frac{\varepsilon}{2} + \frac{\varepsilon}{2} = \varepsilon.
\end{aligned}
$$

Die klassische Schlussweise der Analysis (Satz I.4.7) impliziert, dass $f(r) = r$ gilt.

Schritt 3. Der Fixpunkt r ist eindeutig bestimmt.

Wir nehmen an, dass ein weiteres $r' \in [a, b]$ existiert mit $f(r') = r'$. In diesem Fall gilt

$$|r - r'| = |f(r) - f(r')| \leq q\, |r - r'|.$$

Hieraus folgern wir $(1-q)\, |r-r'| = 0$, was wegen $q < 1$ nach Voraussetzung $|r-r'| = 0$ und somit $r = r'$ impliziert. $\qquad\square$

2.19 Bemerkungen. a) Der obige Beweis ist konstruktiv, d. h., wir konstruieren den Fixpunkt r von f als $r = \lim_{n\to\infty} f^n(r)$ mit $f^n = f \circ f \circ \cdots \circ f$.

b) Für $n \in \mathbb{N}$ gelten die folgenden Fehlerabschätzungen:

$$|r - x_n| \leq \frac{q^n}{1-q} \, |x_1 - x_0| \quad (\textit{A-priori-Abschätzung}),$$

$$|r - x_n| \leq \frac{q}{1-q} \, |x_n - x_{n-1}| \quad (\textit{A-posteriori-Abschätzung}).$$

c) Der Banachsche Fixpunktsatz gilt auch, falls das Intervall [a,b] durch $\mathbb{R}$ ersetzt wird.

d) Wir werden den Banachschen Fixpunktsatz in Kapitel VI auf vollständige, metrische Räume verallgemeinern.

Aufgaben

1. Man beweise die Aussagen von Satz 2.8b) und c).

2. Man bestimme jeweils alle Häufungspunkte der Folgen (a_n), (b_n) und (c_n), wobei

   a) $a_n := (-1)^n \dfrac{1}{\sqrt{n}}$, $n \in \mathbb{N}$, \quad b) $b_n := (3i)^n$, $n \in \mathbb{N}$, \quad c) $c_n := 2^n$, $n \in \mathbb{N}$.

3. Es sei $(a_n)_{n \in \mathbb{N}}$ eine Folge in $\mathbb{C}$. Man beweise oder widerlege die folgenden Aussagen:

   a) $(a_n)_{n \in \mathbb{N}}$ hat genau einen Häufungspunkt $\Rightarrow$ $(a_n)_{n \in \mathbb{N}}$ ist beschränkt und konvergent.

   b) $(a_n)_{n \in \mathbb{N}}$ ist beschränkt und hat genau einen Häufungspunkt $\Rightarrow$ $(a_n)_{n \in \mathbb{N}}$ ist konvergent.

   c) $(a_n)_{n \in \mathbb{N}}$ ist konvergent $\Rightarrow$ $(a_n)_{n \in \mathbb{N}}$ ist beschränkt und hat genau einen Häufungspunkt.

   d) $(a_n)_{n \in \mathbb{N}}$ ist beschränkt $\Rightarrow$ $(a_n)_{n \in \mathbb{N}}$ ist konvergent und hat genau einen Häufungspunkt.

   e) $(a_n)_{n \in \mathbb{N}}$ ist konvergent und hat genau einen Häufungspunkt $\Rightarrow$ $(a_n)_{n \in \mathbb{N}}$ ist beschränkt.

   f) $(a_n)_{n \in \mathbb{N}}$ ist konvergent und beschränkt $\Rightarrow$ $(a_n)_{n \in \mathbb{N}}$ hat genau einen Häufungspunkt.

4. (Häufungspunkte).

   a) Man gebe eine Folge an, welche $\mathbb{N}$ als Menge ihrer Häufungspunkte besitzt. Es genügt, hierzu das Bildungsgesetz der Folge durch Angabe der ersten Folgenglieder anzugeben.

   b) Gibt es eine Folge mit $[0, 1]$ als Menge ihrer Häufungspunkte?

   c) Gibt es eine Folge mit $[0, \frac{1}{2}) \cup (\frac{1}{2}, 1]$ als Menge ihrer Häufungspunkte?

5. Es seien $(a_n)_{n \in \mathbb{N}}$ und $(b_n)_{n \in \mathbb{N}}$ reelle Folgen. Man zeige:

$$\liminf_{n\to\infty} a_n + \liminf_{n\to\infty} b_n \leq \liminf_{n\to\infty} (a_n + b_n) \leq \limsup_{n\to\infty} (a_n + b_n) \leq \limsup_{n\to\infty} a_n + \limsup_{n\to\infty} b_n$$

und gebe zwei Folgen $(a_n)_{n \in \mathbb{N}}$ und $(b_n)_{n \in \mathbb{N}}$ an, für die in der obigen Ungleichung überall $<$ gilt.

6. Es seien $(a_n)_{n \in \mathbb{N}}$ und $(b_n)_{n \in \mathbb{N}}$ zwei beschränkte Folgen in $\mathbb{R}$, und es gelte $a_n \geq 0$ und $b_n \geq 0$ für alle $n \in \mathbb{N}$. Man zeige:

$$\limsup_{n\to\infty} (a_n \cdot b_n) \leq \left(\limsup_{n\to\infty} a_n\right) \cdot \left(\limsup_{n\to\infty} b_n\right).$$

Unter welchen weiteren Bedingungen gilt dabei sogar $=$ anstelle von $\le$?

a) Keine weiteren Bedingungen.

b) $(a_n)_{n \in \mathbb{N}}$ oder $(b_n)_{n \in \mathbb{N}}$ ist konvergent.

c) $(a_n)_{n \in \mathbb{N}}$ und $(b_n)_{n \in \mathbb{N}}$ sind konvergent.

Man begründe seine Antworten jeweils durch einen Beweis oder ein Gegenbeispiel.

7. a) Es seien $(a_n)_{n \in \mathbb{N}}$ und $(b_n)_{n \in \mathbb{N}}$ beschränkte Folgen reeller Zahlen mit $a_n \le b_n$ für alle $n \in \mathbb{N}$. Man zeige:

$$\liminf_{n \to \infty} a_n \le \liminf_{n \to \infty} b_n \quad \text{und} \quad \limsup_{n \to \infty} a_n \le \limsup_{n \to \infty} b_n.$$

b) Man bestimme $\limsup_{n \to \infty} a_n$ und $\liminf_{n \to \infty} a_n$ für die Folgen $(a_n)_{n \in \mathbb{N}}$, wobei

i) $a_n := \operatorname{Re}\left(i^n(1 + \frac{1}{n})\right), n \in \mathbb{N}$,

ii) $a_n := \sum_{k=0}^{n} \frac{(-1)^k + (-1)^n}{k!}, n \in \mathbb{N}$.

8. a) Es sei $(a_n)_{n \in \mathbb{N}} \subset \mathbb{R}$ mit $a_n \ne 0$ für alle $n \in \mathbb{N}$. Man zeige, dass aus $\limsup_{n \to \infty} \left| \frac{a_{n+1}}{a_n} \right| < 1$ bereits $\lim_{n \to \infty} a_n = 0$ folgt.

b) Gibt es eine Folge mit $\lim_{n \to \infty} a_n = 0$ und $\limsup_{n \to \infty} \left| \frac{a_{n+1}}{a_n} \right| = \infty$?

c) Die Folge $(a_n)_{n \in \mathbb{N}}$ sei für $n \in \mathbb{N}$ rekursiv definiert durch $a_1 := 0, a_{2n} := \frac{1}{2} a_{2n-1}, a_{2n+1} := \frac{1}{2} + a_{2n}$. Man bestimme $\limsup_{n \to \infty} a_n$ und $\liminf_{n \to \infty} a_n$.

9. (Cauchy-Folgen).

a) Man beweise: Ist $(a_n)_{n \in \mathbb{N}}$ eine Cauchy-Folge, so gilt: Für jedes $\varepsilon > 0$ existiert ein $N_0 \in \mathbb{N}$, so dass $|a_{n+1} - a_n| < \varepsilon$ für alle $n \ge N_0$.

b) Gilt auch die Umkehrung der Aussage in a)?

c) Es gelte $|a_{n+1} - a_n| < q \, |a_n - a_{n-1}|$ für ein $0 < q < 1$ und alle $n \ge 2$. Man zeige, dass $(a_n)_{n \in \mathbb{N}}$ eine Cauchy-Folge ist.

d) Man zeige, dass die durch

$$a_1 := 1, \quad a_{n+1} := \frac{1}{2 + a_n}, \quad n \in \mathbb{N}$$

rekursiv definierte Folge $(a_n)_{n \in \mathbb{N}}$ eine Cauchy-Folge ist.

10. (Babylonisches Wurzelziehen). Für $a \ge 1$ betrachte man die Funktion

$$f : [1, a] \to \mathbb{R}, \quad x \mapsto \frac{1}{2}\left(x + \frac{a}{x}\right).$$

Man zeige, dass $\sqrt{a}$ ein Fixpunkt dieser Funktion ist, und bestimme den Wert von $\sqrt{2}$ mit einer Abweichung von höchstens $3 \cdot 10^{-3}$ genau. Hierbei genügt nicht der Vergleich mit einem Taschenrechner-Ergebnis; gesucht ist ein Beweis dafür, dass der erhaltene Wert die gewünschte Genauigkeit besitzt, der ohne das Wissen um den realen Wert auskommt. Varianten dieser Aufgabe wurden bereits in Aufgabe I.3.11 und 1.17 betrachtet.

11. (Verwandte der Exponentialfolge). Man untersuche die Folge

$$a_n := \left(1 + \frac{1}{n^2} \right)^n, \quad n \in \mathbb{N}$$

auf Konvergenz und berechne gegebenenfalls ihren Grenzwert. Man gebe ferner alle $k \in \mathbb{N}$ an, für welche die folgenden Folgen konvergieren, und berechne gegebenenfalls ihren Grenzwert. Hinweis: Man benutze die Tatsache, dass jede Teilfolge der Exponentialfolge ebenfalls gegen e konvergiert.

a) $b_n := \left(1 + \frac{1}{nk} \right)^n, \quad n \in \mathbb{N}$,

b) $c_n := \left(1 + \frac{1}{n+k} \right)^n, \quad n \in \mathbb{N}$,

c) $d_n := \left(1 - \frac{1}{nk} \right)^n, \quad n \in \mathbb{N}$.

3 Unendliche Reihen

Die Theorie der unendlichen Reihen und deren Konvergenztheorie stellen einen Grundpfeiler der Analysis dar. Wir geben in diesem Abschnitt eine Einführung in diese Problematik und untersuchen insbesondere gewisse „Klassiker" der Theorie der unendlichen Reihen, wie etwa die geometrische und die harmonische Reihe, die Exponentialreihe sowie alternierende Reihen, auf ihre Konvergenz.

Ein wichtiger Begriff in der Konvergenztheorie von Reihen ist derjenige der absoluten Konvergenz. Wir werden sehen, dass gewisse Standardkriterien zur Konvergenz von Reihen, wie etwa das Wurzel- und Quotientenkriterum, auf der Dominanz oder Majorisierung durch die geometrische Reihe beruhen und, falls sie angewandt werden können, die absolute Konvergenz der untersuchten Reihe implizieren. Insbesondere sehen wir, dass die Exponentialreihe für jedes $z \in \mathbb{C}$ absolut konvergiert.

Der auf den ersten Blick überraschende Verdichtungssatz von Cauchy beschließt diesen ersten Abschnitt über die Konvergenz von Reihen und wird dann im Folgenden mit Untersuchungen zu Umordnungen von Reihen sowie zu Potenzreihen vertieft.

Konvergenz von Reihen

Es sei $(a_n)_{n \in \mathbb{N}_0}$ eine Folge in $\mathbb{K}$, wobei wiederum $\mathbb{K} = \mathbb{R}$ oder $\mathbb{C}$ gilt. Wir gehen in diesem Abschnitt der Frage nach, unter welchen Bedingungen die Reihe $\sum_{n=0}^{\infty} a_n$ konvergiert. Natürlich müssen wir zunächst präzisieren, was wir unter einer Reihe und deren Konvergenz beziehungsweise deren Divergenz verstehen wollen, und beginnen daher mit einer Definition.

3.1 Definition.

a) Es sei $(a_n)_{n \in \mathbb{N}_0}$ eine Folge in $\mathbb{K}$. Das Symbol

$$a_0 + a_1 + a_2 + \dots \quad \text{oder} \quad \sum_{j=0}^{\infty} a_j.$$

heißt *unendliche Reihe mit Gliedern* a_j.

b) Für jedes $n \in \mathbb{N}$ heißt $s_n := \sum_{j=0}^{n} a_j$ die *n-te Partialsumme* der Reihe.

c) Konvergiert die Folge $(s_n)_{n \in \mathbb{N}_0}$ der n-ten Partialsummen gegen $s \in \mathbb{K}$, so heißt die Reihe $\sum_{j=0}^{\infty} a_j$ *konvergent*, und man setzt

$$\sum_{j=0}^{\infty} a_j := \lim_{n \to \infty} s_n = s.$$

Andernfalls heißt die Reihe *divergent*.

Wir weisen darauf hin, dass das Symbol $\sum_{j=0}^{\infty} a_j$ zwei Bedeutungen hat. Es steht zum einen abstrakt für die Folge der Partialsummen s_n, unabhängig davon, ob die Partialsummen konvergieren oder nicht, und zum anderen symbolisiert es den Grenzwert der Folge der Partialsummen, d. h., $\lim_{n \to \infty} s_n$, falls dieser existiert.

Im Folgenden betrachten wir drei wichtige Beispiele.

3.2 Beispiele. a) *Geometrische Reihe*: Es sei $q \in \mathbb{C}$ mit $|q| < 1$. Dann konvergiert die geometrische Reihe $\sum_{j=0}^{\infty} q^j$, und es gilt

$$\sum_{j=0}^{\infty} q^j = \frac{1}{1-q}.$$

Nach Beispiel I.3.10c) gilt für die endliche geometrische Reihe $s_n = \sum_{j=0}^{n} q^j = \frac{1-q^{n+1}}{1-q}$ für jedes $n \in \mathbb{N}$, und Beispiel 1.7b) impliziert

$$\lim_{n \to \infty} s_n = \frac{1}{1-q}.$$

b) *Harmonische Reihe*: Die Reihe

$$\sum_{n=1}^{\infty} \frac{1}{n}$$

ist divergent. Betrachten wir die Differenzen der Partialsummen $s_{2n} - s_n$ für $n \geq 1$, so gilt

$$s_{2n} - s_n = \sum_{j=n+1}^{2n} \frac{1}{j} \geq n \cdot \frac{1}{2n} = \frac{1}{2} \quad \text{für jedes } n \in \mathbb{N}.$$

Dies bedeutet, dass die Folge der Partialsummen $(s_n)_{n \in \mathbb{N}}$ keine Cauchy-Folge und die harmonische Reihe somit divergent ist.

c) Die Reihe $\sum_{n=1}^{\infty} \frac{1}{n(n+1)}$ ist konvergent, und es gilt

$$\sum_{n=1}^{\infty} \frac{1}{n(n+1)} = 1.$$

Um dies einzusehen, schreiben wir zunächst $\frac{1}{j(j+1)} = \frac{j}{j+1} - \frac{j-1}{j}$ für jedes $j \in \mathbb{N}$. Setzen wir $c_n := \frac{n}{n+1}$ für $n \in \mathbb{N}_0$, so ist

$$c_n = c_0 + \sum_{j=1}^{n}(c_j - c_{j-1})$$

eine sogenannte *Teleskopsumme*, und es gilt

$$\lim_{n \to \infty} \sum_{j=1}^{n} \frac{1}{j(j+1)} = \lim_{n \to \infty} \frac{n}{n+1} = 1.$$

Als Nächstes verifizieren wir, dass sich die Rechenregeln für konvergente Folgen problemlos auf konvergente Reihen übertragen lassen.

3.3 Bemerkung. Sind $\sum_{n=0}^{\infty} a_n$ und $\sum_{n=0}^{\infty} b_n$ konvergente Reihen und $\alpha \in \mathbb{K}$, so konvergieren auch $\sum_{n=0}^{\infty}(a_n + b_n)$ sowie $\sum_{n=0}^{\infty}(\alpha a_n)$, und es gilt

$$\sum_{n=0}^{\infty}(a_n + b_n) = \sum_{n=0}^{\infty} a_n + \sum_{n=0}^{\infty} b_n, \qquad \sum_{n=0}^{\infty}(\alpha a_n) = \alpha \sum_{n=0}^{\infty} a_n.$$

In Analogie zur Situation von Folgen, in welcher das Cauchysche Kriterium (Theorem 2.14) ein inneres Kriterium für die Konvergenz einer Folge darstellte, existiert auch für Reihen ein solches inneres Kriterium. Genauer gesagt gilt das folgende Lemma.

3.4 Lemma. (Cauchy-Kriterium für Reihen). *Die Reihe* $\sum_{j=0}^{\infty} a_j$ *mit* $a_j \in \mathbb{C}$ *für alle* $j \in \mathbb{N}_0$ *konvergiert genau dann, wenn für jedes* $\varepsilon > 0$ *ein* $N_0 \in \mathbb{N}$ *existiert mit*

$$\left| \sum_{j=n+1}^{m} a_j \right| < \varepsilon \quad \text{für alle } m > n \geq N_0.$$

Beweis. Der Beweis ist einfach. Da $|\sum_{j=n+1}^{m} a_j| = |s_m - s_n|$ für alle $n, m \in \mathbb{N}$ mit $m > n \geq N_0$ gilt, folgt die Behauptung aus dem in Theorem 2.14 formulierten Cauchyschen Kriterium für Folgen. $\square$

Wählen wir in Lemma 3.4 speziell $m = n + 1$, so folgt, dass die Glieder einer konvergenten Reihe notwendigerweise eine Nullfolge bilden. Wir halten diesen wichtigen Sachverhalt explizit im folgenden Korollar fest.

3.5 Korollar. *Ist* $\sum_{j=0}^{\infty} a_j$ *eine konvergente Reihe, so gilt* $\lim_{j \to \infty} a_j = 0$.

Das Beispiel der harmonischen Reihe zeigt, dass die Umkehrung von Korollar 3.5 nicht gilt.

Reihen mit positiven Elementen

Ist $(a_j)_{j \in \mathbb{N}}$ eine Folge mit positiven Folgengliedern, so erhalten wir das folgende Konvergenzkriterium für die Reihe $\sum_{j=1}^{\infty} a_j$.

3.6 Lemma. *Ist $(a_j)_{j \in \mathbb{N}}$ eine Folge mit positiven Folgengliedern, d. h., gilt $a_j \geq 0$ für alle $j \in \mathbb{N}$, so ist $\sum_{j=1}^{\infty} a_j$ genau dann konvergent, wenn die Folge der Partialsummen $(s_n)_{n \in \mathbb{N}}$ beschränkt ist.*

Beweis. Ist $\sum_{j=1}^{\infty} a_j$ eine konvergente Reihe, so konvergiert die Folge der Partialsummen $(s_n)_{n \in \mathbb{N}}$, und Satz 1.6 impliziert, dass $(s_n)_{n \in \mathbb{N}}$ eine beschränkte Folge ist.

Umgekehrt ist $(\sum_{j=1}^{n} a_j)_{n \in \mathbb{N}}$ eine monoton steigende Folge, da nach Voraussetzung $a_j \geq 0$ für alle $j \in \mathbb{N}$ gilt. Zusammen mit der Beschränktheit der Folge der Partialsummen $(s_n)_{n \in \mathbb{N}}$ bedeutet dies nach Satz 1.12, dass $(s_n)_{n \in \mathbb{N}}$ konvergiert. $\square$

3.7 Beispiel. Wir betrachten die Reihe $\sum_{n=0}^{\infty} \frac{1}{n!}$ und zeigen im Folgenden, dass

$$\sum_{n=0}^{\infty} \frac{1}{n!} = e$$

gilt, wobei die Zahl e bereits in Satz 1.15 als $e = \lim_{n \to \infty} \left(1 + \frac{1}{n}\right)^n$ definiert wurde.

Um diese Behauptung zu beweisen, setzen wir $a_n := \left(1 + \frac{1}{n}\right)^n$ für jedes $n \in \mathbb{N}$. Der Beweis von Satz 1.15 impliziert, dass $a_n \leq \sum_{j=0}^{n} \frac{1}{j!} \leq 3$ für alle $n \geq 1$ gilt. Deswegen ist die Folge $(s_n)_{n \in \mathbb{N}}$, definiert durch

$$s_n := \sum_{j=0}^{n} \frac{1}{j!}, \quad n \in \mathbb{N},$$

beschränkt, und Lemma 3.6 impliziert, dass $\sum_{j=0}^{\infty} \frac{1}{j!}$ konvergiert. Bezeichnen wir den Grenzwert der Reihe mit $e' := \sum_{j=0}^{\infty} \frac{1}{j!}$, so impliziert Satz 1.9, dass $\lim_{n \to \infty} a_n = e \leq \sum_{j=0}^{\infty} \frac{1}{j!} = e'$ gilt. Wir erhalten also die Ungleichung $e \leq e'$.

Um die umgekehrte Ungleichung, d. h., $e \geq \sum_{j=0}^{m} \frac{1}{j!}$ für alle $m \in \mathbb{N}$ zu zeigen, verifizieren wir für $n > m \geq 1$ mittels des binomischen Lehrsatzes, Satz I.5.3 die Abschätzung

$$a_n = \sum_{j=0}^{n} \binom{n}{j} \frac{1}{n^j} \geq \sum_{j=0}^{m} \binom{n}{j} \frac{1}{n^j} = \sum_{j=0}^{m} \frac{1}{j!} \overbrace{\underbrace{\frac{n}{n}}_{=1} \underbrace{\frac{n-1}{n}}_{\to 1} \cdots \underbrace{\frac{n-j+1}{n}}_{\to 1}}^{j\text{-Faktoren}}.$$

$$\to 1 (n \to \infty)$$

Nach Satz 1.9 gilt $\lim_{n \to \infty} a_n = e \geq \sum_{j=0}^{m} \frac{1}{j!}$ für jedes $m \in \mathbb{N}$, also ist $e \geq \lim_{m \to \infty} \sum_{j=0}^{m} \frac{1}{j!} = e'$. Zusammenfassend erhalten wir also $e' = e$, und die obige Behauptung ist bewiesen.

Um Abschätzungen für die Eulersche Zahl e zu gewinnen, betrachten wir Terme $d_{n,k}$ der Form

$$d_{n,k} := s_{n+k} - s_n, \quad n, k \in \mathbb{N}.$$

Dann gilt für beliebige $n, k \in \mathbb{N}$

$$\frac{1}{(n+1)!} \leq d_{n,k} \leq \frac{s_k - 1}{(n+1)!},$$

und für $k \to \infty$ ergibt sich somit

$$\frac{1}{(n+1)!} \leq e - s_n \leq \frac{e-1}{(n+1)!}. \tag{3.1}$$

Diese Abschätzung liefert für $n = 2$ nicht nur die Abschätzung $2{,}66 < e < 2{,}8$, sondern sie ist auch Grundlage für den folgenden Beweis der Irrationalität der Eulerschen Zahl e.

3.8 Satz. *Die Eulersche Zahl e ist irrational.*

Beweis. Wir nehmen an, dass e rational ist. Dann könnten wir e in der Form $e = p/q$ mit $p, q \in \mathbb{N}$ darstellen. Betrachten wir die Abschätzung (3.1) für $n = q$ und multiplizieren diese Ungleichung mit $q!$, so folgt

$$0 < \frac{1}{q+1} \leq p(q-1)! - q! s_q < \frac{2}{q+1} \leq 1$$

und somit

$$0 < p(q-1)! - q! s_q < 1.$$

Da jedoch $p(q-1)! - q! s_q \in \mathbb{Z}$, erhalten wir einen Widerspruch. $\qquad\square$

Alternierende Reihen

Wir untersuchen nun die Konvergenz von Reihen, deren Folgenglieder alternierende Vorzeichen haben, und nennen $\sum_{j=0}^{\infty} (-1)^j a_j$ mit $a_j \geq 0$ für alle $j \in \mathbb{N}_0$ eine *alternierende Reihe*.

Die beiden Konvergenzkriterien von Dirichlet und Leibniz sind unsere wichtigsten Konvergenzkriterien für alternierende Reihen.

3.9 Satz. (Konvergenzkriterium von Dirichlet). *Es sei $(a_n)_{n \in \mathbb{N}} \subset \mathbb{C}$ eine komplexe Folge derart, dass die Folge der Partialsummen $(s_n)_{n \in \mathbb{N}} = (\sum_{j=1}^{n} a_j)_{n \in \mathbb{N}}$ beschränkt ist. Ist $(\varepsilon_n)_{n \in \mathbb{N}}$ eine monoton fallende Nullfolge, so ist $\sum_{j=1}^{\infty} \varepsilon_j a_j$ konvergent.*

Ein wichtige Folgerung hieraus ist das Leibniz-Kriterium.

3.10 Korollar. (Leibniz-Kriterium). *Ist* $(\varepsilon_j)_{j \in \mathbb{N}}$ *eine monoton fallende Nullfolge, so konvergiert die Reihe* $\sum_{j=1}^{\infty} (-1)^j \varepsilon_j$.

3.11 Beispiel. Die Reihe

$$\sum_{j=0}^{\infty} (-1)^j \frac{1}{j+1} = 1 - \frac{1}{2} + \frac{1}{3} - \frac{1}{4} + \frac{1}{5} - \cdots$$

ist konvergent und heißt *alternierende harmonische Reihe*. Wir werden in Abschnitt IV.4 den Grenzwert der Reihe $\sum_{j=0}^{\infty} (-1)^j \frac{1}{j+1}$ als $\log 2$ bestimmen.

Beweis von Satz 3.9. Für $m, n \in \mathbb{N}$ mit $m \geq n$ setzen wir

$$\sigma_{n,m} := \sum_{j=n}^{m} \varepsilon_j a_j.$$

Da nach Voraussetzung $\lim_{j \to \infty} \varepsilon_j = 0$ gilt, genügt es nach dem Cauchyschen Kriterium für die Konvergenz von Reihen, Lemma 3.4, zu zeigen, dass eine Konstante $M > 0$ existiert mit

$$|\sigma_{n,m}| \leq M \varepsilon_n \quad \text{für alle} \quad n, m \geq 1.$$

Hierzu setzen wir $C := \sup\{|s_n| : n \in \mathbb{N}\}$, wobei $s_n := \sum_{j=1}^{n} a_j$. Für $m \geq n \geq 1$ gilt dann

$$\sigma_{n,m} = \sum_{j=n}^{m} \varepsilon_j a_j = \sum_{j=n}^{m} \varepsilon_j (s_j - s_{j-1}) = \sum_{j=n}^{m} \varepsilon_j s_j - \sum_{j=n}^{m} \varepsilon_j s_{j-1}$$

$$= \sum_{j=n}^{m} \varepsilon_j s_j - \sum_{j=n-1}^{m-1} \varepsilon_{j+1} s_j = \sum_{j=n}^{m-1} (\varepsilon_j - \varepsilon_{j+1}) s_j + \varepsilon_m s_m - \varepsilon_n s_{n-1}.$$

Deshalb ist

$$|\sigma_{n,m}| \leq \sum_{j=n}^{m-1} \underbrace{(\varepsilon_j - \varepsilon_{j+1})}_{\geq 0} |s_j| + \varepsilon_m |s_m| + \varepsilon_n |s_{n-1}|$$

$$\leq \sum_{j=n}^{m-1} (\varepsilon_j - \varepsilon_{j+1}) C + \varepsilon_m C + \varepsilon_n C$$

$$= (\varepsilon_n - \varepsilon_m) C + \varepsilon_m C + \varepsilon_n C = 2 \varepsilon_n C = M \varepsilon_n$$

mit $M := 2C$, und die Behauptung folgt aus dem Cauchyschen Kriterium, Lemma 3.4. $\qquad\square$

Majorantenkriterium und absolute Konvergenz

Ein sehr wichtiger Begriff in der Konvergenztheorie für Reihen ist derjenige der *absoluten Konvergenz*.

3.12 Definition. (Absolute Konvergenz). Eine Reihe $\sum_{j=0}^{\infty} a_j$ heißt *absolut konvergent*, wenn die Reihe $\sum_{j=0}^{\infty} |a_j|$ konvergiert.

3.13 Bemerkung. Wir folgern aus dem Cauchy-Kriterium für Reihen, Lemma 3.4, dass jede absolut konvergente Reihe $\sum_{j=0}^{\infty} a_j$ konvergiert. In der Tat folgt aus der Dreiecksungleichung, dass $|\sum_{j=n}^{m} a_j| \leq \sum_{j=n}^{m} |a_j|$ für alle $m \geq n$ gilt. Die Behauptung folgt dann aus Lemma 3.4. Das Beispiel der alternierenden harmonischen Reihe zeigt, dass die Umkehrung der obigen Aussage nicht gilt.

Wir erinnern an dieser Stelle nochmals an die in Abschnitt 2 eingeführte Sprechweise von fast allen und unendlich vielen n, welche eine bestimmte Eigenschaft erfüllen.

3.14 Satz. (Majorantenkriterium). *Es seien $(a_j)_{j \in \mathbb{N}_0} \subset \mathbb{C}$ und $(b_j)_{j \in \mathbb{N}_0} \subset \mathbb{R}$ Folgen mit*

$$|a_j| \leq b_j \quad \text{für fast alle } j \in \mathbb{N}_0.$$

Konvergiert die Reihe $\sum_{j=0}^{\infty} b_j$, so ist die Reihe $\sum_{j=0}^{\infty} a_j$ absolut konvergent.

In der obigen Situation nennen wir die Reihe $\sum_{j=0}^{\infty} b_j$ eine *Majorante* von $\sum_{j=0}^{\infty} a_j$.

Der Beweis von Satz 3.14 ist einfach. Da $\sum_{j=n}^{m} |a_j| \leq \sum_{j=n}^{m} b_j$ für alle $m \geq n$ gilt, folgt die Behauptung aus dem Cauchyschen Kriterium, Lemma 3.4.

3.15 Beispiel. Nach Beispiel 3.2c) konvergiert die Reihe $\sum_{j=0}^{\infty} \frac{1}{j(j+1)}$. Da $0 < \frac{1}{(j+1)^2} \leq \frac{1}{j(j+1)}$ für alle $j \in \mathbb{N}$ gilt, folgt hieraus die Konvergenz der Reihe

$$\sum_{j=1}^{\infty} \frac{1}{j^2} = \sum_{j=0}^{\infty} \frac{1}{(j+1)^2}.$$

Wurzel- und Quotientenkriterium

Wählen wir als Majorante speziell die geometrische Reihe, so erhalten wir das *Wurzelkriterium* für die Konvergenz von Reihen. Es gehört zusammen mit dem noch folgenden Quotientenkriterium zu den Standardwerkzeugen der Analysis bei Konvergenzuntersuchungen von Reihen.

3.16 Satz. (Wurzelkriterium). *Es sei $(a_n)_{n \in \mathbb{N}_0}$ eine Folge in $\mathbb{C}$.*

a) Existiert ein q mit $0 < q < 1$ derart, dass

$$\sqrt[n]{|a_n|} \leq q \quad \text{für fast alle } n \in \mathbb{N}$$

gilt, so ist die Reihe $\sum_{n=0}^{\infty} a_n$ absolut konvergent.

b) Gilt $\sqrt[n]{|a_n|} \geq 1$ für unendlich viele $n \in \mathbb{N}$, so divergiert die Reihe $\sum_{n=0}^{\infty} a_n$.

Beweis. a) Nach Voraussetzung existiert ein $N_0 \in \mathbb{N}$ mit $\sqrt[n]{|a_n|} \le q$ für alle $n \ge N_0$. Also ist $|a_n| \le q^n$ für alle $n \ge N_0$, und es gilt $\sum_{n=1}^{\infty} |a_n| \le \sum_{n=1}^{\infty} q^n$. Die Behauptung folgt dann aus dem Majorantenkriterium, Satz 3.14, und der in Beispiel 3.2a) beschriebenen Konvergenz der geometrischen Reihe.

b) Nach Voraussetzung gilt $\sqrt[n]{|a_n|} \ge 1$ für unendlich viele $n \in \mathbb{N}$. Also gilt auch $|a_n| \ge 1$ für unendlich viele $n \in \mathbb{N}$, und insbesondere ist $(a_n)_{n \in \mathbb{N}_0}$ keine Nullfolge. Nach Korollar 3.5 bedeutet dies, dass $\sum_{n=0}^{\infty} a_n$ divergiert. □

3.17 Beispiel. Die Reihe $\sum_{n=0}^{\infty} \frac{n^m}{2^n}$ ist für jedes $m \in \mathbb{N}$ konvergent. Nach (I.5.1) und Beispiel 1.16c) gilt nämlich

$$\sqrt[n]{|a_n|} = \frac{\sqrt[n]{n^m}}{2} = \frac{\left(\sqrt[n]{n}\right)^m}{2} \longrightarrow \frac{1}{2}.$$

Also ist $\sqrt[n]{|a_n|} \le \frac{2}{3} =: q < 1$ für fast alle $n \in \mathbb{N}$, und die Behauptung folgt aus dem Wurzelkriterium.

In konkreten Fällen ist es oft einfacher, das folgende Quotientenkriterium anzuwenden.

3.18 Satz. (Quotientenkriterium). *Es sei $(a_n)_{n \in \mathbb{N}_0}$ eine Folge in $\mathbb{C}$.*

a) *Es gelte $a_n \ne 0$ für fast alle $n \in \mathbb{N}$, und es existiere ein $q \in \mathbb{R}$ mit $0 < q < 1$ derart, dass*

$$\left| \frac{a_{n+1}}{a_n} \right| \le q \quad \text{für fast alle } n \in \mathbb{N}$$

gilt. Dann ist die Reihe $\sum_{n=0}^{\infty} a_n$ absolut konvergent.

b) *Gilt $\left| \frac{a_{n+1}}{a_n} \right| \ge 1$ für fast alle (nicht nur für unendlich viele) $n \in \mathbb{N}$, so divergiert die Reihe $\sum_{n=0}^{\infty} a_n$.*

Beweis. a) Nach Voraussetzung existiert ein $N_0 \in \mathbb{N}$ mit $\left| \frac{a_{j+1}}{a_j} \right| \le q$ für alle $j \ge N_0$. Also gilt für alle $n \ge N_0 + 1$

$$\left| \frac{a_n}{a_{N_0}} \right| = \prod_{j=N_0}^{n-1} \left| \frac{a_{j+1}}{a_j} \right| = \left| \frac{a_{N_0+1}}{a_{N_0}} \frac{a_{N_0+2}}{a_{N_0+1}} \cdots \frac{a_n}{a_{n-1}} \right| \le q^{n-N_0}.$$

Daher gilt $|a_n| \le \frac{|a_{N_0}|}{q^{N_0}} q^n$ für alle $n \ge N_0 + 1$, und

$$\sum_{n=0}^{\infty} \frac{|a_{N_0}|}{q^{N_0}} q^n$$

ist eine konvergente Majorante für $\sum_{n=0}^{\infty} a_n$. Das Majorantenkriterium impliziert nun die Behauptung.

b) Die Voraussetzung impliziert die Existenz einer Zahl $N_0 \in \mathbb{N}$ mit $\left|\frac{a_n}{a_{N_0}}\right| \geq 1$ für alle $n \geq N_0 + 1$. Daher ist $(a_n)_{n\in\mathbb{N}}$ keine Nullfolge, und die Reihe $\sum_{n=0}^{\infty} a_n$ ist somit divergent. $\square$

3.19 Beispiel. Die *Exponentialreihe*

$$\sum_{j=0}^{\infty} \frac{z^j}{j!}$$

konvergiert absolut für jedes $z \in \mathbb{C}$. Für den Fall $z = 1$ haben wir dies bereits in Beispiel 3.7 gezeigt. Ist $z \neq 0$, so gilt

$$\left|\frac{a_{n+1}}{a_n}\right| = \frac{|z^{n+1}|}{(n+1)!} \frac{n!}{|z^n|} = \frac{|z|}{n+1} \longrightarrow 0.$$

Es ist also $\left|\frac{a_{n+1}}{a_n}\right| \leq \frac{1}{2}$ für fast alle $n \in \mathbb{N}$, und die Behauptung folgt aus dem Quotientenkriterium.

Wir betrachten nun eine Variante des Wurzel- bzw. Quotientenkriteriums, in welcher die obige Bedingung an die Existenz einer Zahl q mit $0 < q < 1$ durch eine Bedingung an den Limes superior, bzw. den Limes inferior der Folge (a_n) ersetzt wird.

3.20 Satz. (Variante des Wurzel- bzw. Quotientenkriteriums). *Es sei* $(a_n)_{n\in\mathbb{N}_0}$ *eine Folge in* $\mathbb{C}$.

a) Gilt $\varlimsup_{n\to\infty} \sqrt[n]{|a_n|} < 1$, *so konvergiert die Reihe* $\sum\limits_{n=0}^{\infty} a_n$ *absolut.*

b) Gilt $\varlimsup_{n\to\infty} \sqrt[n]{|a_n|} > 1$, *so divergiert die Reihe* $\sum\limits_{n=0}^{\infty} a_n$.

c) Ist $a_n \neq 0$ *für fast alle* $n \in \mathbb{N}$ *und gilt* $\varlimsup_{n\to\infty} \left|\frac{a_{n+1}}{a_n}\right| < 1$, *so konvergiert die Reihe* $\sum\limits_{n=0}^{\infty} a_n$ *absolut.*

d) Ist $a_n \neq 0$ *für fast alle* $n \in \mathbb{N}$ *und gilt* $\varliminf_{n\to\infty} \left|\frac{a_{n+1}}{a_n}\right| > 1$, *so divergiert die Reihe* $\sum\limits_{n=0}^{\infty} a_n$.

Den nicht schwierigen Beweis überlassen wir dem Leser als Übungsaufgabe.

3.21 Bemerkungen. a) Gilt $\varlimsup_{n\to\infty} \sqrt[n]{|a_n|} = 1$, so kann man *keine* Aussage zur Konvergenz der Reihe treffen! Betrachten wir zum Beispiel die Folgen $(a_n)_{n\in\mathbb{N}} = \left(\frac{1}{n}\right)_{n\in\mathbb{N}}$ und

$(b_n)_{n \in \mathbb{N}} = (\frac{1}{n^2})_{n \in \mathbb{N}}$, so gilt nach Beispiel 1.16c) und (I.5.1)

$$\lim_{n \to \infty} \sqrt[n]{|a_n|} = \lim_{n \to \infty} \frac{1}{\sqrt[n]{n}} = 1 \quad \text{und}$$

$$\lim_{n \to \infty} \sqrt[n]{|b_n|} = \lim_{n \to \infty} \frac{1}{(\sqrt[n]{n})^2} = 1.$$

Die Reihe $\sum_{n=1}^{\infty} a_n$ ist jedoch divergent, während die Reihe $\sum_{n=1}^{\infty} b_n$ absolut konvergiert.

b) Das Quotientenkriterium ist „schwächer" als das Wurzelkriterium in dem Sinne, dass

$$\overline{\lim_{n \to \infty}} \sqrt[n]{|a_n|} \leq \overline{\lim_{n \to \infty}} \left| \frac{a_{n+1}}{a_n} \right|$$

gilt.

3.22 Beispiel. Betrachten wir die Reihe $\sum_{n=1}^{\infty} \left(1 + \frac{1}{n}\right)^{n^2}$ und setzen $a_n := \left(1 + \frac{1}{n}\right)^{n^2}$ für $n \in \mathbb{N}$, so gilt

$$\lim_{n \to \infty} \sqrt[n]{|a_n|} = \lim_{n \to \infty} \left(1 + \frac{1}{n}\right)^n = e.$$

Also ist $\overline{\lim}_{n \to \infty} \sqrt[n]{|a_n|} = e > 1$, und die obige Reihe divergiert nach Satz 3.20b).

Verdichtungssatz von Cauchy

Wir beenden diesen Abschnitt über die Konvergenz von Reihen mit dem Verdichtungssatz von Cauchy.

3.23 Satz. (Verdichtungssatz von Cauchy). *Ist* $(a_n)_{n \in \mathbb{N}_0}$ *eine monoton fallende Folge nichtnegativer reellen Zahlen, so gilt:*

$$\sum_{j=0}^{\infty} a_j \text{ konvergiert} \iff \sum_{j=0}^{\infty} 2^j a_{2^j} \text{ konvergiert.}$$

Dieser Satz besagt, dass sich das Konvergenzverhalten einer gegebenen Reihe vollständig aus dem der „verdichteten" Reihe ablesen lässt, welche jedoch nur Glieder mit den Indizes 2^j, also bedeutend weniger als die ursprüngliche Reihe, enthält.

Beweis. Für $n \in \mathbb{N}$ betrachten wir die Partialsummen der ursprünglichen Reihe $s_n := \sum_{j=0}^{n} a_j$ sowie die der verdichteten Reihe $t_n := \sum_{j=0}^{n} 2^j a_{2^j}$.

$\Rightarrow$: Für $n \geq 2^j$ gilt aufgrund der Monotonie von $(a_n)_{n \in \mathbb{N}_0}$

$$s_n \geq a_1 + a_2 + (a_3 + a_4) + (a_5 + \cdots + a_8) + \cdots + (a_{2^{j-1}+1} + \cdots + a_{2^j})$$

$$\geq \frac{a_1}{2} + a_2 + 2a_4 + 4a_8 + \cdots + 2^{j-1} a_{2^j}$$

$$= \frac{1}{2}(a_1 + 2a_2 + 4a_4 \cdots + 2^j a_{2^j}) = \frac{1}{2} t_j.$$

Nach Voraussetzung ist $\sum_{j=0}^{\infty} a_j$ konvergent, d.h., es gilt $\sum_{j=0}^{\infty} a_j =: s$ für ein $s \in \mathbb{R}$. Daher gilt $t_j \leq 2s$ für alle $j \in \mathbb{N}$, und die Reihe $\sum_{j=0}^{\infty} 2^j a_{2^j}$ konvergiert nach Lemma 3.6.

$\Leftarrow$: Für $n \leq 2^{j+1} - 1$ gilt

$$s_n \leq a_0 + a_1 + (a_2 + a_3) + (a_4 + \cdots + a_7) + \cdots + (a_{2^j} + \cdots + a_{2^{j+1}-1})$$
$$\leq a_0 + a_1 + 2a_2 + 4a_4 + \cdots + 2^j a_{2^j} = a_0 + t_j.$$

Nach Voraussetzung ist $\sum_{j=0}^{\infty} 2^j a_{2^j}$ konvergent, d.h., es gilt $\sum_{j=0}^{\infty} 2^j a_{2^j} =: t$ für ein $t \in \mathbb{R}$. Also ist $s_n \leq a_0 + t$ für alle $n \geq 0$, und Lemma 3.6 impliziert, dass die Reihe $\sum_{j=0}^{\infty} a_j$ konvergiert. $\qquad\square$

3.24 Bemerkung. Der obige Satz impliziert insbesondere, dass die Reihe

$$\sum_{n=1}^{\infty} \frac{1}{n^\alpha}$$

für $\alpha \in \mathbb{Q}$ genau dann konvergiert, wenn $\alpha > 1$ gilt. Die zugehörige verdichtete Reihe

$$\sum_{j=0}^{\infty} 2^j 2^{-j\alpha} = \sum_{j=0}^{\infty} 2^{(1-\alpha)j} = \sum_{j=0}^{\infty} q^j \quad \text{mit } q := 2^{1-\alpha}$$

ist eine geometrische Reihe, und diese konvergiert nach Beispiel 3.2a) genau dann, wenn $q < 1$ und somit $\alpha > 1$ ist. Vorläufig haben wir hier n^α nur für $\alpha \in \mathbb{Q}$ definiert; später werden wir n^α für beliebige $\alpha \in \mathbb{R}$ definieren.

Die durch die konvergente Reihe

$$\zeta(s) := \sum_{n=1}^{\infty} \frac{1}{n^s}, \quad s > 1$$

(vorläufig für $s \in \mathbb{Q}$) definierte Funktion, ist die berühmte *Riemannsche Zeta-Funktion*. Sie spielt bei Untersuchungen zur Primzahlverteilung eine herausragende Rolle; wir verweisen auch auf die in Abschnitt V.5 beschriebene Produktdarstellung der Zetafunktion. Wir werden in Abschnitt X.2 und X.3 beweisen, dass $\zeta(2) = \frac{\pi^2}{6}$ gilt.

Aufgaben

1. Man beweise Satz 3.20.

2. Man beweise Bemerkung 3.21.

3. Man beweise, dass die Reihe $\sum_{n=1}^{\infty} n q^n$ konvergiert, falls $|q| < 1$ gilt.

4. a) Man überprüfe, für welche $\alpha \in \mathbb{Q}$ die folgenden Reihen konvergieren:

$$\text{i)} \quad \sum_{n=0}^{\infty} \frac{n^{\alpha}}{n!}, \qquad \text{ii)} \quad \sum_{n=1}^{\infty} \left(\alpha + \frac{1}{n}\right)^{n}, \qquad \text{iii)} \quad \sum_{n=1}^{\infty} (-1)^{n} n^{\alpha}.$$

   b) Man überprüfe, welche der folgenden Reihen konvergieren und berechne gegebenfalls ihren Grenzwert:

$$\text{i)} \quad \sum_{n=2}^{\infty} \left(\frac{2}{3}\right)^{n}, \qquad \text{ii)} \quad \sum_{n=0}^{\infty} \left(\frac{1}{42}\right)^{10-n}, \qquad \text{iii)} \quad \sum_{n=0}^{\infty} \left[\sum_{k=0}^{n} \binom{n}{k} \left(\frac{1}{2}\right)^{n+k}\right].$$

5. Man untersuche die folgenden Reihen auf Konvergenz:

$$\text{i)} \quad \sum_{n=2}^{\infty} (-1)^{n-1} \frac{1-n^2}{n^2(1+n)}, \qquad \text{ii)} \quad \sum_{n=1}^{\infty} \frac{(3^{n+1})^2}{17 \cdot 2^{3n}}.$$

6. Welche der folgenden Aussagen implizieren die Konvergenz bzw. die absolute Konvergenz der Reihe $\sum_{n=1}^{\infty} a_n$, wobei $(a_n)_{n\in\mathbb{N}}$ eine Folge in $\mathbb{C}$ bezeichnet? Welche sind sogar äquivalent zur Konvergenz?

   a) Die Folge $(n^2 a_n)_{n\in\mathbb{N}}$ konvergiert.

   b) Für jedes $n \geq 1$ gilt die Ungleichung $\left|\frac{a_{n+1}}{a_n}\right| < 1$.

   c) Die Folge $\left(\sqrt[n]{|a_n|}\right)_{n\in\mathbb{N}}$ konvergiert.

   d) Die Folge $\left(\frac{a_{n+1}}{a_n}\right)_{n\in\mathbb{N}}$ ist eine Nullfolge.

   e) $\exists\, N_0 \in \mathbb{N}_0\ \exists\, \varepsilon > 0\ \forall\, n \geq N_0 : \left(\left|\frac{a_{n+1}}{a_n}\right| \leq 1 - \varepsilon\right)$.

   f) Es gibt ein $N_0 \in \mathbb{N}_0$, so dass $1 > \left|\frac{a_{n+1}}{a_n}\right| \geq 1 - \frac{1}{n}$ für alle $n > N_0$ gilt.

   g) Die Folge der Partialsummen $(s_m)_{m\in\mathbb{N}}$ mit $s_m := \sum_{n=1}^{m} a_n$ ist beschränkt.

   h) Die Folge der Partialsummen $(s_m)_{m\in\mathbb{N}}$ mit $s_m := \sum_{n=1}^{m} a_n$ ist beschränkt, und es gilt $\lim_{n\to\infty} a_n = 0$.

   i) Zu jedem $\varepsilon > 0$ existiert ein $N_0 \in \mathbb{N}$, so dass $\left|\sum_{n=N_0}^{N_0+m} a_n\right| < \varepsilon$ für alle $m \in \mathbb{N}$.

   j) Die Menge $\{\sum_{n=1}^{m} |a_n| : m \in \mathbb{N}\}$ ist beschränkt.

   k) Die Reihe $\sum_{n=1}^{\infty} (2^{-n} + a_n)$ ist konvergent.

   l) Es gilt $\left|\frac{a_{n+1}}{a_n}\right| \leq 1 - 1/n$ für hinreichend große $n \in \mathbb{N}$.

7. Man entscheide, ob die folgenden Reihen konvergent, absolut konvergent oder divergent sind:

$$\text{a)} \quad \sum_{n=0}^{\infty} \frac{2^n}{3^n + 8}, \qquad \text{b)} \quad \sum_{n=1}^{\infty} n\left(\frac{2n+2}{-3n+1}\right)^n, \qquad \text{c)} \quad \sum_{n=1}^{\infty} \frac{(-2)^n}{n!}, \qquad \text{d)} \quad \sum_{n=0}^{\infty} (-1)^n,$$

$$\text{e)} \quad \sum_{n=1}^{\infty} \frac{(-1)^n}{4n + (-1)^n}, \quad \text{f)} \quad \sum_{n=1}^{\infty} \frac{1}{1+n+n^2\sqrt{n}}, \quad \text{g)} \quad \sum_{n=0}^{\infty} \frac{n}{(n+1)(n+2)}, \quad \text{h)} \quad \sum_{n=1}^{\infty} \frac{n!}{n^n}.$$

8. Man entscheide, welche der folgenden Aussagen die jeweils andere implizieren oder sogar äquivalent sind:

   a) Die Reihe $\sum_{n=1}^{\infty} a_n$ konvergiert nach dem Quotienten-Kriterium.

   b) Die Partialsummen $\sum_{k=1}^{n} a_k$ sind für alle $n \in \mathbb{N}$ beschränkt.

c) Die Reihe $\sum_{n=1}^{\infty} a_n$ konvergiert absolut.

d) Die Reihe $\sum_{n=1}^{\infty} a_n$ konvergiert

e) Für die Folge (a_n) gilt $\lim_{n\to\infty} a_n = 0$.

f) Die Reihe $\sum_{n=1}^{\infty} a_n^2$ konvergiert.

g) $\forall \varepsilon > 0 \, \exists N_0 \in \mathbb{N}_0 \, \forall m > n > N_0 : \left| \sum_{k=n}^{m} a_k \right| \leq \varepsilon$.

h) Die Reihe $\sum_{n=21}^{\infty} a_n$ konvergiert.

9. Man entscheide, welche der folgenden Reihen konvergieren:

$$\text{a)} \quad \sum_{n=1}^{\infty} \frac{n!}{n^n}, \quad \text{b)} \quad \sum_{n=1}^{\infty} \frac{n^5}{n!}, \quad \text{c)} \quad \sum_{n=1}^{\infty} (-1)^n (\sqrt[n]{n} - 1), \quad \text{d)} \quad \sum_{n=1}^{\infty} \frac{1}{n^{3/2}}.$$

10. (Grenzwerte von Mittelwerten). Es sei $(a_n)_{n\in\mathbb{N}}$ eine konvergente Folge mit $\lim_{n\to\infty} = a$ für ein $a \in \mathbb{C}$. Nach Satz 1.17 konvergiert die für $n \in \mathbb{N}$ definierte Folge $(\sigma_n)_{n\in\mathbb{N}} := \left(\frac{1}{n} \sum_{i=1}^{n} a_i \right)_{n\in\mathbb{N}}$ ebenfalls gegen a.

a) Man gebe eine divergente Folge $(a_n)_{n\in\mathbb{N}}$ an, für welche die Folge $(\sigma_n)_{n\in\mathbb{N}}$ konvergiert.

b) Sei nun zusätzlich zu den obigen Voraussetzungen an $(a_n)_{n\in\mathbb{N}}$ noch $a_n \in \mathbb{R}$ mit $a_n > 0$ für jedes $n \in \mathbb{N}$. Man zeige, dass dann die durch $(c_n)_{n\in\mathbb{N}}$ mit $c_n := \left(\prod_{i=1}^{n} a_i \right)^{1/n}$ für jedes $n \in \mathbb{N}$ definierte Folge ebenfalls gegen a konvergiert.

11. Eine Folge $(a_n)_{n\in\mathbb{N}} \subset \mathbb{C}$ heißt *quadratsummierbar*, wenn die Reihe $\sum_{n=1}^{\infty} |a_n|^2$ konvergiert. Man zeige: Sind $(a_n)_{n\in\mathbb{N}}$ und $(b_n)n \in \mathbb{N}$ quadratsummierbare Folgen, so gilt:

a) $\sum_{n=1}^{\infty} |a_n b_n|$ konvergiert.

b) Die Folge $(a_n + b_n)$ ist quadratsummierbar.

Die quadratsummierbaren Folgen bilden wegen Aussage b) einen Vektorraum, den *Hilbertschen Folgenraum* l^2. Man zeige ferner, dass durch $(a|b) := \sum_{n=1}^{\infty} a_n \overline{b_n}$ mittels Aussage a) ein Skalarprodukt auf l^2 definiert werden kann.

12. Es seien $(a_n)_{n\in\mathbb{N}}$ eine Nullfolge in $\mathbb{C}$ und $\lambda_1, \lambda_2, \lambda_3 \in \mathbb{C}$ mit $\lambda_1 + \lambda_2 + \lambda_3 = 0$. Man zeige

$$\sum_{n=0}^{\infty} (\lambda_1 a_{n+1} + \lambda_2 a_{n+2} + \lambda_3 a_{n+3}) = \lambda_1 a_1 + (\lambda_1 + \lambda_2) a_2.$$

13. Man berechne $\displaystyle\sum_{k=11}^{23} \sum_{j=0}^{2007} \binom{2007}{j} (-1)^{j+1} k^j \cdot 9^{2007-j} - \sum_{\ell=1}^{14} \ell^{2007}$.

14. Man zeige: Ist $\sum_{n=1}^{\infty} a_n$ eine absolut konvergente Reihe und $(b_n)_{n\in\mathbb{N}}$ eine konvergente Folge reeller Zahlen, so konvergiert die Reihe $\sum_{n=1}^{\infty} b_n a_n$ absolut. Man gebe weiter ein Beispiel einer konvergenten Reihe $\sum_{n=1}^{\infty} a_n$ und einer konvergenten Folge $(b_n)_{n\in\mathbb{N}}$ an, so dass die Reihe $\sum_{n=1}^{\infty} b_n a_n$ divergiert.

15. Man zeige: Für die in Bemerkung 3.24 für $s \in \mathbb{Q}$ mit $s > 1$ durch $\zeta(s) = \sum_{n=1}^{\infty} \frac{1}{n^s}$ definierte Riemannsche Zetafunktion ζ gilt

$$\sum_{k=1}^{\infty} \big(\zeta(2k) - 1\big) = \frac{1}{2} \quad \text{und} \quad \sum_{k=1}^{\infty} \big(\zeta(2k+1) - 1\big) = \frac{1}{4}.$$

Diese Reihenwerte sind insofern bemerkenswert, da jeder der Summanden $\zeta(2k)$ irrational ist.

4 Umordnungen und Produkte von Reihen

Summieren wir endlich viele reelle oder komplexe Zahlen, so hängt das Ergebnis nicht von der Reihenfolge der Summation ab. Dies bedeutet, dass eine beliebige Umordnung endlich vieler Summanden immer zum gleichen Summenwert führt.

Völlig anders stellt sich die Situation bei unendlichen Reihen dar! Wir werden in diesem Abschnitt sehen, dass es durch Umordnen der Summanden möglich ist, den Reihenwert einer Reihe zu verändern, oder, dass man durch Umordnen sogar konvergente Reihen in divergente Reihen überführen kann.

Dieser auf den ersten Blick sehr überraschende Sachverhalt tritt jedoch nicht bei absolut konvergenten Reihen auf. Nicht zuletzt deswegen ist der in Abschnitt 3 eingeführte Begriff der absoluten Konvergenz so wichtig.

Für eine präzise Beschreibung der Situation müssen wir natürlich zunächst den Begriff einer Umordnung definieren.

Unbedingte Konvergenz

Wir beginnen mit einem Beispiel und betrachten die im vorherigen Abschnitt beschriebene alternierende harmonische Reihe

$$1 - \frac{1}{2} + \frac{1}{3} - \frac{1}{4} + \ldots + \frac{1}{2j-1} - \frac{1}{2j} + \ldots$$

sowie eine Umordnung hiervon, welche durch

$$1 - \frac{1}{2} - \frac{1}{4} + \frac{1}{3} - \frac{1}{6} - \frac{1}{8} + \frac{1}{5} - \frac{1}{10} - \frac{1}{12} + \frac{1}{7} - \ldots + \frac{1}{2j-1} - \frac{1}{4j-2} - \frac{1}{4j} + \ldots$$

gegeben ist. Wir bezeichnen mit s_n bzw. t_n die n-te Partialsumme der ursprünglichen bzw. der umgeordneten Reihe und setzen $s := \lim_{n \to \infty} s_n$. Es gilt dann

$$s_2 = \frac{1}{2},$$
$$2t_3 = 2 \cdot \frac{1}{4} = \frac{1}{2},$$

$$s_4 = \frac{1}{2} + \frac{1}{3} - \frac{1}{4},$$
$$2t_6 = \frac{1}{2} + 2\underbrace{\left(\frac{1}{3} - \frac{1}{6} - \frac{1}{8}\right)}_{\frac{1}{3} - \frac{1}{4}},$$

$$s_6 = \frac{1}{2} + \left(\frac{1}{3} - \frac{1}{4}\right) + \left(\frac{1}{5} - \frac{1}{6}\right), \qquad 2t_9 = \frac{1}{2} + \left(\frac{1}{3} - \frac{1}{4}\right) + 2\underbrace{\left(\frac{1}{5} - \frac{1}{10} - \frac{1}{12}\right)}_{\frac{1}{5} - \frac{1}{6}},$$

und wegen $\frac{1}{2j-1} - \frac{1}{4j-2} - \frac{1}{4j} = \frac{1}{2}\left(\frac{1}{2j-1} - \frac{1}{2j}\right)$ für jedes $j \in \mathbb{N}$ folgt $2t_{3n} = s_{2n}$ für alle $n \geq 1$. Da die Folge $(s_{2n})_{n \in \mathbb{N}}$ gegen s konvergiert und die Glieder der umgeordneten Reihe gegen 0 konvergieren, existiert zu jedem $\varepsilon > 0$ ein $N_0 \in \mathbb{N}$, so dass zugleich

$$\left| t_{3n} - \frac{s}{2} \right| < \frac{\varepsilon}{2} \quad \text{und} \quad |t_{3n+1} - t_{3n}| < \frac{\varepsilon}{2} \quad \text{und} \quad |t_{3n+2} - t_{3n}| < \frac{\varepsilon}{2}$$

für alle $n \geq N_0$ gilt. Daraus folgt $|t_m - \frac{s}{2}| < \frac{\varepsilon}{2}$ für alle $m > 3N_0 + 2$, was bedeutet, dass die umgeordnete Reihe gegen $s/2$ konvergiert!

Dieses Beispiel motiviert die folgende Definition.

4.1 Definition. Es sei $\sum_{n=0}^{\infty} a_n$ eine Reihe komplexer Zahlen und $\varphi : \mathbb{N}_0 \to \mathbb{N}_0$ eine bijektive Abbildung. Dann heißt

$$\sum_{n=0}^{\infty} a_{\varphi(n)}$$

eine *Umordnung* der Reihe $\sum_{n=0}^{\infty} a_n$. Ferner heißt die Reihe $\sum_{n=0}^{\infty} a_n$ *unbedingt konvergent*, falls jede Umordnung der Reihe $\sum_{n=0}^{\infty} a_n$ den gleichen Grenzwert besitzt.

4.2 Satz. *Eine absolut konvergente Reihe $\sum_{n=0}^{\infty} a_n$ ist unbedingt konvergent.*

Beweis. Wir bezeichnen mit $s_n := \sum_{j=0}^{n} a_j$ die n-te Partialsumme der gegebenen Reihe $\sum_{n=0}^{\infty} a_n$, und für eine bijektive Abbildung $\varphi : \mathbb{N}_0 \to \mathbb{N}_0$ sei $t_n := \sum_{j=0}^{n} a_{\varphi(j)}$ die n-te Partialsumme einer Umordnung. Wir zeigen, dass $(t_n)_{n \in \mathbb{N}}$ gegen s konvergiert, wobei s den Grenzwert der Folge $(s_n)_{n \in \mathbb{N}}$ bezeichnet. Nach Voraussetzung ist die Konvergenz von $\sum_{n=0}^{\infty} a_n$ absolut, d. h., für $\varepsilon > 0$ existiert ein $N_0 \in \mathbb{N}$ mit

$$\sum_{j=N_0}^{\infty} |a_j| < \frac{\varepsilon}{2}.$$

Aus diesem Grunde gilt

$$\left| s - \sum_{j=0}^{N_0-1} a_j \right| = \left| \sum_{j=N_0}^{\infty} a_j \right| \leq \sum_{j=N_0}^{\infty} |a_j| < \frac{\varepsilon}{2}.$$

Wählen wir nun $N_1 \in \mathbb{N}$ so groß, dass $\{0, 1, 2, \ldots, N_0 - 1\} \subset \{\varphi(0), \varphi(1), \ldots, \varphi(N_1)\}$ gilt, so folgt für alle $m \geq N_1$

$$\left| \sum_{j=0}^{m} a_{\varphi(j)} - s \right| \leq \left| \sum_{j=0}^{m} a_{\varphi(j)} - \sum_{j=0}^{N_0-1} a_j \right| + \underbrace{\left| \sum_{j=0}^{N_0-1} a_j - s \right|}_{< \frac{\varepsilon}{2}} \leq \sum_{j=N_0}^{\infty} |a_j| + \frac{\varepsilon}{2} \leq \varepsilon.$$

Also konvergiert die Folge der Partialsummen (t_m) der umgeordneten Reihe ebenfalls gegen s, und die behauptete Aussage ist bewiesen. $\qquad\qquad\square$

Riemannscher Umordnungssatz
Der folgende auf Bernhard Riemann zurückgehende Satz ist ziemlich überraschend.

4.3 Satz. (Riemannscher Umordnungssatz). *Es sei $\sum_{n=0}^{\infty} a_n$ eine konvergente, aber nicht absolut konvergente Reihe reeller Zahlen. Dann existiert zu jedem $b \in \mathbb{R}$ eine Umordnung dieser Reihe, welche gegen b konvergiert. Weiter existiert eine divergente Umordnung von $\sum_{n=0}^{\infty} a_n$.*

Der Riemannsche Umordnungssatz impliziert die sehr bemerkenswerte und überraschende Tatsache, dass man in einer konvergenten Reihe, welche nicht absolut konvergiert, nur höchstens endlich viele Summanden umordnen darf: Ansonsten ergibt der Begriff einer konvergenten Reihe keinen Sinn mehr! Satz 4.2 hingegen besagt, dass der Wert einer absolut konvergenten Reihe invariant unter Umordnungen ist.

Beweis. Für $n \in \mathbb{N}$ und $(a_n) \subset \mathbb{R}$ definieren wir Folgen (a_n^+) und (a_n^-) wie folgt:

$$a_n^+ := \begin{cases} a_n, & \text{falls } a_n \geq 0, \\ 0, & \text{falls } a_n < 0, \end{cases} \quad \text{und} \quad a_n^- := \begin{cases} -a_n, & \text{falls } a_n \leq 0, \\ 0, & \text{falls } a_n > 0. \end{cases}$$

Dann gilt $a_n = a_n^+ - a_n^-$, $|a_n| = a_n^+ + a_n^-$ sowie $a_n^+ = \frac{1}{2}(|a_n| + a_n)$ und $a_n^- = \frac{1}{2}(|a_n| - a_n)$ für jedes $n \in \mathbb{N}$ und

$$\sum_{n=1}^{\infty} a_n^+ = \sum_{n=1}^{\infty} a_n^- = \infty. \tag{4.1}$$

Würde eine der beiden obigen Reihen konvergieren, so würde wegen der Konvergenz von $\sum_{n=1}^{\infty} a_n$ auch $\sum_{n=1}^{\infty} |a_n|$ konvergieren, im Widerspruch zur Voraussetzung.

Sei also $b \in \mathbb{R}$ gegeben. Wegen (4.1) können wir so viele der positiven Summanden a_n^+ addieren, bis deren Summe erstmalig größer als b ist. Dann subtrahieren wir so viele der positiven Summanden a_n^-, bis die Gesamtsumme erstmalig kleiner als b ist. Anschließend addieren wir wieder so viele Summanden a_n^+, bis die Gesamtsumme erstmalig größer als b ist. Wegen (4.1) können wir dieses Verfahren iterieren und erhalten auf diese Weise eine Umordnung der ursprünglichen Reihe. Diese Umordnung konvergiert gegen b, da (a_n) eine Nullfolge ist.

Eine divergente Umordnung erhalten wir auf analoge Art und Weise, indem wir so viele Summanden a_n^+ aufsummieren, bis deren Summe größer als 1 ist, dann ein a_n^- subtrahieren und so viele der a_n^+ aufsummieren, bis die Gesamtsumme größer als 2 ist, dann wieder ein a_n^- subtrahieren und dieses Verfahren iterieren. $\qquad\square$

Produktreihen und Cauchy-Produkte

Wir wollen nun die konvergenten Reihen $\sum_{n=0}^{\infty} a_n$ und $\sum_{n=0}^{\infty} b_n$ miteinander multiplizieren und betrachten hierzu das Produkt

$$(a_0 + a_1 + a_2 + \ldots) \cdot (b_0 + b_1 + \ldots).$$

Ausmultiplizieren ergibt, dass wir Terme der folgenden Form aufsummieren müssen:

$$
\begin{array}{cccc}
a_0 b_0 & a_0 b_1 & a_0 b_2 & a_0 b_3 \quad \cdots \\
a_1 b_0 & a_1 b_1 & a_1 b_2 \quad \cdots \\
a_2 b_0 & a_2 b_1 & a_2 b_2 \quad \cdots
\end{array}
$$

Es stellt sich dann die Frage, in welcher Reihenfolge die Summanden aufsummiert werden sollen. Insbesondere fragen wir nach Bedingungen, welche eine Darstellung der Produktreihe in der Form

$$
\left(\sum_{j=0}^{\infty} a_j\right)\left(\sum_{j=0}^{\infty} b_j\right) = \sum_{j=0}^{\infty} p_j
$$

mit Summanden der Gestalt

$$
p_j = a_l b_m \quad \text{für } l, m \in \mathbb{N}
$$

garantieren. Wir skizzieren zwei mögliche Reihenfolgen der Summation:

$$
\begin{array}{ccccccccc}
0 & 1 & 3 & 6 & \text{oder} & 0 & \rightarrow & 1 & & 4 & & 9 \\
 & \swarrow & \swarrow & \swarrow & & & & \downarrow & & \downarrow & & \downarrow \\
2 & 4 & 7 & & & 3 & \leftarrow & 2 & & 5 & & \\
 & \swarrow & \swarrow & & & & & & & \downarrow & & \\
5 & 8 & & & & 8 & \leftarrow & 7 & \leftarrow & 6 & & \\
 & \swarrow & & & & & & & & & & \\
9 & & & & & & & & & &
\end{array}
$$

Wir nennen eine Reihe $\sum_{j=0}^{\infty} p_j$ eine *Produktreihe* von $\sum_{j=0}^{\infty} a_j$ und $\sum_{j=0}^{\infty} b_j$, falls die Folge $(p_j)_{j \in \mathbb{N}}$ genau aus den Produkten $a_l b_m$ für $l, m \in \mathbb{N}$ besteht, genauer gesagt, falls eine bijektive Abbildung $\varphi : \mathbb{N} \times \mathbb{N} \to \mathbb{N}$ existiert mit

$$
a_l b_m = p_{\varphi(l,m)} \quad \text{für alle} \quad l, m \in \mathbb{N}.
$$

4.4 Satz. *Sind $\sum_{j=0}^{\infty} a_j$ und $\sum_{j=0}^{\infty} b_j$ zwei absolut konvergente Reihen, so konvergiert jede ihrer Produktreihen gegen*

$$
\left(\sum_{j=0}^{\infty} a_j\right) \cdot \left(\sum_{j=0}^{\infty} b_j\right).
$$

Beweis. Es sei $\sum_{j=0}^{\infty} p_j$ eine beliebige Produktreihe der Reihen $\sum_{j=0}^{\infty} a_j$ und $\sum_{j=0}^{\infty} b_j$. Dann existiert für jedes $n \in \mathbb{N}$ ein $m \in \mathbb{N}$ mit

$$\sum_{j=0}^{n} |p_j| \leq \sum_{j=0}^{m} |a_j| \sum_{j=0}^{m} |b_j| \leq \sum_{j=0}^{\infty} |a_j| \sum_{j=0}^{\infty} |b_j|.$$

Wir folgern aus Lemma 3.6, dass $\sum_{j=0}^{\infty} |p_j|$ konvergiert. Ferner folgt aus Bemerkung 3.13, dass auch $\sum_{j=0}^{\infty} p_j$ konvergiert, und Satz 4.2 impliziert, dass die Konvergenz unbedingt (d. h., unabhängig von der gewählten Reihenfolge) ist. Dies bedeutet, dass *jede* Produktreihe gegen ein und dasselbe $s \in \mathbb{C}$ konvergiert.

Betrachten wir spezielle Produktreihen, in welchen die Reihenfolge der Summation durch das folgende Schema vorgegeben ist,

$$
\begin{array}{ccccccc}
a_0 b_0 & & a_0 b_1 & & a_0 b_2 & \cdots & & q_0 & & q_1 & & q_4 \\
& & \downarrow & & \downarrow & & & & & \downarrow & & \downarrow \\
a_1 b_0 & \leftarrow & a_1 b_1 & & a_1 b_2 & \cdots & & q_3 & \leftarrow & q_2 & & q_5 \\
& & & & \downarrow & & & & & & & \downarrow \\
a_2 b_0 & \leftarrow & a_2 b_1 & \leftarrow & a_2 b_2 & \cdots & & q_8 & \leftarrow & q_7 & \leftarrow & q_6 \, ,
\end{array}
$$

so gilt

$$q_0 + q_1 + \ldots + q_{(n+1)^2 - 1} = (a_0 + \ldots + a_n)(b_0 + \ldots + b_n) \overset{n \to \infty}{\longrightarrow} \Big(\sum_{j=0}^{\infty} a_j \Big) \cdot \Big(\sum_{j=0}^{\infty} b_j \Big).$$

Dies impliziert die Behauptung. □

Wählen wir für die Summation die Reihenfolge

$$
\begin{array}{ccccccccc}
a_0 b_0 & & a_0 b_1 & & a_0 b_2 & \quad bzw. \quad & p_0 & & p_1 & & p_3 \\
& \swarrow & & \swarrow & & & & \swarrow & & \swarrow \\
a_1 b_0 & & a_1 b_1 & & & & p_2 & & p_4 \\
& \swarrow & & & & & & \swarrow \\
a_2 b_0 & & & & & & p_5
\end{array}
$$

und setzen $c_0 := a_0 b_0$, $c_1 := a_0 b_1 + a_1 b_0$ und allgemeiner

$$c_n := \sum_{j=0}^{n} a_j b_{n-j}, \quad n \in \mathbb{N}_0,$$

so erhalten wir das Cauchy-Produkt von Reihen.

4.5 Korollar. (Cauchy-Produkt von Reihen). *Es seien $\sum_{j=0}^{\infty} a_j$ und $\sum_{j=0}^{\infty} b_j$ absolut konvergente Reihen und*

$$c_n := \sum_{j=0}^{n} a_j b_{n-j}, \quad n \in \mathbb{N}_0.$$

Dann konvergiert die Reihe $\sum_{n=0}^{\infty} c_n$ absolut, und es gilt

$$\left(\sum_{j=0}^{\infty} a_j\right)\left(\sum_{j=0}^{\infty} b_j\right) = \sum_{n=0}^{\infty} c_n.$$

Die Aussage von Korollar 4.5 ist im Allgemeinen für Reihen, welche nur konvergent, aber nicht absolut konvergent sind, nicht richtig.

Exponentialreihe

Zum Abschluss dieses Abschnitts betrachten wir die wichtige *Exponentialreihe*, welche durch

$$\exp(z) := \sum_{j=0}^{\infty} \frac{z^j}{j!}, \quad z \in \mathbb{C},$$

gegeben ist. Das Quotientenkriterium, Satz 3.18, kombiniert mit Beispiel 3.19, impliziert, dass $\exp(z)$ eine für jedes $z \in \mathbb{C}$ absolut konvergente Reihe darstellt. Ferner gilt die wichtige *Funktionalgleichung* der Exponentialreihe.

4.6 Korollar. *Für alle $z, w \in \mathbb{C}$ gilt*

$$\exp(z)\exp(w) = \exp(z + w).$$

Beweis. Der Beweis ist eine Anwendung des oben bewiesenen Cauchy-Produkts von Reihen. Genauer gesagt gilt nach Definition der Exponentialreihe und dem Cauchy-Produkt von Reihen, Korollar 4.5, für jedes $z, w \in \mathbb{C}$

$$\exp(z)\exp(w) = \left(\sum_{j=0}^{\infty} \frac{z^j}{j!}\right)\left(\sum_{j=0}^{\infty} \frac{w^j}{j!}\right) = \sum_{n=0}^{\infty} \sum_{j=0}^{n} \frac{z^j}{j!} \frac{w^{n-j}}{(n-j)!}$$

$$= \sum_{n=0}^{\infty} \frac{1}{n!} \sum_{j=0}^{n} \frac{n!}{j!(n-j)!} z^j w^{n-j} = \sum_{n=0}^{\infty} \frac{1}{n!}(z + w)^n$$

$$= \exp(z + w),$$

wobei wir im vorletzten Gleichheitszeichen den binomischen Lehrsatz, Satz I.5.3, verwendet haben.   □

Die Funktionalgleichung der Exponentialreihe impliziert unmittelbar weitere Eigenschaften der Exponentialreihe.

4.7 Korollar. *Für alle $z \in \mathbb{C}$ gilt $\exp(-z) = \frac{1}{\exp(z)}$, und insbesondere ist*

$$\exp(z) \neq 0 \quad \text{für alle} \quad z \in \mathbb{C}.$$

Weiter gelten die folgenden Aussagen:

a) *Für alle $x \in \mathbb{R}$ gilt $\exp(x) > 0$.*

b) *Für alle $m \in \mathbb{Z}$ gilt $\exp(m) = e^m$.*

c) *Für alle $q \in \mathbb{Q}$ gilt $\exp(q) = e^q$.*

d) *Die Exponentialfunktion $\exp : \mathbb{R} \to (0, \infty)$, $x \mapsto \exp(x)$ ist injektiv.*

Beweis. Den Beweis der Aussagen a)–c) überlassen wir dem Leser als Übungsaufgabe. Zum Beweis der Aussage d) nehmen wir ohne Beschränkung der Allgemeinheit an, dass $x, y \in \mathbb{R}$ existieren mit $x < y$ und $\exp(x) = \exp(y)$. Die Funktionalgleichung der Exponentialfunktion impliziert dann $\exp(y)/\exp(x) = \exp(h)$ für $h = y - x$, und da

$$\exp(h) = 1 + h + \frac{h^2}{2!} + \ldots > 1$$

für jedes $h > 0$ gilt, folgt $\exp(x) < \exp(y)$. Widerspruch! $\qquad\square$

4.8 Bemerkung. Setzen wir

$$e^z := \exp(z), \quad z \in \mathbb{C},$$

so impliziert Aussage c), dass diese Definition die ursprüngliche in (I.5.1) eingeführte Definition von e^q für rationale Exponenten $q \in \mathbb{Q}$ auf beliebige Exponenten $z \in \mathbb{C}$ fortsetzt.

Aufgaben

1. (Umordnung von Reihen). Es sei $a_n = (-1)^{n+1}/n$ für $n \in \mathbb{N}$. Weiter sei $\phi : \mathbb{N} \to \mathbb{N}$ für $k \in \mathbb{N}$ definiert durch

$$\phi(3k - 2) := 4k - 3, \quad \phi(3k - 1) := 4k - 1 \quad \text{und} \quad \phi(3k) := 2k.$$

Man zeige:

a) Die Folge $(a_{\phi(k)})_{k \in \mathbb{N}}$ ist eine Umordnung der Folge $(a_n)_{n \in \mathbb{N}}$.

b) Für $k \in \mathbb{N}$ gilt

$$a_{4k-3} + a_{4k-1} + a_{2k} = \frac{1}{2}(a_{2k-1} + a_{2k}) + (a_{4k-3} + a_{4k-2} + a_{4k-1} + a_{4k}).$$

c) Die Reihe $\sum_{k=1}^{\infty} a_{\phi(k)}$ konvergiert gegen $\frac{3}{2} \sum_{n=1}^{\infty} a_n$.

2. Für eine Folge reeller Zahlen (a_n) sei (a_n^+) wie oben gegeben als

$$a_n^+ = \begin{cases} a_n, & \text{falls } a_n \geq 0, \\ 0, & \text{falls } a_n < 0. \end{cases}$$

Man zeige: Konvergiert die Reihe $\sum_{n=1}^{\infty} a_n$, so konvergiert $\sum_{n=1}^{\infty} a_n$ genau dann absolut, wenn $\sum_{n=1}^{\infty} a_n^+$ konvergiert.

3. Die Folgen (a_n), (b_n) und (c_n) seien definiert als

$$a_n := b_n := \frac{(-1)^n}{\sqrt{n+1}} \quad \text{und} \quad c_n := \sum_{k=0}^{n} a_{n-k} b_k, \quad n \in \mathbb{N}.$$

Man zeige, dass die Reihen $\sum_{n=1}^{\infty} a_n$ und $\sum_{n=1}^{\infty} b_n$ konvergieren, aber ihr Cauchy-Produkt $\sum_{n=1}^{\infty} c_n$ nicht konvergiert.

4. (Cauchy-Produkte). Man berechne jeweils das Cauchy-Produkt der Reihen $\sum_{k=0}^{\infty} a_k$ und $\sum_{k=0}^{\infty} b_k$, wobei gilt:

a) $a_k = b_k = x^k$ mit $|x| < 1$ und $k \in \mathbb{N}_0$.

b) $a_0 = -1, b_0 = 2, a_k = 1, b_k = 2^k$ für $k \in \mathbb{N}$.

c) $a_0 = b_0 = 0, a_k = b_k = \frac{(-1)^{k+1}}{\sqrt{k}}$ für $k \in \mathbb{N}$.

5. (Eigenschaften der Exponentialreihe). Man beweise die in Korollar 4.7 formulierten Eigenschaften a), b) und c) der Exponentialreihe.

5   Potenzreihen

Potenzreihen haben eine lange Tradition in der Analysis. Sind wir zum Beispiel in der Lage eine gegebene Funktion f in der Form

$$f(x) = \sum_{n=0}^{\infty} a_n (x - x_0)^n$$

darzustellen, so können wir viele wichtige Eigenschaften von f anhand dieser Darstellung ableiten. Im obigen Fall sprechen wir von der Entwicklung einer Funktion f in eine Potenzreihe um den Entwicklungspunkt x_0. Die allgemeine Theorie solcher Entwicklungen werden wir später im Rahmen der „Funktionentheorie" noch sehr viel genauer kennenlernen. Erst dort wird die volle Bedeutung der Potenzreihen als wichtiges Werkzeug der Analysis richtig zum Vorschein kommen.

Wir wollen an dieser Stelle jedoch einen kurzen Blick auf die Theorie der Potenzreihen werfen und zeigen, dass wesentliche Eigenschaften ihrer Konvergenztheorie durch den Konvergenzradius beschrieben werden können. Innerhalb dieses Konvergenzkreises konvergiert die Potenzreihe dann absolut. Der Identitätssatz impliziert dann die interessante Folgerung, dass sich Nullstellen einer durch eine nichttriviale Potenzreihe mit strikt positivem Konvergenzradius darstellbare Funktion nicht im Nullpunkt häufen können.

Wir beginnen mit der Definition einer Potenzreihe.

5.1 Definition. Sind $(a_n)_{n \in \mathbb{N}_0} \subset \mathbb{C}$ eine komplexe Folge und $z \in \mathbb{C}$, so heißt die Reihe

$$\sum_{n=0}^{\infty} a_n z^n$$

Potenzreihe.

Konvergenzradius

Wir gehen nun der Frage nach, für welche $z \in \mathbb{C}$ die obige Reihe konvergiert und führen hierzu den Begriff des *Konvergenzradius* einer Potenzreihe ein.

5.2 Definition. Für $(a_n)_{n \in \mathbb{N}_0} \subset \mathbb{C}$ heißt

$$\varrho := \frac{1}{\lim\limits_{n \to \infty} \sqrt[n]{|a_n|}}$$

der *Konvergenzradius* der Reihe $\sum_{n=0}^{\infty} a_n z^n$, wobei $\frac{1}{0} := \infty$ und $\frac{1}{\infty} := 0$ gesetzt wird.

Diese Definition des Konvergenzradius wird auch *Formel von Cauchy-Hadamard* genannt.

Wir bezeichnen im Folgenden die Menge

$$B_\varrho(0) := \{z \in \mathbb{C} : |z| < \varrho\}$$

als den *Konvergenzkreis* der Reihe $\sum_{n=0}^{\infty} a_n z^n$. Das folgende Theorem bildet eines der Hauptresultate dieses Abschnitts.

5.3 Theorem. *Für eine Potenzreihe $\sum_{n=0}^{\infty} a_n z^n$ mit Konvergenzradius ϱ gelten für jedes $z \in \mathbb{C}$ die folgenden Aussagen:*

a) *Ist $|z| < \varrho$, so ist $\sum_{n=0}^{\infty} a_n z^n$ absolut konvergent.*

b) *Ist $|z| > \varrho$, so ist $\sum_{n=0}^{\infty} a_n z^n$ divergent.*

c) *Ist $|z| = \varrho$, so ist keine Aussage zur Konvergenz möglich.*

Beweis. Der Beweis ist leicht und besteht nur aus einer Anwendung des Wurzelkriteriums. Da $\sqrt[n]{|a_n z^n|} = |z| \sqrt[n]{|a_n|}$ für jedes $n \in \mathbb{N}$ gilt, folgt

$$\overline{\lim_{n \to \infty}} \sqrt[n]{|a_n z^n|} = |z| \overline{\lim_{n \to \infty}} \sqrt[n]{|a_n|} < 1 \iff |z| < \varrho.$$

Das Wurzelkriterium, Satz 3.16, impliziert daher die Aussage des Satzes, d. h., es gilt:

a) $|z| < \varrho \implies \sum_{n=0}^{\infty} a_n z^n$ konvergiert absolut.

b) $|z| > \varrho \implies \sum_{n=0}^{\infty} a_n z^n$ divergiert.

c) $|z| = \varrho \implies$ keine Aussage ist möglich.

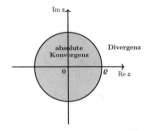

$\square$

Neben dem Wurzelkriterium können wir auch das Quotientenkriterium zur Bestimmung des Konvergenzradius verwenden. Genauer gesagt gilt Korollar 5.4.

5.4 Korollar. *Ist $\sum_{n=0}^{\infty} a_n z^n$ eine Potenzreihe, für welche*

$$\lim_{n \to \infty} \left| \frac{a_{n+1}}{a_n} \right| =: q$$

gilt, so besitzt diese den Konvergenzradius $\varrho = \frac{1}{q}$.

Beweis. Die Voraussetzung impliziert, dass

$$\lim_{n \to \infty} \left| \frac{a_{n+1} z^{n+1}}{a_n z^n} \right| = q|z|$$

gilt. Ist $0 < q < \infty$, so wählen wir $z_1, z_2 \in \mathbb{C}$ mit $|z_1| < 1/q$ und $|z_2| > 1/q$, und das Quotientenkriterium impliziert, dass die Reihe $\sum_{n=0}^{\infty} a_n z_1^n$ absolut konvergiert, die Reihe $\sum_{n=0}^{\infty} a_n z_2^n$ hingegen divergiert. Nach Theorem 5.3 gilt somit $\varrho = 1/q$. Die verbleibenden Fälle $q = 0$ und $q = \infty$ werden ähnlich bewiesen. $\square$

5.5 Beispiele. a) Die Exponentialreihe $\sum_{n=0}^{\infty} \frac{z^n}{n!}$ hat den Konvergenzradius $\varrho = \infty$, denn es gilt

$$\left| \frac{a_{n+1}}{a_n} \right| = \left| \frac{n!}{(n+1)!} \right| = \frac{1}{n+1} \to 0,$$

und nach Bemerkung 5.4 gilt $\varrho = \infty$.

b) Die Reihe $\sum_{n=0}^{\infty} n^n z^n$ hat den Konvergenzradius $\varrho = 0$, denn es ist

$$\overline{\lim_{n \to \infty}} \sqrt[n]{|a_n|} = \overline{\lim_{n \to \infty}} \sqrt[n]{n^n} = \overline{\lim_{n \to \infty}} n = \infty,$$

und daher gilt $\varrho = 0$.

c) Die Reihe $\sum_{n=0}^{\infty} \frac{n!}{n^n} z^n$ hat den Konvergenzradius $\varrho = e$. Den Beweis überlassen wir dem Leser als Übungsaufgabe.

Rechenregeln

Theorem 5.3 über die Konvergenz von Potenzreihen impliziert, in Verbindung mit den in Bemerkung 3.3 bzw. in Korollar 4.5 untersuchten Regeln für die Konvergenz von Summen bzw. Produkten von konvergenten Reihen, die im folgenden Satz aufgestellten Rechenregeln für konvergente Potenzreihen.

5.6 Satz. *Es seien $\sum_{k=0}^{\infty} a_k z^k$ sowie $\sum_{k=0}^{\infty} b_k z^k$ Potenzreihen mit Konvergenzradien ϱ_a und ϱ_b. Für $z \in \mathbb{C}$ mit $|z| < \varrho := \min(\varrho_a, \varrho_b)$ gilt dann*

$$\sum_{k=0}^{\infty} a_k z^k + \sum_{k=0}^{\infty} b_k z^k = \sum_{k=0}^{\infty} (a_k + b_k) z^k,$$

$$\left[\sum_{k=0}^{\infty} a_k z^k\right] \cdot \left[\sum_{k=0}^{\infty} b_k z^k\right] = \sum_{k=0}^{\infty} \left(\sum_{j=1}^{k} a_j b_{k-j}\right) z^k.$$

Weiter gilt für den Konvergenzradius ϱ_{a+b} bzw. $\varrho_{a \cdot b}$ der Summe bzw. des Produkts

$$\varrho_{a+b} \geq \varrho \quad bzw. \quad \varrho_{a \cdot b} \geq \varrho.$$

Identitätssatz für Potenzreihen

Nichttriviale Potenzreihen mit strikt positiven Konvergenzradien haben wichtige Eigenschaften: Ihre Nullstellen können sich nicht im Nullpunkt häufen, und es gilt der sogenannte *Identitätssatz*, welcher besagt, dass zwei solche Potenzreihen f und g bereits übereinstimmen, wenn nur $f(z_n) = g(z_n)$ für eine Nullfolge $(z_n)_{n \in \mathbb{N}}$ mit von null verschiedenen Gliedern gilt.

5.7 Satz. *Es sei $f(z) = \sum_{n=0}^{\infty} a_n z^n$ eine Potenzreihe mit Konvergenzradius $\varrho > 0$, und es existiere eine Nullfolge $(z_j)_{j \in \mathbb{N}}$ mit $0 < |z_j| < \varrho$ für jedes $j \in \mathbb{N}_0$ und*

$$f(z_j) = \sum_{n=0}^{\infty} a_n z_j^n = 0 \quad für alle \quad j \in \mathbb{N}_0.$$

Dann gilt $a_n = 0$ für alle $n \in \mathbb{N}_0$, d. h., es ist $f \equiv 0$.

Beweis. Wir beweisen zunächst eine Abschätzung für den Reihenrest $R_k(z) := \sum_{n=k}^{\infty} a_n z^n$. Wählen wir $r \in (0, \varrho)$, so existiert aufgrund der absoluten Konvergenz von $\sum_{n=0}^{\infty} a_n z^n$ für $z \in \mathbb{C}$ mit $|z| \leq r$ eine Konstante $C := \sum_{j=0}^{\infty} |a_{j+k}| r^j \in [0, \infty)$ mit

$$|R_k(z)| \leq C |z|^k, \quad |z| \leq r.$$

Nehmen wir an, es gibt ein $k \in \mathbb{N}$ mit $a_k \neq 0$, so existiert ein kleinstes $N_0 \in \mathbb{N}$ mit $a_{N_0} \neq 0$, und somit gilt

$$|f(z) - a_{N_0} z^{N_0}| = |R_{N_0+1}(z)| \leq C |z|^{N_0+1}, \quad |z| \leq r.$$

Diese Ungleichung impliziert mit der Voraussetzung $f(z_j) = 0$ für alle $j \in \mathbb{N}_0$, dass

$$|a_{N_0}| \leq C |z_j|, \quad j \in \mathbb{N}_0$$

gilt. Da $(z_j)_{j \in \mathbb{N}}$ nach Voraussetzung eine Nullfolge ist, gilt daher $a_{N_0} = 0$, und wir erhalten einen Widerspruch. $\square$

Wenden wir Satz 5.7 auf die Differenz zweier Potenzreihen an, so erhalten wir den Identitätssatz für Potenzreihen.

5.8 Korollar. (Identitätssatz für Potenzreihen). *Es seien* $f(z) = \sum_{n=0}^{\infty} a_n z^n$ *und* $g(z) = \sum_{n=0}^{\infty} b_n z^n$ *Potenzreihen mit Potenzradien* $\varrho_f > 0$ *und* $\varrho_g > 0$, *und* $(y_j)_{j \in \mathbb{N}}$ *mit* $0 < |y_j| < \min\{\varrho_f, \varrho_g\}$ *sei eine Nullfolge derart, dass* $f(y_j) = g(y_j)$ *für alle* $j \in \mathbb{N}_0$ *gilt.*
Dann gilt $f \equiv g$, *d. h.,* $a_n = b_n$ *für alle* $n \in \mathbb{N}_0$.

Eine weitere Folgerung aus Satz 5.7 ist die Aussage, dass sich die Nullstellen einer durch eine Potenzreihe darstellbaren nichttrivialen Funktion nicht im Nullpunkt häufen können.

5.9 Korollar. *Es sei* $f(z) = \sum_{n=0}^{\infty} a_n z^n$ *eine Potenzreihe mit Potenzradius* $\varrho > 0$ *derart, dass* $a_n \neq 0$ *für mindestens ein* $n \in \mathbb{N}_0$ *gilt. Dann existiert ein* $r > 0$, *so dass im Kreis* $\{z \in \mathbb{C} : |z| < r\}$ *höchstens endlich viele Nullstellen von* f *liegen.*

Aufgaben

1. Man zeige, dass die Potenzreihe, gegeben durch

$$\sum_{n=0}^{\infty} z^{n!} = z + z + z^2 + z^6 + z^{24} + \dots,$$

den Konvergenzradius $\varrho = 1$ besitzt.

2. Man bestimme die Konvergenzradien der folgenden Potenzreihen:

$$\text{a)} \ \sum_{n=1}^{\infty} \frac{n!}{n^n} z^n, \qquad \text{b)} \ \sum_{n=1}^{\infty} \frac{1}{\sqrt{n!}} z^n, \qquad \text{c)} \ \sum_{n=1}^{\infty} \frac{1}{n^n} z^n.$$

3. Man beweise mittels Bemerkung 5.4, dass die Potenzreihen

$$\text{a)} \sum_{n=1}^{\infty} z^n, \qquad \text{b)} \sum_{n=1}^{\infty} \frac{z^n}{n}, \qquad \text{c)} \sum_{n=1}^{\infty} \frac{z^n}{n^2}$$

alle den Konvergenzradius 1 besitzen. Man zeige weiter, dass für $z \in \mathbb{C}$ mit $|z| = 1$ gilt:

a) Reihe a) divergiert für solche z.

b) Reihe b) divergiert für $z = 1$, konvergiert aber für alle anderen solchen z.

c) Reihe c) konvergiert für alle solchen z.

4. Man beweise die Aussage in Beispiel 5.5c).

5. a) Man berechne die Konvergenzradien der folgenden Potenzreihen:

$$\sum_{n=0}^{\infty} 100^n \left(\prod_{k=0}^{n} (2k+1) \right)^{-1} z^n, \qquad \sum_{n=1}^{\infty} \frac{n!}{2+i^n} z^n, \qquad \sum_{n=1}^{\infty} \frac{n^n}{n!} z^n, \qquad \sum_{n=0}^{\infty} \frac{2^n}{2^n+1} z^{n^2}.$$

b) Es sei $(a_n)_n \subset \mathbb{C}$ mit $0 < \alpha \leq |a_n| \leq \beta < \infty$ für alle $n \in \mathbb{N}_0$ und $\alpha, \beta \in \mathbb{R}$. Man bestimme den Konvergenzradius von $\sum_{n=0}^{\infty} a_n z^n$.

c) Warum ist der Konvergenzradius von $\sum_{n=0}^{\infty} (-x^2)^n$ gleich 1, wo doch bekanntermaßen die Identität $\sum_{n=0}^{\infty} (-x^2)^n = \frac{1}{1+x^2}$ gilt und $\frac{1}{1+x^2}$ für alle $x \in \mathbb{R}$ erklärt ist?

6. Man beweise: Eine Potenzreihe $\sum_{n=0}^{\infty} a_n z^n$ hat genau dann einen Konvergenzradius $\varrho > 0$, wenn eine Konstante $C > 0$ existiert mit $|a_n| \leq C^n$ für alle $n \in \mathbb{N}$.

7. Es sei $f(z) = \sum_{n=0}^{\infty} a_n z^n$ eine Potenzreihe mit $a_0 = 1$ und Konvergenzradius $\varrho_f > 0$. Man zeige:

a) Es existiert eine Potenzreihe $g(z) = \sum_{n=0}^{\infty} b_n z^n$ mit Konvergenzradius $\varrho_g > 0$ derart, dass $f(z)g(z) = 1$ für alle $z \in \mathbb{C}$ mit $|z| < \min(\varrho_f, \varrho_g)$ gilt.

b) Wählt man $r > 0$ so, dass $\sum_{n=1}^{\infty} |a_n| r^n < 1$ gilt, so besitzt die Funktion $\frac{1}{f}$ eine Potenzreihendarstellung der Form

$$\sum_{n=0}^{\infty} b_n z^n \quad \text{für alle } z \in \mathbb{C} \text{ mit } |z| < r.$$

6 Anmerkungen und Ergänzungen

1 Historisches

Die Theorie der unendlicher Reihen in der Mathematik begann mit der Aufstellung der Logarithmusreihe durch Nicolaus Mercator (1620–1687) und der Binomial- und Exponentialreihe durch Isaac Newton (1642–1727).

Viele der grundlegenden Sätze über Folgen und unendlichen Reihen gehen auf Augustin-Louis Cauchy (1789–1857), einen der bedeutendsten französischen Mathematiker seiner Zeit, zurück. Joseph-Louis Lagrange sagte über den zwölfjährigen Cauchy, der schon als Schüler ob seiner außergewöhnlichen mathematischen Begabung auffiel: „Vous voyez ce petit jeune homme, eh bien! Il nous remplacera tous tant que nous sommes de géometres", und empfahl seinem Vater: „Lassen

Sie dieses Kind vor dem siebzehnten Lebensjahr kein mathematisches Buch anrühren. Wenn Sie sich nicht beeilen, ihm eine gründliche literarische Ausbildung zu geben, so wird seine Neigung ihn fortreißen."

Cauchy wurde 1816 als Professor an die École Polytechnique in Paris berufen und seine drei großen Lehrbücher *Cours d'Analyse, Résumé des leçons sur le calcul infinitésimal* und *Leçons sur le calcul différentiel* waren zentrale Wegbereiter zur modernen Strenge der Analysis. Im *Cours d'Analyse* wird die Theorie der unendlichen Reihen in einer Systematik entwickelt, die heute noch als vorbildlich gelten kann. Nach der Julirevolution musste er im Jahre 1830 ins Exil, da er den Treueeid auf die neue Regierung verweigerte. Nach dessen Abschaffung kehrte er im Jahre 1848 als Professor zurück an die Sorbonne in Paris. Cauchy war tief religiös und besaß eine dogmatische Persönlichkeit.

Die von Cauchy benutzten unendlich kleinen Größen wurden von Karl Weierstraß (1815–1897) durch eindeutige und klare, in Ungleichungen ausgedrückte Formulierungen ersetzt. Sehr hilfreich war auch eine standardisierte Buchstabenwahl: ε als beliebig kleine positive Zahl (wahrscheinlich abgeleitet von *erreur*) und δ als die zu ε gehörende Zahl. Nach mehreren Jahren als Lehrer verlieh ihm im Jahre 1854 die Universität in Königsberg den Titel eines Ehrendoktors. Ab 1864 lehrte er als Professor an der Berliner Universität. In seinen Vorlesungszyklen behandelt er die Konvergenz von Folgen und Reihen und allgemeiner die Infinitesimalrechnung in „Weierstraßscher Strenge" und wurde so zum Vater der „Epsilontik", welche heute in allen Vorlesungen über Analysis Standard ist. Aufgrund gesundheitlicher Probleme hielt er seine Vorlesungen oft sitzend, während ein Assistent den Tafelaufschrieb übernahm.

Bernhard Bolzano (1781–1848) war ein katholischer Priester, Philosoph und Mathematiker und wurde in Prag geboren. Er promovierte 1804; zwei Tage nach seiner Promotion wurde er zum Priester geweiht und war anschließend Professor für Religionsphilosophie. Schon im Jahre 1817 bewies er eine Version des heutigen Satzes von Bolzano-Weierstraß.

Bernhard Riemann (1826–1866), Professor in Göttingen, hat in seiner Habilitationsschrift im Jahre 1854 den heute nach ihm benannten Riemannschen Umordnungssatz bewiesen. Für weitere Informationen zu ihm und seinem Wirken verweisen wir auf Abschnitt V.6 und [Lau99].

Der Begriff des Limes superior erscheint zum ersten Mal ebenfalls bei Cauchy im *Cours d'Analyse*. Er erklärt ihn als „la plus grande des limites, ou, d'autres termes, la limite des plus grandes valeurs de l'expression dont il s'agit". Die Bezeichnung lim sup geht auf Moritz Pasch (1843–1930) zurück, und die Notation $\overline{\lim}_{n \to \infty}$ wurde von Alfred Pringsheim (1850–1941) vorgeschlagen.

2 Cesàro-Mittel

Die Methode der Summierbarkeit von Folgen im Sinne von Cesàro und Abel hat viele Anwendungen, z. B. bei Fourier-Reihen wie beschrieben in Kapitel X.

a) Für eine Folge $(a_k)_{k \in \mathbb{N}}$ komplexer Zahlen betrachten wir die n-te Partialsumme $s_n = \sum_{k=1}^{n} a_k$ und definieren den Mittelwert der ersten N Partialsummen durch

$$\sigma_N := \frac{s_1 + s_2 + \ldots + s_N}{N}.$$

Dann heißt σ_N das N-te *Cesàro-Mittel* der Folge (a_k) oder die N-te *Cesàro-Summe* der Reihe $\sum_{k=1}^{\infty} a_k$. Konvergiert σ_N für $N \to \infty$ gegen σ, so heißt die Reihe $\sum_{n=1}^{\infty} a_n$ *Cesàro-summierbar* gegen σ. Es gilt dann der folgende Satz.

Satz. *Ist $(a_n) \subset \mathbb{C}$ eine Folge und konvergiert $\sum_{n=1}^{\infty} a_n$ gegen $s \in \mathbb{C}$, so ist $\sum_{n=1}^{\infty} a_n$ Cesàro-summierbar gegen s.*

b) Eine weitere Summationsmethode wurde von Niels Henrik Abel eingeführt, und wir sagen, dass die Reihe $\sum_{n=1}^{\infty} a_n$ *Abel-summierbar* gegen s ist, wenn für jedes $r \in [0, 1)$ die Reihe

$$A(r) := \sum_{n=1}^{\infty} a_n r^n$$

konvergiert und $\lim_{r \to 1} A(r) = s$ gilt. Die Terme $A(r)$ heißen *Abel-Mittel* der obigen Reihe. Wiederum gilt: Ist $(a_n) \subset \mathbb{C}$ eine Folge und konvergiert $\sum_{n=1}^{\infty} a_n$ gegen $s \in \mathbb{C}$, so ist $\sum_{n=1}^{\infty} a_n$ Abel-summierbar gegen s. Weiter gilt

$$\sum_{n=1}^{\infty} a_n \text{ konvergiert} \Rightarrow \sum_{n=1}^{\infty} a_n \text{ ist Cesàro-summierbar} \Rightarrow \sum_{n=1}^{\infty} a_n \text{ ist Abel-summierbar,}$$

und keine der obigen Implikationen ist umkehrbar.

c) Ein Theorem von Alfred Tauber (1866–1942) besagt, dass unter gewissen Zusatzannahmen die obigen Implikationen doch umkehrbar sind. Genauer gelten die folgenden Aussagen:

Theorem. (Tauber).

a) *Ist $\sum_{n=1}^{\infty} a_n$ Cesàro-summierbar gegen s und konvergiert die Folge $(n a_n)_{n \in \mathbb{N}}$ gegen 0, so konvergiert $\sum_{n=1}^{\infty} a_n$ gegen s.*

b) *Ist $\sum_{n=1}^{\infty} a_n$ Abel-summierbar gegen s und konvergiert die Folge $(n a_n)_{n \in \mathbb{N}}$ gegen 0, so konvergiert $\sum_{n=1}^{\infty} a_n$ gegen s.*

3 Weitere Konvergenzkriterien

Versagen bei der Konvergenzuntersuchung das Wurzel- sowie das Quotientenkriterium, so können wir auf etwas schärfere Kriterien zurückgreifen, von denen wir hier zwei bereitstellen wollen.

Kummersches Kriterium: Es seien $(a_n), (b_n) \subset \mathbb{R}$ Folgen mit $a_n \neq 0$ und $b_n \geq 0$ für alle $n \in \mathbb{N}$ und

$$K_n := b_n \left| \frac{a_n}{a_{n+1}} \right| - b_{n+1}, \quad n \in \mathbb{N}.$$

a) Gilt $\liminf_{n \to \infty} K_n > 0$, so konvergiert $\sum_{n=1}^{\infty} a_n$ absolut.

b) Existiert ein $N_0 \in \mathbb{N}$ mit $K_n \leq 0$ für alle $n \geq N_0$ und divergiert $\sum_{n=1}^{\infty} (b_n)^{-1}$, so divergiert $\sum_{n=1}^{\infty} |a_n|$.

Mit Hilfe des Kummerschen Kriteriums lässt sich auch das Raabesche Kriterium beweisen.

Raabesches Kriterium: Es sei $(a_n) \subset \mathbb{R}$ eine Folge mit $a_n \neq 0$ für alle $n \in \mathbb{N}$ und

$$R_n := n \left(\left| \frac{a_n}{a_{n+1}} \right| - 1 \right), \quad n \in \mathbb{N}.$$

a) Gilt $\liminf_{n \to \infty} R_n > 1$, so konvergiert $\sum_{n=1}^{\infty} a_n$ absolut.

b) Existiert ein $N_0 \in \mathbb{N}$ mit $R_n \leq 1$ für alle $n \geq N_0$, so divergiert $\sum_{n=1}^{\infty} |a_n|$.

Das Raabesche Kriterium impliziert zum Beispiel, angewandt auf die Reihe $\sum_{n=1}^{\infty} a_n$ mit

$$a_n = \left(\frac{1 \cdot 3 \cdot 5 \ldots (2n - 1)}{2 \cdot 4 \cdot 6 \ldots (2n)} \right)^{\alpha}, \quad \alpha \in \mathbb{Q},$$

die absolute Konvergenz dieser Reihe für $\alpha > 2$ und ihre Divergenz für $\alpha \leq 2$. Da $\lim_{n \to \infty} \frac{a_{n+1}}{a_n} = 1$, liefert das Quotientenkriterium keine Information über das Konvergenzverhalten obiger Reihe.

4 Abelsches Konvergenzkriterium

Ein mit dem in Satz 3.9 beschriebenen Dirichletschen Konvergenzkriterium für Reihen verwandtes Kriterium ist das Abelsche Konvergenzkriterium. Es lautet wie folgt:

Satz. (Abelsches Konvergenzkriterium). *Ist $(a_n)_{n \in \mathbb{N}}$ eine monotone und beschränkte Folge reeller Zahlen und konvergiert die Reihe $\sum_{n=1}^{\infty} b_n$, so konvergiert auch $\sum_{n=1}^{\infty} a_n b_n$.*

Zum Beweis sei $(a_n)_{n \in \mathbb{N}}$ eine monoton fallende Folge und $a := \inf\{a_n : n \in \mathbb{N}\}$. Dann gilt $\lim_{n \to \infty} a_n = a$. Setzen wir $c_n := a_n - a$, so ist $(c_n)_{n \in \mathbb{N}}$ monoton, nichtnegativ, und es gilt $\lim_{n \to \infty} c_n = 0$. Da die konvergente Reihe $\sum_{n=1}^{\infty} b_n$ beschränkte Partialsummen besitzt, folgt die Behauptung aus dem Dirichletschen Konvergenzkriterium, Satz 3.9. Der Beweis für monoton wachsende Folgen verläuft analog.

Ein alternativer Beweis dieses Kriteriums beruht auf der Methode der *Abelschen partiellen Summation*: Sind $(a_k)_{k \in \mathbb{N}}$ und $(b_k)_{k \in \mathbb{N}}$ komplexe Folgen und setzen wir $A_n := \sum_{k=1}^{n} a_k$ für $n \in \mathbb{N}$, so gilt für alle $N \in \mathbb{N}$

$$\sum_{k=1}^{N} a_k b_k = A_1(b_1 - b_2) + \ldots + A_{N-1}(b_{N-1} - b_N) + A_N b_N.$$

Niels Henrik Abel (1802–1829) war neben Cauchy einer der Begründer der rigorosen Theorie der Reihen. Wir werden in Abschnitt IV.4 im Rahmen des Abelschen Grenzwertsatzes noch einmal auf die obige Summationsformel zurückkommen.

5 Abelpreis

Der *Abelpreis*, benannt nach Niels Henrik Abel, wird seit dem Jahre 2003 jährlich durch die Norwegische Akademie der Wissenschaften als Auszeichnung für außergewöhnliche Leistungen in der Mathematik vergeben.

6 g-adische Entwicklungen

Wir führen zunächst den Begriff der *Gauß-Klammer* ein. Für $a \in \mathbb{R}$ ist diese definiert als

$$[a] := \max\{k \in \mathbb{Z} : k \leq a\}.$$

Weiter sei $g \in \mathbb{N}$ mit $g \geq 2$. Für $a \in \mathbb{R}$ mit $a > 0$ definieren wir die Folge $(x_n)_{n \in \mathbb{N}_0}$ wie folgt: Es sei $x_0 := [a]$ und

$$x_1 := [(a - x_0)g].$$

Dann ist $x_1 \leq (a - x_0)g \leq x_1 + 1$ und $x_1 \in \{0, 1, \ldots, g - 1\}$. Weiter sei

$$x_2 := \left[\left(a - x_0 - \frac{x_1}{g}\right)g^2\right]$$

und allgemeiner

$$x_{n+1} := \left[\left(a - \sum_{j=0}^{n} \frac{x_j}{g^j}\right)g^{n+1}\right], \quad n \in \mathbb{N}.$$

Die Folge $(x_n)_{n \in \mathbb{N}}$ besitzt dann die folgenden Eigenschaften:

a) $x_n \in \mathbb{N}_0$ für alle $n \in \mathbb{N}_0$.

b) $x_n \leq g - 1$ für alle $n \in \mathbb{N}$.

c) $\sum_{j=0}^{n} \frac{x_j}{g^j} \leq a \leq \sum_{j=1}^{n} \frac{x_j}{g^j} + \frac{1}{g^n}$, $\quad n \in \mathbb{N}_0$.

d) Ist $(y_n)_{n \in \mathbb{N}}$ eine weitere Folge, welche die Eigenschaften a), b) und c) erfüllt, so gilt $x_n = y_n$ für alle $n \in \mathbb{N}_0$.

Da $0 \leq \frac{x_n}{g^n} \leq \frac{g-1}{g^n}$ für alle $n \in \mathbb{N}$, ist $(g - 1) \sum_{n=0}^{\infty} \frac{1}{g^n}$ eine konvergente Majorante von $\sum_{n=0}^{\infty} \frac{x_n}{g^n}$. Diese Reihe konvergiert daher nach dem Majorantenkriterium absolut, und Eigenschaft c), kombiniert mit dem Sandwichsatz, impliziert weiter

$$\sum_{n=0}^{\infty} \frac{x_n}{g^n} = a. \tag{6.1}$$

Dies motiviert die folgende Definition.

Definition. Sind $a \in (0, \infty)$ und $g \in \mathbb{N}$ mit $g \geq 2$, so heißt die Darstellung (6.1) die *g-adische Entwicklung von a*, und man schreibt

$$a = x_0, x_1 x_2 \ldots$$

Wählen wir zum Beispiel $g = 10$ und $a = 1$, so ist $x_0 = 1$ und $x_n = 0$ für alle $n \in \mathbb{N}$. Also ist

$$1 = 1,0000\ldots$$

Es gilt dann das folgende Resultat.

Lemma. *Ist $a \geq 0$ und $x_0, x_1 x_2 \ldots$ die g-adische Entwicklung von a, so gilt $x_n \neq g - 1$ für unendlich viele $n \in \mathbb{N}$.*

Nehmen wir an, es gilt $x_n = g - 1$ für fast alle $n \in \mathbb{N}$. Dann existiert $N \in \mathbb{N}$ mit $x_n = g - 1$ für alle $n \geq N$ und

$$a = \sum_{n=0}^{N-1} \frac{x_n}{g^n} + \frac{1}{g^{N-1}},$$

im Widerspruch zu Eigenschaft c).

7 Überabzählbarkeit von $\mathbb{R}$ mittels des Cantorschen Diagonalverfahrens

Die g-adische Entwicklung einer positiven reellen Zahl erlaubt uns, mittels des *Cantorschen Diagonalverfahrens* die Überabzählbarkeit von $\mathbb{R}$ auf elegante Art alternativ zu beweisen (vgl. hierzu auch unseren auf dem Vollständigkeitsaxiom basierenden Beweis von Satz I.6.6).

Satz. *Das Intervall $[0, 1)$ ist überabzählbar.*

Nehmen wir an, dass $[0, 1)$ höchstens abzählbar ist, so gilt $[0, 1) = \{a_n : n \in \mathbb{N}\}$ für eine Folge (a_n). Wir können also jedes a_n durch seine 3-adische Entwicklung als

$$a_n = 0, x_1^{(n)}, x_2^{(n)} x_3^{(n)} \ldots \quad \text{mit} \quad x_k^{(n)} \in \{0, 1, 2\} \text{ für alle } k \in \mathbb{N}$$

darstellen. Wir definieren nun eine Folge $(x_k)_{k \in \mathbb{N}}$ als

$$x_k := \begin{cases} 1, & \text{falls } x_k^{(k)} \in \{0, 2\}, \\ 0, & \text{falls } x_k^{(k)} = 1, \end{cases}$$

und setzen $a := \sum_{k=0}^{\infty} \frac{x_k}{3^k}$. Dann ist $a \in [0, 1)$, und da $(x_k)_{k \in \mathbb{N}}$ die obigen Bedingungen a), b) und c) erfüllt, ist $(x_k)_{k \in \mathbb{N}}$ die 3-adische Entwicklung von a. Nach Annahme muss also ein $k \in \mathbb{N}$ existieren mit $a = a_k$ und $x_j^{(k)} = x_j$ für alle $j \in \mathbb{N}$. Dann gilt aber $x_k^{(k)} = x_k$, im Widerspruch zur Definition von x_k.

8 Logistische Gleichung

In der Theorie der *dynamischen Systeme* ist das Verhalten von rekursiv definierten Folgen $(a_n)_{n \in \mathbb{N}}$ für große n von Interesse. Ein Beispiel hierfür ist die *logistische Gleichung*, definiert durch

$$a_{n+1} = r a_n (1 - a_n), \quad n \in \mathbb{N}_0,$$

wobei $r > 0$ und $a_0 \in (0, 1)$ gilt. Für $r \in (0, 3]$ ist das Konvergenzverhalten von $(a_n)_{n \in \mathbb{N}}$ gut zu beschreiben. Ist $r \in [0, 1]$, so sind für große n die Werte von a_n nahe bei der Null, für $r \in [1, 3]$ sind sie nahe bei $(r-1)/r$. Für $r \in (3, 57, 4)$ ist das Verhalten der Werte von a_n hingegen *chaotisch*. Wir wollen hier nicht auf eine Definition dieses Begriffs eingehen.

9 Lindelöfsche Vermutung

Es gibt berühmte und bis heute ungelöste Probleme der Mathematik, welche sich mit der Konvergenz von Reihen beschäftigen. So besagt die *Lindelöfsche Vermutung* Folgendes: Für jedes $\varepsilon > 0$ existiert eine Konstante $C > 0$ derart, dass

$$\left| \sum_{n=1}^{\infty} \frac{1}{\sqrt{n}} \sin(s \log n) \right| < C s^{\varepsilon}$$

für alle $s \geq 1$ gilt, d.h., der obige Reihenwert wächst langsamer als jede positive Potenz von s, wenn s groß wird. Die Funktionen sin und log haben wir bisher nicht definiert und verweisen hierzu auf Kapitel III, wo wir auch die allgemeine Potenz s^{ε} definieren.

Stetige Funktionen und topologische Grundlagen

Im Zentrum dieses Kapitels stehen stetige Funktionen und ihre Eigenschaften. Ausgehend von unseren Überlegungen über die Konvergenz von Folgen in Kapitel I, definieren wir die Stetigkeit einer Funktion zunächst über die Folgenstetigkeit und zeigen dann anschließend, dass diese äquivalent ist zur sogenannten (ε-δ)-Formulierung der Stetigkeit. Erste Resultate über die Stetigkeit von Summen, Produkten und Kompositionen stetiger Funktionen schließen sich an.

Der Zwischenwertsatz, ein wichtiges Hilfsmittel für weitere Existenzaussagen, basiert auf dem Vollständigkeitsaxiom. Der Satz über die Stetigkeit der Umkehrfunktion impliziert dann wichtige Eigenschaften der Logarithmusfunktion.

In Abschnitt 2 führen wir topologische Grundbegriffe des $\mathbb{R}^n$ ein und diskutieren erste Eigenschaften offener und abgeschlossener Mengen. Diese erlauben uns, die Stetigkeit einer Funktion neu zu charakterisieren. Dies geschieht über die Eigenschaft, dass Urbilder offener Mengen wiederum offen sind. Weitere topologischer Grundbegriffe, wie Häufungspunkte, Randpunkte, Inneres und Abschluss von Teilmengen des $\mathbb{R}^n$ werden zudem eingeführt und diskutiert.

Abschnitt 3 widmet sich dem wichtigen Begriff der Kompaktheit. Wir beginnen unsere Untersuchung mit dem Begriff der Überdeckungskompaktheit und zeigen, dass für Teilmengen des $\mathbb{R}^n$ die Begriffe Folgenkompaktheit und Überdeckungskompaktheit übereinstimmen. Im wichtigen Satz von Heine-Borel charakterisieren wir kompakte Teilmengen des $\mathbb{R}^n$ als abgeschlossene und beschränkte Teilmengen des $\mathbb{R}^n$. Dass wir den Begriff der Kompaktheit gleich zu Beginn mittels Überdeckungen einführen hat seinen Grund darin, dass sich dieses Konzept später problemlos auf normierte oder metrische Räume verallgemeinern lässt. Die Heine-Borelsche Charakterisierung kompakter Mengen ist hingegen auf die endlich-dimensionale Situation beschränkt.

Wir zeigen anschließend, dass stetige Funktionen, welche auf kompakten Mengen des $\mathbb{R}^n$ definiert sind, besonders schöne und wichtige Eigenschaften besitzen. Da stetige Bilder kompakter Mengen wiederum kompakt sind, folgt insbesondere, dass solche Funktionen auf kompakten Mengen ihr Maximum bzw. Minimum annehmen.

© Springer-Verlag GmbH Deutschland, ein Teil von Springer Nature 2018
M. Hieber, *Analysis I*, https://doi.org/10.1007/978-3-662-57538-3_3

Die Beweise all dieser Eigenschaften sind auf der Definition mittels Überdeckungen bzw. auf der Folgenkompaktheit und nicht auf der Heine-Borelschen Charakterisierung kompakter Mengen aufgebaut. Dies besitzt den Vorteil, dass wir die obigen Sätze in Kapitel VI problemlos auf die Situation von stetigen Funktionen in metrischen Räumen verallgemeinern können.

Der Begriff der gleichmäßigen Stetigkeit und sein Zusammenhang mit kompakten Mengen beschließen diesen für den weiteren Aufbau der Analysis wichtigen Abschnitt.

In Abschnitt 4 untersuchen wir Grenzwerte von Funktionen und diskutieren den Zusammenhang zwischen der stetigen Fortsetzbarkeit einer gegebenen Funktion auf $\overline{\Omega}$ und ihrer gleichmäßigen Stetigkeit auf Ω, wobei $\Omega \subset \mathbb{R}^n$ eine offene und beschränkte Menge bezeichnet. Von besonderem Interesse ist der Raum $C(\overline{\Omega})$ der stetigen Funktionen auf $\overline{\Omega}$.

Die Exponentialfunktion sowie die trigonometrischen Funktionen sin und cos und deren Eigenschaften werden in Abschnitt 5 mittels Potenzreihenansatz untersucht. Insbesondere werden die Additionstheoreme und verwandte Eigenschaften für sin und cos auf die Funktionalgleichung der Exponentialfunktion zurückgeführt. Da wir schon seit Beginn im Rahmen der komplexen Zahlen arbeiten, werden die inneren Beziehungen dieser Funktionen jetzt besonders deutlich. Eine Diskussion der Logarithmusfunktion, der allgemeinen Potenz, der Zahl π, der Periodizität der Exponentialfunktion sowie der trigonometrischen und der hyperbolischen Funktionen schließt sich an.

1   Stetige Funktionen

Wir beginnen mit der Untersuchung stetiger Funktionen und ihrer Eigenschaften und erinnern zunächst noch einmal an die Definition einer Funktion und deren Graph. Sind X und Y Mengen und $f : X \to Y$ eine Funktion, d. h., eine Vorschrift, welche auf *eindeutige* Weise jedem $x \in X$ ein Element $y \in Y$ zuordnet, so heißt die Menge

$$\mathrm{Graph}\,(f) = \{(x, f(x)) : x \in X\} \subset X \times Y$$

der *Graph* von f.

Folgenstetigkeit und (ε-δ)-Charakterisierung
In diesem Kapitel sei immer $\mathbb{K} = \mathbb{R}$ oder $\mathbb{K} = \mathbb{C}$. Die folgende Definition der Stetigkeit einer Funktion basiert auf dem Konvergenzbegriff für Folgen.

1.1 Definition. (Folgenstetigkeit). Eine Funktion $f : D \subset \mathbb{K} \to \mathbb{K}$ heißt *stetig in* $x_0 \in D$, wenn für jede Folge $(x_n)_{n \in \mathbb{N}} \subset D$ mit $\lim_{n \to \infty} x_n = x_0$

$$\lim_{n \to \infty} f(x_n) = f(x_0)$$

gilt. Ist f in jedem $x_0 \in D$ stetig, so heißt f *stetig in* D.

Anders formuliert ist eine Funktion $f : D \subset \mathbb{K} \to \mathbb{K}$ in $x_0 \in D$ genau dann stetig, wenn

$$(x_n) \subset D, \ x_n \overset{n \to \infty}{\longrightarrow} x_0 \implies f(x_n) \overset{n \to \infty}{\longrightarrow} f(x_0)$$

gilt.

Der folgende Satz ist eine Umformulierung der Definition der Stetigkeit in die (ε-δ) Sprache, welche wir abgewandelt schon in der Konvergenztheorie für Folgen und Reihen kennengelernt haben.

1.2 Satz. ((ε-δ)-Charakterisierung der Stetigkeit). *Eine Funktion $f : D \subset \mathbb{K} \to \mathbb{K}$ ist im Punkt $x_0 \in D$ genau dann stetig, wenn zu jedem $\varepsilon > 0$ ein $\delta > 0$ derart existiert, dass*

$$|f(x) - f(x_0)| < \varepsilon \quad \text{für alle } x \in D \text{ mit } |x - x_0| < \delta$$

gilt. In Quantoren geschrieben bedeutet dies:

$$\underset{\varepsilon > 0}{\forall} \ \underset{\delta > 0}{\exists} \ \underset{x \in D}{\forall} \ |x - x_0| < \delta \implies |f(x) - f(x_0)| < \varepsilon.$$

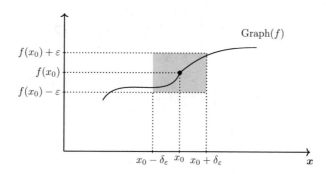

Beweis. $\Rightarrow$: Wir nehmen an, die Behauptung ist falsch. Dann existiert ein $\varepsilon_0 > 0$ mit der Eigenschaft, dass für jedes $\delta > 0$ ein $x_\delta \in D$ existiert mit

$$|x_0 - x_\delta| < \delta \quad \text{und} \quad |f(x_0) - f(x_\delta)| \geq \varepsilon_0.$$

Zu jedem $n \in \mathbb{N}$ existiert daher ein $x_n \in D$ mit $|x_n - x_0| < 1/n$ und $|f(x_n) - f(x_0)| \geq \varepsilon_0$. Damit gilt $\lim_{n \to \infty} x_n = x_0$, aber $\big(f(x_n)\big)_{n \in \mathbb{N}}$ konvergiert nicht gegen $f(x_0)$ für $n \to \infty$, im Widerspruch zur Definition der Stetigkeit von f.

$\Leftarrow$: Nach Voraussetzung existiert für jedes $\varepsilon > 0$ ein $\delta > 0$ mit der Eigenschaft, dass $|x - x_0| < \delta$ die Abschätzung $|f(x) - f(x_0)| < \varepsilon$ impliziert. Ist $(x_n)_{n \in \mathbb{N}}$ eine Folge in D, welche gegen x_0 konvergiert, so existiert ein $N_0 \in \mathbb{N}$ mit $|x_n - x_0| < \delta$ für alle $n \geq N_0$. Daher ist $|f(x_n) - f(x_0)| < \varepsilon$ für alle $n \geq N_0$, und somit gilt $\lim_{n \to \infty} f(x_n) = f(x_0)$. $\qquad \square$

1.3 Beispiele. a) Ist $f : \mathbb{R} \to \mathbb{R}$ gegeben durch $f(x) = ax + b$ mit $a, b \in \mathbb{R}$, so ist f auf $\mathbb{R}$ stetig, denn $x_n \xrightarrow{n \to \infty} x_0$ impliziert nach den Rechenregeln für konvergente Folgen die Konvergenz von $f(x_n) = ax_n + b$ für $n \to \infty$ gegen $ax + b = f(x)$.

b) Die Betragsfunktion $f : \mathbb{R} \to \mathbb{R}, x \mapsto |x|$ ist stetig.

c) Für $x \in \mathbb{R}$ bezeichne $[x] := \max\{k \in \mathbb{Z} : k \leq x\}$ die größte ganze Zahl, welche x nicht übersteigt. Dann ist die *Gauß-Klammer* $[\cdot]$, definiert als die Abbildung

$$\mathbb{R} \to \mathbb{R}, \quad x \mapsto [x],$$

für alle $x \in \mathbb{R} \setminus \mathbb{Z}$ stetig und für alle $x \in \mathbb{Z}$ unstetig.

d) Die *Heaviside-Funktion* $f : \mathbb{R} \to \mathbb{R}$, definiert durch

$$f : \mathbb{R} \to \mathbb{R}, \ f(x) := \begin{cases} 1, & x > 0, \\ 0, & x \leq 0, \end{cases}$$

ist stetig für alle $x \in \mathbb{R} \setminus \{0\}$, aber unstetig in 0.

e) Die Funktion f, gegeben durch

$$f : \mathbb{R} \to \mathbb{R}, \ f(x) := \begin{cases} 1, & x \geq 1, \\ \frac{1}{n}, & \frac{1}{n} \leq x < \frac{1}{n-1}, \ n = 2, 3, \ldots, \\ 0, & x \leq 0, \end{cases}$$

ist stetig in 0, da wir zu gegebenem $\varepsilon > 0$ ein $\delta = \varepsilon$ wählen können mit der Eigenschaft, dass $|f(x) - f(0)| = |f(x)| \leq |x| \leq \varepsilon$ ist für alle x mit $|x| \leq \delta$.

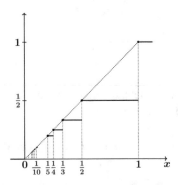

f) Die *Dirichletsche Sprungfunktion*, gegeben durch

$$f : \mathbb{R} \to \mathbb{R}, \ f(x) := \begin{cases} 1, & x \in \mathbb{Q}, \\ 0, & x \in \mathbb{R} \setminus \mathbb{Q}, \end{cases}$$

ist in allen Punkten $x \in \mathbb{R}$ unstetig. Nach den Sätzen I.4.9 und I.4.10 liegen sowohl $\mathbb{Q}$ als auch $\mathbb{R} \setminus \mathbb{Q}$ dicht in $\mathbb{R}$. Ist $x_0 \in \mathbb{R}$, so existiert daher für jedes $\delta > 0$ ein $x \in \mathbb{R}$ mit $|x - x_0| < \delta$ und $|f(x) - f(x_0)| = 1$. Also ist f in jedem $x_0 \in \mathbb{R}$ unstetig.

g) Betrachten wir eine Modifikation der Dirichletschen Sprungfunktion und definieren die *Thomaesche Funktion* f durch

$$f : \mathbb{R} \to \mathbb{R}, \ f(x) := \begin{cases} \frac{1}{q}, & x = \frac{p}{q} \in \mathbb{Q} \quad \text{mit } q \in \mathbb{N} \text{ minimal,} \\ 0, & x \in \mathbb{R} \setminus \mathbb{Q}, \end{cases}$$

so ist f in allen irrationalen Punkten $x_0 \in \mathbb{R} \setminus \mathbb{Q}$ stetig, hingegen in allen rationalen Punkten $x_0 \in \mathbb{Q}$ unstetig. Für den Beweis dieser Aussage verweisen wir auf die Übungsaufgaben.

h) Es sei $f : D \subset \mathbb{R} \to \mathbb{R}$ eine Funktion mit der Eigenschaft, dass ein $L \geq 0$ existiert mit

$$|f(x) - f(y)| \leq L|x - y|, \quad x, y \in D.$$

Dann ist f in D stetig, denn wählen wir für $\varepsilon > 0$ ein $\delta > 0$ als $\delta := \frac{\varepsilon}{L+1}$, so folgt die Behauptung aus Satz 1.2. Eine Funktion, welche der obigen Bedingung genügt, heißt *Lipschitz-stetig*, und L heißt *Lipschitz-Konstante* von f.

i) Die in Beispiel b) betrachtete Betragsfunktion $|\cdot| : \mathbb{R} \to \mathbb{R}, x \mapsto |x|$ ist sogar Lipschitz-stetig. Dies folgt unmittelbar aus der umgekehrten Dreiecksungleichung

$$\big||x| - |y|\big| \leq |x - y| \quad \text{für} \quad x, y \in \mathbb{R}.$$

j) Eine auf $D \subset \mathbb{R}$ stetige Funktion ist im Allgemeinen nicht Lipschitz-stetig. Betrachten wir zum Beispiel die Funktion $f : [0, 1] \to \mathbb{R}$, gegeben durch $f(x) = \sqrt{x}$, so ist f auf $[0, 1]$ stetig, jedoch nicht Lipschitz-stetig, (vgl. die Übungsaufgaben).

k) Die Funktionen $f_1, \ldots, f_4 : \mathbb{C} \to \mathbb{C}$, definiert durch

$$f_1(z) = |z|, \quad f_2(z) = \bar{z}, \quad f_3(z) = \operatorname{Re} z, \quad f_4(z) = \operatorname{Im} z,$$

sind Lipschitz-stetig mit Lipschitz-Konstante 1, also insbesondere stetig.

Die folgende elementare Eigenschaft stetiger Funktionen ist oft von großem Nutzen.

1.4 Lemma. *Ist $f : D \to \mathbb{C}$ eine in $x_0 \in D$ stetige Funktion, so existiert ein $\delta > 0$ derart, dass $|f(x)| \geq \frac{1}{2}|f(x_0)|$ für alle $x \in D$ mit $|x - x_0| < \delta$ gilt.*

Beweis. Gilt $|f(x_0)| = 0$, so ist die Behauptung offensichtlich. Ist $f(x_0) \neq 0$, so existiert wegen der Stetigkeit von f in x_0 zu $\varepsilon := \frac{1}{2}|f(x_0)| > 0$ ein $\delta > 0$ mit $|f(x) - f(x_0)| < \varepsilon$ für alle $x \in D$ mit $|x - x_0| < \delta$. Da $|f(x)| \geq |f(x_0)| - |f(x_0) - f(x)|$, folgt die Behauptung. $\qquad\square$

Die obige Definition der Stetigkeit einer Funktion mittels Folgen erlaubt es, unsere Kenntnisse über konvergente Folgen auf einfache Weise auf stetige Funktionen zu übertragen. Genauer gesagt definieren wir zunächst die Summe, das Produkt und den Quotienten zweier Funktionen. Hierzu seien $f, g : D \subset \mathbb{K} \to \mathbb{K}$ zwei Funktionen und $\alpha, \beta \in \mathbb{K}$. Setzen wir

$$\alpha f + \beta g : D \to \mathbb{K}, \quad (\alpha f + \beta g)(x) := \alpha f(x) + \beta g(x),$$

$$f \cdot g : D \to \mathbb{K}, \quad (f \cdot g)(x) := f(x) \cdot g(x),$$

$$\frac{f}{g} : \{x \in D : g(x) \neq 0\} \to \mathbb{K}, \quad \Big(\frac{f}{g}\Big)(x) := \frac{f(x)}{g(x)},$$

so gilt der folgende Satz.

1.5 Satz. *Sind $f, g : D \subset \mathbb{K} \to \mathbb{K}$ in $x_0 \in D$ stetige Funktionen und $\alpha, \beta \in \mathbb{K}$, so gelten die folgenden Aussagen:*

a) *Die Summe $\alpha f + \beta g : D \to \mathbb{K}$ ist in x_0 stetig.*

b) *Das Produkt $f \cdot g : D \to \mathbb{K}$ ist in x_0 stetig.*

c) *Ist $g(x_0) \neq 0$, so ist die Funktion $\frac{f}{g} : \{x \in D : g(x) \neq 0\} \to \mathbb{K}$ in x_0 stetig.*

Beweis. Diese Aussagen folgen direkt aus Definition 1.1 und den Rechenregeln für konvergente Folgen. $\qquad\qquad\qquad\qquad\qquad\qquad\qquad\qquad\qquad\qquad\qquad\qquad\qquad$ $\square$

1.6 Beispiele. a) Alle Polynome, also alle Funktionen der Art

$$x \mapsto a_n x^n + a_{n-1} x^{n-1} + \ldots + a_0 \quad \text{mit } a_j \in \mathbb{K} \text{ für alle } j = 0, 1, 2, \ldots, n,$$

und $n \in \mathbb{N}$ sind stetig.

b) Sind p und q Polynome, so ist die Funktion f, gegeben durch

$$f(z) := \frac{p(z)}{q(z)} \quad \text{mit } D_f = \{z \in \mathbb{K} : q(z) \neq 0\},$$

stetig. Solche Funktionen heißen *rationale Funktionen*.

c) Die *Signumfunktion* sign : $\mathbb{C} \setminus \{0\} \to \mathbb{C}$, $\text{sign}(z) := \frac{z}{|z|}$ ist stetig.

Als Nächstes betrachten wir die Komposition zweier Funktionen $f : D_f \subset \mathbb{K} \to \mathbb{K}$ und $g : D_g \subset \mathbb{K} \to \mathbb{K}$ mit $g(D_g) \subset D_f$. Wir erinnern zunächst nocheinmal an die Komposition zweier Funktionen $f \circ g : D_g \to \mathbb{K}$, welche definiert war als

$$(f \circ g)(x) := f\big(g(x)\big), \quad x \in D_g.$$

Der folgende Satz besagt, dass die Komposition zweier stetiger Funktionen wiederum stetig ist.

1.7 Satz. (Stetigkeit der Komposition). *Es seien* $f : D_f \subset \mathbb{K} \to \mathbb{K}$ *und* $g : D_g \subset \mathbb{K} \to \mathbb{K}$ *zwei Funktionen mit* $g(D_g) \subset D_f$. *Ist* g *in* $x_0 \in D_g$ *und* f *in* $g(x_0) \in D_f$ *stetig, so ist* $f \circ g$ *in* x_0 *stetig.*

Beweis. Es sei $(x_n)_{n \in \mathbb{N}} \subset D_g$ eine Folge in D_g mit $\lim_{n \to \infty} x_n = x_0$. Da g nach Voraussetzung in x_0 stetig ist, folgt $g(x_n) \overset{n \to \infty}{\longrightarrow} g(x_0)$. Wiederum, da f in $g(x_0)$ stetig ist, folgt $(f \circ g)(x_n) = f\big(g(x_n)\big) \overset{n \to \infty}{\longrightarrow} f\big(g(x_0)\big) = (f \circ g)(x_0)$. Also ist $f \circ g$ nach Definition in x_0 stetig. $\square$

1.8 Beispiele. a) Kombinieren wir Satz 1.7 mit Beispiel 1.3b), so sehen wir, dass, wenn $f : \mathbb{R} \to \mathbb{R}$ stetig ist, so auch die Abbildungen

$$|f| : \mathbb{R} \to \mathbb{R}, \quad x \mapsto |f(x)| \quad \text{sowie} \quad g : \mathbb{R} \to \mathbb{R}, \quad x \mapsto f(|x|)$$

stetig sind.

b) Satz 1.7 sowie Beispiele 1.3j) und 1.6a) implizieren, dass die Funktion $x \mapsto \sqrt{1 + x^4}$ für jedes $x \in \mathbb{R}$ stetig ist.

Potenzreihen sind die natürlichen Verallgemeinerungen der Polynome. Wir zeigen nun, dass Potenzreihen im Inneren ihres Konvergenzkreises stetige Funktionen sind. Setzen wir erneut $B_\varrho(0) := \{z \in \mathbb{C} : |z| < \varrho\}$ für $\varrho > 0$, so gilt der folgende Satz.

1.9 Satz. *Ist* $\sum_{n=0}^{\infty} a_n z^n$ *eine Potenzreihe mit Konvergenzradius* $\varrho > 0$, *so ist die Funktion* f, *definiert durch* $f : B_\varrho(0) \to \mathbb{C}, z \mapsto \sum_{n=0}^{\infty} a_n z^n$, *stetig auf* $B_\varrho(0)$.

Beweis. Es seien $z_0 \in B_\varrho(0)$, $\varepsilon > 0$, und $r > 0$ sei so gewählt, dass $|z_0| < r < \varrho$ gilt. Nach Theorem II.5.3 ist die Reihe $\sum_{n=0}^{\infty} |a_n| r^n$ absolut konvergent, d. h., zu jedem $\varepsilon > 0$ existiert ein $N_0 \in \mathbb{N}$ mit

$$\sum_{n=N_0+1}^{\infty} |a_n| \, r^n < \frac{\varepsilon}{4}.$$

Für $z \in \mathbb{C}$ mit $|z| \leq r$ gilt dann

$$|f(z) - f(z_0)| \leq \left| \sum_{n=0}^{N_0} a_n z^n - \sum_{n=0}^{N_0} a_n z_0^n \right| + \sum_{n=N_0+1}^{\infty} |a_n| \, |z|^n + \sum_{n=N_0+1}^{\infty} |a_n| \, |z_0|^n$$

$$\leq |p(z) - p(z_0)| + 2 \underbrace{\sum_{n=N_0+1}^{\infty} |a_n| \, r^n}_{< 2 \cdot \frac{\varepsilon}{4}},$$

wobei wir $p(w) = \sum_{n=0}^{N_0} a_n w^n$ für $w \in \mathbb{C}$ gesetzt haben. Da Polynome nach Beispiel 1.6a) stetig sind, existiert ein $\delta \in \big(0, r - |z_0|\big)$ mit $|p(z) - p(z_0)| < \frac{\varepsilon}{2}$, falls $|z - z_0| < \delta$

gilt. Also gilt $|f(z) - f(z_0)| < \varepsilon$, wenn $|z - z_0| < \delta$, und f ist somit nach der (ε-δ)-Charakterisierung der Stetigkeit in Satz 1.2 stetig. $\square$

Wenden wir den obigen Satz auf die Exponentialreihe an, so folgt, dass die Exponential-funktion für alle $z \in \mathbb{C}$ stetig ist.

1.10 Korollar. (Stetigkeit der Exponentialfunktion). *Die Exponentialfunktion* exp : $\mathbb{C} \to \mathbb{C}, z \mapsto e^z$ *ist stetig.*

Nach Beispiel II.5.5a) besitzt die Exponentialreihe $\sum_{n=0}^{\infty} \frac{z^n}{n!}$ den Konvergenzradius $\varrho = \infty$. Die Behauptung folgt daher aus Satz 1.9.

Zwischenwertsatz

Viele Existenzaussagen in der Analysis beruhen auf dem sogenannten *Zwischenwertsatz*. Die Notwendigkeit eines Beweises der Aussage dieses auf den ersten Blick scheinbar offensichtlichen Satzes geht auf Bernhard Bolzano zurück. Aus heutiger Sicht handelt es sich bei dem folgenden Satz um eine Variante des Vollständigkeitsaxioms. Wir setzen wiederum $[a, b] := \{x \in \mathbb{R} : a \leq x \leq b\}$ für $a, b \in \mathbb{R}$ mit $a < b$.

1.11 Theorem. (Zwischenwertsatz). *Es seien $a, b \in \mathbb{R}$ mit $a < b$ und $f : [a, b] \to \mathbb{R}$ eine stetige Funktion mit $f(a) < 0$ und $f(b) > 0$. Dann existiert ein $x_0 \in [a, b]$ mit $f(x_0) = 0$.*

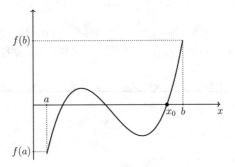

Theorem 1.11 ist anschaulich klar, doch Vorsicht ist geboten! Betrachten wir $D := \{x \in \mathbb{Q} : 1 \leq x \leq 2\}$ und $f : D \to \mathbb{R}$, gegeben durch $x \mapsto x^2 - 2$, so ist $f(1) = -1 < 0$ und $f(2) = 2 > 0$, aber es existiert *kein* $x_0 \in D$ mit $f(x_0) = 0$. Der Zwischenwertsatz spiegelt also nochmals die „Lückenfreiheit" von $\mathbb{R}$ im Unterschied zu $\mathbb{Q}$ wider.

Beweis. Wir betrachten die Menge M, definiert durch $M := \{x \in [a, b] : f(x) \leq 0\}$. Da nach Voraussetzung $f(a) < 0$ gilt, ist $a \in M$ und $M \neq \emptyset$. Ferner ist M nach oben durch

b beschränkt, und das Vollständigkeitsaxiom impliziert daher, dass $x_0 := \sup M \in [a, b]$ existiert. Wir zeigen, dass $f(x_0) = 0$ gilt.

Hierzu nehmen wir zunächst an, dass $f(x_0) < 0$ ist. Dann gilt $b - x_0 > 0$, und da f nach Voraussetzung stetig ist, existiert zu $\varepsilon := \frac{-f(x_0)}{2} > 0$ ein $\delta \in (0, b - x_0)$ mit

$$f(x) - f(x_0) < \varepsilon, \quad \text{falls} \ x \in [x_0 - \delta, x_0 + \delta] \cap [a, b].$$

Also ist $f(x) < \frac{f(x_0)}{2} < 0$ für alle $x \in [x_0 - \delta, x_0 + \delta] \cap [a, b]$, und es gilt

$$[x_0 - \delta, x_0 + \delta] \cap [a, b] \subseteq M.$$

Insbesondere ist daher $x_0 + \delta \in M$, im Widerspruch zur Definition von x_0.

Nehmen wir an, dass $f(x_0) > 0$ gilt, so ist $x_0 - a > 0$, und wegen der Stetigkeit von f existiert analog zu $\varepsilon := \frac{f(x_0)}{2} > 0$ ein $\delta \in (0, x_0 - a)$ mit

$$f(x_0) - f(x) < \varepsilon \ \text{für alle} \ x \in [x_0 - \delta, x_0 + \delta] \cap [a, b].$$

Also ist $0 < \frac{f(x_0)}{2} < f(x)$ für alle $x \in [x_0 - \delta, x_0 + \delta] \cap [a, b]$, und daher gilt

$$[x_0 - \delta, x_0 + \delta] \cap [a, b] \cap M = \emptyset.$$

Insbesondere, da $x_0 - \delta > a$, ist $x_0 - \delta$ eine obere Schranke von M, im Widerspruch zur Definition von x_0. Zusammengefasst gilt also $f(x_0) = 0$. $\qquad\square$

1.12 Korollar.

a) Ist $f : [a, b] \to \mathbb{R}$ eine stetige Funktion und gilt $f(a) < c < f(b)$ für ein $c \in \mathbb{R}$, so existiert ein $x_0 \in [a, b]$ mit $f(x_0) = c$.

b) Jedes Polynom ungeraden Grades mit reellen Koeffizienten besitzt mindestens eine reelle Nullstelle.

Für die Beweise der obigen Aussagen verweisen wir auf die Übungsaufgaben.

1.13 Korollar und Definition. (Die Logarithmusfunktion). *Für jedes $y > 0$ existiert genau ein $x \in \mathbb{R}$ mit $\exp(x) = y$. Man bezeichnet dieses x als*

$$\log y := x$$

und nennt es den natürlichen Logarithmus *von y. Die Funktion*

$$\log : (0, \infty) \to \mathbb{R}, \quad y \mapsto \log y$$

heißt Logarithmusfunktion.

Beweis. Wir verifizieren zunächst, dass für $n \in \mathbb{N}$

$$\exp(n) = 1 + n + \frac{n^2}{2!} + \ldots \geq 1 + n \xrightarrow{n \to \infty} \infty$$

gilt. Aus der in Korollar II.4.6 formulierten Funktionalgleichung der Exponentialfunktion folgern wir, dass $\exp(-n) = \frac{1}{\exp(n)}$ für $n \to \infty$ nach 0 konvergiert. Also existiert für $y > 0$ ein $N_0 \in \mathbb{N}$ mit

$$\exp(-N_0) < y < \exp(N_0).$$

Die Exponentialfunktion $\exp : [-N_0, N_0] \to \mathbb{R}$ ist nach Korollar 1.10 stetig, und nach dem Zwischenwertsatz existiert ein $x \in [-N_0, N_0]$ mit $\exp(x) = y$.

Die Eindeutigkeit von x folgt aus der in Korollar II.4.7 bewiesenen Injektivität der Exponentialfunktion. $\qquad\square$

Als weitere Anwendung des Zwischenwertsatzes betrachten wir nun das Bild eines Intervalls unter einer stetigen Funktion. In Verallgemeinerung zu dem bereits in Abschnitt I.6 eingeführten Intervallbegriff, nennen wir nun alle der folgenden Teilmengen von $\mathbb{R}$ *Intervalle*:

$$(a, b) := \{x \in \mathbb{R} : a < x < b\},$$
$$[a, b) := \{x \in \mathbb{R} : a \leq x < b\},$$
$$(a, b] := \{x \in \mathbb{R} : a < x \leq b\},$$
$$[a, b] := \{x \in \mathbb{R} : a \leq x \leq b\},$$
$$(-\infty, b) := \{x \in \mathbb{R} : x < b\},$$
$$(-\infty, b] := \{x \in \mathbb{R} : x \leq b\},$$
$$(a, \infty) := \{x \in \mathbb{R} : x > a\},$$
$$[a, \infty) := \{x \in \mathbb{R} : x \geq a\},$$
$$(-\infty, \infty) := \mathbb{R}.$$

1.14 Satz. (Stetige Bilder von Intervallen sind Intervalle). *Ist $I \subset \mathbb{R}$ ein Intervall und $f : I \to \mathbb{R}$ eine stetige Funktion, so ist $f(I)$ wiederum ein Intervall.*

Beweis. Setzen wir $a := \inf f(I) := \inf\{f(x) : x \in I\}$ und $b := \sup f(I) := \sup\{f(x) : x \in I\}$ und wählen ein $y \in (a, b)$, so existieren nach Definition des Supremums bzw. des Infimums für jedes $\varepsilon > 0$ Zahlen $a_\varepsilon, b_\varepsilon \in I$ mit $f(a_\varepsilon) < y$ und $f(b_\varepsilon) > y$. Nach Bemerkung 1.12a) existiert daher ein $x \in I$ mit $f(x) = y$, und daher ist $y \in f(I)$. Da $y \in (a, b)$ beliebig gewählt war, folgt $(a, b) \subset f(I)$. Somit stimmt $f(I)$ mit einem der Intervalle $(a, b), (a, b], [a, b)$ oder $[a, b]$ überein. $\qquad\square$

Stetigkeit der Umkehrfunktion

Unser nächstes Ziel ist es, die Umkehrfunktion einer gegebenen stetigen Funktion (sofern sie denn existiert) auf Stetigkeit hin zu untersuchen. Hierzu führen wir einige Begriffe ein.

1.15 Definition. Eine Funktion $f : D \subset \mathbb{R} \to \mathbb{R}$ heißt

a) *monoton steigend*, wenn $x, y \in D, x < y \Rightarrow f(x) \leq f(y)$ gilt,

b) *streng monoton steigend*, wenn $x, y \in D, x < y \Rightarrow f(x) < f(y)$ gilt,

c) *monoton fallend*, wenn $x, y \in D, x < y \Rightarrow f(x) \geq f(y)$ gilt,

d) *streng monoton fallend*, wenn $x, y \in D, x < y \Rightarrow f(x) > f(y)$ gilt,

e) *monoton*, wenn f monoton steigend oder monoton fallend und,

f) *streng monoton*, wenn f streng monoton steigend oder streng monoton fallend ist.

Wir erinnern an dieser Stelle nochmals an die Definition der Injektivität einer Funktion: Eine Funktion $f : D \subset \mathbb{R} \to \mathbb{R}$ ist injektiv, wenn $f(x_1) = f(x_2)$ für $x_1, x_2 \in D$ immer $x_1 = x_2$ impliziert. Insbesondere ist also eine streng monotone Funktion $f : D \subset \mathbb{R} \to \mathbb{R}$ injektiv, und es ist daher möglich, ihre *Umkehrfunktion $f^{-1} : f(D) \to D$* mittels der Vorschrift

$$f^{-1} : f(D) \to D, \quad f^{-1}(y) = x :\Leftrightarrow y = f(x)$$

zu definieren. Der Graph von f^{-1} entsteht durch Spiegelung des Graphen von f an der Geraden $x = y$, und es gilt

$$\text{Graph}\,(f^{-1}) = \{(y, f^{-1}(y)) : y \in f^{-1}(D)\} = \{(f(x), x) : x \in D\}.$$

Nach diesen Vorbereitungen gehen wir nun der Frage nach, ob die Umkehrfunktion einer streng monotonen und stetigen Funktion wiederum stetig ist.

1.16 Satz. *Ist I ein Intervall und $f : I \to \mathbb{R}$ eine stetige und streng monotone Funktion, so ist $f(I)$ ein Intervall, $f : I \to f(I)$ ist bijektiv, und die Umkehrfunktion $f^{-1} : f(I) \to I$ ist stetig und streng monoton.*

Beweis. Wir nehmen ohne Beschränkung der Allgemeinheit an, dass f streng monoton wachsend sei, und unterteilen den Beweis in drei Schritte.

Schritt 1. Zunächst ist nach Satz 1.14 die Menge $f(I) =: J$ ein Intervall. Die strenge Monotonie von f impliziert die Bijektivität von $f : I \to f(I)$. Wir setzen $g := f^{-1} : J \to I$.

Schritt 2. Die Funktion g ist streng monoton wachsend, denn seien $s_1 < s_2$ in J und wäre $g(s_1) \geq g(s_2)$, so würde die Monotonie von f die Ungleichung $s_1 = f(g(s_1)) \geq f(g(s_2)) = s_2$ implizieren, im Widerspruch zur Wahl von s_1 und s_2.

Schritt 3. Die Umkehrfunktion g ist stetig. Nehmen wir an, dass die Funktion g in $s_0 \in J$ unstetig ist, so existieren ein $\varepsilon_0 > 0$ und eine Folge $(s_n)_{n \in \mathbb{N}} \subset J$ mit

$$|s_n - s_0| < \frac{1}{n} \quad \text{und} \quad |g(s_n) - g(s_0)| \geq \varepsilon_0 \quad \text{für alle } n \in \mathbb{N}.$$

Deshalb ist $s_n \in [s_0 - 1, s_0 + 1]$ für alle $n \in \mathbb{N}$. Aufgrund der Monotonie von g existieren $a, b \in \mathbb{R}$ mit $t_n := g(s_n) \in [a, b]$ für alle $n \in \mathbb{N}$. Nach dem Satz von Bolzano-Weierstraß besitzt die Folge $(t_n)_{n \in \mathbb{N}}$ dann eine konvergente Teilfolge $(t_{n_k})_{k \in \mathbb{N}}$ mit Grenzwert t_0. Da f stetig ist, konvergiert $f(t_{n_k})$ für $k \to \infty$ gegen $f(t_0)$. Andererseits gilt

$$f(t_{n_k}) = s_{n_k} \overset{k \to \infty}{\longrightarrow} s_0,$$

und die Eindeutigkeit des Grenzwertes impliziert $s_0 = f(t_0)$. Deshalb gilt

$$g(s_{n_k}) = t_{n_k} \overset{k \to \infty}{\longrightarrow} t_0 = g(s_0),$$

im Widerspruch zur obigen Eigenschaft der Folge $\big(g(s_n)\big)_{n \in \mathbb{N}}$. $\square$

Wir beschließen diesen Abschnitt mit einer Reihe von Beispielen.

1.17 Beispiele. a) Für $n \in \mathbb{N}$ ist die *n-te Wurzelfunktion*

$$f : [0, \infty) \to [0, \infty), \ x \mapsto \sqrt[n]{x}$$

stetig und streng monoton wachsend. Um dies einzusehen, betrachten wir die Funktion $g : [0, \infty) \to [0, \infty), t \mapsto t^n$. Dann ist g stetig und streng monoton wachsend. Letzteres folgt aus der für alle $0 \le s < t$ gültigen Ungleichung

$$g(t) - g(s) = t^n - s^n = t^n \big(1 - (s/t)^n\big) > 0.$$

Die Behauptung folgt dann aus Satz 1.16.

b) Die Exponentialfunktion $\exp : \mathbb{R} \to \mathbb{R}$ ist streng monoton wachsend. Wir wiederholen nochmals das Argument aus dem Beweis von Korollar II.4.7: Da $e^{x+h}/e^x = e^h$ für alle $x \in \mathbb{R}$ und $h > 0$ gilt, folgt die strenge Monotonie der Exponentialfunktion aus der Abschätzung

$$e^h = 1 + h + \frac{h^2}{2!} + \dots > 1, \quad h > 0.$$

Ferner ist die Exponentialfunktion $\exp : \mathbb{R} \to (0, \infty)$ nach Korollar 1.10 stetig. Satz 1.16 über die Stetigkeit der Umkehrfunktion besagt dann, dass die Logarithmusfunktion

$$\log : (0, \infty) \to \mathbb{R}, \ x \mapsto \log x,$$

definiert wie in Korollar 1.13, als Umkehrfunktion der Exponentialfunktion $\exp : \mathbb{R} \to (0, \infty)$, ebenfalls stetig und streng monoton wachsend ist.

c) Für $\alpha \in \mathbb{R}$ definieren wir die *allgemeine Potenz einer positiven reellen Zahl* $x > 0$ als

$$x^\alpha := \exp(\alpha \log x).$$

Beide der Funktionen

$$f_x : \mathbb{R} \to \mathbb{R}, \quad f_x(\alpha) := x^\alpha \quad \text{für festes } x > 0 \text{ und}$$
$$g_\alpha : (0, \infty) \to \mathbb{R}, \quad g_\alpha(x) := x^\alpha \quad \text{für festes } \alpha \in \mathbb{R}$$

sind stetig und die obige Definition setzt die bisherige Definition der Potenz für rationale Exponenten aus Abschnitt I.5 auf beliebige Exponenten $\alpha \in \mathbb{R}$ fort. Dies folgt für $x > 0$ und $\alpha = \frac{p}{q} \in \mathbb{Q}$ aus der Eindeutigkeit der α-ten Wurzel von x, denn es gilt

$$x^\alpha = \exp(\alpha \log x) = \exp\left(\frac{p}{q} \log x\right) = \left(\exp\left(\frac{\log x}{q}\right)\right)^p = \left(\sqrt[q]{\exp(\log x)}\right)^p = \left(\sqrt[q]{x}\right)^p.$$

1.18 Bemerkung. Ist $f : D \subseteq \mathbb{R} \to \mathbb{R}$ stetig und streng monoton, so ist $f^{-1} : f(D) \to D$ im Allgemeinen nicht stetig, wenn D kein Intervall ist. Wir betrachten hierzu das Beispiel der Funktion $f : D = [0, 1) \cup \{2\}$, gegeben durch

$$f(x) = \begin{cases} x, & \text{für } x \in [0, 1), \\ 1, & \text{für } x = 2. \end{cases}$$

Dann ist f stetig und streng monoton, aber $f^{-1} : f(D) = [0, 1] \to \mathbb{R}$, gegeben durch

$$f^{-1}(y) = \begin{cases} y, & \text{für } y \in [0, 1), \\ 2, & \text{für } y = 1, \end{cases}$$

ist unstetig in $y = 1$.

Aufgaben

1. Man beweise Beispiel 1.3b), c), d) und e).

2. Die Funktion $f : \mathbb{R} \to \mathbb{R}$ sei definiert durch

$$f(x) := \left[\left[x + 1/2\right] - x\right],$$

   wobei $[\cdot]$ die Gauß-Klammer bezeichnet. Man skizziere den Graphen von f und zeige, dass f auf ganz $\mathbb{R}$ stetig ist.

3. Es sei $D := [0, 1) \cup \{2\}$, $a \in \mathbb{R}$ und die Funktion $f_a : D \to \mathbb{R}$ sei definiert durch
   $$x \mapsto \begin{cases} x, & x \in [0, 1), \\ a, & x = 2 \end{cases}$$
   . Für welche Werte von a ist die Funktion f_a stetig?

4. Man beweise, dass die in Beispiel 1.3g) eingeführte Thomaesche-Funktion in allen irrationalen Punkten $x_0 \in \mathbb{R} \backslash \mathbb{Q}$ stetig, hingegen in allen rationalen Punkten $x_0 \in \mathbb{Q}$ unstetig ist. Hinweis: Man verwende Satz I.4.9 und I.4.10.

5. Für $a, b \in \mathbb{R}$ mit $a < b$ und eine Funktion $f : I = (a, b) \to \mathbb{R}$ sei $C_f := \{x \in I : f \text{ stetig in } x\}$. Die Menge C_f heißt dicht in I, wenn für alle $c, d \in I$ mit $c < d$ ein $\xi \in C_f$ existiert mit $c < \xi < d$.
   Man beweise: Sind $f, g : I \to \mathbb{R}$ Funktionen derart, dass C_f und C_g dicht in I sind, so ist auch $C_f \cap C_g$ dicht in I. Man zeige weiter, dass keine Funktion $f : I \to \mathbb{R}$ existiert, welche für alle $x \in \mathbb{Q} \cap I$ stetig und für alle $x \in \mathbb{R} \backslash \mathbb{Q} \cap I$ unstetig ist.

6. Man zeige, dass die Wurzelfunktion $f : [0,1] \to [0,1] \to \mathbb{R}, x \mapsto \sqrt{x}$ stetig ist auf $[0,1]$, jedoch nicht Lipschitz-stetig.

7. Es seien $f, g : \mathbb{R} \to \mathbb{R}$ in $x_0 \in \mathbb{R}$ stetige Funktionen. Definiert man die Funktionen

$$|f|, \quad f^+ := \max\{f, 0\}, \quad f^- := \max\{-f, 0\}, \quad \max\{f, g\}, \quad \min\{f, g\}$$

    punktweise, also durch $f^+(x) := \max\{f(x), 0\}$, und analog auch für die anderen Funktionen, so sind diese ebenfalls in x_0 stetig.

8. (Stetigkeit und dichte Teilmengen). Es seien $f : \mathbb{R} \to \mathbb{R}$ und $g : \mathbb{R} \to \mathbb{R}$ zwei stetige Funktionen mit $f(q) = g(q)$ für alle $q \in \mathbb{Q}$. Man zeige, dass dann schon $f(x) = g(x)$ für alle $x \in \mathbb{R}$ gilt.

9. Es sei $\sum_{n \in \mathbb{N}} a_n$ eine konvergente Reihe mit $a_n > 0$ für alle $n \in \mathbb{N}$. Für eine Abzählung q von $\mathbb{Q}$ sei ferner die Funktion $f : \mathbb{R} \to \mathbb{R}$, definiert durch

$$f(x) := \sum_{n : q(n) \leq x} a_n.$$

    Man zeige:

    a) f ist streng monoton.

    b) f ist in jedem Punkt $x \in \mathbb{Q}$ unstetig und in jedem Punkt $x \in \mathbb{R} \setminus \mathbb{Q}$ stetig.

10. Die Funktion $f : [0,1] \to [0,1]$ sei gegeben durch

$$f(x) = \begin{cases} x, & x \text{ rational,} \\ 1-x, & x \text{ irrational.} \end{cases}$$

    Man zeige, dass f bijektiv und *nur* in $x_0 = 1/2$ stetig ist.

11. Man beweise Korollar 1.12.

12. Man zeige, dass für jede stetige Funktion $f : [0,1] \to [0,1]$ ein $c \in [0,1]$ existiert mit $f(c) = c$. Hinweis: Man betrachte $g(x) = f(x) - x$.

13. Eine Funktion $f : \mathbb{R} \to \mathbb{R}$ erfülle die Funktionalgleichung

$$f(s+t) = f(s) + f(t)$$

    für jedes $s, t \in \mathbb{R}$. Man zeige: Ist f in einem $x_0 \in \mathbb{R}$ stetig, so ist f in jedem $x \in \mathbb{R}$ stetig, und es gilt $f(x) = ax$ für ein $a \in \mathbb{R}$ und jedes $x \in \mathbb{R}$.

14. Man beweise: Ist $I \subset \mathbb{R}$ ein Intervall und $f : I \to \mathbb{R}$ eine stetige, injektive Funktion, so ist f streng monoton.

15. Man untersuche die folgenden Reihen auf Konvergenz, wobei $0 < q < 1$ und $\alpha > 1$ gilt:

    a) $\displaystyle\sum_{n=1}^{\infty} q^{\sqrt{n}}$,   b) $\displaystyle\sum_{n=1}^{\infty} q^{\log n}$,   c) $\displaystyle\sum_{n=1}^{\infty} q^{\log^\alpha n}$,   d) $\displaystyle\sum_{n=2}^{\infty} q^{\log \log n}$.

2 Topologische Grundlagen

Dieser Abschnitt beschäftigt sich mit topologischen Grundbegriffen des $\mathbb{R}^n$. Wir beginnen mit dem Begriff des Vektorraumes, welcher in der modernen Analysis eine wichtige Rolle spielt. Im gesamten Abschnitt sei der zugrunde liegende Skalarkörper $\mathbb{K} = \mathbb{R}$ oder $\mathbb{K} = \mathbb{C}$.

Vektorraum
Der Begriff des Vektorraums ist wie folgt definiert.

2.1 Definition. Ein *Vektorraum über* $\mathbb{K}$, oder ein $\mathbb{K}$-*Vektorraum* ist ein Tripel $(V, +, \cdot)$, bestehend aus einer Menge $V \neq \emptyset$, einer Verknüpfung $+ : V \times V \to V$, $(v, w) \mapsto v + w$ sowie einer äußeren Verknüpfung $\cdot : \mathbb{K} \times V \to V$, $(\lambda, v) \mapsto \lambda \cdot v$, genannt *Skalarmultiplikation*, mit den folgenden Eigenschaften:

(VR1) $(V, +)$ ist eine abelsche Gruppe.

(VR2) Es gelten die Distributivgesetze

$$\lambda \cdot (v + w) = \lambda \cdot v + \lambda \cdot w, \qquad (\lambda + \mu) \cdot v = \lambda \cdot v + \mu \cdot v, \quad \lambda, \mu \in \mathbb{K}, v, w \in V.$$

(VR3) $\lambda \cdot (\mu v) = (\lambda \mu) \cdot v, \quad 1 \cdot v = v, \quad \lambda, \mu \in \mathbb{K}, v \in V.$

Der Vektorraum heißt *reell* bzw. *komplex*, wenn $\mathbb{K} = \mathbb{R}$ bzw. $\mathbb{K} = \mathbb{C}$ gilt. Die Elemente von V heißen *Vektoren*, während die Elemente von $\mathbb{K}$ *Skalare* heißen.

Der Begriff des Vektorraumes wird in der Linearen Algebra im Detail diskutiert.

2.2 Beispiele. a) Sind $n \in \mathbb{N}$ und $x = (x_1, x_2, \ldots, x_n) \in \mathbb{K}^n$ sowie $y = (y_1, y_2, \ldots, y_n) \in \mathbb{K}^n$, so ist $\mathbb{K}^n$, versehen mit der folgenden Addition, bzw. mit der Skalarmultiplikation

$$x + y := (x_1 + y_1, \ldots, x_n + y_n),$$
$$\lambda \cdot x := (\lambda x_1, \ldots, \lambda x_n), \quad \lambda \in \mathbb{K},$$

ein Vektorraum über $\mathbb{K}$. Insbesondere sind also $\mathbb{R}^n$ und $\mathbb{C}^n$ Vektorräume.

b) Für eine Menge X und einen Vektorraum V ist die Menge $V^X := \{f : X \to V : f \text{ ist Abbildung}\}$, versehen mit

$$(f + g)(x) := f(x) + g(x), \quad x \in X, f, g \in V^X,$$
$$(\lambda f)(x) := \lambda f(x), \quad x \in X, \lambda \in \mathbb{K}, f \in V^X,$$

ein Vektorraum.

c) Die Menge $c_0 := \{(x_n)_{n \in \mathbb{N}} \subset \mathbb{K} : (x_n)_{n \in \mathbb{N}} \text{ ist Nullfolge}\}$, versehen mit der koordinatenweisen Addition und Skalarmultiplikation

$$(x_n)_{n \in \mathbb{N}} + (y_n)_{n \in \mathbb{N}} := (x_1 + y_1, x_2 + y_2, \ldots),$$
$$(\lambda x_n)_{n \in \mathbb{N}} := (\lambda x_1, \lambda x_2, \ldots),$$

ist ein $\mathbb{K}$-Vektorraum. Dies folgt aus den Rechenregeln für konvergente Folgen. Weiter sind die Mengen

$$l^1(\mathbb{N}) := \{(x_n)_{n\in\mathbb{N}} \subset \mathbb{K} : \sum_{n=1}^{\infty} |a_n| < \infty\} \text{ und}$$

$$l^\infty(\mathbb{N}) := \{(x_n)_{n\in\mathbb{N}} \subset \mathbb{K} : (x_n)_{n\in\mathbb{N}} \text{ beschränkt}\},$$

versehen mit der obigen koordinatenweisen Addition und Skalarmultiplikation, Vektorräume über $\mathbb{K}$.

Erste topologische Grundbegriffe: Offene und abgeschlossene Mengen

Im Folgenden möchten wir dem Vektorraum $\mathbb{R}^n$ eine *euklidische Struktur* aufprägen und führen zu diesem Zweck den Begriff des *euklidischen Abstands* zweier Elemente aus $\mathbb{R}^n$ ein. Für $x, y \in \mathbb{R}^n$ nennen wir

$$|x - y| := \sqrt{(x_1 - y_1)^2 + \ldots + (x_n - y_n)^2}$$

den *euklidischen Abstand* von x und y. Insbesondere gilt

$$|x| = \left(\sum_{i=1}^n x_i^2\right)^{1/2}.$$

Ferner nennen wir die Menge

$$B_r(x) := \{y \in \mathbb{R}^n : |y - x| < r\}$$

für $x \in \mathbb{R}^n$ und $r > 0$ die *offene Kugel mit Mittelpunkt x und Radius r*.

Wir übertragen nun den uns bekannten Konvergenzbegriff für Folgen und Reihen reeller Zahlen auf Folgen und Reihen im euklidischen Raum $\mathbb{R}^n$. Hierzu erweist es sich als nützlich, zunächst einige grundlegende topologische Begriffe für Teilmengen des $\mathbb{R}^n$ einzuführen.

2.3 Definition.

a) Eine Teilmenge $U \subset \mathbb{R}^n$ heißt *Umgebung* von $x \in \mathbb{R}^n$, wenn ein $\varepsilon > 0$ derart existiert, dass $B_\varepsilon(x) \subset U$ gilt. Für $x \in \mathbb{R}^n$ und $\varepsilon > 0$ wird die Menge $B_\varepsilon(x)$ auch *ε-Umgebung* von x genannt und auch mit $U_\varepsilon(x)$ bezeichnet.

b) Eine Menge $M \subset \mathbb{R}^n$ heißt *offen* in $\mathbb{R}^n$, wenn zu jedem $x \in M$ ein $\varepsilon > 0$ existiert, so dass $B_\varepsilon(x) \subset M$ gilt.

Für den Fall $n = 1$ ist die obige Definition einer ε-Umgebung natürlich konsistent mit der schon in Abschnitt II.2 betrachteten Definition.

2.4 Beispiele. a) Betrachten wir zwei reelle Zahlen a und b mit $a < b$, so ist das Intervall $(a, b) \subset \mathbb{R}$ eine offene Menge in $\mathbb{R}$, denn ist $x \in (a, b)$ und wählen wir $\varepsilon := \min\{|a - x|, |b - x|\}$, so gilt $B_\varepsilon(x) \subset (a, b)$. Ferner sind die Intervalle (a, ∞) und $(-\infty, a)$ ebenfalls offen.

b) Das Intervall $[a, b]$ ist nicht offen, denn $B_\varepsilon(a) \not\subset [a, b]$ für jedes $\varepsilon > 0$.

c) Die offene Kugel $B_r(x)$ um $x \in \mathbb{R}^n$ mit Radius $r > 0$ ist auch offen im topo-
logischen Sinne. Ist $y \in B_r(x)$, so ist $\varepsilon = r - |y - x| > 0$, und wegen $|z - x| \leq$
$|z - y| + |y - x| < \varepsilon + |y - x| = r$ für jedes $z \in U_\varepsilon(y)$ gilt $U_\varepsilon(y) \subset B_r(x)$. Die vorhe-
rige Bezeichnung offene Kugel ist daher konsistent mit der topologischen Definition.

Betrachten wir zwei verschiedene Punkte $x, y \in \mathbb{R}^n$, so existieren um diese auch immer
ε-Umgebungen, welche sich nicht treffen, und wir sagen in diesem Fall, dass wir zwei
verschiedene Punkte des $\mathbb{R}^n$ durch offene Umgebungen *trennen* können.

2.5 Satz. (Hausdorffsche Trennungseigenschaft). *Sind $x, y \in \mathbb{R}^n$ mit $x \neq y$, so existieren Umgebungen U_x von x sowie U_y von y mit $U_x \cap U_y = \emptyset$.*

Der Beweis ist nicht schwierig: Für $\varepsilon := \frac{|x-y|}{2}$ setzen wir $U_x := B_\varepsilon(x)$ und $U_y := B_\varepsilon(y)$
und nehmen an, dass ein $z \in \mathbb{R}^n$ mit $z \in U_x \cap U_y$ existiert. Dann wäre aber $2\varepsilon = |x-y| \leq$
$\underbrace{|x - z|}_{<\varepsilon} + \underbrace{|z - y|}_{<\varepsilon} < 2\varepsilon$, und wir erhalten einen Widerspruch.

Es ist interessant zu bemerken, dass die Eigenschaft einer Menge, offen zu sein, *keine*
intrinsische Eigenschaft dieser Menge ist. Betrachten wir zum Beispiel das Intervall $I =$
$(0, 1)$, so ist I, aufgefasst als Teilmenge von $\mathbb{R}$, offen, hingegen aufgefasst als Teilmenge
von $\mathbb{R}^2$ nicht, (vgl. hierzu Definition 2.26 einer relativ offenen Menge am Ende dieses
Abschnitts). Die in Kapitel 3 eingeführte Eigenschaft der Kompaktheit einer Menge ist
hingegen eine intrinsische Eigenschaft dieser Menge.

2.6 Definition. Eine Menge $M \subset \mathbb{R}^n$ heißt *abgeschlossen* in $\mathbb{R}^n$, wenn $M^c :=$
$\mathbb{R}^n \backslash M := \{x \in \mathbb{R}^n : x \notin M\}$ in $\mathbb{R}^n$ offen ist.

Beispiele von abgeschlossenen Mengen lassen sich leicht angeben. Wählen wir $a, b \in \mathbb{R}$
mit $a < b$, so ist das Intervall $[a, b]$ abgeschlossen in $\mathbb{R}$, das Intervall (a, b) hingegen
nicht. Das Intervall $[0, 1)$ ist nicht offen und nicht abgeschlossen in $\mathbb{R}$, und die Menge Q,
gegeben durch $Q := \{(x_1, \ldots, x_n) \in \mathbb{R}^n : a_i \leq x_i \leq b_i, 1 \leq i \leq n\}$ mit $a_i, b_i \in \mathbb{R}$ und
$a_i \leq b_i$ für $i = 1, 2, \ldots, n$, ist abgeschlossen in $\mathbb{R}^n$.

In den beiden folgenden Sätzen betrachten wir grundlegende topologischen Eigenschaften offener bzw. abgeschlossener Mengen.

2.7 Satz. *Es gelten die folgenden Aussagen:*

a) *Die leere Menge $\emptyset$ sowie $\mathbb{R}^n$ sind offen in $\mathbb{R}^n$.*

b) *Die Vereinigung beliebig vieler offener Mengen ist offen, d. h., ist I eine beliebige
Indexmenge und sind $O_\alpha \subset \mathbb{R}^n$ offene Mengen für jedes $\alpha \in I$, so ist $\bigcup_{\alpha \in I} O_\alpha$ offen
in $\mathbb{R}^n$.*

c) *Der Durchschnitt endlich vieler offener Mengen ist offen, d. h., sind $O_1, O_2, \ldots, O_N \subset$
$\mathbb{R}^n$ offene Mengen, so ist $\bigcap_{i=1}^{N} O_i$ offen in $\mathbb{R}^n$.*

Der Beweis von Satz 2.7 sei dem Leser als Übungsaufgabe überlassen. Das Beispiel der offenen Intervalle $I_n := (-\frac{1}{n}, 1 + \frac{1}{n})$ mit $\bigcap\limits_{n=1}^{\infty} I_n = [0, 1]$ zeigt, dass beliebige Schnitte offener Mengen im Allgemeinen *nicht* offen sind.

Der zu Satz 2.7 analoge Satz für abgeschlossene Mengen lautet wie folgt.

2.8 Satz.

a) *Die leere Menge $\emptyset$ und $\mathbb{R}^n$ sind abgeschlossen in $\mathbb{R}^n$.*

b) *Der Durchschnitt beliebig vieler abgeschlossener Mengen ist abgeschlossen.*

c) *Die Vereinigung endlich vieler abgeschlossener Mengen ist abgeschlossen.*

Der Beweis folgt aus Satz 2.7 und den in Kapitel I eingeführten De Morganschen Regeln. Details seien dem Leser als Übungsaufgabe überlassen.

Wir bemerken an dieser Stelle, dass Aussage c) des obigen Satzes für die Vereinigung beliebig vieler Mengen nicht mehr gültig bleibt, da zum Beispiel die Menge $B_{\frac{1}{n}}(0)^c$ für alle $n \in \mathbb{N}$ abgeschlossen ist, aber dies für die Vereinigung $\bigcup\limits_{n=1}^{\infty} [B_{\frac{1}{n}}(0)^c] = \mathbb{R}^n \setminus \{0\}$ nicht mehr gilt.

2.9 Bemerkung. Wir betonen an dieser Stelle, dass „abgeschlossen" nicht die logische Negation von „offen" bezeichnet. So ist zum Beispiel die Menge $\mathbb{R}^n$ gleichzeitig offen *und* abgeschlossen.

Inneres, Rand, Abschluss und Häufungspunkte von Mengen
Wir führen weitere topologische Grundbegriffe ein.

2.10 Definition.

a) Ist $M \subset \mathbb{R}^n$ eine Menge und $x \in \mathbb{R}^n$, so heißt x *Randpunkt* von M, wenn jede Umgebung U von x sowohl ein Element aus M, als auch eines aus $\mathbb{R}^n \setminus M$ enthält.

b) Die Menge
$$\partial M := \{x \in \mathbb{R}^n : x \text{ ist Randpunkt von } M\}$$
heißt der *Rand* von M, und
$$\overset{\circ}{M} := M \setminus \partial M$$
wird als *Inneres* von M bezeichnet. Ein Element $a \in \overset{\circ}{M}$ heißt *innerer Punkt* von M.

c) Ferner heißt $x \in \mathbb{R}^n$ *Häufungspunkt* von $M \subset \mathbb{R}^n$, wenn jede Umgebung von x unendlich viele Elemente von M enthält.

d) Die Menge

$$\overline{M} := \{x \in \mathbb{R}^n : x \in M \text{ oder } x \text{ ist Häufungspunkt von } M\}$$

heißt *Abschluss* von M.

e) Schließlich heißt eine Menge $M \subset \mathbb{R}^n$ *beschränkt*, wenn $x \in \mathbb{R}^n$ und $r > 0$ existieren, so dass $M \subset B_r(x)$ gilt.

Betrachten wir zum Beispiel die abgeschlossene Einheitskugel $M = \{x \in \mathbb{R}^n : |x| \le 1\}$, so ist deren Inneres $\overset{\circ}{M}$ und deren Rand gegeben durch $\overset{\circ}{M} = \{x \in \mathbb{R}^n : |x| < 1\}$ bzw. durch die Einheitssphäre $\partial M = \{x \in \mathbb{R}^n : |x| = 1\}$.

2.11 Bemerkung. Es ist *wichtig*, zwischen Häufungspunkten einer *Menge*, definiert wie in Definition 2.10, und Häufungspunkten einer *Folge*, definiert wie in Abschnitt II.2, zu unterscheiden. Zum Beispiel besitzt die Folge (a_n) mit $a_n = (-1)^n$ für alle $n \in \mathbb{N}$ die Häufungspunkte 1 und -1, auf der anderen Seite stimmt die Menge $\{a_n : n \in \mathbb{N}\}$ mit der zweielementigen Menge $\{-1, 1\}$ überein und besitzt daher keine Häufungspunkte.

Die im folgenden Lemma aufgeführten Eigenschaften offener bzw. abgeschlossener Mengen erweisen sich oft als sehr nützlich.

2.12 Lemma. (Inneres, Rand, Abschluss). *Für eine Menge $M \subset \mathbb{R}^n$ gelten die folgenden Aussagen:*

a) *Das Innere von M ist gegeben durch*

$$\overset{\circ}{M} = \bigcup_{O \subseteq M,\, O \text{ offen}} O.$$

Insbesondere ist $\overset{\circ}{M}$ offen, und $\overset{\circ}{M}$ ist die größte offene Menge, welche in M enthalten ist.

b) *Der Abschluss von M ist gegeben durch*

$$\overline{M} = \overset{\circ}{M} \cup \partial M = \bigcap_{M \subseteq A,\, A \text{ abg.}} A.$$

Also ist $\overline{M}$ abgeschlossen und die kleinste abgeschlossene Menge, welche M enthält.

c) *Für den Rand ∂M von M gilt*

$$\partial M = \overline{M} \cap \overline{\mathbb{R}^n \setminus M}.$$

Insbesondere ist ∂M abgeschlossen.

Für den Beweis dieser Aussagen verweisen wir auf die Übungsaufgaben.

Konvergenz in $\mathbb{R}^n$

Nach unserer Untersuchung der Konvergenz von reellen oder komplexen Folgen $(a_j)_{j \in \mathbb{N}}$ in Kapitel II betrachten wir nun die Konvergenz von Folgen $(a_j)_{j \in \mathbb{N}}$ im euklidischen Raum $\mathbb{R}^n$.

2.13 Definition. Eine Folge $(a_j)_{j \in \mathbb{N}} \subset \mathbb{R}^n$ heißt *konvergent* gegen $a \in \mathbb{R}^n$, wenn für jede Umgebung U von a ein $N_0 \in \mathbb{N}$ existiert mit $a_j \in U$ für alle $j \geq N_0$. In diesem Fall schreiben wir $\lim_{j \to \infty} a_j = a$.

Mit anderen Worten formuliert, konvergiert eine Folge $(a_j)_{j \in \mathbb{N}} \subset \mathbb{R}^n$ gegen $a \in \mathbb{R}^n$ genau dann, wenn für jedes $\varepsilon > 0$ ein $N_0 \in \mathbb{N}$ existiert mit

$$|a_j - a| < \varepsilon$$

für alle $j \geq N_0$. Das folgende Resultat besagt, dass eine Folge in $\mathbb{R}^n$ genau dann konvergiert, wenn jede ihrer Koordinatenfolgen konvergiert.

2.14 Lemma. *Eine Folge $(a_j)_{j \in \mathbb{N}} \subset \mathbb{R}^n$ konvergiert gegen $a = (a_1, a_2, \ldots, a_n) \in \mathbb{R}^n$ genau dann, wenn sie komponentenweise konvergiert, also genau dann, wenn*

$$\lim_{j \to \infty} a_{l,j} = a_l, \quad l = 1, \ldots, n,$$

gilt.

Beweis. $\Rightarrow$: Nach Voraussetzung existiert zu jedem $\varepsilon > 0$ ein $N_0 \in \mathbb{N}$ mit $|a_j - a|^2 = \sum_{l=1}^{n} |a_{l,j} - a_l|^2 < \varepsilon$ für alle $j \geq N_0$. Daher ist $|a_{l,j} - a_l| \leq |a_j - a| < \varepsilon$ für alle $l = 1, \ldots, n$ und alle $j \geq N_0$.

$\Leftarrow$: Nach Voraussetzung existiert zu jedem $\varepsilon > 0$ und zu jedem $l = 1, \ldots, n$ ein $N_l \in \mathbb{N}$ mit $|a_{l,j} - a_l| < \frac{\varepsilon}{\sqrt{n}}$ für alle $j \geq N_l$. Somit gilt

$$|a_j - a| = \left(\sum_{l=1}^{n} |a_{l,j} - a_l|^2 \right)^{\frac{1}{2}} < \left(\frac{\varepsilon^2}{n} n \right)^{\frac{1}{2}} = \varepsilon$$

für alle $j \geq N_0 := \max\{N_1, \ldots, N_n\}$. $\square$

Lemma 2.14 ermöglicht es uns insbesondere, den Satz von Bolzano-Weierstraß in $\mathbb{R}^n$ in Analogie zur eindimensionalen Situation zu formulieren.

2.15 Satz. (Satz von Bolzano-Weierstraß in $\mathbb{R}^n$). *Jede beschränkte Folge in $\mathbb{R}^n$ besitzt eine konvergente Teilfolge.*

Beweis. Ist $(a_j)_{j \in \mathbb{N}}$ eine beschränkte Folge in $\mathbb{R}^n$, so ist auch jede Komponentenfolge $(a_{l,j})_{j \in \mathbb{N}}$ für alle $1 \leq l \leq n$ beschränkt. Nach dem Satz von Bolzano-Weierstraß für reelle Folgen (Theorem II.2.3) existiert eine Teilfolge $(a_{j_k})_{k\in\mathbb{N}}$, deren erste Koordinate konvergiert, d. h., es gilt $\lim_{k\to\infty} a_{1,j_k} = x_1$ für ein $x_1 \in \mathbb{R}$. Aus dieser Teilfolge wählen wir weiter eine zweite Teilfolge $(a_{j_m})_{m\in\mathbb{N}}$ aus, für welche neben der ersten auch die zweite Koordinate konvergiert, d. h., es gilt $\lim_{m\to\infty} a_{2,j_m} = x_2$ für ein $x_2 \in \mathbb{R}$. Setzen wir dieses Verfahren fort, so erhalten wir eine Teilfolge von $(a_j)_{j\in\mathbb{N}}$, für welche alle Koordinatenfolgen konvergieren, d. h., es gilt $\lim_{r\to\infty} a_{l,j_r} \to x_l$ für ein $x_l \in \mathbb{R}$ und alle $1 \leq l \leq n$. Somit konvergiert diese Teilfolge gegen $x = (x_1, \ldots, x_n)$. $\qquad\square$

Cauchy-Folgen in $\mathbb{R}^n$
Die Verallgemeinerung des Begriffs der Cauchy-Folge in $\mathbb{R}$ oder $\mathbb{C}$ auf die n-dimensionale Situation bereitet keine Schwierigkeiten, und Definition 2.16 ist daher natürlich.

2.16 Definition. Eine Folge $(a_j)_{j\in\mathbb{N}} \subset \mathbb{R}^n$ heißt *Cauchy-Folge*, wenn zu jedem $\varepsilon > 0$ ein $N_0 \in \mathbb{N}$ existiert mit

$$|a_k - a_m| < \varepsilon \quad \text{für alle } k, m \geq N_0.$$

Der folgende Satz über die Konvergenz von Cauchy-Folgen in $\mathbb{R}^n$ beruht letztendlich wiederum auf der Vollständigkeit der reellen Zahlen $\mathbb{R}$.

2.17 Satz. *In $\mathbb{R}^n$ ist jede Cauchy-Folge konvergent.*

Beweis. Es sei $(a_j)_{j\in\mathbb{N}}$ eine Cauchy-Folge in $\mathbb{R}^n$. Da

$$|a_{l,k} - a_{l,m}| \leq \left(\sum_{l=1}^{n} |a_{l,k} - a_{l,m}|^2 \right)^{\frac{1}{2}}$$

für jedes $l = 1, \ldots, n$ gilt, ist jede Koordinatenfolge $(a_{l,j})_{j\in\mathbb{N}}$ von $(a_j)_{j\in\mathbb{N}}$ eine Cauchy-Folge in $\mathbb{R}$. Da $\mathbb{R}$ vollständig ist, konvergiert die Koordinatenfolge $(a_{l,j})_{j\in\mathbb{N}}$ für jedes $l = 1, \ldots, n$, und die Behauptung folgt aus Lemma 2.14. $\qquad\square$

Charakterisierung abgeschlossener Menge mittels Folgen
Wir charakterisieren nun die Abgeschlossenheit einer Menge mittels konvergenten Folgen.

2.18 Satz. (Charakterisierung abgeschlossener Mengen mittels Folgen). *Eine Menge $A \subset \mathbb{R}^n$ ist genau dann abgeschlossen, wenn für jede gegen ein $a \in \mathbb{R}^n$ konvergente Folge $(a_j)_{j\in\mathbb{N}} \subset A$ folgt, dass $a \in A$ gilt.*

Beweis. $\Rightarrow$: Es sei $(a_j)_{j\in\mathbb{N}} \subset A$ eine Folge in A mit $\lim_{j\to\infty} a_j = a \in \mathbb{R}^n$. Nehmen wir an, dass a kein Element von A ist, d. h., dass $a \in \mathbb{R}^n \backslash A$ gilt, so ist insbesondere $\mathbb{R}^n \backslash A$ eine Umgebung von a, da $\mathbb{R}^n \backslash A$ nach Voraussetzung offen ist. Nach Definition der Konvergenz (Definition 2.13) existiert ein $N_0 \in \mathbb{N}$ mit $a_j \in \mathbb{R}^n \backslash A$ für alle $j \geq N_0$, und wir erhalten einen Widerspruch.

$\Leftarrow$: Wir nehmen wiederum an, dass die Behauptung falsch ist, d. h., dass A^c nicht offen ist. Dann existiert ein $a \in \mathbb{R}^n \setminus A$ so, dass für jedes $\varepsilon > 0$ die Kugel $B_\varepsilon(a)$ nicht in $\mathbb{R}^n \setminus A$ enthalten ist; also gilt $B_\varepsilon(a) \cap A \neq \emptyset$. Wählen wir für $j \in \mathbb{N}$ nun $a_j \in B_{\frac{1}{j}}(a) \cap A$, so gilt $\lim_{j \to \infty} a_j = a \notin A$. Widerspruch! $\qquad \square$

Für eine Menge $M \subset \mathbb{R}^n$ definieren wir ihren *Durchmesser* diam M als

$$\text{diam } M := \sup\{|x - y| : x, y \in M\}.$$

Es gilt dann der folgende Satz.

2.19 Satz. *Es sei $(A_j)_{j \in \mathbb{N}_0}$ eine Folge nichtleerer, abgeschlossener Teilmengen des $\mathbb{R}^n$ mit der Eigenschaft*

$$A_0 \supset A_1 \supset A_2 \supset \ldots$$

und $\lim_{j \to \infty}$ diam $A_j = 0$. Dann existiert genau ein $x \in \mathbb{R}^n$ mit $x \in \bigcap\limits_{j=0}^{\infty} A_j$.

Beweis. Wählen wir für jedes $n \in \mathbb{N}$ ein $x_n \in A_n$, so existiert nach Voraussetzung für jedes $\varepsilon > 0$ ein $N_0 \in \mathbb{N}$ mit

$$|x_n - x_m| \leq \varepsilon \quad \text{für alle } n, m \geq N_0.$$

Die Folge $(x_n)_{n \in \mathbb{N}}$ ist also eine Cauchy-Folge in $\mathbb{R}^n$, und Satz 2.17 impliziert, dass sie gegen ein $x \in \mathbb{R}^n$ konvergiert. Da $x_n \in A_k$ für alle $n \geq k$ gilt und da jedes A_k abgeschlossen ist, folgt aus Satz 2.18, dass $x \in A_k$ für jedes $k \in \mathbb{N}$ gilt. Wir haben somit die Existenz eines $x \in \mathbb{R}^n$ mit den gewünschten Eigenschaften bewiesen. Die Eindeutigkeit von x ist klar. $\qquad \square$

Folgenstetigkeit und Charakterisierung der Stetigkeit mittels offener Mengen

Wir übertragen schließlich den Begriff der Folgenstetigkeit einer reellen Funktion auf reellwertige Funktionen, deren Definitionsbereiche Teilmengen des $\mathbb{R}^n$ sind.

2.20 Definition. Ist $M \subset \mathbb{R}^n$ und $f : M \to \mathbb{R}$ eine Funktion, so heißt f *stetig* in $x_0 \in M$, wenn für jede Folge $(x_n)_{n \in \mathbb{N}} \subset M$ mit $\lim_{n \to \infty} x_n = x_0$

$$\lim_{n \to \infty} f(x_n) = f(x_0)$$

gilt. Ist f für jedes $x_0 \in M$ stetig, so heißt f *stetig auf M*.

In Analogie zur eindimensionalen Situation können wir die Stetigkeit einer Funktion $f : M \to \mathbb{R}, M \subset \mathbb{R}^n$, äquivalent in die $(\varepsilon\text{-}\delta)$-Sprache umformulieren; die Details überlassen wir dem Leser als Übungsaufgabe.

2.21 Satz. *Ist $M \subset \mathbb{R}^n$ und $f : M \to \mathbb{R}$ eine Funktion, so ist f in $x_0 \in M$ genau dann stetig, wenn zu jedem $\varepsilon > 0$ ein $\delta > 0$ existiert mit*

$$|f(x) - f(x_0)| < \varepsilon \quad \text{für alle } x \in M \text{ mit } |x - x_0| < \delta.$$

2.22 Beispiele. a) Sind $x \in \mathbb{R}^n$ und $M \subset \mathbb{R}^n$ eine Menge, so nennen wir

$$\text{dist}(x, M) := \inf\{|x - y| : y \in M\}$$

den *Abstand* von x zu M. Dann ist die *Abstandsfunktion*

$$\text{dist}(\cdot, M) : \mathbb{R}^n \to \mathbb{R}, \ x \mapsto \text{dist}(x, M)$$

stetig, sogar Lipschitz-stetig. Den Beweis überlassen wir dem Leser als Übungsaufgabe.

b) Es sei $(\cdot|\cdot)$ ein Skalarprodukt auf $\mathbb{R}^n$ und $x_0 \in \mathbb{R}^n$. Dann ist die Abbildung $(\cdot|x_0)$

$$\mathbb{R}^n \to \mathbb{R}, \quad x \mapsto (x|x_0)$$

stetig. Wiederum verweisen wir für den Beweis auf die Übungsaufgaben.

Formulieren wir die in Satz 2.21 beschriebene Charakterisierung der Stetigkeit einer Funktion in die Sprache der Umgebungen um, so gilt: Eine Funktion $f : \mathbb{R}^n \to \mathbb{R}$ ist genau dann in $x_0 \in \mathbb{R}^n$ stetig, wenn für jede Umgebung V von $f(x_0)$ in $\mathbb{R}$ eine Umgebung U von $x_0 \in \mathbb{R}^n$ existiert mit $f(U) \subset V$.

Im folgenden Theorem charakterisieren wir die Stetigkeit einer Funktion $f : \mathbb{R}^n \to \mathbb{R}$ durch rein topologische Begriffe. Es ist eine fundamentale Charakterisierung stetiger Funktionen, ohne direkten Bezug auf den Betrag oder einen verwandten Abstandsbegriff, welche in einem abstrakteren Rahmen ebenfalls noch Bestand hat.

2.23 Theorem. *Für eine Funktion $f : \mathbb{R}^n \to \mathbb{R}$ sind die folgenden Aussagen äquivalent:*

a) *f ist stetig.*

b) *$f^{-1}(O)$ ist offen in $\mathbb{R}^n$ für jede in $\mathbb{R}$ offene Menge O, d. h., Urbilder offener Mengen sind offen.*

c) *$f^{-1}(A)$ ist abgeschlossen in $\mathbb{R}^n$ für jede in $\mathbb{R}$ abgeschlossene Menge A, d. h., Urbilder abgeschlossener Mengen sind abgeschlossen.*

Beweis. a) $\Rightarrow$ b): Es sei $O \subset \mathbb{R}$ offen. Gilt $f^{-1}(O) = \emptyset$, so folgt die Behauptung direkt aus Satz 2.7a). Es gelte im Folgenden also $f^{-1}(O) \neq \emptyset$. Da f nach Voraussetzung stetig ist, existiert für jedes $x \in f^{-1}(O)$ eine Umgebung $U_x \subset \mathbb{R}^n$ von x mit $f(U_x) \subset O$, d. h., es gilt $x \in U_x \subset f^{-1}(O)$ für jedes $x \in f^{-1}(O)$. Daher ist

$$f^{-1}(O) = \bigcup_{x \in f^{-1}(O)} U_x$$

als Vereinigung offener Mengen nach Satz 2.7 wiederum offen.

b) $\Rightarrow$ c): Ist $A \subset \mathbb{R}$ abgeschlossen, so ist A^c offen in $\mathbb{R}$. Da nach Voraussetzung und Aufgabe I.1.11 die Menge $f^{-1}(A^c) = \left(f^{-1}(A)\right)^c$ in $\mathbb{R}^n$ offen ist, folgt, dass $f^{-1}(A)$ abgeschlossen ist.

c) $\Rightarrow$ a): Es sei $x \in \mathbb{R}^n$ und V eine offene Umgebung von $f(x)$ in $\mathbb{R}$. Da V^c in $\mathbb{R}$ abgeschlossen ist, impliziert die Voraussetzung und Aufgabe I.1.11, dass $f^{-1}(V^c) = \left(f^{-1}(V)\right)^c$ in $\mathbb{R}^n$ abgeschlossen ist. Also ist $U := f^{-1}(V)$ offen in $\mathbb{R}^n$, und da $x \in U$, ist U eine Umgebung von x mit $f(U) \subset V$. $\square$

Theorem 2.23 besagt also, dass eine Funktion $f : \mathbb{R}^n \to \mathbb{R}$ genau dann stetig ist, wenn Urbilder offener Mengen offen bzw. wenn Urbilder abgeschlossener Mengen abgeschlossen sind. Es ermöglicht, insbesondere solche Mengen als offen zu erkennen, die sich als Urbilder offener Mengen unter stetigen Abbildungen darstellen lassen. Wir erläutern diesen Gedankengang anhand einiger Beispiele.

2.24 Beispiele. a) Ist $f : \mathbb{R}^n \to \mathbb{R}$ eine stetige Funktion und $y \in \mathbb{R}$, so ist die Menge $f^{-1}(y)$ abgeschlossen in $\mathbb{R}^n$. Dies ist offensichtlich, da die Menge $\{y\}$ in $\mathbb{R}$ abgeschlossen ist. Insbesondere ist die *Nullstellenmenge* von f

$$N(f) := \{x \in \mathbb{R}^n : f(x) = 0\}$$

abgeschlossen in $\mathbb{R}^n$.

b) Für eine stetige Funktion $f : \mathbb{R}^n \to \mathbb{R}$ ist die Menge

$$\{x \in \mathbb{R}^n : f(x) \le r\}$$

abgeschlossen und die Menge

$$\{x \in \mathbb{R}^n : f(x) < r\}$$

offen. Dies folgt unmittelbar aus Theorem 2.23, da

$$\{x \in \mathbb{R}^n : f(x) \le r\} = f^{-1}\big((-\infty, r]\big) \text{ bzw. } \{x \in \mathbb{R}^n : f(x) < r\} = f^{-1}\big((\infty, r)\big)$$

gilt und die Intervalle $(-\infty, r]$ und $(-\infty, r)$ abgeschlossen bzw. offen sind.

c) Für jedes $j \in \{1, \dots, n\}$ ist die Projektion $p_j : \mathbb{R}^n \to \mathbb{R}, (x_1, \dots, x_n) \mapsto x_j$ eine stetige Funktion.

d) Der abgeschlossene n-dimensionale Einheitswürfel

$$Q := \{x \in \mathbb{R}^n : 0 \le x_j \le 1, 1 \le j \le n\}$$

ist abgeschlossen in $\mathbb{R}^n$. Um dies einzusehen, notieren wir zunächst, dass nach Beispiel c) die Projektion auf die j-te Koordinate, gegeben durch $p_j : \mathbb{R}^n \to \mathbb{R}, (x_1, \dots, x_n) \mapsto x_j$, eine stetige Abbildung ist. Da Q in der Form

$$Q = \bigcap_{j=1}^{n} \Big(\underbrace{\{x \in \mathbb{R}^n : p_j(x) \le 1\}}_{\text{abg. nach b)}} \cap \underbrace{\{x \in \mathbb{R}^n : p_j(x) \ge 0\}}_{\text{abg. nach b)}} \Big)$$

dargestellt werden kann und endliche Schnitte abgeschlossener Mengen nach Satz 2.7 wieder abgeschlossen sind, folgt die Behauptung aus Theorem 2.23.

2.25 Bemerkung. Stetige Bilder abgeschlossener (offener) Mengen sind im Allgemeinen *nicht* abgeschlossen (offen).

Wir betrachten hierzu die Menge $A := \{(x, y) \in \mathbb{R}^2 : xy = 1\} \subset \mathbb{R}^2$ und die stetige Funktion $f : \mathbb{R}^2 \to \mathbb{R}, (x, y) \mapsto xy$. Dann ist $A = f^{-1}(\{1\})$, und nach Aussage b) in Theorem 2.23 ist A abgeschlossen in $\mathbb{R}^2$. Nun ist die Projektion auf die erste Koordinate $p_1 : \mathbb{R}^2 \to \mathbb{R}, (x, y) \mapsto x$ stetig, aber $p_1(A) = \mathbb{R} \setminus \{0\}$ ist nicht abgeschlossen.

Als weiteres Beispiel betrachten wir das offene Intervall $O = (-1, 1)$ und die stetige Funktion $f : \mathbb{R} \to \mathbb{R}, x \mapsto x^2$. Dann ist $f(O) = [0, 1)$ nicht offen in $\mathbb{R}$.

Relativ offene und relativ abgeschlossene Mengen

Wir beenden diesen Abschnitt mit einer Version von Theorem 2.23, in welcher wir Funktionen zulassen, deren Definitionsbereiche *beliebige* Teilmengen M des $\mathbb{R}^n$ sein dürfen. Hierzu müssen wir zunächst jedoch die Begriffe offen und abgeschlossen von $\mathbb{R}^n$ auf Teilmengen $Y \subset \mathbb{R}^n$ übertragen.

2.26 Definition. Es sei $Y \subset \mathbb{R}^n$. Eine Teilmenge $M \subset Y$ heißt *offen* (*abgeschlossen*) in Y, wenn eine in $\mathbb{R}^n$ offene (abgeschlossene) Menge O (A) existiert mit

$$M = O \cap Y \quad (M = A \cap Y).$$

Ist $M \subset Y$ offen (abgeschlossen) in Y, so heißt M auch *relativ offen* (*relativ abgeschlossen*) in Y.

Ist zum Beispiel $M = (0, 1)$ und $Y = \mathbb{R} \subset \mathbb{R}^2$, so ist M offen in Y, aber nicht in $\mathbb{R}^2$. Theorem 2.23 lautet in diesem Zusammenhang folgendermaßen.

2.27 Satz. *Ist $M \subset \mathbb{R}^n$ eine beliebige Menge, so ist eine Funktion $f : M \to \mathbb{R}$ genau dann auf M stetig, wenn das Urbild jeder offenen Menge in $\mathbb{R}$ relativ offen in M ist.*

Für den Beweis verweisen wir auf die Übungsaufgaben.

Aufgaben

1. Man beweise die Aussagen von Satz 2.7 und 2.8.

2. Man beweise die Aussagen von Lemma 2.12.

3. Es sei $M := \{(x, y) \in \mathbb{R}^2 : 2x^2 + 3y^2 \leq 3\}$.

   a) Man entscheide, ob die Menge M offen und/oder abgeschlossen ist.

   b) Man gebe den Rand ∂M, das Innere $\mathring{M}$, den Abschluss $\overline{M}$ sowie die Menge aller Häufungspunkte von M an.

4. Man entscheide, welche der folgenden Aussagen über Teilmengen des $\mathbb{R}^n$ wahr sind:

   a) Eine offene Menge enthält nur innere Punkte.

   b) Eine Menge kann gleichzeitig offen und abgeschlossen sein.

   c) Ist der Rand einer Menge leer, so ist die Menge offen.

   d) Ein Randpunkt einer Menge ist immer ein Häufungspunkt dieser Menge.

   e) Es gilt $\partial \mathbb{R}^n = \emptyset$.

5. Man zeige: Ist $A \subset \mathbb{R}$ eine nichtleere Menge, so ist A genau dann abgeschlossen, wenn sie mit der Menge $\{x \in \mathbb{R} : \operatorname{dist}(x, A) = 0\}$ übereinstimmt.

6. Man zeige, dass die Einheitskugel und die Einheitssphäre

$$B = \{x \in \mathbb{R}^n : |x| \leq 1\} \quad \text{und } S := \{x \in \mathbb{R}^n : |x| = 1\}$$

   abgeschlossene Mengen in $\mathbb{R}^n$ sind.

7. Man beweise Satz 2.21.

8. Man beweise die Aussagen in Beispiel 2.22a) und b) über die Stetigkeit der Abstandsfunktion sowie des Skalarprodukts.

9. Es sei A ein reelle $(n \times n)$-Matrix und $(\cdot|\cdot)$ ein Skalarprodukt auf $\mathbb{R}^n$. Man beweise, dass die Abbildung $\mathbb{R}^n \to \mathbb{R}$, gegeben durch

$$x \mapsto \left((Ax^T)^T \big| x \right),$$

   stetig ist.

10. Man zeige: Eine Funktion $f : \mathbb{R}^n \to \mathbb{R}$ ist genau dann stetig, wenn $f(\overline{A}) \subset \overline{f(A)}$ für alle $A \subset \mathbb{R}^n$ gilt.

11. Man führe den Beweis von Satz 2.27 im Detail aus.

3   Stetige Funktionen und Kompaktheit

Der Begriff der Kompaktheit ist von zentraler Bedeutung in der modernen Analysis, und wir werden nicht nur in diesem Kapitel, sondern auch im weiteren Verlauf sehen, dass viele wichtige Existenzaussagen der Analysis auf diesem Begriff beruhen. Beispielhaft nennen wir an dieser Stelle den Satz über die Annahme des Maximums einer stetigen Funktion auf einer kompakten Menge sowie den Satz über die gleichmäßige Stetigkeit einer stetigen Funktion auf einer kompakten Menge.

Kompakte Mengen kann man in einem sehr präzisen Sinne als „fast" endliche Mengen beschreiben, und diese Approximation kompakter Mengen erlaubt es, in vielen Fällen Argumente, welche für endliche Mengen gelten, auf kompakte Mengen auszudehnen.

Wir definieren den Begriff der Kompaktheit einer Menge in $\mathbb{R}^n$ durch die *Überdeckungskompaktheit* und zeigen, dass für Teilmengen des $\mathbb{R}^n$ die Überdeckungskompaktheit mit der später eingeführten *Folgenkompaktheit* übereinstimmt. Der Satz von Heine-Borel besagt ferner, dass eine Teilmenge des $\mathbb{R}^n$ genau dann kompakt ist, wenn sie beschränkt und abgeschlossen ist.

Der Grund für die Einführung der Kompaktheit mittels Überdeckungen bzw. Folgen-kompaktheit bereits an dieser Stelle – also sehr früh – besteht darin, dass sich dieses Konzept später problemlos auf normierte oder metrische Räume verallgemeinern lässt, während sich die Heine-Borelsche Charakterisierung der Kompaktheit nur auf die end-lichdimensionale Situation beschränkt.

In diesem Abschnitt sei K immer eine Teilmenge des $\mathbb{R}^n$.

Überdeckungskompaktheit

Wir beginnen mit der Definition der Begriffe *Überdeckung* und *Kompaktheit*.

3.1 Definition.

a) Es sei $K \subset \mathbb{R}^n$ und I eine beliebige Indexmenge. Eine *offene Überdeckung von K* ist eine Familie $(O_i)_{i \in I}$ von offenen Teilmengen $O_i \subset \mathbb{R}^n$ mit

$$K \subset \bigcup_{i \in I} O_i.$$

b) Eine Menge $K \subset \mathbb{R}^n$ heißt *kompakt*, wenn *jede* offene Überdeckung $(O_i)_{i \in I}$ von K eine endliche Teilüberdeckung besitzt, d. h., wenn ein $N \in \mathbb{N}$ und $i_1, \dots, i_N \in I$ existieren mit

$$K \subset \bigcup_{k=1}^{N} O_{i_k}.$$

3.2 Beispiele. a) Die Menge der reellen Zahlen $\mathbb{R}$ ist nicht kompakt, da $\mathbb{R} \subseteq \bigcup_{n \in \mathbb{N}} (-n, n)$, aber diese offene Überdeckung keine endliche Teilüberdeckung besitzt.

b) Das Intervall $(0, 1] \subset \mathbb{R}$ ist nicht kompakt, da $(0, 1] \subseteq \bigcup_{j \in \mathbb{N}} (\frac{1}{j}, 2)$ und diese Überdeckung wiederum keine endliche Teilüberdeckung besitzt.

c) Ist $(a_j)_{j \in \mathbb{N}}$ eine konvergente Folge in $\mathbb{R}^n$ mit $\lim_{j \to \infty} a_j = a$, so ist

$$K := \{a_j : j \in \mathbb{N}\} \cup \{a\}$$

eine kompakte Menge. Zur Begründung betrachten wir eine offene Überdeckung $(O_i)_{i \in I}$ von K. Dann existiert ein $j \in I$ mit $a \in O_j$. Da O_j eine Umgebung von a ist, existiert ein $N_0 \in \mathbb{N}$ mit $a_k \in O_j$ für alle $k \geq N_0$. Wählen wir nun Indizes $i_1, \dots, i_{N_0}$ derart, dass $a_k \in O_{i_k}$ für alle $k = 1, \dots, N_0$ gilt, so ergibt sich

$$K \subset \Big(\bigcup_{k=1}^{N_0} O_{i_k}\Big) \cup O_j.$$

d) Aussage c) ist im Allgemeinen falsch, falls a aus K entfernt wird. Wir betrachten hierzu die Folge $(1/j)_{j \in \mathbb{N}}$ und setzen $M = \{\frac{1}{j} : j \in \mathbb{N}\} \subset \mathbb{R}$ sowie $O_1 = (1/2, 2)$ und $O_j = (\frac{1}{j+1}, \frac{1}{j-1})$ für alle $j \geq 2$. Dann ist $M \subset \bigcup_{j \in \mathbb{N}} O_j$, und jedes O_j enthält genau ein Element von M, aber die offene Überdeckung $(O_j)_{j \in \mathbb{N}}$ besitzt keine endliche Teilüberdeckung.

e) Die Menge der natürlichen Zahlen $\mathbb{N}$ ist nicht kompakt. Dies zeigt die Überdeckung $(O_k)_{k \in \mathbb{N}}$ von $\mathbb{N}$ mit $O_k := (k - 1/3, k + 1/3)$ für $k \in \mathbb{N}$, welche keine endliche Teilüberdeckung besitzt.

3.3 Satz. *Eine kompakte Menge $K \subset \mathbb{R}^n$ ist abgeschlossen und beschränkt.*

Beweis. Wir zeigen zunächst, dass K beschränkt ist. Hierzu sei $x \in \mathbb{R}^n$ beliebig gewählt. Da $\mathbb{R}^n = \bigcup_{k=1}^\infty B_k(x)$ gilt $K \subset \bigcup_{k=1}^\infty B_k(x)$ und da K nach Voraussetzung kompakt ist, existiert ein $N \in \mathbb{N}$ mit

$$K \subset \bigcup_{j=1}^N B_{k_j}(x).$$

Setzen wir $R := \max\{k_1, \ldots, k_N\}$, so gilt $K \subset B_R(x)$, und K ist somit beschränkt.

Wir zeigen weiter, dass K abgeschlossen ist. Hierzu wählen wir $x \in \mathbb{R}^n \backslash K$, und für $j \in \mathbb{N}$ setzen wir $U_j := \{y \in \mathbb{R}^n : |y - x| > \frac{1}{j}\}$. Dann ist U_j offen, und es gilt

$$K \subseteq \mathbb{R}^n \backslash \{x\} = \bigcup_{j=1}^\infty U_j.$$

Da K nach Voraussetzung kompakt ist, existiert eine endliche Teilüberdeckung hiervon, d. h., es existiert ein $N \in \mathbb{N}$ mit $K \subset \bigcup_{k=1}^N U_{j_k}$. Für $R := \max\{j_1, \ldots, j_N\}$ gilt $B_{\frac{1}{R}}(x) \subseteq \mathbb{R}^n \backslash K$, und somit ist $\mathbb{R}^n \backslash K$ offen, was bedeutet, dass K abgeschlossen ist. $\qquad\square$

3.4 Lemma. *Eine abgeschlossene Teilmenge A einer kompakten Menge $K \subset \mathbb{R}^n$ ist kompakt.*

Beweis. Ist $(O_i)_{i \in I}$ eine offene Überdeckung von A, so gilt, da $\mathbb{R}^n \backslash A$ nach Voraussetzung offen ist:

$$K \subset \mathbb{R}^n = \left(\bigcup_{i \in I} O_i \right) \cup \mathbb{R}^n \backslash A.$$

Da K nach Voraussetzung kompakt ist, existiert eine endliche Teilüberdeckung von K, d. h., es existieren $i_1, \ldots, i_N \in I$ mit

$$K \subset \left(O_{i_1} \cup \ldots \cup O_{i_N} \right) \cup \mathbb{R}^n \backslash A.$$

Deswegen gilt $A \subset \left(O_{i_1} \cup \ldots \cup O_{i_N} \right)$, und A ist kompakt. $\qquad\square$

Satz von Heine-Borel

Kompakte Teilmengen des $\mathbb{R}^n$ sind nach den Resultaten des vorherigen Abschnitts immer abgeschlossen und beschränkt. Der folgende Satz von Heine-Borel besagt, dass die Umkehrung dieser Aussage ebenfalls richtig ist und kompakte Teilmengen des $\mathbb{R}^n$ daher durch diese beide Eigenschaften charakterisiert werden können.

3.5 Theorem. (Satz von Heine-Borel). *Eine Menge $K \subset \mathbb{R}^n$ ist genau dann kompakt, wenn sie abgeschlossen und beschränkt ist.*

Beweis. Wir haben bereits in Satz 3.3 gezeigt, dass kompakte Mengen in $\mathbb{R}^n$ abgeschlossen und beschränkt sind. Um die umgekehrte Richtung zu zeigen, nehmen wir an, dass K abgeschlossen und beschränkt ist und daher in einem genügend großen Quader der Form

$$Q = \{(x_1, \ldots, x_n) \in \mathbb{R}^n : a_l \leq x_l \leq b_l, 1 \leq l \leq n\} \tag{3.1}$$

mit $a_l, b_l \in \mathbb{R}$ und $a_l \leq b_l$ für $l = 1, \ldots n$ enthalten ist. Falls wir zeigen können, dass Q kompakt ist, so folgt die Behauptung aus Lemma 3.4. In Lemma 3.6 beweisen wir nun die Kompaktheit von Q. □

3.6 Lemma. *Ist $Q \subset \mathbb{R}^n$ definiert wie in (3.1), so ist Q kompakt.*

Beweis. Wir betrachten eine offene Überdeckung $(O_i)_{i \in I}$ von Q und nehmen an, dass keine offene Teilüberdeckung von Q existiert. Wir konstruieren nun eine Folge von abgeschlossenen Teilquadern,

$$Q_0 \supset Q_1 \supset Q_2 \supset \ldots,$$

mit der Eigenschaft, dass
  i) Q_m keine endliche Teilüberdeckung besitzt und
  ii) $\text{diam}(Q_m) = 2^{-m} \text{diam}(Q)$ für alle $m \in \mathbb{N}$ gilt.
  Hierzu setzen wir $Q_0 = Q$ und nehmen an, dass Q_m schon konstruiert ist. Dann gilt $Q_m = I_1 \times I_2 \times \ldots \times I_n$, wobei $I_l \subset \mathbb{R}$ für jedes $l = 1, \ldots, n$ ein abgeschlossenes Intervall bezeichnet. Wir halbieren nun I_l, schreiben $I_l = I_l^1 \cup I_l^2$ und setzen

$$Q_m^{s_1, \ldots, s_n} := I_1^{s_1} \times I_2^{s_i} \times \ldots \times I_n^{s_n} \quad \text{für } s_i = 1, 2.$$

Es gilt daher

$$Q_m = \bigcup_{(s_1, \ldots, s_n) \in \{1,2\}^n} Q_m^{s_1, \ldots, s_n}.$$

Da Q_m keine endliche Teilüberdeckung besitzt, gilt dies auch für mindestens einen der Teilquader $Q_m^{s_1, \ldots, s_n}$. Wir bezeichnen diesen mit Q_{m+1}. Dann gilt

$$\text{diam}(Q_{m+1}) = \frac{1}{2} \text{diam}(Q_m) = 2^{-m-1} \text{diam}(Q),$$

und deshalb besitzt Q_{m+1} die obigen Eigenschaften i) und ii). Nach Satz 2.19 existiert genau ein a mit $a \in \bigcap_{m \in \mathbb{N}} Q_m$. Ferner, da $(O_i)_{i \in I}$ eine Überdeckung von Q ist, ist a ein Element von O_{i_0} für ein i_0, d. h., es gilt $B_\varepsilon(a) \subset O_{i_0}$ für ein $\varepsilon > 0$. Wir wählen nun m so groß, dass $\text{diam}(Q_m) < \frac{\varepsilon}{2}$ gilt. Da $a \in Q_m$, gilt

$$Q_m \subset B_\varepsilon(a) \subset O_{i_0},$$

im Widerspruch zu Eigenschaft i). □

Cantorsches Diskontinuum

Das folgende Beispiel der Cantorschen Menge zeigt, dass kompakte Mengen eine kompli-zierte Struktur besitzen können. Wir beginnen mit dem abgeschlossen Intervall $C_0 = [0, 1]$ und bezeichnen mit C_1 die Menge, die wir erhalten, indem wir C_0 dritteln und das mittlere, offene Intervall entfernen, d. h.,

$$C_1 = [0, 1/3] \cup [2/3, 1].$$

Wiederholen wir diese Prozedur für jedes Teilintervall von C_1, so erhalten wir

$$C_2 = [0, 1/9] \cup [2/9, 1/3] \cup [2/3, 7/9] \cup [8/9, 1].$$

Allgemein entsteht C_{n+1} aus C_n durch Weglassen der offenen, mittleren Drittel aller 2^n Intervalle, aus denen sich C_n zusammensetzt. Der Durchschnitt

$$C := \bigcap_{n=0}^{\infty} C_n$$

heißt *Cantor-Menge*. Es gilt $C \neq \emptyset$, denn für alle $n \in \mathbb{N}_0$ liegen alle Endpunkte der Intervalle in C_n in C.

Die Cantor-Menge besitzt viele interessante analytische und topologische Eigenschaften:

a) Wegen Satz 2.8 ist C insbesondere abgeschlossen, und da C offensichtlich beschränkt ist, folgt aus dem Satz von Heine-Borel weiter die Kompaktheit von C.

b) Jedes $x \in C$ ist ein Häufungspunkt von C, und das Innere von C ist leer. Für den Beweis verweisen wir auf die Übungsaufgaben.

Für weitere und sehr interessante Eigenschaften der Cantor Menge verweisen wir auf Abschnitt 6.

Folgenkompaktheit

Wir zeigen nun mittels des Satzes von Heine-Borel, dass kompakte Teilmengen des $\mathbb{R}^n$ durch die Folgenkompaktheit charakterisiert werden können.

3.7 Theorem. (Folgenkompaktheit). *Für eine Menge $K \subset \mathbb{R}^n$ sind die folgenden Aussagen äquivalent:*

a) *K ist kompakt (K ist überdeckungskompakt).*

b) *Jede Folge $(a_j)_{j \in \mathbb{N}} \subset K$ besitzt eine Teilfolge, welche gegen ein $a \in K$ konvergiert (K ist folgenkompakt).*

Beweis. $\Rightarrow$: Wir nehmen an, die Behauptung ist falsch. Dann existiert eine Folge $(a_j)_{j \in \mathbb{N}}$ in K, welche keine Teilfolge besitzt, die gegen ein Element von K konvergiert. Also existiert für jedes $x \in K$ eine Umgebung U_x von x mit der Eigenschaft, dass höchstens endlich viele Folgenglieder von $(a_j)_{j \in \mathbb{N}}$ in U_x enthalten sind. Da $K \subset \bigcup_{x \in K} U_x$ und K nach Voraussetzung kompakt ist, existieren endlich viele $x_1, \ldots, x_N \in K$ derart, dass K bereits von $\{U_{x_k} : k = 1, \ldots, N\}$ überdeckt wird. Somit enthält K nur endlich viele Folgenglieder, im Widerspruch zur Annahme.

$\Leftarrow$: Wir stellen zunächst fest, dass die Menge K beschränkt ist, denn ansonsten würde eine Folge $(a_j)_{j \in \mathbb{N}} \subset K$ existieren mit $|a_j| \geq j$ für alle $j \in \mathbb{N}$, welche dann aber keine konvergente Teilfolge besitzen könnte.

Nach dem Satz von Heine-Borel bleibt zu zeigen, dass K abgeschlossen ist. Hierzu sei $(a_j)_{j \in \mathbb{N}} \subset K$ eine Folge mit $\lim_{j \to \infty} a_j = a \in \mathbb{R}^n$. Nach Voraussetzung besitzt diese Folge eine konvergente Teilfolge $(a_{j_l})_{l \in \mathbb{N}}$ mit $\lim_{l \to \infty} a_{j_l} = a' \in K$. Die Eindeutigkeit des Grenzwertes impliziert aber, dass $a = a'$ und somit $a \in K$ gilt. Nach Theorem 2.18 ist K somit abgeschlossen, und der Satz von Heine-Borel impliziert, dass K kompakt ist. $\qquad \square$

Eigenschaften stetiger Funktionen auf kompakten Mengen

In diesem Abschnitt beschäftigen wir uns mit grundlegenden Eigenschaften von Bildern kompakter Mengen unter stetigen Abbildungen.

3.8 Theorem. (Stetige Bilder kompakter Mengen sind kompakt). *Sind $M \subset \mathbb{R}^n$, $f : M \to \mathbb{R}$ eine stetige Funktion und $K \subset M$ eine kompakte Menge, so ist $f(K) \subset \mathbb{R}$ kompakt.*

Beweis. Es sei $(b_j)_{j \in \mathbb{N}} \subset f(K)$ eine Folge. Dann existiert zu jedem $j \in \mathbb{N}$ (mindestens) ein $a_j \in K$ mit $b_j = f(a_j)$. Nach Theorem 3.7 besitzt die Folge $(a_j)_{j \in \mathbb{N}} \subset K$ eine konvergente Teilfolge $(a_{j_k})_{k \in \mathbb{N}}$ mit $\lim_{k \to \infty} a_{j_k} = a \in K$. Die Stetigkeit von f impliziert dann

$$\lim_{k \to \infty} b_{j_k} = \lim_{k \to \infty} f(a_{j_k}) = f(a) \in f(K),$$

und somit besitzt die Folge (b_j) eine in $f(K)$ konvergente Teilfolge. Die Behauptung folgt dann aus Theorem 3.7. $\qquad \square$

Ein alternativer Beweis von Theorem 3.8, welcher nicht auf der Folgenkompaktheit von K beruht, verläuft wie folgt: Ist $(O'_i)_{i \in I}$ eine offene Überdeckung von $f(K)$, so existieren wegen der Stetigkeit von f nach Satz 2.27 für jedes $i \in I$ in $\mathbb{R}^n$ offene Mengen O_i mit $f^{-1}(O_i') = M \cap O_i$. Daher gilt $K \subset \bigcup_{i \in I} O_i$, und wegen der Kompaktheit von K besitzt diese Überdeckung eine endliche Teilüberdeckung, d. h., es gilt $K \subset \bigcup_{l=1}^{N} O_{i_l}$ für ein $N \in \mathbb{N}$. Somit gilt $f(K) \subset \bigcup_{l=1}^{N} O_{i_l}'$, und die obige Überdeckung von $f(K)$ besitzt somit eine endliche Teilüberdeckung.

Theorem 3.8 und Satz 3.3 implizieren das folgende Korollar.

3.9 Korollar. *Sind $K \subset \mathbb{R}^n$ eine kompakte Menge und $f : K \to \mathbb{R}$ eine stetige Funktion, so ist $f(K)$ beschränkt.*

3.10 Theorem. (Stetige Funktionen nehmen auf einem Kompaktum ihr Minimum und Maximum an). *Sind $K \subset \mathbb{R}^n$ kompakt und $f : K \to \mathbb{R}$ eine stetige Funktion, so nimmt f ihr Maximum und Minimum auf K an, d. h., es existieren $x_0, x_1 \in K$ mit*

$$f(x_0) = \min_{x \in K} f(x) \quad und \quad f(x_1) = \max_{x \in K} f(x).$$

Beweis. Nach unseren Vorbereitungen ist der Beweis nicht mehr schwierig. Nach Theorem 3.8 ist $f(K)$ kompakt und somit nach Satz 3.3 beschränkt und abgeschlossen. Es gilt also

$$m := \inf f(K) > -\infty \quad und \quad M := \sup f(K) < \infty,$$

und es existieren daher Folgen $(a_j)_{j \in \mathbb{N}} \subset K$ und $(b_j)_{j \in \mathbb{N}} \subset K$ mit $\lim_{j \to \infty} f(a_j) = m$ und $\lim_{j \to \infty} f(b_j) = M$. Da $f(K)$ abgeschlossen ist, folgt aus Satz 2.18, dass m und M in $f(K)$ liegen. Also existieren $x_0, x_1 \in K$ mit $f(x_0) = m$ und $f(x_1) = M$. □

Theorem 3.10 impliziert insbesondere, dass eine abgeschlossene und eine kompakte Menge mit leerem Durchschnitt immer einen strikt positiven Abstand haben. Wir definieren hier den Abstand zweier Mengen $M_1, M_2 \subset \mathbb{R}^n$ wie folgt: In Beispiel 2.22a) hatten wir für $x \in \mathbb{R}^n$ den *Abstand* von x zu M_1 als

$$\mathrm{dist}(x, M_1) := \inf\{|x - y| : y \in M_1\}$$

definiert; nun heißt

$$\mathrm{dist}(M_1, M_2) := \inf\{|x - y| : x \in M_1, y \in M_2\}$$

der *Abstand der Mengen* M_1 *und* M_2.

3.11 Korollar. *Für eine abgeschlossene Menge $A \subset \mathbb{R}^n$ und eine kompakte Menge $K \subset \mathbb{R}^n$ mit $A \cap K = \emptyset$ gilt $\mathrm{dist}\,(A, K) > 0$.*

Beweis. Die Funktion $x \mapsto \mathrm{dist}(x, A)$ ist nach Beispiel 2.22a) stetig, und K ist nach Voraussetzung kompakt. Nach Theorem 3.10 existiert also ein $x_0 \in K$ mit $\mathrm{dist}(x_0, A) = \mathrm{dist}(K, A)$. Falls $\mathrm{dist}(x_0, A) = 0$ gelten würde, so würde eine Folge $(a_j)_{j \in \mathbb{N}} \subset A$ mit

$\lim_{j\to\infty}|x_0 - a_j| = 0$ existieren, d. h., die Folge $(a_j)_{j\in\mathbb{N}}$ würde gegen x_0 konvergieren. Da A abgeschlossen ist, wäre $x_0 \in A$, und es würde $x_0 \in A \cup K$ gelten, im Widerspruch zu $A \cap K = \emptyset$. □

Gleichmäßige Stetigkeit

Wir betrachten den Begriff der *gleichmäßigen Stetigkeit* einer Funktion f, welche auf einer beliebigen Menge $M \subset \mathbb{R}^n$ definiert ist. Die Stetigkeit einer solchen Funktion $f : M \subset \mathbb{R}^n \to \mathbb{R}$ auf M bedeutet bekanntermaßen, dass

$$\underset{\varepsilon>0}{\forall}\ \underset{x_0\in M}{\forall}\ \underset{\delta>0}{\exists}\ \underset{\substack{x\in M\\|x-x_0|<\delta}}{\forall}\ |f(x) - f(x_0)| < \varepsilon$$

gilt. Da der Quantor $\forall x_0 \in M$ *vor* dem Quantor $\exists \delta > 0$ steht, bedeutet dies, dass δ im Allgemeinen von x_0 abhängt! Falls wir in der obigen Situation δ *unabhängig* von x_0 wählen können, d. h., wenn wir die Reihenfolge der Quantoren $\forall x_0 \in M$ und $\exists \delta > 0$ vertauschen dürfen, so nennen wir f gleichmäßig stetig auf M. Genauer gesagt gilt die folgende Definition.

3.12 Definition. Eine Funktion $f : M \subset \mathbb{R}^n \to \mathbb{R}$ heißt *gleichmäßig stetig auf M*, wenn für jedes $\varepsilon > 0$ ein $\delta_\varepsilon > 0$ (unabhängig von x) existiert mit

$$x, x_0 \in M, |x - x_0| < \delta \Rightarrow |f(x) - f(x_0)| < \varepsilon.$$

In Quantoren geschrieben bedeutet die gleichmäßige Stetigkeit einer Funktion $f : M \to \mathbb{R}$ dann

$$\underset{\varepsilon>0}{\forall}\ \underset{\delta>0}{\exists}\ \underset{x_0\in M}{\forall}\ \underset{\substack{x\in M\\|x-x_0|<\delta}}{\forall}\ |f(x) - f(x_0)| < \varepsilon.$$

Zur Erläuterung des Begriffs der gleichmäßigen Stetigkeit, betrachten wir für $I = (0, \infty)$ das Beispiel der Funktion $f : I \to \mathbb{R}$, $f(x) = 1/x$. Diese ist stetig, aber auf I nicht gleichmäßig stetig: Damit zu gegebenem $\varepsilon > 0$ die Funktionswerte von f für $|x-x_0| \le \delta_\varepsilon$ im Streifen der Breite 2ε verlaufen, muss, je näher x_0 bei 0 gewählt wird, δ_ε immer kleiner gewählt werden. Es existiert also kein δ_ε, welches wir für alle $x_0 \in I$ verwenden können.

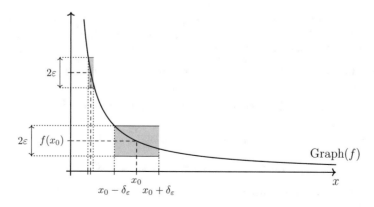

3.13 Beispiele. a) Wir verifizieren, dass jede Lipschitz-stetige Funktion gleichmäßig stetig ist.

b) Die Funktion $f : (0, 1] \to \mathbb{R}, x \mapsto \frac{1}{x^2}$ ist stetig, aber nicht gleichmäßig stetig.

c) Die Wurzelfunktion $f : [0, \infty) \to [0, \infty), x \mapsto \sqrt{x}$ ist gleichmäßig stetig, aber nicht Lipschitz-stetig.

Für den Beweis dieser Aussagen verweisen wir auf die Übungsaufgaben.

Der folgende Satz besagt, dass eine stetige Funktion auf einer kompakten Menge gleichmäßig stetig ist.

3.14 Satz. (Stetige Funktionen auf kompakten Mengen sind gleichmäßig stetig). *Sind* $K \subset \mathbb{R}^n$ *eine kompakte Menge und* $f : K \to \mathbb{R}$ *eine stetige Funktion, so ist* f *gleichmäßig stetig auf* K.

Beweis. Die Stetigkeit von f besagt, dass für jedes $\varepsilon > 0$ und jedes $y \in K$ ein $r_y > 0$ existiert mit

$$|f(y) - f(z)| < \frac{\varepsilon}{2} \quad \text{für alle} \ z \in B_{r_y}(y) \cap K.$$

Da $K \subseteq \bigcup_{y \in K} B_{\frac{r_y}{2}}(y)$ und da K nach Voraussetzung kompakt ist, existiert ein $N \in \mathbb{N}$ mit

$$K \subseteq \bigcup_{j=1}^{N} B_{\frac{r_{y_j}}{2}}(y_j).$$

Wählen wir nun $\delta := \frac{1}{2} \min\{r_{y_1}, \ldots, r_{y_N}\}$ und $x, x_0 \in K$ mit $|x - x_0| \le \delta$, so existiert ein $j \in \{1, \ldots, N\}$ mit $x \in B_{\frac{r_{y_j}}{2}}(y_j)$ und $x_0 \in B_{r_{y_j}}(y_j)$ sowie

$$|f(x) - f(x_0)| \le \underbrace{|f(x) - f(y_j)|}_{< \frac{\varepsilon}{2}} + \underbrace{|f(y_j) - f(x_0)|}_{< \frac{\varepsilon}{2}} < \varepsilon. \qquad \square$$

Aufgaben

1. Sind $X, Y \subset \mathbb{R}$ Mengen, so heißt eine Abbildung $f : X \to Y$ *topologisch* oder *Homöomorphismus*, wenn f bijektiv und f sowie f^{-1} stetig sind. Man zeige: Ist $f : X \to Y$ bijektiv und stetig und ist X kompakt, so ist f ein *Homöomorphismus*.

2. Für $x = (x_1, \ldots, x_n)$ und $y = (y_1, \ldots, y_n)$ sei eine Bilinearform $b : \mathbb{R}^n \times \mathbb{R}^n \to \mathbb{R}$ definiert durch

    $$b(x, y) := \sum_{j,k=1}^{n} a_{jk} x_j y_k \quad \text{mit} \quad a_{jk} \in \mathbb{R} \quad \text{für alle} \ j, k \in \{1, \ldots, n\}.$$

    Die Bilinearform b heißt *positiv definit*, [*negativ definit*] wenn

    $$b(x, x) > 0 \ [b(x, x) < 0] \ \text{für alle} \ x \in \mathbb{R}^n \setminus \{0\}$$

    gilt und *indefinit*, wenn sie weder positiv noch negativ definit ist. Man zeige:

a) Ist b indefinit, so existiert ein $x \in \mathbb{R}^n$ mit $|x| = 1$ derart, dass $b(x, x) = 0$ gilt.

b) Ist b positiv definit, so existiert ein $c > 0$ mit $b(x, x) \geq c|x|^2$ für alle $x \in \mathbb{R}^n$.

Hinweis: Man verwende den Zwischenwertsatz und Theorem 3.10.

3. Es sei $m \in \mathbb{N}$ und $f : \mathbb{R}^n \to \mathbb{R}$ eine stetige Funktion mit den beiden folgenden Eigenschaften:

a) $f(x) = 0 \Rightarrow x = 0$,

b) $f(tx) = t^m f(x)$ für alle $x \in \mathbb{R}^n$ und alle $t > 0$,

Man zeige, dass dann eine Konstante $C > 0$ existiert mit

$$|f(x)| \geq C|x|^m \quad \text{für alle } x \in \mathbb{R}^n.$$

4. Man zeige, dass jeder Punkt der Cantor-Menge C ein Häufungspunkt von C ist und dass das Innere von C leer ist.

5. Man zeige: Eine Teilmenge $K \subset \mathbb{R}^n$ ist genau dann kompakt, wenn jede stetige Funktion $f : K \to \mathbb{R}$ beschränkt ist.

6. Man beweise das folgende *Lemma von Urysohn*: Sind A, B disjunkte und abgeschlossene Teilmengen des $\mathbb{R}^n$, so existiert eine stetige Funktion $f : \mathbb{R}^n \to \mathbb{R}$ mit den folgenden Eigenschaften:

a) $0 \leq f(x) \leq 1$ für alle $x \in \mathbb{R}^n$,

b) $f(x) = 0$ für alle $x \in A$,

c) $f(x) = 1$ für alle $x \in B$.

Hinweis: Man begründe, warum die Funktion

$$f : \mathbb{R}^n \to \mathbb{R}, \quad f(x) := \frac{\text{dist}(x, A)}{\text{dist}(x, A) + \text{dist}(x, B)}$$

wohldefiniert ist. Die oben behaupteten Eigenschaften von f lassen sich dann leicht ablesen.

7. a) Es sei $D \subseteq \mathbb{R}$ und $f : D \to \mathbb{R}$ eine Funktion. Man beweise die folgende Implikationskette:

$$f \text{ Lipschitz-stetig} \quad \Rightarrow \quad f \text{ gleichmäßig stetig} \quad \Rightarrow \quad f \text{ stetig}.$$

b) Es sei

$$f : (0, 1] \to \mathbb{R}, \quad f(x) = \frac{1}{x^2}.$$

Man zeige, dass f stetig, aber nicht gleichmäßig stetig ist.

c) Es sei

$$g : [0, 1] \to \mathbb{R}, \quad g(x) = x^{1/2}.$$

Man zeige, dass g gleichmäßig stetig, aber nicht Lipschitz-stetig ist.

8. Es seien $M \subset \mathbb{R}$ und $f : M \to \mathbb{R}$ eine gleichmäßig stetige Funktion. Man zeige: Ist $(x_n)_{n \in \mathbb{N}}$ eine Cauchy-Folge in M, so ist $(f(x_n))_{n \in \mathbb{N}}$ eine Cauchy-Folge in $\mathbb{R}$. Ist diese Aussage auch richtig, wenn $f : M \to \mathbb{R}$ nur als stetig vorausgesetzt wird?

9. Ist die Komposition zweier gleichmäßig stetiger Funktionen wiederum gleichmäßig stetig?

10. Man beweise, dass die Menge $O(n)$ aller reeller orthogonaler $n \times n$-Matrizen eine kompakte Teilmenge des $\mathbb{R}^{n^2}$ ist.

11. Ist $I \subset \mathbb{R}$ ein Intervall und $\alpha \in (0, 1)$, so heißt eine Funktion $f : I \to \mathbb{R}$ *Hölder-stetig* vom Grad α, wenn eine Konstante $C > 0$ existiert mit

$$|f(x) - f(y)| \leq C|x - y|^\alpha, \quad x, y \in I.$$

Man zeige, dass jede auf I Hölder-stetige Funktion f vom Grad α dort auch gleichmäßig stetig ist.

12. Ist $I \subset \mathbb{R}$ ein Intervall, so heißt eine Funktion $f : I \to \mathbb{R}$ *lokal Lipschitz-stetig* bzw. *lokal Hölder-stetig* vom Grad $\alpha \in (0, 1)$, wenn für jedes $x \in I$ ein $\varepsilon > 0$ derart existiert, dass f auf $I \cap B_\varepsilon(x)$ Lipschitz-stetig bzw. Hölder-stetig vom Grad α ist. Man zeige:

a) Ist $f : I \to \mathbb{R}$ lokal Lipschitz-stetig bzw. lokal Hölder-stetig vom Grad $\alpha \in (0, 1)$ und $K \subset I$ kompakt, so ist f Lipschitz-stetig bzw. Hölder-stetig vom Grad α auf K.

b) Die Funktion $f : \mathbb{R} \to \mathbb{R}$, $x \mapsto x^2$ ist lokal Lipschitz-stetig, aber nicht Lipschitz-stetig auf $\mathbb{R}$.

4   Grenzwerte von Funktionen und einseitige Grenzwerte

In diesem Abschnitt untersuchen wir die Frage, ob eine gegebene, stetige Funktion $f : M \subset \mathbb{R}^n \to \mathbb{C}$ zu einer stetigen Funktion auf $\overline{M}$ fortgesetzt werden kann. Die Antwort hierauf ist, wie wir sehen werden, eng mit dem Begriff der gleichmäßigen Stetigkeit von f auf M verbunden.

Genauer gesagt gehen wir der folgenden Frage nach: Wenn $f : M \to \mathbb{C}$ eine Funktion und $x_0 \in \mathbb{R}^n$ ist, existiert dann auf $M \cup \{x_0\}$ eine in x_0 stetige Funktion F, die auf $M \setminus \{x_0\}$ mit f übereinstimmt? In diesem Fall heißt F *eine stetige Fortsetzung von f in x_0*.

Um diese Frage zu beantworten, ist es zunächst wichtig zu wissen, ob x_0 ein Häufungspunkt von M ist. Ausgehend von dieser Situation präzisieren wir zuerst den Begriff des Grenzwertes einer Funktion. Wir erinnern an dieser Stelle noch einmal an den schon in Definition 2.10 eingeführten Begriff des Häufungspunktes einer Menge $M \subset \mathbb{R}^n$. Wir nannten $x_0 \in \mathbb{R}^n$ einen Häufungspunkt der Menge $M \subset \mathbb{R}^n$, wenn jede Umgebung von x_0 unendlich viele Elemente aus M enthält, d. h., wenn für jedes $\varepsilon > 0$ ein $x \in M$ existiert mit

$$x \in U_\varepsilon(x_0) \setminus \{x_0\}.$$

Wie schon in Bemerkung 2.11 erwähnt, ist es wichtig, Häufungspunkte von Mengen $M \subset \mathbb{R}^n$ von Häufungspunkten von Folgen $(x_j)_{j \in \mathbb{N}} \subset M$ zu unterscheiden: Ist $(x_j) \subset \mathbb{R}^n$ eine Folge und x_0 ein Häufungspunkt der Menge $\{x_j : j \in \mathbb{N}\}$, so ist x_0 auch ein Häufungspunkt der Folge (x_j). Die Umkehrung dieses Sachverhalts ist hingegen nicht richtig, wie es das Beispiel der konstanten Folge $x_j = 1$ für alle $j \in \mathbb{N}$ zeigt.

Häufungspunkte von Mengen $M \subset \mathbb{R}^n$ können wie in Lemma 4.1 charakterisiert werden.

4.1 Lemma. *Sind $M \subset \mathbb{R}^n$ und $x_0 \in \mathbb{R}^n$, so sind die folgenden Aussagen äquivalent:*

a) x_0 ist Häufungspunkt von M.

b) Für jedes $\varepsilon > 0$ ist die Menge $U_\varepsilon(x_0) \setminus \{x_0\}$ nichtleer.

c) Es existiert eine Folge $(x_j)_{j \in \mathbb{N}} \subset M \setminus \{x_0\}$ mit $\lim_{j \to \infty} x_j = x_0$.

Für den Beweis verweisen wir auf die Übungsaufgaben.

Stetige Fortsetzungen

Kommen wir zum Fortsetzungsproblem zurück, so müssen wir die beiden Fälle unterscheiden, ob x_0 ein Häufungspunkt von M ist oder nicht. Ist x_0 kein Häufungspunkt von M, so ist bei jeder Wahl von $F(x_0)$ die Funktion F in x_0 stetig.

Ist andererseits x_0 ein Häufungspunkt von M, so besitzt f auf $M \setminus \{x_0\}$ höchstens eine in x_0 stetige Fortsetzung F auf $M \cup \{x_0\}$. Sind nämlich F_1 und F_2 zwei solche Fortsetzungen, so existiert nach Lemma 4.1 eine Folge $(x_j) \subset M \setminus \{x_0\}$, welche gegen x_0 konvergiert. Die Stetigkeit von F_1 und F_2 impliziert dann

$$F_1(x_0) = \lim_{j \to \infty} F_1(x_j) = \lim_{j \to \infty} F_2(x_j) = F_2(x_0)$$

und somit die Eindeutigkeit der stetigen Fortsetzung F.

Ist x_0 ein Häufungspunkt von M und besitzt f eine in x_0 stetige Fortsetzung, so sagen wir auch, dass f in x_0 einen Grenzwert besitzt. Genauer gesagt gilt die folgende Definition.

4.2 Definition. Eine Funktion $f : M \subset \mathbb{R}^n \to \mathbb{C}$ hat im Häufungspunkt x_0 von M den *Grenzwert* $y_0 \in \mathbb{C}$, wenn die Funktion $F : M \cup \{x_0\} \to \mathbb{C}$, gegeben durch

$$F(x) := \begin{cases} f(x), & x \in M \setminus \{x_0\}, \\ y_0, & x = x_0, \end{cases}$$

in x_0 stetig ist. In diesem Fall heißt $f(x)$ *für* $x \to x_0$ *gegen* y_0 *konvergent*, und wir schreiben

$$\lim_{x \to x_0} f(x) = y_0 \quad \text{oder} \quad f(x) \to y_0 \ \text{für} \ x \to x_0.$$

Gilt $x_0 \in M$ und ist f stetig in x_0, so ist der Funktionswert in x_0 identisch mit dem Grenzwert in x_0, d. h., es gilt

$$\lim_{x \to x_0} f(x) = f(x_0).$$

Wenden wir die Definition der Stetigkeit mittels Folgen auf F an, so gilt $\lim_{x \to x_0} f(x) = y_0$ genau dann, wenn die in Lemma 4.3 beschriebene Bedingung erfüllt ist.

4.3 Lemma. *Es seien* $y_0 \in \mathbb{C}$, $M \subset \mathbb{R}^n$ *und* $f : M \subset \mathbb{R}^n \to \mathbb{C}$ *eine Funktion. Ist* x_0 *ein Häufungspunkt von* M, *so hat* f *in* x_0 *den Grenzwert* y_0 *genau dann, wenn für jede Folge* $(x_j)_{j \in \mathbb{N}}$ *in* $M \setminus \{x_0\}$ *mit* $\lim_{j \to \infty} x_j = x_0$

$$\lim_{j \to \infty} f(x_j) = y_0$$

gilt.

Zum Beweis stellen wir fest, dass $\lim_{x \to x_0} f(x) = y_0$ genau dann gilt, wenn die in Definition 4.2 eingeführte Funktion F in x_0 stetig und dies genau dann der Fall ist, wenn $\lim_{j \to \infty} f(x_j) = y_0$ gilt.

4.4 Beispiele. a) Betrachten wir die Menge $M = \mathbb{R} \setminus \{1\}$ und ist $f : M \to \mathbb{R}$ für $n \in \mathbb{N}$ durch $f(x) := \frac{x^n - 1}{x - 1}$ gegeben, so gilt

$$\lim_{x \to 1} f(x) = \lim_{x \to 1} \frac{x^n - 1}{x - 1} = n,$$

denn es ist $\frac{x^n - 1}{x - 1} = 1 + x + x^2 + \ldots + x^{n-1}$.

   b) Für $x \in \mathbb{R}$ gilt

$$\lim_{x \to 0} \frac{e^x - 1}{x} = 1.$$

Dies folgt aus der Darstellung

$$\frac{e^x - 1}{x} = \frac{x + \frac{x^2}{2!} + \frac{x^3}{3!} + \ldots}{x} = 1 + \frac{x}{2!} + \frac{x^2}{3!} + \frac{x^3}{4!} + \ldots,$$

denn für $|x| < 1$ gilt aufgrund der geometrischen Reihe

$$\left| \frac{e^x - 1}{x} - 1 \right| \leq \left| \frac{x}{2} \right| (1 + |x| + |x|^2 + \ldots) = \frac{|x|}{2(1 - |x|)} \to 0 \quad \text{für } x \to 0.$$

   c) Der Limes

$$\lim_{x \to 0} \frac{x}{|x|}$$

existiert nicht, da die Funktion $f : \mathbb{R} \setminus \{0\} \to \mathbb{R}$, gegeben durch $f(x) := 1$ für $x > 0$ und $f(x) := -1$ für $x < 0$, keine stetige Fortsetzung in 0 besitzt.

   d) Bezeichnet $[\cdot] : \mathbb{R} \to \mathbb{R}$ die in Beispiel 1.3c) definierte Gauß-Klammer, so gilt

$$\lim_{x \to 0} x \cdot [1/x] = 1.$$

Dies folgt unmittelbar aus den Relationen $1 - x < x[1/x] \leq 1$ für $x > 0$ und $1 - x > x[1/x] \geq 1$ für $x < 0$.

4.5 Bemerkung. (Rechenregeln für Grenzwerte). Ist $x_0 \in M$ Häufungspunkt der Menge $M \subset \mathbb{R}^n$ und sind $f, g : M \to \mathbb{C}$ Funktionen mit $\lim_{x \to x_0} f(x) = y_0$ und $\lim_{x \to x_0} g(x) = w_0$, so gilt:

a) $\lim_{x \to x_0} (\alpha f + \beta g)(x) = \alpha y_0 + \beta w_0, \quad \alpha, \beta \in \mathbb{C}$.

b) $\lim_{x \to x_0} (f \cdot g)(x) = y_0 \cdot w_0$.

c) $\lim_{x \to x_0} \left(\frac{f}{g}\right)(x) = \frac{y_0}{w_0}$, falls $w_0 \neq 0$.

d) Sind ferner $f : M_f \subset \mathbb{R}^n$ und $g : M_g \to \mathbb{C}$ mit $g(M_g) \subset M_f$ und sind x_0, w_0 Häufungspunkte von M_g bzw. M_f mit $\lim_{x \to x_0} g(x) = w_0 \in M_f$ und ist f stetig in w_0, so gilt

$$\lim_{x \to x_0} (f \circ g)(x) = f(w_0).$$

Der Beweis dieser Aussagen folgt leicht aus den Rechenregeln für konvergente Folgen.

4.6 Bemerkung. In Analogie zur Beschreibung der Stetigkeit einer Funktion mittels des Umgebungsbegriffs können wir den Grenzwertbegriff einer Funktion ebenso mittels sogenannter punktierter Umgebungen formulieren. Unter einer *punktierten Umgebung von* x_0 *in* M verstehen wir die Menge $U^* := U \setminus \{x_0\}$, wobei U eine Umgebung von x_0 in M bezeichnet. Dann gilt $f(x) \to a$ für $x \to x_0$ genau dann, wenn zu jedem $\varepsilon > 0$ eine punktierte Umgebung U^* von x_0 in M derart existiert, dass $|f(x) - a| < \varepsilon$ für alle $x \in U^*$ gilt.

Zu Beginn dieses Abschnitts haben wir die Existenz des Grenzwertes $\lim_{x \to x_0} f(x) = y_0$ über die Existenz einer stetigen Fortsetzung F von f in x_0 definiert. In Analogie zur Konvergenztheorie von Folgen können wir nun auch ein „inneres" Kriterium formulieren, welches es erlaubt, die Existenz eines Grenzwertes von f in x_0 nachzuweisen, ohne diesen explizit kennen zu müssen.

4.7 Satz. (Cauchy-Kriterium). *Ist* x_0 *ein Häufungspunkt der Menge* $M \subset \mathbb{R}^n$, *so existiert für eine Funktion* $f : M \subset \mathbb{R}^n \to \mathbb{C}$ *genau dann der Grenzwert* $\lim_{x \to x_0} f(x)$, *wenn zu jedem* $\varepsilon > 0$ *ein* $\delta > 0$ *existiert mit*

$$|f(x) - f(y)| < \varepsilon \quad \text{für alle } x, y \in U_\delta(x_0) \setminus \{x_0\} \cap M.$$

Für den Beweis verweisen wir auf die Übungsaufgaben.

Zusammenfassend erhalten wir die folgende Charakterisierung des Grenzwertes einer Funktion.

4.8 Satz. *Sind* $y_0 \in \mathbb{C}$, $M \subset \mathbb{R}^n$, $f : M \to \mathbb{C}$ *eine Funktion und ist* x_0 *ein Häufungspunkt von* M, *so sind die folgenden Aussagen äquivalent:*

a) $\lim_{x \to x_0} f(x) = y_0$ *existiert.*

b) $(\varepsilon\text{-}\delta)$*-Kriterium: Für jedes* $\varepsilon > 0$ *existiert ein* $\delta > 0$ *mit* $|f(x) - y_0| < \varepsilon$ *für alle*
   $x \in U_\delta(x_0) \setminus \{x_0\}$.

c) *Folgenkriterium: Für jede Folge* $(x_j) \subset M \setminus \{x_0\}$ *mit* $\lim_{j \to \infty} x_j = x_0$ *gilt*
   $\lim_{j \to \infty} f(x_j) = y_0$.

Stetige Fortsetzung und gleichmäßige Stetigkeit

Wir kommen nun zum bereits angekündigten Zusammenhang zwischen der stetigen Fortsetzbarkeit und der gleichmäßigen Stetigkeit.

4.9 Satz. *Für eine beschränkte Menge* $M \subset \mathbb{R}$ *und eine Funktion* $f : M \to \mathbb{R}$ *sind die folgenden Aussagen äquivalent:*

a) *Es existiert eine eindeutig bestimmte stetige Fortsetzung* $F : \overline{M} \subset \mathbb{R} \to \mathbb{R}$ *von* f *auf*
   $\overline{M}$.

b) *Die Funktion* f *ist gleichmäßig stetig auf* M.

Beweis. Da $\overline{M}$ beschränkt und abgeschlossen ist, folgt aus dem Satz von Heine-Borel, dass $\overline{M}$ kompakt ist. Die Aussage a) $\Rightarrow$ b) folgt nun direkt aus Satz 3.14.

Um die umgekehrte Richtung zu beweisen, sei $x_0 \in \overline{M} \setminus M$. Dann ist x_0 ein Häufungspunkt von M und nach dem Cauchyschen Kriterium (Satz 4.7) existiert wegen der gleichmäßigen Stetigkeit von f auf M

$$F(x_0) := \lim_{x \to x_0} f(x).$$

Dann ist F stetig auf $\overline{M}$ und $F(x) = f(x)$ für alle $x \in M$. Die Eindeutigkeit einer solchen Fortsetzung haben wir bereits zu Beginn des Abschnitts bewiesen. $\qquad\square$

Wir illustrieren Satz 4.9 anhand der *Sägezahnfunktionen* f und g, welche durch

$$f(x) := \left| x - [x] - \frac{1}{2} \right|, \quad x \in \mathbb{R} \quad \text{und} \quad g(x) := f\left(\frac{1}{x}\right), \quad x \in I = (0, 1)$$

gegeben sind.

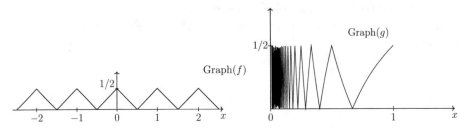

Die Funktion g ist auf dem Intervall $I = (0, 1)$ stetig, aber nicht gleichmäßig stetig. Dies folgt aus

$$g\left(\frac{1}{n}\right) - g\left(\frac{1}{n + 1/2}\right) = f(n) - f(n + 1/2) = \frac{1}{2} \quad \text{für alle } n \in \mathbb{N}.$$

Nach Satz 4.9 lässt sich g daher nicht als stetige Funktion auf das abgeschlossene Intervall $[0, 1]$ fortsetzen; insbesondere existiert der Grenzwert $\lim_{x \to 0} g(x)$ nicht. Dies bedeutet, dass eine beschränkte und stetige Funktion auf einem beschränkten Intervall im Allgemeinen nicht gleichmäßig stetig ist.

Raum der stetigen Funktionen $C(\overline{\Omega})$

Ist $\Omega \subset \mathbb{R}^n$ offen und beschränkt, so definieren wir den Vektorraum $C(\overline{\Omega})$ der stetigen Funktionen auf $\overline{\Omega}$ wie folgt.

4.10 Definition. Für $\Omega \subset \mathbb{R}^n$ offen und beschränkt heißt

$$C(\overline{\Omega}; \mathbb{R}) := \{f : \Omega \to \mathbb{R} : f \text{ ist stetig auf } \overline{\Omega} \text{ fortsetzbar}\}$$

der Raum der stetigen Funktionen auf $\overline{\Omega}$.

4.11 Bemerkungen. a) Der Raum $C(\overline{\Omega}; \mathbb{R})$ ist unendlich-dimensional! Um dies einzusehen, betrachten wir der Einfachheit halber den Fall $\overline{\Omega} = [0, 1]$ und für $k \in \mathbb{N}$ die stetigen Funktionen $f_k : [0, 1] \to \mathbb{R}$, definiert durch

$$f_k(x) := \max\{\min\{2^k x, 2 - 2^k x\}, 0\},$$

und behaupten, dass $(f_k)_{k \in \mathbb{N}}$ eine Folge linear unabhängiger Funktionen ist. Nehmen wir an, dass $a_1, \dots, a_n$ reelle Zahlen sind, für welche

$$a_1 f_1 + a_2 f_2 + \dots a_n f_n = 0$$

für ein $n \in \mathbb{N}$ mit $n \geq 2$ gilt und mindestens ein $a_k \neq 0$ ist, so fixieren wir $x = 2^{-k_0}$ mit $k_0 = \min\{k : a_k \neq 0\}$. Für $k > k_0$ gilt dann $f_k(x) = 0$, aber $f_{k_0}(x) = 1$. Es gilt daher also

$$a_{k_0} = \sum_{k=1}^{n} a_k f_k(x) = 0,$$

im Widerspruch zur Wahl von k_0.

b) Wir werden in Abschnitt VI.1 zeigen, dass abgeschlossene und beschränkte Teilmengen von $C(\overline{\Omega}; \mathbb{R})$ im Allgemeinen *nicht* folgen- bzw. überdeckungskompakt sind.

Einseitige Grenzwerte und einseitige Stetigkeit

Wir betrachten weiter sogenannte *einseitige Grenzwerte* für Funktionen $f : M \to \mathbb{C}$ mit $M \subset \mathbb{R}$.

4.12 Definition. Es sei $M \subset \mathbb{R}$ und x_0 ein Häufungspunkt von $M_- := M \cap (-\infty, x_0)$ bzw. von $M_+ := M \cap (x_0, \infty)$. Dann besitzt die Funktion f in x_0 den *linksseitigen* bzw. *rechtsseitigen Grenzwert* y_0, wenn die Einschränkung von f auf M_- bzw. auf M_+ den Grenzwert y_0 besitzt. In diesem Fall schreiben wir

$$f(x_0^-) := \lim_{x \to x_0 - 0} f(x) := y_0 \quad \text{und} \quad f(x_0^+) := \lim_{x \to x_0 + 0} f(x) := y_0.$$

Ist $x_0 \in M$ und gilt $\lim_{x \to x_0 - 0} f(x) = f(x_0)$ bzw. $\lim_{x \to x_0 + 0} f(x) = f(x_0)$, so heißt f in x_0 *linksseitig* bzw. *rechtsseitig stetig.*

4.13 Beispiele. a) Die Gauß-Klammer $\mathbb{R} \to \mathbb{R}$, $x \mapsto [x]$ besitzt an jeder Stelle $x_0 \in \mathbb{Z}$ den linksseitigen Grenzwert $x_0 - 1$ und den rechtsseitigen Grenzwert x_0. Sie ist für alle $x \in \mathbb{R} \setminus \mathbb{Z}$ stetig und in $x \in \mathbb{Z}$ rechtsseitig, aber nicht linksseitig stetig.

b) Die *Signum*-Abbildung

$$\text{sign} : \mathbb{R} \to \mathbb{R}, \quad x \mapsto \begin{cases} -1, & x < 0, \\ 0, & x = 0, \\ 1, & x > 0, \end{cases}$$

ist in 0 weder linksseitig noch rechtsseitig stetig.

c) Der Limes

$$\lim_{x \to 0} \frac{x}{|x|}$$

existiert nicht, da für die Funktion $f : \mathbb{R} \setminus \{0\} \to \mathbb{R}$, gegeben durch $f(x) := 1$ für $x > 0$ und $f(x) := -1$ für $x < 0$, der linksseitige Grenzwert $\lim_{x \to 0 - 0} f(x) = -1$ nicht mit dem rechtsseitigen Grenzwert $\lim_{x \to 0 + 0} f(x) = 1$ übereinstimmt.

Ein wichtige Klasse von Funktionen, welche überall einseitige Grenzwerte besitzen, ist die Klasse der monotonen Funktionen.

4.14 Satz. *Eine beschränkte und monotone Funktion* $f : (a, b) \to \mathbb{R}$ *besitzt in jedem* $x_0 \in [a, b]$ *links- und rechtsseitige Grenzwerte* $f(x_0^-)$ *und* $f(x_0^+)$, *und* f *ist in* x_0 *stetig genau dann, wenn* $f(x_0) = f(x_0^-) = f(x_0^+)$ *gilt.*

Beweis. Ist f monoton wachsend und $x_0 > a$, so zeigen wir, dass die Funktion f in x_0 den linksseitigen Grenzwert $s := \sup\{f(x) : x \in (a, x_0)\}$ besitzt. Hierzu wählen wir für $\varepsilon > 0$ ein $\xi \in (a, b)$ mit $s - \varepsilon < f(\xi)$. Dann ist $s - \varepsilon < f(x) \le s$ für jedes $x \in (\xi, x_0)$ und es folgt $\lim_{x \to x_0 - 0} f(x) = s$. Die anderen Fälle werden analog bewiesen. Die zweite Aussage ist unmittelbar klar. $\qquad\square$

4.15 Satz. *Ist* $f : (a, b) \to \mathbb{R}$ *eine monotone Funktion, so ist* f *in höchstens abzählbar vielen Punkten unstetig.*

Beweis. Nach Satz 4.14 existiert für jede Unstetigkeitsstelle $x_0 \in (a,b)$ ein $r = r(x_0) \in \mathbb{Q}$ mit $f(x_0^-) < r < f(x_0^+)$. Wegen der Monotonie von f gilt weiter $r(x_0) < r(y_0)$ für je zwei Unstetigkeitsstellen $x_0 < y_0$. Ist $M := \{x_0 \in (a,b) : f \text{ unstetig in } x_0\}$, so ist die Abbildung

$$r : M \to \mathbb{Q}, \quad x \mapsto r(x)$$

aufgrund der Monotonie von f injektiv. Somit ist M gleichmächtig zu einer Teilmenge von $\mathbb{Q}$ und nach Satz I.6.3 und Bemerkung I.6.7h) somit höchstens abzählbar. □

Wir können die Existenz des Grenzwertes $\lim_{x \to x_0} f(x)$ noch durch eine weitere, zu den obigen Kriterien äquivalente Bedingung, beschreiben. Sie beruht auf dem Begriff der Oszillation einer Funktion.

4.16 Bemerkung. Für eine beschränkte Funktion $f : M \to \mathbb{R}$ mit $M \subset \mathbb{R}^n$ definieren wir die *Oszillation* von f als

$$\operatorname{osc}(f, M) := \sup\{|f(x) - f(y)| : x, y \in M\}.$$

Bezeichnen wir für einen Häufungspunkt x_0 von M die punktierte Umgebung $B_\delta(x_0) \setminus \{x_0\} \cap M$ von x_0 mit $U_\delta^*(x_0)$, so gilt:

$$\lim_{x \to x_0} f(x) \text{ existiert} \quad \Leftrightarrow \quad \lim_{\delta \to 0+} \operatorname{osc}\left(f, U_\delta^*(x_0)\right) = 0.$$

Für den Beweis verweisen wir auf die Übungsaufgaben.

Grenzwerte im Unendlichen

Wir verallgemeinern schließlich den Begriff des Grenzwertes einer Folge in ∞ zum Begriff des Grenzwertes einer Funktion in ∞.

4.17 Definition. Ist $M \subset \mathbb{R}$ nicht nach oben beschränkt und $f : M \to \mathbb{C}$ eine Funktion, so heißt $a \in \mathbb{C}$ der *Grenzwert von f in ∞*, falls es zu jedem $\varepsilon > 0$ ein $N_0 \in \mathbb{N}$ existiert, so dass

$$|f(x) - a| < \varepsilon \quad \text{für alle } x \in M \text{ mit } x > N_0$$

gilt. In diesem Fall schreiben wir

$$\lim_{x \to \infty} f(x) = a.$$

Analog definiert man den Grenzwert in $-\infty$.

Abschließend betrachten wir noch den Begriff des uneigentlichen Grenzwertes für reellwertige Funktionen.

4.18 Definition. Eine Funktion $f : M \to \mathbb{R}$ besitzt in $x_0 \in \overline{\mathbb{R}}$ den *uneigentlichen Grenzwert* ∞ bzw. $-\infty$, wenn zu jedem $K \in \mathbb{R}$ eine punktierte Umgebung U^* von x_0 in M derart existiert, dass für alle $x \in U^*$ gilt: $f(x) > K$ bzw. $f(x) < K$. In diesem Fall schreiben wir

$$\lim_{x \to x_0} f(x) = \infty \qquad \text{bzw.} \qquad \lim_{x \to x_0} f(x) = \infty.$$

Punktierte Umgebungen von ∞ bzw. $-\infty$ werden aus Umgebungen von ∞ bzw. $-\infty$ durch Entfernen dieser Punkte gebildet.

Die Untersuchung auf Grenzwerte in ∞ können wir durch die Substitution $x \mapsto 1/x$ auf die Untersuchung von einseitigen Grenzwerten in 0 zurückspielen. Genauer gesagt definieren wir für $f : M \subset \mathbb{R} \to \mathbb{R}$ eine Funktion $\varphi : \widetilde{M} \to \mathbb{R}, x \mapsto f(1/x)$ mit $\widetilde{M} := \{1/x : x \in M, x \neq 0\}$. Ist $M \subset \mathbb{R}$ nach oben unbeschränkt, so besitzt f in ∞ genau dann einen Grenzwert, wenn φ in 0 einen rechtsseitigen Grenzwert besitzt und dann

$$\lim_{x \to \infty} f(x) = \lim_{x \to 0+} \varphi(x)$$

gilt.

Aufgaben

1. Man beweise Lemma 4.1.

2. Man beweise Satz 4.7.

3. Es sei $f : \mathbb{R} \to \mathbb{R}$ eine Funktion mit $f(0) = 0$ und $\lim_{x \to 0} \frac{f(x)}{x} = c$ für ein $c \in \mathbb{R}$. Man zeige:
   a) f ist stetig in $x_0 = 0$.
   b) Ist $b \in \mathbb{R} \setminus \{0\}$, so gilt $\lim_{x \to 0} \frac{f(bx)}{x} = bc$.

4. Man untersuche, ob die folgenden Grenzwerte existieren:

   a) $\lim_{x \to 1} \frac{\sqrt{x} - x^2}{1 - \sqrt{x}}$, b) $\lim_{x \to 0} \left(\frac{1}{x\sqrt{x+1}} - \frac{1}{x} \right)$,

   c) $\lim_{x \to 1} \frac{x\sqrt{x} - 1}{x^2 - 1}$, d) $\lim_{x \to 1} \frac{|x-1|^{3/2}}{x - 1}$.

5. Man untersuche, ob die folgenden Grenzwerte existieren:

   a) $\lim_{x \to \infty} x^{1/x}$, b) $\lim_{x \to \infty} (1 + 1/x)^x$,

   c) $\lim_{x \to 0+} \left(\frac{1}{x} - \frac{1}{|x|} \right)$, d) $\lim_{x \to 0-} \left(\frac{1}{x} - \frac{1}{|x|} \right)$.

6. Man zeige, dass die in Aufgabe 1.9 definierte Funktion f in jedem $q \in \mathbb{Q}$ rechtsseitig, aber nicht linksseitig stetig ist.

7. Ist $T > 0$, so heißt eine Funktion $f : \mathbb{R} \to \mathbb{R}$ *periodisch* mit Periode T, wenn $f(t+T) = f(t)$ für alle $t \in \mathbb{R}$ gilt. Man zeige: Ist f periodisch und gilt

$$\lim_{t \to \infty} f(t) = 0,$$

so ist $f(t) = 0$ für alle $t \in \mathbb{R}$.

8. Es sei $f : [0, \infty) \to \mathbb{R}$ eine gleichmäßig stetige Funktion mit $\lim_{n \to \infty} f(nt) = 0$ für alle $t \geq 0$. Man zeige, dass dann $\lim_{t \to \infty} f(t) = 0$ gilt.

9. Man beweise Bemerkung 4.16.

10. Man zeige: Ist $f : \mathbb{R} \to \mathbb{R}$ eine stetige Funktion und existieren $a, b \in \mathbb{R}$ mit

$$\lim_{x \to -\infty} f(x) = a \quad \text{und} \quad \lim_{x \to \infty} f(x) = b,$$

so ist f gleichmäßig stetig auf $\mathbb{R}$.

11. Es sei $f : [0, 1) \to \mathbb{R}$ eine stetige Funktion. Man zeige: Existiert $\lim_{x \to 1} f(x)$, so ist f gleichmäßig stetig auf $[0, 1]$.

5 Exponentialfunktion und Verwandte

Im Zentrum dieses Abschnitts steht die Exponentialfunktion, eine der wichtigsten Funktionen der Mathematik. Mit ihrer Hilfe führen wir zum einen die trigonometrischen Funktionen Sinus und Cosinus ein und untersuchen zum anderen die uns schon bekannten Logarithmus- und Potenzfunktionen auf weitere Eigenschaften.

Bevor wir – dem Eulerschen Wege folgend – die Sinus- und Cosinusreihe als Potenzreihe definieren, erinnern wir zunächst noch einmal an die uns aus Kapitel II wohlbekannte Exponentialreihe

$$e^z = \exp(z) = \sum_{n=0}^{\infty} \frac{z^n}{n!} = 1 + z + \frac{z^2}{2} + \ldots, \quad z \in \mathbb{C},$$

deren Konvergenzradius nach den Ergebnissen aus Abschnitt II.5 unendlich ist. Die im Folgenden genauer untersuchten Sinus- und Cosinusreihen weisen eine enge Verwandtschaft mit der Exponentialreihe auf.

Es ist hierbei wesentlich, im Komplexen zu arbeiten; erst hier wird die innere Beziehung all dieser Funktionen deutlich. Rückwirkend werden wir durch die trigonometrischen Funktionen auch neue Erkenntnisse über die Exponentialfunktion gewinnen, zum Beispiel, dass sie eine rein imaginäre Periode besitzt.

Sinus- und Cosinusreihe
Wir beginnen mit der Definition der Sinus- bzw. Cosinusreihe.

5.1 Definition. Die *Sinusreihe* $\sin z$ bzw. die *Cosinusreihe* $\cos z$ ist definiert als

$$\sin z := \sin(z) := \sum_{n=0}^{\infty} (-1)^n \frac{z^{2n+1}}{(2n+1)!} = z - \frac{z^3}{3!} + \frac{z^5}{5!} - \ldots, \quad z \in \mathbb{C},$$

$$\cos z := \cos(z) := \sum_{n=0}^{\infty} (-1)^n \frac{z^{2n}}{(2n)!} = 1 - \frac{z^2}{2!} + \frac{z^4}{4!} - \ldots, \quad z \in \mathbb{C}.$$

Die so definierten Sinus- und Cosinusreihen besitzen die folgenden elementaren Eigenschaften.

5.2 Satz.

a)   *Der Konvergenzradius der Sinus- und Cosinusreihe ist unendlich.*

b)   *Es gilt die* Eulersche Formel

$$e^{iz} = \cos z + i \sin z, \quad z \in \mathbb{C}.$$

c)   *Die Funktionen $z \mapsto \sin z$ und $z \mapsto \cos z$ sind stetige Funktionen auf $\mathbb{C}$.*

Die Aussage über den Konvergenzradius folgt aus der Cauchy-Hadamardschen Formel (Definition II.5.2). Ferner ist die Eulersche Formel eine unmittelbare Konsequenz der Darstellung

$$e^{iz} = \sum_{n=0}^{\infty} \frac{(iz)^n}{n!} = \sum_{n=0}^{\infty} \frac{(iz)^{2n}}{(2n)!} + \sum_{n=0}^{\infty} \frac{(iz)^{2n+1}}{(2n+1)!} = \cos z + i \sin z, \quad z \in \mathbb{C}.$$

Die Stetigkeit der Funktionen $z \mapsto \sin z$ und $z \mapsto \cos z$ folgt aus Satz 1.9.

     Die folgenden weiteren Eigenschaften der Cosinus- bzw. Sinusreihe lassen sich in ähnlicher Weise direkt aus der Definition herleiten.

5.3 Korollar.

a)   *Die Cosinusfunktion* $\cos : \mathbb{C} \to \mathbb{C}, z \mapsto \cos z$ *ist eine gerade, die Sinusfunktion* $\sin : \mathbb{C} \to \mathbb{C}, z \mapsto \sin z$ *eine ungerade Funktion, d. h., es gilt*

$$\cos(z) = \cos(-z) \quad und \quad \sin(z) = -\sin(-z), \quad z \in \mathbb{C}.$$

b)   *Für jedes $z \in \mathbb{C}$ gilt*

$$\cos z = \frac{e^{iz} + e^{-iz}}{2} \quad und \quad \sin z = \frac{e^{iz} - e^{-iz}}{2i}, \quad z \in \mathbb{C}.$$

c)   *Für $x \in \mathbb{R}$ gilt $\cos x = \operatorname{Re} e^{ix}$ und $\sin x = \operatorname{Im} e^{ix}$.*

d)   *Für jedes $x \in \mathbb{R}$ gilt $|e^{ix}| = 1$.*

Wie die Exponentialfunktion besitzen auch die Sinus- und Cosinusfunktionen gewisse Additionstheoreme.

5.4 Satz. (Additionstheoreme für Sinus und Cosinus). *Für alle $z, w \in \mathbb{C}$ gelten die folgenden Aussagen:*

$$\cos(z \pm w) = \cos z \cos w \mp \sin z \sin w,$$

$$\sin(z \pm w) = \sin z \cos w \pm \cos z \sin w,$$

$$\sin z - \sin w = 2 \cos \left(\frac{z+w}{2} \right) \sin \left(\frac{z-w}{2} \right),$$

$$\cos z - \cos w = -2 \sin \left(\frac{z+w}{2} \right) \sin \left(\frac{z-w}{2} \right).$$

Beweis. Für alle $z, w \in \mathbb{C}$ gilt nach Korollar 5.3b)

$$\cos z \cos w - \sin z \sin w = \frac{1}{4}[(e^{iz} + e^{-iz})(e^{iw} + e^{-iw}) + (e^{iz} - e^{-iz})(e^{iw} - e^{-iw})]$$

$$= \frac{1}{4}[e^{i(z+w)} + e^{-i(z+w)} + e^{i(z+w)} + e^{-i(z+w)}]$$

$$= \frac{1}{2}[e^{i(z+w)} + e^{-i(z+w)}] = \cos(z + w).$$

Die Beweise der verbleibenden Aussagen verlaufen ähnlich und werden dem Leser als Übungsaufgabe überlassen. □

Betrachten wir das erste der obigen Additionstheoreme für $z = w$, so folgt

$$\cos^2 z + \sin^2 z = \cos(z - z) = \cos 0 = 1, \quad z \in \mathbb{C}.$$

Wir halten diese wichtige Beziehung explizit in Korollar 5.5 fest.

5.5 Korollar. *Für alle $z \in \mathbb{C}$ gilt*

$$\cos^2 z + \sin^2 z = 1.$$

Exponentialreihe und Logarithmus in $\mathbb{R}$

Wir untersuchen nun die Exponentialfunktion speziell für reelle Argumente. Den Beweis der folgenden Eigenschaften überlassen wir dem Leser als Übungsaufgabe.

5.6 Satz. *Es gelten die folgenden Aussagen:*

a) *$e^x < 1$, wenn $x < 0$, und $e^x > 1$, wenn $x > 0$.*

b) *Die Funktion $\exp : \mathbb{R} \to (0, \infty)$ ist streng monoton wachsend.*

c) *Für jedes $\alpha \in \mathbb{R}$ gilt*

$$\lim_{x \to \infty} \frac{e^x}{x^\alpha} = \infty,$$

d. h., mit anderen Worten, die Exponentialfunktion wächst für $x \to \infty$ schneller als jede Potenz x^α.

d) *Für jedes $\alpha \in \mathbb{R}$ gilt*

$$\lim_{x \to \infty} \frac{x^\alpha}{e^x} = 0,$$

d. h., mit anderen Worten, die exp-Funktion fällt für $x \to -\infty$ schneller als jede Potenz x^α.

Da die Exponentialfunktion $\exp : \mathbb{R} \to (0, \infty)$ stetig und streng monoton wachsend ist, existiert nach Abschnitt III.1 die Umkehrfunktion

$$\log : (0, \infty) \to \mathbb{R}$$

der Exponentialfunktion. Diese wird, wie schon in Kapitel II, als *Logarithmusfunktion* bezeichnet. Es gilt insbesondere

$$\log 1 = 0 \quad \text{und} \quad \log e = 1.$$

Ferner besitzt die Logarithmusfunktion die Eigenschaften

$$\log(xy) = \log x + \log y, \quad x, y \in (0, \infty),$$
$$\log\left(\frac{x}{y}\right) = \log x - \log y, \quad x, y \in (0, \infty).$$

Dies folgt direkt aus der Funktionalgleichung der Exponentialfunktion, denn setzen wir $a := \log x$ und $b := \log y$, so gilt $x = e^a$ und $y = e^b$, und es folgt $xy = e^a \cdot e^b = e^{a+b}$. Also gilt $\log(xy) = \log x + \log y$.

Potenzfunktionen

Die Exponentialfunktion erlaubt es uns, auch die *allgemeine Potenz* a^z für $a > 0$ und $z \in \mathbb{C}$ in Einklang mit den vorherigen Definitionen der Potenz in Beispiel 1.17c) zu definieren. Setzen wir

$$a^z := e^{z \log a}, \quad z \in \mathbb{C}, a > 0 \quad \text{sowie} \quad 0^x := 0 \text{ für } x > 0,$$

so gelten für $z, w \in \mathbb{C}$ und $a, b > 0$ die folgenden Rechenregeln:

$$a^z a^w = a^{z+w},$$
$$a^z b^z = (ab)^z,$$
$$\log\left(a^x\right) = x \log a, \quad x \in \mathbb{R},$$
$$\left(a^x\right)^y = a^{xy}, \quad x, y \in \mathbb{R}.$$

Diese Regeln sind leicht einzusehen: Die Erste gilt wegen $a^z a^w = e^{z \log a} e^{w \log a} = e^{(z+w) \log a} = a^{(z+w)}$ und der Beweis der anderen Rechenregeln verläuft analog. Für $a > 0$ und $z \in \mathbb{C}$ heißt die Funktion $z \mapsto a^z$ *Exponentialfunktion zur Basis a*.

Für $z \in \mathbb{C}$ betrachten wir zudem die Funktion

$$f : (0, \infty) \to \mathbb{C}, \quad x \mapsto x^z.$$

Für reelles $\alpha > 0$ ist die Funktion $f : (0, \infty) \to \mathbb{R}$, $x \mapsto x^\alpha$ dann streng monoton steigend, für $\alpha < 0$ streng monoton fallend. Mittels der Substitution $x \mapsto x^{-1}$ und Satz 5.6c) und d) verifizieren wir weiter, dass für $\alpha > 0$

$$\lim_{x \to \infty} \frac{\log x}{x^\alpha} = 0 \quad \text{und} \quad \lim_{x \to 0+} x^\alpha \log x = 0$$

gilt. Mit anderen Worten bedeutet dies, dass insbesondere $\log$ für $x \to \infty$ langsamer wächst als jede Potenz x^α.

Zahl π

Wir untersuchen in diesem Unterabschnitt die Funktionen Sinus und Cosinus speziell für reelle Argumente und interessieren uns zunächst für ihre Nullstellen.

5.7 Lemma. *Für $x \in (0, 2]$ gilt*

$$x - \frac{x^3}{6} < \sin x < x \quad und \quad 1 - \frac{x^2}{2} < \cos x < 1 - \frac{x^2}{2} + \frac{x^4}{24}.$$

Insbesondere ist $\sin x > 0$ für $x \in (0, 2]$.

Beweis. Für $x \in (0, 2]$ gilt

$$\sin x = x - \frac{x^3}{3!} + \underbrace{\frac{x^5}{5!} - \frac{x^7}{7!}}_{>0} + \underbrace{\frac{x^9}{9!} - \frac{x^{11}}{11!}}_{>0} + \ldots > x - \frac{x^3}{3!},$$

denn es ist $\frac{x^n}{n!} - \frac{x^{n+2}}{(n+2)!} = \frac{x^n[(n+1)(n+2)-x^2]}{(n+2)!} > 0$. Andererseits gilt

$$\sin x = x - \underbrace{\left(\frac{x^3}{3!} - \frac{x^5}{5!}\right)}_{>0} - \underbrace{\left(\frac{x^7}{7!} - \frac{x^9}{9!}\right)}_{>0} + \ldots < x,$$

und somit folgt die Behauptung für die Sinusfunktion. Die Abschätzung für cos verläuft analog. □

Lemma 5.7 impliziert insbesondere, dass

$$\sin x > 0 \text{ für alle } x \in (0, 2]$$

gilt und dass cos eine streng monoton fallende Funktion auf dem Intervall $[0, 2]$ ist, denn für $x > y$ folgt aus dem vierten in Satz 5.4 angegebenen Additionstheorem für cos

$$\cos x - \cos y = -2 \underbrace{\sin\left(\frac{x+y}{2}\right)}_{>0} \underbrace{\sin\left(\frac{x-y}{2}\right)}_{>0} < 0, \quad x, y \in [0, 2].$$

Diese Eigenschaften implizieren, dass die Cosinusfunktion im Intervall $[0, 2]$ genau eine Nullstelle besitzt, wie wir in Satz 5.8 sehen.

5.8 Satz und Definition der Zahl π. *Die Cosinusfunktion hat im Intervall $[0, 2]$ genau eine Nullstelle x_0. Wir setzen*

$$\pi := 2x_0.$$

Die Bezeichnung π wurde durch das in Abschnitt 6.1 erwähnte Eulersche Lehrbuch popu-
lär und könnte aus dem griechischen Wort $\pi\varepsilon\varrho\iota\varphi\varepsilon\varrho\varepsilon\iota\alpha$ für Umfang herrühren. Versucht
man die Zahl π heute numerisch zu berechnen, so erhält man

$$\pi = 3,14159\,26535\,89793\,23846\ldots$$

Beweis. Es gilt $\cos 0 = 1$, und Lemma 5.7 impliziert, dass $\cos 2 < 1 - \frac{2^2}{2} + \frac{2^4}{24} = -\frac{1}{3} < 0$
gilt. Da $\cos$ stetig ist, folgt aus dem Zwischenwertsatz, dass $\cos$ mindestens eine Nullstelle
x_0 in $[0,2]$ besitzt. Die Eindeutigkeit der Nullstelle folgt aus der strengen Monotonie von
$\cos$ auf $[0,2]$. $\square$

5.9 Bemerkung. Wie schon in Abschnitt I.6 beschrieben, heißt eine reelle Zahl *algebraisch*, wenn sie Nullstelle eines nichttrivialen Polynoms mit ganzzahligen Koeffizienten ist.
Zum Beispiel ist jede rationale Zahl p/q als Nullstelle des Polynoms $x \mapsto qx - p$ algebraisch. Reelle Zahlen, welche nicht algebraisch sind, heißen *transzendente Zahlen*; diese
sind insbesondere irrational.

Johann Heinrich Lambert bewies schon im Jahre 1761, dass π irrational ist. Den Nachweis, dass π sogar transzendent ist, erbrachte Ferdinand Lindemann im Jahre 1882. Dieser
Satz entschied auch das über 2000 Jahre alte und bis heute berühmte *Problem der Qua-
dratur des Kreises*, und zwar negativ: Es ist unmöglich, allein mit Zirkel und Lineal zu
einem vorgegebenen Kreis ein flächengleiches Quadrat zu konstruieren.

Exponentialfunktion in $\mathbb{C}$

Die obige Definition der Zahl π impliziert insbesondere, dass

$$\cos(\pi/2) = 0 \quad \text{und} \quad \sin(\pi/2) = 1$$

gilt. Letztere Gleichheit gilt, da aus $\cos^2(\pi/2) + \sin^2(\pi/2) = 1$ zunächst $\sin(\pi/2) = \pm 1$
folgt, und die Positivität des Sinus in $(0,2]$ schließlich $\sin(\pi/2) = 1$ impliziert.

Kombinieren wir diese Formeln mit der Eulerschen Formel aus Satz 5.2b), so erhalten
wir

$$e^{i\pi/2} = \cos(\pi/2) + i\sin(\pi/2) = i,$$

und allgemeiner gilt die folgende Tabelle der Funktionswerte von $\cos x$, $\sin x$ und e^{ix}:

x	0	$\frac{\pi}{2}$	π	$\frac{3}{2}\pi$
$\cos x$	1	0	-1	0
$\sin x$	0	1	0	-1
e^{ix}	1	i	-1	$-i$

Kombinieren wir diese Funktionswerte mit der Funktionalgleichung der Exponentialfunktion, so erhalten wir die wichtige Eigenschaft der Periodizität der Exponentialfunktion.

5.10 Satz. *Für alle $z \in \mathbb{C}$ und $n \in \mathbb{Z}$ gilt*

$$e^{z+i\frac{n}{2}\pi} = e^z i^n \quad \text{und insbesondere} \quad e^{z+2in\pi} = e^z.$$

Die Exponentialfunktion besitzt daher die rein imaginäre Periode $2\pi i$.

Im folgenden Korollar fassen wir weitere Eigenschaften der trigonometrischen Funktionen zusammen. Die Details hierzu verifizieren wir in den Übungsaufgaben.

5.11 Korollar.

a) *Für jedes $z \in \mathbb{C}$ gilt*

    i) $\cos(z + \frac{\pi}{2}) = -\sin z, \quad \cos(z + \pi) = -\cos z, \quad \cos(z + 2\pi) = \cos z,$

    ii) $\sin(z + \frac{\pi}{2}) = \cos z, \quad \sin(z + \pi) = -\sin z, \quad \sin(z + 2\pi) = \sin z.$

    Insbesondere sind die Funktionen $\sin$ und $\cos$ periodische Funktionen mit der rellen Periode 2π.

b) *Es gilt*

$$\cos z = 0 \Leftrightarrow z = \frac{\pi}{2} + n\pi \quad \text{für ein } n \in \mathbb{Z},$$

$$\sin z = 0 \Leftrightarrow z = n\pi \quad \text{für ein } n \in \mathbb{Z},$$

$$e^z = 1 \Leftrightarrow z = 2\pi i n \quad \text{für ein } n \in \mathbb{Z}.$$

Die Sinus- und Cosinusfunktionen haben, aufgefasst als Funktionen von $z \in \mathbb{C}$, also nur die oben aufgeführten *reellen* Nullstellen. Für reelle Argumente haben die Graphen der Sinus- und Cosinusfunktion die folgende Form:

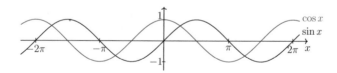

Tangens und Cotangens

Wir beschließen unsere Diskussion der trigonometrischen Funktionen vorerst mit der Einführung der Tangens- und Cotangensfunktionen. Genauer gesagt, definieren wir die *Tangensfunktion* $\tan$ und die *Cotangensfunktion* $\cot$ als

$$\tan : \mathbb{C} \backslash \{\pi/2 + n\pi : n \in \mathbb{Z}\} \to \mathbb{C}, \ z \mapsto \frac{\sin z}{\cos z} \quad \text{und}$$

$$\cot : \mathbb{C} \backslash \{n\pi : n \in \mathbb{Z}\} \to \mathbb{C}, \ z \mapsto \frac{\cos z}{\sin z}.$$

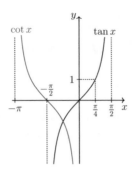

Wir betrachten weiter die Umkehrfunktionen der trigonometrischen Funktionen, sowie die hyperbolischen Funktionen. Die in Lemma 5.12 aufgeführten Eigenschaften von sin, cos und tan erlauben es uns, ihre Umkehrfunktionen wie folgt zu definieren. Für den Beweis verweisen wir auf die Übungsaufgaben.

5.12 Lemma.

a) *Die Funktion* $\cos : [0, \pi] \to [-1, 1]$ *ist stetig, surjektiv und streng monoton fallend.*

b) *Die Funktion* $\sin : [-\frac{\pi}{2}, \frac{\pi}{2}] \to [-1, 1]$ *ist stetig, surjektiv und streng monoton steigend.*

c) *Die Funktion* $\tan : (-\frac{\pi}{2}, \frac{\pi}{2}) \to \mathbb{R}$ *ist stetig, surjektiv und streng monoton steigend.*

Lemma 5.12 impliziert, dass die Umkehrfunktionen

$$\arccos : [-1, 1] \to [0, \pi],$$
$$\arcsin : [-1, 1] \to \left[-\frac{\pi}{2}, \frac{\pi}{2} \right],$$
$$\arctan : \mathbb{R} \to \left(-\frac{\pi}{2}, \frac{\pi}{2} \right)$$

von sin, cos und tan auf den jeweiligen Intervallen existieren. Diese heißen *Arcusfunktionen* und sind nach Satz 1.16 stetig.

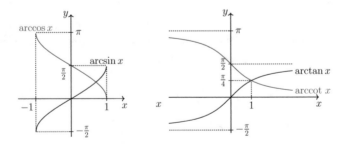

Polardarstellung komplexer Zahlen

Unser jetziger Kenntnisstand erlaubt es uns, die Polarkoordinatendarstellung einer komplexen Zahlen einzuführen. Genauer gesagt gilt Satz 5.13.

5.13 Satz. (Polarkoordinatendarstellung komplexer Zahlen). *Jedes $z \in \mathbb{C} \setminus \{0\}$ besitzt eine Darstellung der Form*

$$z = re^{i\varphi},$$

wobei $r = |z|$ und $\varphi \in \mathbb{R}$ bis auf die Addition eines ganzen Vielfachen von 2π eindeutig bestimmt ist.

In der obigen Darstellung heißt r der *Betrag* und φ ein *Argument* der komplexen Zahl $z \in \mathbb{C} \setminus \{0\}$. Für $z \in \mathbb{C} \setminus \{0\}$ gibt es also genau ein $\varphi \in [0, 2\pi)$ mit $z = |z|e^{i\varphi}$. Wir nennen dieses φ das *normalisierte Argument* von z und bezeichnen es mit $\arg_N(z) := \varphi$.

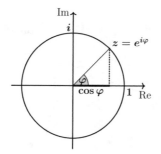

Beweis. Für $z \in \mathbb{C} \setminus \{0\}$ existieren $x, y \in \mathbb{R}$ mit $\frac{z}{|z|} = x + iy$. Es gilt dann $x^2 + y^2 = 1$ und somit $x, y \in [-1, 1]$. Daher ist $\varphi : [-1, 1] \to \mathbb{R}$, gegeben durch

$$\varphi(x) := \begin{cases} \arccos x, & y \geq 0, \\ -\arccos x, & y < 0, \end{cases}$$

wohldefiniert und es gilt $\varphi(x) \in [0, \pi]$ für $x \in [-1, 1]$, falls $y \geq 0$. Nach Lemma 5.7 ist $\sin \varphi \geq 0$ für alle $\varphi \in [0, 2]$, und da nach Korollar 5.11a)ii) $\sin \varphi = \sin(\pi - \varphi)$ gilt, folgt $\sin \varphi \geq 0$ für alle $\varphi \in [0, \pi]$. Weiter, da $\sin^2 \varphi = 1 - \cos^2 \varphi = y^2$ gilt, folgt $\sin \varphi = y$. Wir erhalten also

$$e^{i\varphi} = \cos \varphi + i \sin \varphi = x + iy = \frac{z}{|z|}$$

und somit $z = re^{i\varphi}$ mit $r = |z|$. Der Fall $y < 0$ verläuft analog. $\square$

5.14 Bemerkungen. a) Mit Hilfe der Polarkoordinatendarstellung lässt sich das Produkt komplexer Zahlen in der Gaußschen Zahlenebene geometrisch sehr gut veranschaulichen. Für $z = |z|e^{i\varphi}$ und $w = |w|e^{i\psi}$ gilt

$$z \cdot w = |zw|e^{i(\varphi+\psi)}.$$

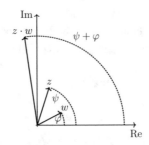

b) Ferner existieren zu jedem $z \in \mathbb{C}$ und zu jedem $n \in \mathbb{N}$ genau n verschiedene Zahlen $z_1, \ldots, z_n \in \mathbb{C}$ mit $z_k^n = z$ für alle $k = 1, \ldots, n$. Diese Zahlen heißen *n-te Wurzeln* von z. Insbesondere existieren zu jedem $n \in \mathbb{N}$ genau n verschiedene *Einheitswurzeln* $\xi_1, \xi_2, \ldots, \xi_n$, d.h., komplexe Zahlen ξ_k mit $\xi_k^n = 1$ für alle $k = 1, \ldots, n$. Die n-ten Wurzeln einer komplexen Zahl $z = r e^{i\varphi}$ sind explizit gegeben durch

$$z_k := \sqrt[n]{r}\, \xi_k \quad \text{mit} \quad \xi_k = e^{i\left(\frac{\varphi + 2i\pi k}{n}\right)} \quad \text{für alle } k = 1, \ldots, n.$$

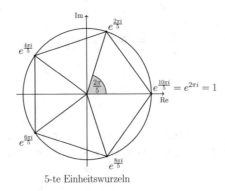

5-te Einheitswurzeln

Hyperbolische Funktionen

Bei vielen Fragestellungen taucht die Exponentialfunktion in den Kombinationen

$$\frac{1}{2}\left(e^z + e^{-z}\right) \quad \text{und} \quad \frac{1}{2}\left(e^z - e^{-z}\right)$$

auf. Hierauf basierend definieren wir die hyperbolischen Funktionen wie folgt:

$$\cosh z := \frac{1}{2}\left(e^z + e^{-z}\right), \quad z \in \mathbb{C} \qquad \text{(Cosinus hyperbolicus),}$$

$$\sinh z := \frac{1}{2}\left(e^z - e^{-z}\right), \quad z \in \mathbb{C} \qquad \text{(Sinus hyperbolicus),}$$

$$\tanh z := \frac{\sinh z}{\cosh z}, \qquad z \in \mathbb{C} \setminus \pi i\,(\mathbb{Z} + 1/2) \quad \text{(Tangens hyperbolicus),}$$

$$\coth z := \frac{\cosh z}{\sinh z}, \qquad z \in \mathbb{C} \setminus \pi i\,\mathbb{Z} \qquad \text{(Cotangens hyperbolicus).}$$

Die Beziehungen

$$\cosh z = \cos iz, \quad \sinh z = -i \sin iz, \quad z \in \mathbb{C}$$

und

$$\cosh^2 z - \sinh^2 z = 1, \quad z \in \mathbb{C}$$

sind ebenso schnell einzusehen, wie die Potenzreihendarstellung

$$\cosh z = \sum_{j=0}^{\infty} \frac{z^{2j}}{(2j)!} \quad \text{bzw.} \quad \sinh z = \sum_{j=0}^{\infty} \frac{z^{2j+1}}{(2j+1)!}, \quad z \in \mathbb{C}.$$

Zum Abschluss dieses Abschnitts führen wir noch die *Bernoullischen Zahlen* ein, welche an vielen Stellen in der Analysis und in der Zahlentheorie auftreten.

Die Potenzreihendarstellung für Tangens und die Bernoullischen Zahlen

Wir betrachten die Funktion $h : \mathbb{C} \to \mathbb{C}$, gegeben durch

$$h(z) := \begin{cases} (e^z - 1)/z, & z \in \mathbb{C} \setminus \{0\}, \\ 1, & z = 0, \end{cases}$$

und verifizieren, dass aufgrund der Stetigkeit von h in 0 ein $r > 0$ existiert mit $h(z) \neq 0$ für alle $z \in B_r(0)$ und dass h in eine Potenzreihe um 0 entwickelbar ist mit der Darstellung

$$h(z) = \sum_{k=0}^{\infty} \frac{z^k}{(k+1)!}, \quad z \in \mathbb{C}.$$

Insbesondere ist die Funktion $f : B_r(0) \to \mathbb{C}$, gegeben durch

$$z \mapsto \frac{z}{e^z - 1},$$

wohldefiniert, wenn wir $f(0) := 1$ setzen. Nach Aufgabe II.5.7 besitzt f eine Darstellung als Potenzreihe $\sum_{k=0}^{\infty} b_k z^k$, für deren Konvergenzradius $\varrho > 0$ gilt.

Die *Bernoullischen Zahlen* B_n werden nun für $n \in \mathbb{N}_0$ definiert als

$$\frac{z}{e^z - 1} = \sum_{n=0}^{\infty} \frac{B_n}{n!} z^n, \quad z \in B_\varrho(0). \tag{5.1}$$

Aufgrund des Identitätssatzes für Potenzreihen (Korollar II.5.8) sind die Bernoullischen Zahlen eindeutig bestimmt. Mittels des Cauchy-Produkts können wir nun Rekursionsformeln für die Bernoullischen Zahlen herleiten.

5.15 Satz. *Für die Bernoullischen Zahlen B_n gelten die folgenden Aussagen:*

a) $\sum_{k=0}^{n} \binom{n+1}{k} B_k = \begin{cases} 1, & n = 0, \\ 0, & n \in \mathbb{N}. \end{cases}$

b) $B_{2n+1} = 0$ *für* $n \in \mathbb{N}$.

Beweis. a) Das Cauchy-Produkt für Reihen (Korollar II.4.5) impliziert

$$z = (e^z - 1)f(z) = z\Big(\sum_{k=0}^{\infty} \frac{z^k}{(k+1)!}\Big)\Big(\sum_{j=0}^{\infty} \frac{B_j}{j!}z^j\Big) = z\sum_{n=0}^{\infty}\Big(\sum_{k=0}^{n} \frac{B_k}{k!(n+1-k)!}\Big)z^n,$$

und aus dem Identitätssatz für Potenzreihen folgern wir

$$\sum_{k=0}^{n} \frac{B_k}{k!(n+1-k)!} = \begin{cases} 1, & n = 0, \\ 0, & n \in \mathbb{N}. \end{cases}$$

Die Behauptung folgt schließlich durch Multiplikation dieser Gleichung mit $(n+1)!$.

b) Da einerseits $f(z) - f(-z) = -z$ und andererseits

$$f(z) - f(-z) = \sum_{k=0}^{\infty}\Big(\frac{B_k}{k!}z^k - \frac{B_k}{k!}(-z)^k\Big) = 2\sum_{k=0}^{\infty} \frac{B_{2k+1}}{(2k+1)!}z^{2k+1}$$

gilt, folgt wiederum aus dem Identitätssatz, dass $B_{2k+1} = 0$ für alle $k \in \mathbb{N}$ gelten muss. $\qquad\square$

5.16 Korollar. *Für die Bernoullischen Zahlen gilt*

$$B_0 = 1, \quad B_1 = -\frac{1}{2}, \quad B_2 = \frac{1}{6}, \quad B_4 = -\frac{1}{30}, \quad B_6 = \frac{1}{42}.$$

Ferner haben wir somit die Reihendarstellung des Cotangens bewiesen, formuliert in Korollar 5.17.

5.17 Korollar. *Es existiert* $\varrho > 0$ *derart, dass für alle* $z \in B_\varrho(0)$

$$z \cot z = \sum_{n=0}^{\infty} (-1)^n \frac{4^n}{(2n)!} B_{2n} z^{2n}$$

gilt.

Beweis. Da $\frac{z}{e^z-1} + \frac{z}{2} = \frac{z}{2}\coth\frac{z}{2}$ für alle $z \in \mathbb{C} \setminus 2\pi i\mathbb{Z}$ gilt, folgt aus der Definition der Bernoullischen Zahlen gemeinsam mit Satz 5.15b) und wegen $B_1 = -1/2$

$$\frac{z}{2}\coth\frac{z}{2} = \sum_{n=0}^{\infty} \frac{B_{2n}}{(2n)!} z^{2n}, \quad z \in B_\varrho(0)$$

für ein genügend kleines $\varrho > 0$. Ersetzen wir z durch $2iz$, so folgt die Behauptung. $\square$

5.18 Korollar. *Es existiert $\varrho > 0$ derart, dass für alle $z \in B_\varrho(0)$ gilt:*

$$\tan z = \sum_{n=1}^{\infty} (-1)^{n-1} \frac{B_{2n}}{(2n)!} 4^n (4^n - 1) z^{2n-1},$$

$$\tanh z = \sum_{n=1}^{\infty} \frac{B_{2n}}{(2n)!} 4^n (4^n - 1) z^{2n-1}.$$

Aufgaben

1. Man beweise die in Satz 5.4 formulierten Additionstheoreme.

2. Man untersuche die folgenden Funktionen $f : \mathbb{R} \to \mathbb{R}$ auf Stetigkeit, wobei jeweils $f(0) := 0$ und f für $x \in \mathbb{R} \setminus \{0\}$ gegeben ist durch
   a) $f(x) := \sin x / |x|$,
   b) $f(x) := e^{1/x} + \sin(1/x)$,
   c) $f(x) := 1/(1 - e^{1/x})$.

3. Man zeige, dass die Abbildung $f : [0, \infty) \to \mathbb{R}$, definiert durch $f(x) = \sin(x^2)$, stetig und beschränkt, aber nicht gleichmäßig stetig ist.

4. Man beweise, dass die Funktion $x \mapsto \sin(1/x)$ auf dem Intervall $(0, 1]$ nicht gleichmäßig stetig ist.

5. Man beweise die in Satz 5.6 angegebenen Aussagen über die reelle Exponentialfunktion.

6. a) Man zeige, dass für alle $t > 0$ gilt: $\frac{t}{1+t} \le \log(1 + t) \le t$, und folgere, dass für $a \in \mathbb{R}$ gilt:

   $$e^{\frac{a}{1+a/n}} \le \left(1 + a/n\right)^n \le e^a, \quad n \in \mathbb{N}.$$

   b) Man zeige, dass $e^a = \lim_{n\to\infty}(1 + a/n)^n$ gilt.

7. Man beweise Lemma 5.11.

8. Es sei $D := \mathbb{C} \setminus \{0\}$ und $f : D \to \mathbb{R}$ gegeben durch $z \mapsto \left| \exp\left(-\frac{1}{z^2}\right) \right|$. Für $\alpha \in (0, \pi/4)$ sei
   a) $D_1 := \{z \in \mathbb{C} : -\alpha \le \arg_N(z) \le \alpha\}$,
   b) $D_2 := \{z \in \mathbb{C} : \arg_N(z) = \pi/4\}$,
   c) $D_3 := \{z \in \mathbb{C} : 0 \le \arg_N(z) \le \pi/4\}$,

d) $D_4 := \{z \in \mathbb{C} : \pi/2 - \alpha \le \arg_N(z) \le \pi/2 + \alpha\}$.

Man entscheide in welchen Fällen

$$\lim_{z \to 0, z \in D_i} f(z)$$

für $i = 1, 2, 3, 4$ existiert und bestimme gegebenenfalls den Grenzwert.

9. Man beweise Lemma 5.12.

10. Man zeige

$$\tan(x + y) = \frac{\tan x + \tan y}{1 - \tan x \tan y}$$

für alle $x, y \in \mathbb{R}$, für welche die obigen Ausdrücke definiert sind.

11. Man entscheide, welche der folgenden Aussagen wahr sind:

a) Die Funktion $f : \mathbb{R} \to \mathbb{C}$, $x \mapsto \sin(ix)$ hat keine Nullstellen.

b) Die Funktion $f : \mathbb{C} \to \mathbb{C}$, $z \mapsto \sin z$ ist beschränkt.

c) arctan ist die Umkehrfunktion von $\cos / \sin$.

d) $\sinh 0 = 0$.

12. Man beweise:

a) $\arcsin x + \arccos x = \pi/2$ sowie $\arccos(-x) = \pi - \arccos x$ für $x \in [-1, 1]$,

b) $\sinh(x + y) = \sinh x \cosh y + \cosh x \sinh y$ für $x, y \in \mathbb{R}$,

c) $\cosh(x + y) = \cosh x \cosh y + \sinh x \sinh y$ für $x, y \in \mathbb{R}$.

13. Man bestimme $\lim_{x \to 2+0} (x - 2)^x$.

14. Für $x \in \mathbb{R}$, $n \in \mathbb{N}$ und $k \in \{0, 1, \ldots, n\}$ sei $z_{n,k} := e^{ix\frac{k}{n}}$. Ferner sei

$$L_n := \sum_{k=1}^{n} \left| z_{n,k} - z_{n,k-1} \right|$$

die Länge des Polygonzugs $z_{n,0}, z_{n,1}, \ldots, z_{n,n}$. Man zeige:

a) $L_n = 2n \left| \sin(\frac{x}{2n}) \right|$.

b) $\lim_{n \to \infty} L_n = |x|$.

Für große $n \in \mathbb{N}$ und $x \in [0, 2\pi]$ approximiert der obige Polygonzug das Bild von $[0, x]$ unter der Abbildung $t \mapsto e^{it}$. Man kann also L_n als Approximation der Länge des Kreisbogens um 0 von 1 nach e^{ix} verstehen,

15. Es sei $x \in \mathbb{R}$ und $a_n := e^{2\pi i n x}$ für $n \in \mathbb{N}$. Man zeige:

a) Ist x rational, so besitzt die Folge $(a_n)_{n \in \mathbb{N}}$ nur endlich viele Häufungspunkte.

b) Ist x irrational, so ist jedes $z \in \mathbb{C}$ mit $|z| = 1$ Häufungspunkt der Folge $(a_n)_{n \in \mathbb{N}}$.

16. Es seien ζ die in Abschnitt II.3 definierte Zetafunktion und B_m für $m \in \mathbb{N}$ die Bernoullischen Zahlen. Man zeige mittels Korollar 5.17:

a) Es existiert $\varrho > 0$ mit $x \cot x = 1 - 2 \sum_{m=1}^{\infty} \frac{\zeta(2m)}{\pi^{2m}} x^{2m}$ für alle $x \in B_\varrho(0)$.

b) Für $m \in \mathbb{N}$ gilt $\quad 2\zeta(2m) = (-1)^{m+1} \frac{(2\pi)^{2m}}{(2m)!} B_{2m}$.

17. Man vervollständige den Beweis von Korollar 5.18.

6 Anmerkungen und Ergänzungen

1 Historisches

Bis zum 18. Jahrhundert wurde eine Funktion als stetig betrachtet, wenn sie in ihrem gesamten Definitionsbereich durch ein analytisches Gesetz dargestellt werden konnte. Die Fouriersche Entdeckung, dass auch gewisse unstetige Funktionen durch trigonometrische Reihen dargestellt werden können (vgl. Kapitel X) bedurfte dann einer Klärung und Präzisierung des Funktions- und Stetigkeitsbegriffs. Die Entwicklung des allgemeinen Funktionsbegriffs wurde insbesondere durch Arbeiten von Peter Gustav Lejeune Dirichlet (1805–1859) über trigonometrische Reihen beeinflusst.

Der von uns verwandte Begriff der Stetigkeit geht, wie schon der Konvergenzbegriff, im Wesentlichen auf Cauchy zurück, der in seinem *Cours d'Analyse* (1821) die Stetigkeit einer Funktion wie folgt definierte: En d'autres termes, la fonction $f(x)$ restera continue par rapport à x entre les limites données, si, entre ces limites, un accroissement infiniment petit de la variable produit toujours un accroissement infiniment petit de la fonction elle-même.

Cauchy verwendet noch die damals übliche Bezeichnung der unendlich kleinen Größe (*quantité infiniment petite*), welche aber im Laufe der Zeit durch die heute gebräuchliche, wesentlich durch Weierstraß geprägte ε-δ-Formulierung abgelöst wurde.

Die Dirichletsche Sprungfunktion aus Beispiel 1.3f) wurde im Jahre 1829 von Dirichlet eingeführt. Die Heaviside-Funktion ist nach dem britischen Mathematiker Oliver Heaviside (1850–1925) benannt.

Die Notwendigkeit eines Beweises des Zwischenwertsatzes wurde erstmals von Bernhard Bolzano erkannt. Die in Beispiel 1.3h) erwähnte Lipschitz-Bedingung wurde zum ersten Mal von Rudolf Lipschtz (1832–1903) im Zusammenhang mit Anfangswertproblemen für Differentialgleichungen eingeführt.

Die in Abschnitt 2 beschriebenen topologischen Grundbegriffe wurden von Georg Cantor, Maurice Fréchet und vor allem Felix Hausdorff (1868–1942) eingeführt. Insbesondere geht die Definition einer offenen Menge auf Hausdorff im Jahre 1914 zurück.

Der französische Mathematiker Émile Borel (1871–1956) bewies im Jahre 1895, dass jede Überdeckung eines Intervalls $[a, b] \subset \mathbb{R}$ durch *abzählbar* viele offene Intervalle bereits eine *endliche* Teilüberdeckung besitzt, und benutzte hierbei eine Idee, die schon von Heinrich Eduard Heine (1821–1881) im Jahre 1872 in einem Beweis der gleichmäßigen Stetigkeit einer stetigen Funktion auf $[a, b]$ verwendet wurde. Die Verallgemeinerung dieses Sachverhalts auf beliebige offene Überdeckungen geht auf Henri Lebesgue, Ernst Lindelöf und Arthur Schoenflies zurück. Letzterer scheint Theorem 3.5 seinen heutigen Namen, Heine-Borel-Theorem, gegeben zu haben.

Im Jahre 1909 wurde an der Sorbonne in Paris ein spezieller Lehrstuhl für Borel eingerichtet. Er war im 1. Weltkrieg für eine gewisse Zeit an der Front und wurde hierfür 1918 mit dem Croix de Guerre ausgezeichnet. Im Jahre 1928 gründete er das heutige Institut Henri Poincaré in Paris und war mit René Baire und Henri Lebesgue Lebesgue Mitbegründer der modernen Analysis. Borel war ferner auch politisch aktiv, wie zum Beispiel als Marineminister (1924–1940) für die französische Regierung. Heine promovierte 1842 in Berlin und war seit 1856 Professor in Halle. Er publizierte bereits im Jahre 1872 einen Artikel über die gleichmäßige Stetigkeit von Funktionen auf $[a, b]$, welcher auf der Überdeckungskompaktheit von $[a, b]$ basierte.

Der Raum der stetigen Funktionen $C[a, b]$ auf einem Intervall $[a, b]$ scheint zuerst von Jacques Hadamard (1865–1963) im Jahre 1903 eingeführt geworden zu sein.

Viele der in Abschnitt 5 eingeführten Definitionen und Argumente gehen direkt auf Leonhard Euler (1707–1783), einen der bedeutendsten Mathematiker aller Zeiten, zurück. Er wurde im Jahre 1707 in Basel geboren, war Schüler von Johann Bernoulli an der dortigen Universität und wurde schon in jungen Jahren an die Akademie von St. Petersburg berufen. Sein Lehrbuch *Introductio in analysin infinitorum* hatte großen Einfluss auf die gesamte Mathematik. Er führte auch das Symbol *i* für $\sqrt{-1}$ ein, dem ersten Buchstaben des lateinischen Worts *imaginarius* folgend. Unsere heutige mathematische Bezeichnungsweise geht in wesentlichen Teilen auf ihn zurück. Er leitete in den Jahren 1741–1766 die mathematische Klasse der Berliner Akademie Friedrichs des Großen und kehrte anschließend nach St. Petersburg zurück. Euler engagierte sich sehr in den geistigen Auseinandersetzungen seiner Zeit. Seine christliche Weltanschauung wurde von vielen Gelehrten am Hofe Friedrich des Großen in Berlin nicht geteilt. Das nach ihm benannte *Euler International Mathematical Institute* in St. Petersbug begann seine Aktivitäten im Jahre 1996 als Teil des Steklov Instituts für Mathematik der Russischen Akademie der Wissenschaften.

Der Theologe und Mathematiker Michael Stifel (1486–1567) hatte die Idee, geometrische Folgen $(1, q, q^2, \ldots)$ auf arithmetische Folgen $(0, n, 2n, 3n, \ldots)$ zurückzuführen, eine Idee, welche die Entdeckung der Logarithmen nach sich zog. Die Definition des Logarithmus als Umkehrfunktion der Exponentialfunktion findet sich erstmal im oben genannten Eulerschen Lehrbuch.

Die Bernoullischen Zahlen wurden von Jakob Bernoulli (1654–1705) bei der Untersuchung von Potenzreihen gefunden.

2 Polynomfunktionen

Im Gegensatz zur Algebra unterscheiden wir bei den in Beispiel 1.6 eingeführten Polynomen nicht zwischen Polynomen und *Polynomfunktionen*. Diese Unterscheidung ist nur wichtig, wenn Polynome über endlichen Körpern anstatt über $\mathbb{R}$ oder $\mathbb{C}$ betrachtet werden, da dort die Koeffizienten nicht durch die Abbildungsvorschrift festgelegt sind.

3 Stetigkeitsmodul

Ist $f : \mathbb{R} \to \mathbb{R}$ eine Funktion, so heißt die Funktion

$$\omega_f(x, \cdot) : (0, \infty) \to \mathbb{R}, \ \varepsilon \mapsto \sup_{y, z \in B_\varepsilon(x)} |f(y) - f(z)|$$

Stetigkeitsmodul von f in $x \in \mathbb{R}$. Setzt man

$$\omega_f(x) := \inf_{\varepsilon > 0} \omega_f(x, \varepsilon),$$

so ist f genau dann in x stetig, wenn $\omega_f(x) = 0$ gilt.

4 Eigenschaften der Cantor-Menge und der Cantor-Funktion

Die in Abschnitt 3 eingeführte Cantor-Menge C besitzt die folgenden Eigenschaften:

a)   Eine reelle Zahl $x \in [0, 1]$ liegt genau dann in C, wenn

$$x = \sum_{n=1}^{\infty} a_n(x) 3^{-n} \quad \text{mit } a_n(x) = 0 \text{ oder } a_n(x) = 2 \text{ für alle } n \in \mathbb{N}$$

gilt, d. h., wenn in der 3-adischen Darstellung von x nur die Ziffern 0 und 2 vorkommen, vgl. Abschnitt II.6.6.

b)   Definieren wir für $x \in C$ in der obigen Darstellung die Funktion $\varphi : C \to \mathbb{R}$ durch

$$\varphi(x) := \sum_{n=1}^{\infty} \frac{a_n(x)}{2^{n+1}},$$

so ist $\varphi : C \to [0, 1]$ surjektiv, monoton und stetig. Insbesondere besitzt C also die gleiche Mächtigkeit wie das Intervall $[0, 1]$ und ist somit überabzählbar.

c) Die Funktion φ besitzt eine stetige Fortsetzung $F : [0, 1] \to [0, 1]$, die auf jedem offenen Intervall von $[0, 1] \setminus C$ konstant ist. Die Funktion F heißt *Cantor-Funktion* und wird auch Teufelstreppe genannt.

5 Absolut stetige Funktionen

Eine Funktion $f : [a, b] \to \mathbb{R}$ mit $a, b \in \mathbb{R}$ und $a < b$ heißt *absolut stetig auf* $[a, b]$, wenn für jedes $\varepsilon > 0$ ein $\delta > 0$ derart existiert, dass für jede Familie $\{(a_k, b_k) : 1 \le k \le n\}$ von paarweise disjunkten offenen Teilintervallen von $[a, b]$ die Implikation

$$\sum_{k=1}^{n}(b_k - a_k) < \delta \Rightarrow \sum_{k=1}^{n}|f(b_k) - f(a_k)| < \varepsilon$$

gilt. Jede auf $[a, b]$ absolut stetige Funktion ist nach Satz 3.14 natürlich gleichmäßig stetig; die Umkehrung dieser Aussage gilt jedoch nicht. Weiter ist jede auf $[a, b]$ Lipschitz-stetige Funktion dort auch absolut stetig; die Umkehrung gilt wiederum nicht.

6 Charakterisierung gleichmäßig stetiger Funktionen

Die gleichmäßige Stetigkeit einer Funktion auf einem Intervall $I \subset \mathbb{R}$ können wir wie folgt charakterisieren:

Eine Funktion $f : I \to \mathbb{R}$ ist genau dann auf I gleichmäßig stetig, wenn für je zwei Folgen $(x_n)_{n\in\mathbb{N}} \subset I$ und $(y_n)_{n\in\mathbb{N}} \subset I$ mit $(x_n - y_n) \to 0$ immer $\big(f(x_n) - f(y_n)\big)_{n\in\mathbb{N}} \to 0$ gilt.

7 Hausdorffsche Trennungseigenschaft

Im Beweis der Hausdorffschen Trennungseigenschaft in Satz 2.5 haben wir wesentlich von den Eigenschaften des Absolutbetrags Gebrauch gemacht. In Kapitel VI werden wir diese Eigenschaft auf metrische Räume verallgemeinern. Es gibt jedoch gewisse *topologische Räume* (Abschnitt VI.5), in denen Satz 2.5 nicht gilt.

8 Tschebyscheff-Approximation

Sind $[a, b] \subset \mathbb{R}$ und $f : [a, b] \to \mathbb{R}$ eine Funktion, so ist für viele Anwendungen die numerische Berechnung von $f(x)$ von großem Interesse. Es ist dann oft zweckmäßig, den gesuchten Funktionswert mit einer vorgegebenen Genauigkeit ε zu approximieren; man ersetzt f durch eine Funktion φ, welche einfacher zu berechnen ist, und deren Werte $\varphi(x)$ sich von $f(x)$ nur um ε unterscheiden.

Ist zum Beispiel $f : [a, b] \to \mathbb{R}$ eine stetige Funktion und F eine Menge reellwertiger Funktionen, ebenfalls definiert auf $[a, b]$, so besteht eine Formulierung des Problems der *Bestapproximation* darin, ein $\varphi \in F$ derart zu finden, dass

$$\sup_{x\in[a,b]} |f(x) - \varphi(x)| \le \sup_{x\in[a,b]} |f(x) - g(x)| \quad \text{für alle} \quad g \in F$$

gilt. Natürlich kann man den „Abstand" zweier Funktionen auch anders (d. h., durch andere Normen, mehr hierzu in Abschnitt VI.1), definieren. In der gegebenen Situation spricht man von der *Tschebyscheff-Approximation*.

Sind zum Beispiel $a = 0$, $b = \pi$ und $f(x) = \sin x$, so gilt $\min_{x\in[a,b]} f(x) = 0$ und $\max_{x\in[a,b]} f(x) = 1$. Suchen wir die Tschebyscheff-Approximation von f in der Menge der konstanten Funktionen über $[a, b]$, so ist die konstante Funktion, deren maximaler Abstand zu beiden Extremwerten minimal ist, durch $\varphi(x) = 1/2$ gegeben. Es ist also

$$\sup_{x\in[a,b]} |\sin x - \varphi(x)| = \frac{1}{2}.$$

Für $n \in \mathbb{N}_0$ betrachten wir nun allgemeiner Polynome p_n vom Grad n und möchten beschränkte Funktionen $f : [a, b] \to \mathbb{R}$ approximieren. Hierzu setzen wir

$$\|f - p_n\|_\infty := \sup_{x \in [a,b]} |f(x) - p_n(x)| \quad \text{und} \quad E_n(f) := \inf\{\|f - p_n\|_\infty : p_n \text{ Polynom vom Grad } n\}.$$

Dann heißt ein Polynom p_n vom Grad n *Polynom mit bester Approximation für f vom Grad n*, wenn

$$\|f - p_n\|_\infty = E_n(f)$$

gilt. Es gelten dann die folgende Aussagen:

a) Es existiert ein Polynom mit bester Approximation für f vom Grad 0.

b) Für jede beschränkte Funktion $f : [a, b] \to \mathbb{R}$ und jedes $n \in \mathbb{N}_0$ existiert ein Polynom mit bester Approximation für f vom Grad n.

c) Für jedes $n \in \mathbb{N}$ sind die *Tschebyscheff-Polynome T_n* : $[-1, 1] \to \mathbb{R}$, definiert durch

$$T_n(x) := \cos(n \arccos x),$$

Polynome vom Grad n.

d) Unter allen Polynomen vom Grad n mit Hauptkoeffizienten 1 ist das Tschebyscheff-Polynom T_n das eindeutig bestimmte Polynom mit

$$E_n(0) = \max_{x \in [-1,1]} |T_n(x)|.$$

Differentialrechnung einer Variablen

IV

Die auf Leibniz und Newton zurückgehende Differential- und Integralrechnung bildet den inhaltlichen Kern jeder Einführung in die Analysis.

Wir beginnen mit dem Begriff der Differenzierbarkeit einer Funktion, welcher durch den Wunsch geleitet ist, das lokale Verhalten von Funktionen genauer zu beschreiben. Ausgehend von der geometrisch motivierten Definition der Differenzierbarkeit einer Funktion f in einem Punkt x_0 mittels der Bestimmung der Tangente in $(x_0, f(x_0))$, wenden wir uns alsbald äquivalenten Beschreibungen der Differenzierbarkeit mittels linearer Approximationen zu. Die Methode der Linearisierung ist nicht an die in diesem Kapitel beschriebene eindimensionale Situation gebunden, bildet aber schon jetzt die Grundlage für spätere Untersuchungen der Differenzierbarkeit von Funktionen mehrerer Variablen.

Nach der Herleitung erster Eigenschaften differenzierbarer Funktionen in Abschnitt 1, bildet der Mittelwertsatz das Zentrum von Abschnitt 2. Dieser Satz hat weitreichende Konsequenzen für die Analysis von Funktionen einer reellen Variablen. Wir diskutieren zunächst ein hinreichendes Kriterium für Extremwerte differenzierbarer Funktionen und die Regeln von L'Hospital zur Grenzwertbestimmung. Als weitere Folgerung des Mittelwertsatzes beweisen wir eine Charakterisierung konvexer Funktionen durch die Monotonie ihrer Ableitungsfunktion. Es zeigt sich, dass insbesondere die Logarithmusfunktion auf $\mathbb{R}_+$ konkav ist. Dies ermöglicht es uns, elegante Beweise der klassischen Ungleichungen von Young, Hölder und Minkowski zu geben. Diese finden wir in späteren Abschnitten zur Integrationstheorie in allgemeiner Version, in welcher die Summen durch Integrale ersetzt sind, wieder.

Abschnitt 3 widmet sich dem Satz von Taylor und der Approximierbarkeit höherer Ordnung. Anstatt eine gegebene Funktion linear zu approximieren, werden wir versuchen, dies nun durch Polynome höheren Grades zu tun. Von besonderem Interesse sind hierbei die Taylor-Polynome, die Taylor-Reihe und verschiedene Restglieddarstellungen. Der Satz von Taylor impliziert dann hinreichende Kriterien für die Existenz lokaler Extremwerte differenzierbarer Funktionen.

© Springer-Verlag GmbH Deutschland, ein Teil von Springer Nature 2018
M. Hieber, *Analysis I*, https://doi.org/10.1007/978-3-662-57538-3_4

Abgerundet wird dieser Abschnitt durch eine Diskussion des Newton-Verfahrens zur Nullstellenbestimmung von Funktionen. Wir sehen, dass dieses Verfahren eine quadratische Konvergenzordnung besitzt, und zeigen, dass der Beweis der Konvergenz des Verfahrens auf dem Mittelwertsatz sowie dem Satz von Taylor beruht.

In Abschnitt 4 betrachten wir Folgen von Funktionen $(f_n)_{n \in \mathbb{N}}$, welche zunächst punktweise gegen eine Grenzfunktion konvergieren. Wir interessieren uns für die Frage, unter welchen Bedingungen sich zentrale Eigenschaften der Funktionen f_n, wie etwa Stetigkeit oder Differenzierbarkeit, auf die Grenzfunktion übertragen. Der Begriff der gleichmäßigen Konvergenz wird hierbei von zentraler Bedeutung sein. Die beiden zentralen Aussagen dieses Abschnitts, Theorem 4.6 und Theorem 4.7, erlauben uns insbesondere einzusehen, dass Potenzreihen im Inneren ihres Konvergenzkreises beliebig oft differenzierbar sind und mit ihrer Taylor-Reihe übereinstimmen.

Mit dem Abelschen Grenzwertsatz und damit zusammenhängend mit der expliziten Bestimmung gewisser Reihenwerte beschließen wir das Kapitel.

1   Differenzierbare Funktionen

Wir beschränken uns in diesem Kapitel auf die Differentialrechnung von Funktionen einer reellen Variablen, lassen aber weiterhin komplexwertige Funktionen zu.

Ausgangspunkt unserer Untersuchungen ist das Problem, eine gegebene Funktion $f : D \subset \mathbb{R} \to \mathbb{K}$ durch eine affine Funktion im Punkt $x_0 \in D$ zu approximieren. Im gesamten Abschnitt sei $\mathbb{K} = \mathbb{R}$ oder $\mathbb{K} = \mathbb{C}$. Gilt speziell $\mathbb{K} = \mathbb{R}$, dann können wir die Fragestellung geometrisch so interpretieren, dass wir die Tangente an den Graphen von f im Punkt $(x_0, f(x_0))$ bestimmen wollen.

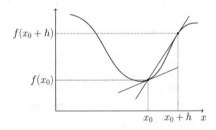

Die grundlegende Idee zur Lösung dieses Problems besteht darin, die Tangente durch die Gerade durch die Punkte $(x_0, f(x_0))$ und $(x_0 + h, f(x_0 + h))$ für kleines h zu approximieren. Die Steigung dieser Geraden ist dann gegeben durch $\frac{f(x_0 + h) - f(x_0)}{h}$. Dies motiviert die folgende Definition.

1.1 Definition. Es sei $D \subset \mathbb{R}$ und $x_0 \in D$ ein Häufungspunkt von D. Eine Funktion $f : D \to \mathbb{K}$ heißt *differenzierbar in* $x_0 \in D$, wenn

$$\lim_{x \to x_0} \frac{f(x) - f(x_0)}{x - x_0} = \lim_{h \to 0} \frac{f(x_0 + h) - f(x_0)}{h}$$

existiert. Dieser Grenzwert heißt *Ableitung von f in x_0* und wird mit $f'(x_0)$ oder $\frac{df}{dx}(x_0)$ bezeichnet. Ist f in jedem $x \in D$ differenzierbar, so heißt f *differenzierbar*, und die Abbildung $f' : D \to \mathbb{K}$, $x \mapsto f'(x)$ heißt die *Ableitung* von f.

1.2 Beispiele. a) Die Funktion $f : \mathbb{R} \to \mathbb{R}$, $f(x) = x^n$ ist für jedes $n \in \mathbb{N}$ differenzierbar, und wegen

$$\frac{x^n - x_0^n}{x - x_0} = x_0^{n-1} + x x_0^{n-2} + x^2 x_0^{n-3} + \ldots + x^{n-1} \overset{x \to x_0}{\longrightarrow} x_0^{n-1} + x_0^{n-1} + \ldots + x_0^{n-1} = n x_0^{n-1}$$

gilt $f'(x) = n x^{n-1}$ für jedes $x \in \mathbb{R}$.

b) Die Funktion $f : \mathbb{R} \to \mathbb{C}$, $f(x) = e^{\alpha x}$ ist für alle $\alpha \in \mathbb{C}$ differenzierbar, und es gilt $f'(x) = \alpha e^{\alpha x}$, denn aufgrund von Beispiel III.4.4b) gilt

$$\frac{e^{\alpha(x_0+h)} - e^{\alpha x_0}}{h} = e^{\alpha x_0} \left(\frac{e^{\alpha h} - 1}{h} \right) \overset{h \to 0}{\longrightarrow} \alpha e^{\alpha x_0}.$$

c) Die Funktion $f : \mathbb{R} \to \mathbb{R}$, $x \mapsto |x|$ ist in $x_0 = 0$ nicht differenzierbar, da für den rechtsseitigen Grenzwert $\lim_{h \to 0+} \frac{f(x_0+h) - f(x_0)}{h} = 1$ und für den linksseitigen Grenzwert $\lim_{h \to 0-} \frac{f(x_0+h) - f(x_0)}{h} = -1$ gilt und somit der Grenzwert $\lim_{h \to 0} \frac{f(x_0+h) - f(x_0)}{h}$ nicht existiert.

Charakterisierung der Differenzierbarkeit

Im folgenden Satz wollen wir den Begriff der Differenzierbarkeit äquivalent umformulieren. Dabei setzen wir immer voraus, dass $x_0 \in D$ ein Häufungspunkt von D ist.

1.3 Satz. *Sind $f : D \subset \mathbb{R} \to \mathbb{K}$ eine Funktion und $x_0 \in D$ ein Häufungspunkt von D, so sind die folgenden Aussagen äquivalent:*

a) *Die Funktion f ist in x_0 differenzierbar.*

b) *Es existiert eine in x_0 stetige Funktion $\varphi : D \to \mathbb{K}$ mit*

$$f(x) = f(x_0) + (x - x_0)\varphi(x), \quad x \in D.$$

In diesem Fall gilt $f'(x_0) = \varphi(x_0)$.

c) *Es existiert eine lineare Abbildung $L_{x_0} : \mathbb{R} \to \mathbb{K}$ mit*

$$\lim_{h \to 0} \frac{f(x_0 + h) - f(x_0) - L_{x_0} h}{h} = 0.$$

In diesem Fall gilt $f'(x_0)h = L_{x_0} h$ für alle $h \in \mathbb{R}$.

Beweis. a) $\Rightarrow$ b): Nach Voraussetzung besitzt für $x \in D \setminus \{x_0\}$ die Funktion $x \mapsto \frac{f(x)-f(x_0)}{x-x_0}$ eine in x_0 stetige Fortsetzung φ. Im Punkt x_0 gilt dann $\varphi(x_0) = f'(x_0)$.

b) $\Rightarrow$ c): Die durch $L_{x_0}h := \varphi(x_0)h = f'(x_0)h$ definierte lineare Abbildung erfüllt die in Aussage c) geforderten Eigenschaften.

c) $\Rightarrow$ a): Es sei L_{x_0} eine lineare Abbildung, welche Aussage c) erfüllt. Wegen $L_{x_0}h = ch$ für ein $c \in \mathbb{K}$ folgt

$$\lim_{h \to 0} \frac{f(x_0 + h) - f(x_0)}{h} - c = \lim_{h \to 0} \frac{f(x_0 + h) - f(x_0) - ch}{h} = 0;$$

also ist f in x_0 differenzierbar, und es gilt $f'(x_0) = c$. $\qquad \square$

Satz 1.3 impliziert unmittelbar, dass eine in x_0 differenzierbare Funktion dort auch stetig ist.

1.4 Korollar. *Eine in $x_0 \in D \subset \mathbb{R}$ differenzierbare Funktion $f : D \to \mathbb{K}$ ist in x_0 auch stetig.*

Die Umkehrung von Korollar 1.4 gilt im Allgemeinen *nicht*. Betrachte hierzu zum Beispiel die Betragsfunktion $f : \mathbb{R} \to \mathbb{R}$, gegeben durch $f(x) = |x|$ im Punkt 0. Wir bemerken ferner, dass stetige Funktionen auf $\mathbb{R}$ existieren, welche in *keinem* Punkt $x \in \mathbb{R}$ differenzierbar sind (vgl. hierzu Anmerkung 2 in Abschnitt 5).

Aussage c) in Satz 1.3 besagt, dass für eine differenzierbare Funktion f der Zuwachs $f(x_0 + h) - f(x_0)$ von f durch Lh so gut approximiert wird, dass die Differenz

$$f(x_0 + h) - f(x_0) - Lh$$

für $h \to 0$ schneller gegen 0 konvergiert als h selbst. Diese Formulierung zielt darauf ab, Funktionen lokal linear zu approximieren. Eine Funktion $f : D \to \mathbb{K}$ heißt in x_0 *linear approximierbar*, wenn eine affine Funktion $g : \mathbb{R} \to \mathbb{K}$ existiert mit

$$f(x_0) = g(x_0) \quad \text{und} \quad \lim_{x \to x_0} \frac{|f(x) - g(x)|}{x - x_0} = 0.$$

Mittels dieser Notation können wir die Differenzierbarkeit einer Funktion f in x_0 ferner durch ihre lineare Approximierbarkeit in x_0 charakterisieren. Genauer gesagt gilt das folgende Korollar.

1.5 Korollar. *Sind $f : D \subset \mathbb{R} \to \mathbb{K}$ eine Funktion und $x_0 \in D$ ein Häufungspunkt von D, so ist f genau dann in x_0 differenzierbar, wenn ein $c \in \mathbb{K}$ und eine Funktion $\varphi : D \to \mathbb{K}$ existieren mit*

$$f(x) = f(x_0) + c(x - x_0) + \varphi(x), \quad x \in D,$$

wobei

$$\lim_{x \to x_0} \frac{\varphi(x)}{x - x_0} = 0$$

gilt. In diesem Fall ist $f'(x_0) = c$.

Ist f in x_0 differenzierbar, so erfüllt die Funktion $\varphi : D \to \mathbb{K}$, $\varphi(x) := f(x) - f(x_0) - f'(x_0)(x - x_0)$ die gewünschten Eigenschaften. Existieren umgekehrt c und φ wie oben, so gilt

$$\frac{f(x) - f(x_0)}{x - x_0} = c + \frac{\varphi(x)}{x - x_0} \to c \quad \text{für} \quad x \to x_0,$$

und f ist in x_0 differenzierbar mit $f'(x_0) = c$.

Die obige Formulierung der Differenzierbarkeit einer Funktion f in x_0 ist ferner der Ausgangspunkt der Übertragung des Begriffs der Differenzierbarkeit auf Funktionen mehrerer Variablen in Kapitel VII.

Rechenregeln für differenzierbare Funktionen

Die folgenden Rechenregeln für differenzierbare Funktionen werden sich als sehr nützlich erweisen.

1.6 Satz. (Rechenregeln für differenzierbare Funktionen). *Sind $f, g : D \subset \mathbb{R} \to \mathbb{K}$ in $x_0 \in D$ differenzierbare Funktionen, so gelten die folgenden Aussagen:*

a) Für alle $\alpha, \beta \in \mathbb{K}$ ist die Funktion $\alpha f + \beta g$ in x_0 differenzierbar, und es gilt

$$(\alpha f + \beta g)'(x_0) = \alpha f'(x_0) + \beta g'(x_0).$$

Die Ableitung ist also insbesondere eine lineare Abbildung.

b) (Produktregel). Das Produkt $f \cdot g$ ist in x_0 differenzierbar, und es gilt

$$(f \cdot g)'(x_0) = f'(x_0)g(x_0) + f(x_0)g'(x_0).$$

c) (Quotientenregel). Ist $g(x_0) \neq 0$, so existiert ein $\delta > 0$ mit der Eigenschaft, dass $\frac{f}{g} : D \cap (x_0 - \delta, x_0 + \delta) \to \mathbb{K}$ in x_0 differenzierbar ist und

$$\left(\frac{f}{g}\right)'(x_0) = \frac{f'(x_0)g(x_0) - f(x_0)g'(x_0)}{g^2(x_0)}$$

gilt.

Beweis. Aussage a) folgt direkt aus den Rechenregeln für Grenzwerte. Um Aussage b) zu beweisen, sei $h \neq 0$ und $x_0 + h \in D$. Es gilt dann

$$\frac{f(x_0 + h)g(x_0 + h) - f(x_0)g(x_0)}{h} = \frac{f(x_0 + h) - f(x_0)}{h}g(x_0 + h)$$

$$+ \frac{g(x_0 + h) - g(x_0)}{h}f(x_0)$$

$$\overset{h \to 0}{\longrightarrow} \quad f'(x_0)g(x_0) + g'(x_0)f(x_0).$$

In ähnlicher Weise beweisen wir Aussage c). Genauer gesagt gilt

$$\frac{\frac{f(x_0+h)}{g(x_0+h)} - \frac{f(x_0)}{g(x_0)}}{h} = \frac{1}{g(x_0+h)g(x_0)}$$

$$\cdot \left(\frac{f(x_0+h) - f(x_0)}{h} g(x_0) - \frac{g(x_0+h) - g(x_0)}{h} f(x_0) \right)$$

$$\xrightarrow{h \to 0} \quad \frac{f'(x_0)g(x_0) - f(x_0)g'(x_0)}{g^2(x_0)}. \qquad \qquad \square$$

1.7 Beispiele. a) Ein Polynom p der Form $p(x) = 5x^3 + 7x^2 + 3x$ ist differenzierbar mit der Ableitung $p'(x) = 15x^2 + 14x + 3$. Dies folgt aus Beispiel 1.2a) und Satz 1.6a).

b) Die Sinus- und die Cosinusfunktion sind für jedes $x \in \mathbb{R}$ differenzierbar, und es gilt

$$(\sin x)' = \cos x, \qquad (\cos x)' = -\sin x, \quad x \in \mathbb{R},$$

denn es gilt $\sin x = \frac{1}{2i}(e^{ix} - e^{-ix})$, und Beispiel 1.2b) und Satz 1.6a) implizieren

$$(\sin x)' = \frac{1}{2i} \left(i e^{ix} + i e^{-ix} \right) = \cos x.$$

c) Die Ableitung der Tangensfunktion ist nach der Quotientenregel und nach Korollar III.5.5 gegeben durch

$$(\tan x)' = \frac{\cos^2 x + \sin^2 x}{\cos^2 x} = \frac{1}{\cos^2 x} = 1 + \tan^2 x, \quad x \in \mathbb{R} \setminus \{\pi/2 + k\pi : k \in \mathbb{Z}\}.$$

d) Für $n \in \mathbb{N}$ sei $f : \mathbb{R}\setminus\{0\} \to \mathbb{R}$, gegeben durch $x \mapsto x^{-n}$. Dann gilt

$$f'(x) = -nx^{-n-1},$$

denn es ist $f = \frac{1}{h}$ für die differenzierbare Funktion $h : x \mapsto x^n$, und die Quotientenregel impliziert dann $f'(x) = \frac{-nx^{n-1}}{x^{2n}} = -nx^{-n-1}$ für jedes $x \in \mathbb{R} \setminus \{0\}$.

1.8 Satz. (Kettenregel). *Es seien* $f : D_f \subset \mathbb{R} \to \mathbb{K}$ *und* $g : D_g \subset \mathbb{R} \to \mathbb{R}$ *zwei Funktionen mit* $g(D_g) \subset D_f$. *Ist* g *in* $x_0 \in D_g$ *und* f *in* $g(x_0) \in D_f$ *differenzierbar, so ist* $f \circ g : D_g \to \mathbb{K}$ *in* x_0 *differenzierbar, und es gilt*

$$(f \circ g)'(x_0) = f'\big(g(x_0)\big) \cdot g'(x_0).$$

Beweis. Nach Satz 1.3 existieren in x_0 bzw. in $g(x_0)$ stetige Funktionen φ_f und φ_g mit

$$f(y) - f(y_0) = (y - y_0)\varphi_f(y), \quad y \in D_f,$$
$$g(x) - g(x_0) = (x - x_0)\varphi_g(x), \quad x \in D_g.$$

Deshalb gilt

$$(f \circ g)(x) - (f \circ g)(x_0) = \big(g(x) - g(x_0)\big)\varphi_f\big(g(x)\big) = (x - x_0)\underbrace{\varphi_g(x)\varphi_f\big(g(x)\big)}_{=:\varphi(x)}$$

mit einer in x_0 stetigen Funktion $\varphi := \varphi_g \cdot (\varphi_f \circ g)$. Satz 1.3 impliziert ferner, dass $f \circ g$ in x_0 differenzierbar ist und dass

$$(f \circ g)'(x_0) = \varphi(x_0) = \varphi_g(x_0)\varphi_f\big(g(x_0)\big) = f'\big(g(x_0)\big) \cdot g'(x_0)$$

gilt. $\qquad\qquad\qquad\qquad\qquad\qquad\qquad\qquad\qquad\qquad\qquad\qquad\qquad\qquad\qquad\qquad$ $\square$

Ableitung der Umkehrfunktion

Der folgende wichtige Satz beschäftigt sich mit einem Kriterium für die Differenzierbarkeit der Umkehrfunktion einer bijektiven Abbildung und erlaubt es gegebenenfalls, ihre Ableitung zu berechnen.

1.9 Satz. (Ableitung der Umkehrfunktion). *Es seien $D \subset \mathbb{R}$ und $f : D \to \mathbb{K}$ eine injektive und in $x_0 \in D$ differenzierbare Funktion. Ist $f^{-1} : f(D) \to \mathbb{R}$ in $y_0 := f(x_0)$ stetig, so ist f^{-1} genau dann in y_0 differenzierbar, wenn $f'(x_0) \neq 0$ gilt. In diesem Fall gilt*

$$\big(f^{-1}\big)'(y_0) = \frac{1}{f'(x_0)}.$$

Beweis. $\Rightarrow$: Wegen $f^{-1} \circ f = \mathrm{id}$ folgt mittels der Kettenregel $1 = (f^{-1})'\big(f(x_0)\big)f'(x_0)$ und somit die Behauptung.

$\Leftarrow$: Wir müssen uns zunächst vergewissern, dass y_0 ein Häufungspunkt von $f(D)$ ist. Da nach Voraussetzung x_0 ein Häufungspunkt von D ist, existiert nach Lemma III.4.1 eine Folge $(x_n)_{n\in\mathbb{N}} \subset D \setminus \{x_0\}$ mit $\lim_{n\to\infty} x_n = x_0$. Da f in x_0 stetig, folgt $\lim_{n\to\infty} f(x_n) = f(x_0)$ und wegen der Injektivität von f ferner $f(x_n) \neq f(x_0)$ für alle $n \in \mathbb{N}$. Also ist $y_0 = f(x_0)$ ein Häufungspunkt von $f(D)$.

Für eine Folge $(y_n)_{n\in\mathbb{N}} \subset f(D)$ mit $y_n \neq y_0$ für alle $n \in \mathbb{N}$ und $\lim_{n\to\infty} y_n = y_0$ setzen wir $x_n := f^{-1}(y_n)$ für $n \in \mathbb{N}$. Dann gilt $x_n \neq x_0$ für alle $n \in \mathbb{N}$, und die Stetigkeit von f^{-1} in y_0 impliziert $\lim_{n\to\infty} x_n = x_0$. Da nach Voraussetzung $f'(x_0) \neq 0$ gilt, existiert ein $N \in \mathbb{N}$ mit

$$0 \neq \frac{f(x_n) - f(x_0)}{x_n - x_0} = \frac{y_n - y_0}{f^{-1}(y_n) - f^{-1}(y_0)}, \quad n \geq N.$$

Also gilt

$$\frac{f^{-1}(y_n) - f^{-1}(y_0)}{y_n - y_0} = \frac{x_n - x_0}{f(x_n) - f(x_0)} = \frac{1}{\frac{f(x_n)-f(x_0)}{x_n-x_0}}, \quad n \geq N$$

und somit die Behauptung. $\qquad\qquad\qquad\qquad\qquad\qquad\qquad\qquad\qquad\qquad\qquad\qquad\qquad$ $\square$

Das folgende Korollar folgt unmittelbar aus Satz III.1.16 und Satz 1.9.

1.10 Korollar. *Es seien* $I \subset \mathbb{R}$ *ein Intervall und* $f : I \to \mathbb{R}$ *eine stetige und streng monotone Funktion. Ist* f *in* $x_0 \in I$ *differenzierbar, so ist* f^{-1} *in* $f(x_0)$ *genau dann differenzierbar, wenn* $f'(x_0) \neq 0$. *In diesem Fall gilt*

$$(f^{-1})'(f(x_0)) = \frac{1}{f'(x_0)}.$$

1.11 Beispiele. a) Die Funktion $\tan : (-\pi/2, \pi/2) \to \mathbb{R}$ ist nach Beispiel 1.7c) differenzierbar, und es gilt $\tan'(x) = 1 + \tan^2 x$ für alle $x \in (-\pi/2, \pi/2)$. Nach Korollar 1.10 ist auch $\arctan : \mathbb{R} \to \mathbb{R}$ differenzierbar, und es gilt

$$\arctan'(y) = \frac{1}{1 + \tan^2(\arctan y)} = \frac{1}{1 + y^2}, \quad y \in \mathbb{R}.$$

b) Die Exponentialfunktion $f : \mathbb{R} \to \mathbb{R}, x \mapsto e^x$ ist streng monoton, nach Beispiel 1.2b) differenzierbar, und es gilt $f'(x) = e^x$ für jedes $x \in \mathbb{R}$. Korollar 1.10 impliziert daher, dass die in Beispiel III.1.17b) eingeführte Logarithmusfunktion $\log : (0, \infty) \to \mathbb{R}$ als Umkehrfunktion der Exponentialfunktion differenzierbar ist und dass

$$(\log)'(y) = \frac{1}{f'(\log y)} = \frac{1}{f(\log y)} = \frac{1}{y}, \quad y > 0.$$

gilt.

c) Betrachten wir $f(x) = \sin x$ für $x \in (-\pi/2, \pi/2)$, so folgt aus $f'(x) = \cos x = \sqrt{1 - \sin^2 x} \neq 0$ für alle $x \in (-\pi/2, \pi/2)$, dass

$$(\arcsin)'(y) = \frac{1}{\sqrt{1 - y^2}}, \quad |y| < 1,$$

gilt. Analog folgt $(\arccos)'(y) = -\frac{1}{\sqrt{1-y^2}}$ für $-1 < y < 1$.

Einseitige Differenzierbarkeit

Ist $D \subset \mathbb{R}$ und $x_0 \in D$ ein Häufungspunkt von $D \cap [x_0, \infty)$, so heißt $f : D \to \mathbb{K}$ in x_0 *rechtsseitig differenzierbar*, wenn

$$f^{(\cdot, +)}(x_0) := \lim_{x \to x_0 + 0} \frac{f(x) - f(x_0)}{x - x_0}$$

existiert. In diesem Fall heißt $f^{(\cdot, +)}(x_0)$ die *rechtsseitige Ableitung von* f *in* x_0. In analoger Weise werden linksseitige Ableitungen von f definiert, und $f^{(\cdot, -)}(x_0)$ bezeichnet dann die *linksseitige Ableitung von* f *in* x_0. Es gilt dann das folgende Lemma.

1.12 Lemma. *Ist $D \subset \mathbb{R}$ und $f : D \to \mathbb{R}$ in $x_0 \in D$ sowohl rechtsseitig als auch linksseitig differenzierbar und gilt $f^{(\prime,+)}(x_0) = f^{(\prime,-)}(x_0)$, so ist f in x_0 differenzierbar, und es gilt $f'(x_0) = f^{(\prime,+)}(x_0)$.*

Für den Beweis verweisen wir auf die Übungsaufgaben.

Höhere Ableitungen

Ist $I \subset \mathbb{R}$ ein Intervall und $f : I \to \mathbb{K}$ eine differenzierbare Funktion, so ist es natürlich zu fragen, ob ihre Ableitung $f' : I \to \mathbb{K}$ wiederum differenzierbar ist. In diesem Fall heißt f *zweimal differenzierbar*, und wir nennen

$$f'' := (f')'$$

die *zweite Ableitung* von f. Allgemeiner definieren wir für $x_0 \in I$ und $n \in \mathbb{N}$

$$f^{(n+1)}(x_0) := \left(f^{(n)} \right)'(x_0)$$

und nennen $f^{(n)}(x_0)$ die *n-te Ableitung* von f in x_0. Für $f^{(n)}$ schreiben wir auch $\frac{d^n f}{dx^n}$ oder $D^n f$.

1.13 Definition. Sind $n \in \mathbb{N}$ und $I \subset \mathbb{R}$ ein Intervall, so heißt eine Funktion $f : I \to \mathbb{K}$ *n-mal differenzierbar*, wenn die *n*-te Ableitung für jedes $x_0 \in I$ existiert. Ist f *n*-mal differenzierbar und ist die *n*-te Ableitung stetig, so heißt f *n-mal stetig differenzierbar*.

Weiter werden

a) $C(I;\mathbb{K}) := C^0(I;\mathbb{K}) := \{f : I \to \mathbb{K} : f$ stetig auf $I\}$,

b) $C^n(I;\mathbb{K}) := \{f : I \to \mathbb{K} : f$ *n*-mal stetig differenzierbar auf $I\}$,

c) $C^\infty(I;\mathbb{K}) := \bigcap_{n\in\mathbb{N}} C^n(I;\mathbb{K}) = \{f : I \to \mathbb{K} : f$ beliebig oft stetig differenzierbar auf $I\}$

als die *Vektorräume der stetigen, bzw. der n-mal stetig differenzierbaren, bzw. der beliebig oft differenzierbaren Funktionen auf I* bezeichnet.

Zur Vereinfachung der Notation schreiben wir oftmals $C^n(I)$ anstelle von $C^n(I;\mathbb{K})$. Der folgende Satz impliziert, dass $C^n(I)$ in der Tat ein Vektorraum ist.

1.14 Satz. *Es seien $I \subset \mathbb{R}$ ein Intervall und $n \in \mathbb{N}$. Sind $f, g \in C^n(I)$ und $\alpha, \beta \in \mathbb{K}$, so gilt*

$$\alpha f + \beta g \in C^n(I) \text{ und } (\alpha f + \beta g)^{(n)} = \alpha f^{(n)} + \beta g^{(n)}.$$

Insbesondere ist $C^n(I)$ ein Untervektorraum von $C(I)$ und die Abbildung

$$D : C^n(I) \to C^{n-1}(I), \quad f \mapsto f'$$

ist linear.

Für den Beweis von Satz 1.14 verweisen wir auf die Übungsaufgaben.

1.15 Bemerkung. Differenzierbare Funktionen sind im Allgemeinen nicht stetig differenzierbar. Als Beispiel betrachten wir die Funktion

$$f : \mathbb{R} \to \mathbb{R}, \ f(x) := \begin{cases} x^2 \sin \frac{1}{x}, & x \in \mathbb{R} \setminus \{0\}, \\ 0, & x = 0 \end{cases}$$

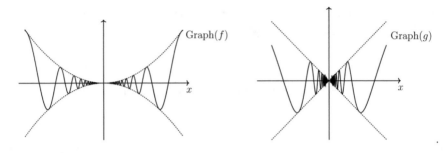

und verifizieren, dass f auf ganz $\mathbb{R}$ differenzierbar ist. Für $x \in \mathbb{R} \setminus \{0\}$ folgt dies aus den Ableitungsregeln, und es gilt

$$f'(x) = 2x \sin \frac{1}{x} - \cos \frac{1}{x}, \quad x \neq 0.$$

Für den Differenzenquotienten in 0 ergibt sich

$$\frac{f(h) - f(0)}{h - 0} = h \sin \frac{1}{h} \xrightarrow{h \to 0} 0 = f'(0).$$

Wählen wir andererseits die Folge $(x_n)_{n \in \mathbb{N}} = \left(1/(2\pi n)\right)_{n \in \mathbb{N}}$, so gilt $f'(x_n) = -1$ für jedes $n \in \mathbb{N}$, und somit ist f' in 0 nicht stetig und $f \notin C^1(\mathbb{R})$.

Betrachten wir ferner die Funktion

$$g : \mathbb{R} \to \mathbb{R}, \ g(x) := \begin{cases} x \sin \frac{1}{x}, & x \in \mathbb{R} \setminus \{0\}, \\ 0, & x = 0, \end{cases}$$

so ist g in $x = 0$ stetig, aber nicht differenzierbar.

1.16 Bemerkung. Ist $n \in \mathbb{N}$, so gilt offensichtlich

$$C^\infty(I) \subset \ldots C^{n+1}(I) \subset C^n(I) \ldots C^1(I) \subset C(I).$$

Das Beispiel der Funktionen $f_n : \mathbb{R} \to \mathbb{R} \ f_n(x) := x^n |x|$ und $f_0(x) := |x|$ zeigt, dass die obigen Inklusionen alle echt sind. In der Tat gilt $f_n \in C^n(\mathbb{R})$, aber $f_n \notin C^{n+1}(\mathbb{R})$ für alle $n \in \mathbb{N}_0$.

Aufgaben

1. Man bestimme die Ableitung der Funktion $f : (0, \infty) \to \mathbb{R}$, wenn f gegeben ist durch

   a) $f(x) = \left(x^x\right)^x$,   b) $f(x) = x^{\sin x}$,   c) $f(x) = x^{1/x}$.

2. Man beweise: Ist $f : (0, \infty) \to \mathbb{R}$ für $n \in \mathbb{N}$ gegeben durch $f(x) = x^n e^{1/x}$, so gilt:

$$f^{(n)}(x) = (-1)^n \, \frac{e^{1/x}}{x^{n+1}}.$$

3. Man zeige: Die Funktion $x \mapsto \log|x|$ ist auf $\mathbb{R} \setminus \{0\}$ differenzierbar, und es gilt

$$\left(\log|x|\right)' = \frac{1}{x}, \quad \mathbb{R} \setminus \{0\}.$$

4. Man zeige: Die Abbildung

$$f : \mathbb{R} \to \mathbb{R}, \quad f(x) := \begin{cases} x^2, & x \in \mathbb{Q}, \\ 0, & x \in \mathbb{R} \setminus \mathbb{Q} \end{cases}$$

   ist genau dann in $x \in \mathbb{R}$ differenzierbar, wenn $x = 0$ gilt.

5. Für $\varphi \in (0, 2\pi)$ betrachte man die Funktion $H : [0, 1) \to \mathbb{C}$, gegeben durch

$$H(x) := -\frac{1}{2} \log(1 - 2\cos\varphi \cdot x + x^2) + i \arctan \frac{x \sin\varphi}{1 - x\cos\varphi}.$$

   Man zeige mit Hilfe der Kettenregel und den Eigenschaften der Exponentialfunktion, dass H differenzierbar ist und dass gilt:

$$H'(x) = \frac{e^{i\varphi} - x}{1 - 2\cos\varphi \cdot x + x^2}.$$

6. Man beweise Lemma 1.12.

7. Ist x_0 ein Häufungspunkt von $D \subset \mathbb{R}$, so ist $f : D \to \mathbb{C}$ genau dann in x_0 differenzierbar, wenn $\operatorname{Re} f$ und $\operatorname{Im} f$ in x_0 differenzierbar sind.

8. Man beweise: Sind $f, g \in C^k(I)$ für $k \in \mathbb{N}$, so ist $(f \cdot g) \in C^k(I)$, und es gilt die *Leibnizsche Regel*

$$(fg)^{(k)} = \sum_{j=0}^{k} \binom{k}{j} \left(f^{(j)}\right) g^{(k-j)}.$$

9. Man finde alle differenzierbaren Abbildungen $f : \mathbb{R} \to \mathbb{R}$, welche der Gleichung

$$f(x + y) = f(x) + f(y), \quad x, y \in \mathbb{R}$$

   genügen.

10. Man beweise Satz 1.14.

11. Eine Funktion $f : \mathbb{R} \to \mathbb{R}$ heißt *gerade*, wenn $f(-x) = f(x)$ für alle $x \in \mathbb{R}$ und *ungerade*, wenn $f(-x) = -f(x)$ für alle $x \in \mathbb{R}$ gilt. Man zeige: Ist $f \in C^1(\mathbb{R})$ gerade, so ist f' ungerade.

12. Die *Legendre-Polynome* P_n sind für $n \in \mathbb{N}_0$ definiert durch

$$P_n(x) := \frac{1}{2^n n!} \frac{d^n}{x^n} (x^2 - 1)^n$$

und haben viele Anwendungen in Mathematik und Physik. Man zeige:

a) P_n ist ein Polynom vom Grad n und besitzt im Intervall $(-1, 1)$ genau n reelle Nullstellen.

b) P_n erfüllt die *Legendresche Differentialgleichung*

$$(1 - x^2) P_n''(x) - 2x P_n'(x) + n(n + 1) P_n(x) = 0.$$

   Hierzu differenziere man $f(x) := (x^2 - 1) p'(x)$ mit $p(x) = (x^2 - 1)^n$ auf zwei verschiedene Arten $(n + 1)$-mal.

13. Man zeige: Sind $I, J \subset \mathbb{R}$ Intervalle, $n \in \mathbb{N}$ und $f \in C^n(I; \mathbb{R})$ und $g \in C^n(J; \mathbb{R})$ mit $f(I) \subset J$, so gilt $f \circ g \in C^n(I; \mathbb{R})$.

14. Man beweise: Sind $I = (a, b)$ für $a, b \in \mathbb{R}$ mit $a < b$, $n \in \mathbb{N}$ und $f \in C^n(I)$ mit $f'(x) \neq 0$ für alle $x \in I$, so ist $f^{-1} \in C^n\big(f(I)\big)$.

15. Es sei $f \in C^1(\mathbb{R}; \mathbb{R})$ eine periodische Funktion mit Periode $T > 0$, d. h., es gelte $f(x + T) = f(x)$ für alle $x \in \mathbb{R}$. Man zeige, dass f' ebenfalls periodisch ist, und bestimme die Periode von f'.

16. Ein Pendel mit der Masse m und der Länge l

und Auslenkungswinkel θ besitzt die kinetische Energie $E_{\text{kin}} = \frac{1}{2} m l^2 (\theta')^2$ sowie die potentielle Energie $E_{\text{pot}} = mgl(1 - \cos \theta)$, wobei g die Erdbeschleunigung bezeichnet.

a) Man beweise unter Verwendung des Energieerhaltungssatzes, dass die Bewegung des Pendels der Gleichung

$$\theta'' = -\frac{g}{l} \sin \theta$$

   genügt.

b) Nimmt man an, dass für kleine Auslenkungen θ näherungsweise $\sin \theta \approx \theta$ gilt, so zeige man, dass das Pendel näherungsweise mit der Periode

$$p \approx 2\pi \sqrt{g/l}.$$

   oszilliert.

2 Mittelwertsatz und Anwendungen

Der Mittelwertsatz hat sehr weitreichende Konsequenzen für die Analysis von Funktionen einer reellen Variablen.

Wir haben bereits in Abschnitt III.3 gesehen, dass eine reellwertige, stetige Funktion f auf einer kompakten Menge ein globales Maximum und ein globales Minimum besitzt. Ist die Funktion f zusätzlich differenzierbar, so liefert die Ableitung zusätzliche Informationen zur Lage der Extremalstellen. Genauer gesagt gilt das unten stehende notwendige Kriterium für Extremwerte; als Anwendung des Mittelwertsatzes stellen wir ferner im folgenden Abschnitt ein hierfür hinreichendes Kriterium auf.

Als weitere Anwendung des Mittelwertsatzes beweisen wir die für die Grenzwertbestimmung von Quotienten von Funktionen wichtigen L'Hospitalschen Regeln. Wir untersuchen weiter konvexe Funktionen und beleuchten hierbei speziell die Rolle der zweiten Ableitung.

Lokale Extrema und Satz von Rolle

Wir beginnen mit der Definition eines lokalen Extremwertes.

2.1 Definition. Ist $f : D \subset \mathbb{R} \to \mathbb{R}$ eine Funktion, so heißt $x_0 \in D$ *lokales Maximum* (*Minimum*) von f, wenn ein $\delta > 0$ existiert mit

$$f(x) \le f(x_0) \; \bigl(f(x) \ge f(x_0) \bigr) \quad \text{für alle } x \in D \cap (x_0 - \delta, x_0 + \delta).$$

Lokale Maxima oder Minima heißen auch *lokale Extrema* einer gegebenen Funktion f; im Folgenden bestimmen wir Kriterien, welche es erlauben, eine gegebene Funktion nach lokalen Extremwerten zu untersuchen. Wir beginnen mit einem notwendigen Kriterium für die Existenz von Extremwerten.

2.2 Satz. *Es seien $a, b \in \mathbb{R}$ mit $a < b$ und $f : (a, b) \to \mathbb{R}$ eine Funktion, welche in $x_0 \in (a, b)$ ein lokales Extremum besitzt. Ist f in x_0 differenzierbar, so gilt $f'(x_0) = 0$.*

Beweis. Ist x_0 ein lokales Minimum von f, so existiert ein $\delta > 0$ mit

$$f(x) - f(x_0) \ge 0 \quad \text{für alle } x \in (x_0 - \delta, x_0 + \delta).$$

Daher gilt $f'(x_0) = \lim_{x \to x_0 - 0} \frac{f(x) - f(x_0)}{x - x_0} \le 0$ und $\lim_{x \to x_0 + 0} \frac{f(x) - f(x_0)}{x - x_0} \ge 0$ und somit $f'(x_0) = 0$. Der Beweis für ein lokales Maximum verläuft analog. $\square$

Wir bemerken, dass die Umkehrung von Satz 2.2 im Allgemeinen nicht gilt und dass eine auf einem abgeschlossenen Intervall $[a, b]$ definierte Funktion f ein Extremum in a oder b annehmen kann, auch wenn $f'(a) \ne 0$ oder $f'(b) \ne 0$ ist.

Im Folgenden seien immer $a, b \in \mathbb{R}$ mit $a < b$. Der Satz von Rolle (Korollar 2.3) ist eine einfache Konsequenz von Satz 2.2.

2.3 Korollar. (Satz von Rolle). *Es sei* $f : [a, b] \to \mathbb{R}$ *eine stetige Funktion welche in* (a, b) *differenzierbar ist. Gilt* $f(a) = f(b)$, *so existiert* $\xi \in (a, b)$ *mit* $f'(\xi) = 0$.

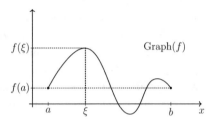

Beweis. Ist f eine konstante Funktion, so gilt $f' = 0$ und somit die Aussage. Wir können also annehmen, dass f eine nichtkonstante Funktion ist. Nach Theorem III.3.10 nimmt f auf dem kompakten Intervall $[a, b]$ sein globales Maximum max f bzw. globales Minimum min f an, wobei max $f \neq f(a) = f(b)$ oder min $f \neq f(a) = f(b)$ gilt. Es existiert also ein $\xi \in (a, b)$, welches ein Extremum von f ist. Nach Satz 2.2 gilt somit $f'(\xi) = 0$. $\square$

Wir zeigen weiter, dass die Ableitung f' einer differenzierbaren Funktion f die Zwischenwerteigenschaft besitzt, obwohl f' im Allgemeinen nicht stetig ist.

2.4 Korollar. (Satz von Darboux). *Ist* $f : (a, b) \to \mathbb{R}$ *differenzierbar,* $[c, d] \subset (a, b)$ *und* $y \in \mathbb{R}$ *mit* $f'(c) < y < f'(d)$, *so existiert ein* $\xi \in (c, d)$ *mit* $f'(\xi) = y$.

Beweis. Die Funktion $\varphi : (a, b) \to \mathbb{R}$, $\varphi(t) := f(t) - yt$ ist differenzierbar, und es gilt $\varphi'(t) = f'(t) - y$ sowie $\varphi'(c) < 0 < \varphi'(d)$. Da φ stetig ist, existiert nach Theorem III.3.10 ein $\xi \in [c, d]$ mit $\varphi(\xi) = \min\{\varphi(t) : t \in [c, d]\}$. Wegen $\varphi'(c) < 0$ existiert ein $T_1 > c$ mit $\varphi(t) < \varphi(c)$ für alle $t \in (c, T_1)$, und daher gilt $\xi \geq T_1$. Analog existiert ein $T_2 < d$ mit $\xi \leq T_2$. Somit gilt $\xi \in (c, d)$, und Satz 2.2 impliziert $0 = \varphi'(\xi) = f'(\xi) - y$. $\square$

Mittelwertsatz
Der folgende Mittelwertsatz ist das zentrale Resultat dieses Abschnitts.

2.5 Theorem. (Mittelwertsatz). *Ist* $f : [a, b] \to \mathbb{R}$ *eine stetige Funktion, welche in* (a, b) *differenzierbar ist, so existiert ein* $\xi \in (a, b)$ *mit*

$$f(b) - f(a) = f'(\xi)(b - a).$$

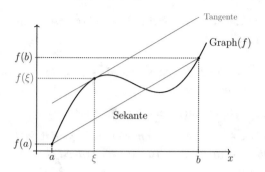

Beweis. Wir definieren die Funktion $F : [a, b] \to \mathbb{R}$ durch

$$F(x) := f(x) - \frac{f(b) - f(a)}{b - a}(x - a).$$

Dann ist F stetig auf $[a, b]$, differenzierbar in (a, b), und es gilt $F(a) = f(a) = F(b)$. Nach dem Satz von Rolle (Korollar 2.3) existiert daher ein $\xi \in (a, b)$ mit

$$F'(\xi) = 0 = f'(\xi) - \frac{f(b) - f(a)}{b - a}. \qquad \square$$

Wir betonen an dieser Stelle, dass der Mittelwertsatz für komplexwertige, differenzierbare Funktionen $f : [a, b] \to \mathbb{C}$ seine Gültigkeit verliert. Ein Gegenbeispiel hierfür ist die Funktion $f : [0, 2\pi] \to \mathbb{C}$, gegeben durch $f(x) = e^{ix}$. Es gilt dann $f(0) = 1 = f(2\pi)$, aber $f'(x) = i e^{ix} \neq 0$ für alle $x \in [0, 2\pi]$.

In vielen Anwendungen benötigen wir jedoch nur eine aus dem Mittelwertsatz folgende Abschätzung, welche dann aber auch für komplexwertige Funktionen richtig ist.

2.6 Satz.

a) *Ist $f : (a, b) \to \mathbb{C}$ eine differenzierbare Funktion und existiert ein $L \geq 0$ mit $|f'(x)| \leq L$ für alle $x \in (a, b)$, so gilt*

$$|f(x_1) - f(x_2)| \leq L|x_1 - x_2| \quad \textit{für alle } x_1, x_2 \in (a, b).$$

b) *Ist $f \in C^1[a, b]$, so ist f auf $[a, b]$ Lipschitz-stetig.*

Beweis. Zum Beweis wählen wir $c \in \mathbb{C}$ mit $|c| = 1$ und $|f(x_2) - f(x_1)| = c\big(f(x_2) - f(x_1)\big)$ und setzen $g := \operatorname{Re}(cf)$. Nach dem Mittelwertsatz existiert ein $\xi \in (x_1, x_2)$ mit $g(x_2) - g(x_1) = (x_2 - x_1)g'(\xi)$, und somit gilt wegen $\operatorname{Re}(cf) \leq |cf| \leq |f|$

$$|f(x_2) - f(x_1)| = g(x_2) - g(x_1) = (x_2 - x_1)g'(\xi) \leq L|x_2 - x_1|, \quad x_1, x_2 \in (a, b).$$

Die zweite Behauptung folgt aus Theorem III.3.10. $\qquad \square$

Der Mittelwertsatz hat viele und weitreichende Konsequenzen: Einige hiervon fassen wir in Korollar 2.7 zusammen.

2.7 Korollar. *Für eine stetige Funktion* $f : [a, b] \to \mathbb{R}$, *welche auf* (a, b) *differenzierbar ist, gelten die folgenden Aussagen:*

a) f *ist konstant auf* $[a, b] \Leftrightarrow f'(x) = 0$ *für alle* $x \in (a, b)$.

b) $f'(x) \geq 0$ *für alle* $x \in (a, b) \Leftrightarrow f$ *ist monoton steigend in* $[a, b]$,
   $f'(x) \leq 0$ *für alle* $x \in (a, b) \Leftrightarrow f$ *ist monoton fallend in* $[a, b]$.

c) *Ist* $f'(x) > 0$ *für jedes* $x \in (a, b)$, *so ist* f *auf* $[a, b]$ *streng monoton steigend,*
   Ist $f'(x) < 0$ *für jedes* $x \in (a, b)$, *so ist* f *auf* $[a, b]$ *streng monoton fallend.*

d) *Ist* $f'(x_0) = 0$ *für ein* $x_0 \in (a, b)$, *so ist* x_0 *ein*
   i) *lokales Minimum, wenn* $f' \leq 0$ *in* (a, x_0) *und* $f' \geq 0$ *in* (x_0, b),

   ii) *lokales Maximum, wenn* $f' \geq 0$ *in* (a, x_0) *und* $f' \leq 0$ *in* (x_0, b).

Beweis. a) Ist f konstant, so ist klarerweise $f'(x) = 0$ für alle $x \in (a, b)$. Umgekehrt, ist $x \in (a, b)$, so existiert nach dem Mittelwertsatz ein $\xi \in (a, x)$ mit $f(x) - f(a) = f'(\xi)(x - a) = 0$. Also gilt $f(x) = f(a)$.

b) Die Definition der Differenzierbarkeit impliziert unmittelbar, dass $f'(x) \geq 0$ für alle $x \in (a, b)$ gilt, falls f monoton steigend ist. Umgekehrt sei $a \leq x < y \leq b$. Wiederum existiert nach dem Mittelwertsatz ein $\xi \in (x, y)$ mit

$$f(y) - f(x) = \underbrace{f'(\xi)}_{\geq 0} \underbrace{(y - x)}_{>0} \geq 0,$$

falls $f' \geq 0$ gilt.

Für den Beweis der verbleibenden Aussagen verweisen wir auf die Übungsaufgaben. $\square$

Eine weitere Folgerung aus dem Mittelwertsatz ist die folgende Charakterisierung der Exponentialfunktion auf $\mathbb{R}$.

2.8 Korollar. *Die Exponentialfunktion* exp *ist die einzige differenzierbare Funktion* $f : \mathbb{R} \to \mathbb{C}$ *mit* $f' = f$ *und* $f(0) = 1$.

Zum Beweis betrachten wir die Funktion $g : \mathbb{R} \to \mathbb{C}$, $x \mapsto f(x)e^{-x}$. Dann gilt $g'(x) = \big(f'(x) - f(x)\big)e^{-x} = 0$ für alle $x \in \mathbb{R}$, und somit ist g nach Satz 2.6 eine konstante Funktion mit $g(0) = 1$. $\square$

Verallgemeinerter Mittelwertsatz und L'Hospitalsche Regeln

Die nachfolgenden L'Hospitalschen Regeln zur Grenzwertbestimmung von Quotienten von Funktionen basieren auf dem verallgemeinerten Mittelwertsatz, welchen wir in Satz 2.9 formulieren.

2.9 Satz. (Verallgemeinerter Mittelwertsatz). *Es seien $f, g : [a, b] \to \mathbb{R}$ stetige Funktionen, welche in (a, b) differenzierbar sind, und es gelte $g'(x) \neq 0$ für alle $x \in (a, b)$.*
Dann ist $g(a) \neq g(b)$, und es existiert ein $\xi \in (a, b)$ mit

$$\frac{f(b) - f(a)}{g(b) - g(a)} = \frac{f'(\xi)}{g'(\xi)}.$$

Beweis. Zunächst gilt $g(a) \neq g(b)$, denn ansonsten würde nach dem Satz von Rolle (Korollar 2.3) ein $x \in (a, b)$ existieren mit $g'(x) = 0$, im Widerspruch zur Voraussetzung. Um die eigentliche Aussage des Satzes zu beweisen, definieren wir $F : [a, b] \to \mathbb{R}$ durch

$$F(x) := f(x) - \frac{f(b) - f(a)}{g(b) - g(a)} \left(g(x) - g(a)\right).$$

Dann ist $F(a) = f(a) = F(b)$ und nach dem Satz von Rolle existiert ein $\xi \in (a, b)$ mit

$$0 = F'(\xi) = f'(\xi) - \frac{f(b) - f(a)}{g(b) - g(a)} g'(\xi). \qquad \square$$

Der verallgemeinerte Mittelwertsatz erlaubt es uns nun, die L'Hospitalschen Regeln zu beweisen. Sie gestatten es, Grenzwerte der Form $\lim_{x \to x_0} \frac{f(x)}{g(x)}$ zu bestimmen, wenn sowohl $f(x)$ als auch $g(x)$ für $x \to x_0$ gegen 0 oder gegen ∞ konvergieren.

2.10 Korollar. (Regeln von L'Hospital). *Es seien $-\infty < a < b < \infty$ und $f, g : (a, b) \to \mathbb{R}$ differenzierbare Funktionen mit $g'(x) \neq 0$ für alle $x \in (a, b)$. Gilt*

a) $\lim_{x \to a} f(x) = 0 = \lim_{x \to a} g(x)$ *oder*

b) $\lim_{x \to a} f(x) = \infty = \lim_{x \to a} g(x)$

und existiert $\lim_{x \to a} \frac{f'(x)}{g'(x)}$, so existiert auch $\lim_{x \to a} \frac{f(x)}{g(x)}$, und es gilt

$$\lim_{x \to a} \frac{f(x)}{g(x)} = \lim_{x \to a} \frac{f'(x)}{g'(x)}.$$

Das entsprechende Resultat gilt auch für $x \to b$, $x \to \infty$ oder $x \to -\infty$.

Beweis. Wir beweisen die Aussage zunächst für Fall a) und fassen f und g als stetige Funktionen in a auf, indem wir $f(a) = g(a) = 0$ setzen. Nach dem verallgemeinerten Mittelwertsatz existiert zu jedem $x \in (a, b)$ ein $\xi \in (a, x)$ mit

$$\frac{f(x)}{g(x)} = \frac{f'(\xi)}{g'(\xi)}.$$

Gilt $x \to a$, so folgt $\xi \to a$ und somit die Behauptung.

In Fall b) setzen wir $q := \lim_{x \to a} \frac{f'(x)}{g'(x)}$. Dann existiert zu jedem $\varepsilon > 0$ ein $c \in (a, b)$ mit

$$\left| \frac{f'(\xi)}{g'(\xi)} - q \right| \leq \varepsilon \quad \text{für alle } \xi \in (a, c).$$

Nach dem verallgemeinerten Mittelwertsatz gilt dann für beliebige $x, y \in (a, c)$ mit $x \neq y$

$$\left| \frac{f(x) - f(y)}{g(x) - g(y)} - q \right| \leq \varepsilon.$$

Da nach Voraussetzung $\lim_{x \to a} g(x) = \infty$ gilt, existiert ein $c' \in (a, c)$ mit

$$\left| \frac{g(y)}{g(x)} \right| \leq \varepsilon \text{ und } \left| \frac{f(y)}{g(x)} \right| \leq \varepsilon \text{ für alle } x \in (a, c').$$

Somit ergibt sich

$$\left| \frac{f(x)}{g(x)} - q \right| = \left| \left(1 - \frac{g(y)}{g(x)} \right) \left(\frac{f(x) - f(y)}{g(x) - g(y)} - q \right) + \frac{f(y)}{g(x)} - q \frac{g(y)}{g(x)} \right|$$

$$\leq \varepsilon (2 + |q| + 1)$$

für alle $x \in (a, c')$, d. h., es gilt $\lim_{x \to a} \frac{f(x)}{g(x)} = q = \lim_{x \to a} \frac{f'(x)}{g'(x)}$.

Die verbleibenden Fälle beweisen wir analog.   □

Die L'Hospitalschen Regeln werden meist angewandt, um Grenzwerte zu bestimmen.

2.11 Beispiele. Anwenden der L'Hospitalschen Regel liefert die folgenden Aussagen:

a) $\lim_{x \to 0} \frac{\log(1+x)}{x} = \lim_{x \to 0} \frac{\frac{1}{1+x}}{1} = 1$,

b) $\lim_{x \to \infty} \frac{\log x}{x^\alpha} = \lim_{x \to \infty} \frac{1}{x} \frac{1}{\alpha x^{\alpha-1}} = \lim_{x \to \infty} \frac{1}{\alpha x^\alpha} = 0, \quad \alpha > 0$,

c) $\lim_{x \to 0} \left(\frac{1}{\sin x} - \frac{1}{x} \right) = \lim_{x \to 0} \frac{x - \sin x}{x \sin x} = \lim_{x \to 0} \frac{1 - \cos x}{\sin x + x \cos x} = \lim_{x \to 0} \frac{\sin x}{\cos x + \cos x - x \sin x} = 0$,

wobei wir in Fall c) die L'Hospitalsche Regel zweimal angewandt haben.

Konvexität und Differenzierbarkeit

Konvexe und konkave Funktionen sind wichtige Bestandteile der Analysis und haben viele interessante Anwendungen. Der Mittelwertsatz erlaubt es uns, solche Funktionen durch Monotonieeigenschaften ihrer Ableitung, falls diese existiert, zu charakterisieren.

Wir beginnen mit der Definition einer konvexen Funktion. Ist I ein Intervall, so heißt eine Funktion $f : I \to \mathbb{R}$ *konvex* auf I, wenn die Sekante durch je zwei Punkte des Graphen von f stets „oberhalb" des Graphen von f liegt. Sind $a, b \in I$, so besteht die Sekante durch $(a, f(a))$ und $(b, f(b))$ aus allen Punkten (x_t, y_t) für $t \in [0, 1]$ mit

$$x_t = a + t(b - a) = (1 - t)a + tb \qquad \text{und}$$

$$y_t = f(a) + t\big(f(b) - f(a)\big) = (1 - t)f(a) + tf(b).$$

Der Graph von f auf (a, b) verläuft daher unterhalb der Sekante genau dann, wenn $f(x_t) \leq y_t$ für alle $t \in [0, 1]$ gilt. Wir formulieren die Definition der Konvexität einer Funktion daher wie folgt.

2.12 Definition. Ist $I \subset \mathbb{R}$ ein Intervall und $f : I \to \mathbb{R}$ eine Funktion, so heißt f *konvex auf I*, wenn für alle $a, b \in I$ und alle $t \in (0, 1)$ gilt:

$$f\big((1 - t)a + tb\big) \leq (1 - t)f(a) + tf(b).$$

Gilt sogar

$$f\big((1 - t)a + tb\big) < (1 - t)f(a) + tf(b), \quad a, b \in I, a \neq b, t \in (0, 1),$$

so heißt f *streng konvex.* Weiter heißt f *konkav* bzw. *streng konkav*, wenn $-f$ konvex bzw. streng konvex ist.

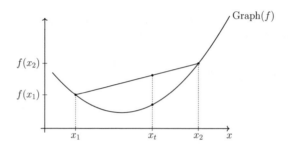

2.13 Bemerkung. Eine Funktion $f : I \to \mathbb{R}$ ist genau dann konvex, wenn für alle $a, b \in I$ mit $a < b$

$$\frac{f(x) - f(a)}{x - a} \leq \frac{f(b) - f(a)}{b - a} \leq \frac{f(b) - f(x)}{b - x}, \quad a < x < b$$

gilt, und genau dann, wenn für alle $a, b \in I$ mit $a < b$ gilt:

$$\frac{f(x) - f(a)}{x - a} \leq \frac{f(b) - f(x)}{b - x}, \quad a < x < b.$$

Um die erste Behauptung einzusehen, seien $a, b, x \in I$ mit $a < x < b$, und $t \in (0, 1)$ sei so gewählt, dass $x = (1 - t)a + tb$ gilt. Ist f konvex, so gilt

$$f(x) - f(a) \leq t\big(f(b) - f(a)\big),$$
$$f(b) - f(x) \geq (1 - t)\big(f(b) - f(a)\big),$$

und da $x - a = t(b - a) > 0$ sowie $b - x > (1 - t)(b - a) > 0$ gilt, folgt die erste der obigen Ungleichungen. Die weiteren Implikationen überlassen wir dem Leser als Übungsaufgabe.

Wie bereits angekündigt, können wir nun konvexe Funktionen f durch Monotonieeigenschaften ihrer Ableitung f' charakterisieren.

2.14 Satz. *Sind $I \subset \mathbb{R}$ ein Intervall und $f : I \to \mathbb{R}$ eine differenzierbare Funktion, so ist f genau dann konvex, wenn f' auf I monoton steigend ist.*

Beweis. $\Rightarrow$: Sind $a, b, x \in I$ mit $a < x < b$, so gilt aufgrund von Bemerkung 2.13

$$\frac{f(x) - f(a)}{x - a} \leq \frac{f(b) - f(a)}{b - a} \leq \frac{f(b) - f(x)}{b - x}, \quad a < x < b.$$

Somit erhalten wir

$$f'(a) = \lim_{x \to a+0} \frac{f(x) - f(a)}{x - a} \leq \frac{f(b) - f(a)}{b - a} \leq \lim_{x \to b-0} \frac{f(b) - f(x)}{b - x} = f'(b),$$

und f' ist daher monoton steigend.

$\Leftarrow$: Sind $a, b, x \in I$ mit $a < x < b$, so existiert aufgrund des Mittelwertsatzes ein $\xi \in (a, x)$ und ein $\eta \in (x, b)$ mit

$$\frac{f(x) - f(a)}{x - a} = f'(\xi) \quad \text{und} \quad \frac{f(b) - f(x)}{b - x} = f'(\eta).$$

Da f' monoton steigend ist und $\xi < \eta$ gilt, folgt hieraus die zweite Bedingung in Bemerkung 2.13 und somit die Behauptung. $\qquad\square$

2.15 Korollar. *Ist $f : (a, b) \to \mathbb{R}$ eine zweimal differenzierbare Funktion, so gilt*

$$f \text{ ist konvex} \iff f'' \geq 0 \text{ in } (a, b).$$

2.16 Beispiele. a) Die Funktion $-\log$ ist konvex auf $\mathbb{R}_+$, denn es gilt $(\log x)'' = -\frac{1}{x^2} \leq 0$ für alle $x > 0$. Insbesondere ist $\log$ also eine konkave Funktion auf $\mathbb{R}_+$.

b) Die Exponentialfunktion $\exp$ ist konvex auf $\mathbb{R}$, und die Potenzfunktion f_α : $(0, \infty) \to \mathbb{R}$, $x \mapsto x^\alpha$ ist konvex, falls $\alpha > 1$ oder $\alpha < 0$, und konkav, falls $0 < \alpha < 1$ gilt.

Die Konkavität des Logarithmus erlaubt es uns insbesondere, die Youngsche, Höldersche und Minkowskische Ungleichungen auf elegante Art zu beweisen.

Ungleichungen von Young, Hölder und Minkoswki
Für $p \in (1, \infty)$ nennen wir $q \in (1, \infty)$ mit

$$\frac{1}{p} + \frac{1}{q} = 1$$

den zu *p konjugierten Index.*

2.17 Satz. (Youngsche Ungleichung). *Für $1 < p, q < \infty$ mit $1/p + 1/q = 1$ gilt*

$$ab \leq \frac{1}{p} a^p + \frac{1}{q} b^q, \quad a, b \geq 0.$$

Beweis. Es seien $a > 0$ und $b > 0$, ansonsten ist die Behauptung trivial. Da log eine konkave Funktion ist, folgt aus der Definition der Konvexität mit $t = 1/p$ und $(1 - t) = 1/q$, dass

$$\log\left(\frac{a^p}{p} + \frac{b^q}{q}\right) \geq \frac{1}{p}\log a^p + \frac{1}{q}\log b^q = \log a + \log b = \log(ab)$$

gilt. Da die Exponentialfunktion monoton steigend ist, ergibt sich die Behauptung durch Anwenden der Exponentialfunktion auf beiden Seiten der obigen Ungleichung. □

Für einen Vektor $x = (x_1, x_2, \ldots, x_n) \in \mathbb{K}^n$ und $p \in \mathbb{R}$ mit $1 < p < \infty$ definieren wir

$$||x||_p := \left(\sum_{j=1}^{n} |x_j|^p\right)^{\frac{1}{p}}.$$

2.18 Korollar. (Höldersche Ungleichung). *Für $1 < p, q < \infty$ mit $1/p + 1/q = 1$ und $x, y \in \mathbb{K}^n$ gilt*

$$\sum_{j=1}^{n} |x_j y_j| \leq ||x||_p \, ||y||_q.$$

Der Spezialfall $p = q = 2$ ist genau die aus der Linearen Algebra bekannte *Cauchy-Schwarzsche-Ungleichung.*

Beweis. Ohne Beschränkung der Allgemeinheit seien $x, y \neq 0$. Die Youngsche Ungleichung impliziert dann

$$\frac{|x_j|}{||x||_p} \cdot \frac{|y_j|}{||y||_q} \leq \frac{1}{p}\frac{|x_j|^p}{||x||_p^p} + \frac{1}{q}\frac{|y_j|^q}{||y||_q^q}.$$

Aufsummieren liefert

$$\sum_{j=1}^{n} \frac{|x_j y_j|}{||x||_p \, ||y||_q} \leq \frac{1}{p} + \frac{1}{q} = 1,$$

also die Behauptung. □

Als Folgerung aus der Hölderschen Ungleichung betrachten wir schließlich noch die Minkowskische Ungleichung.

2.19 Korollar. (Minkowskische Ungleichung). *Für $1 < p < \infty$ und $x, y \in \mathbb{K}^n$ gilt*

$$||x + y||_p \leq ||x||_p + ||y||_p.$$

Beweis. Zunächst implizieren die Dreiecksungleichung und die Höldersche Ungleichung:

$$\|x+y\|_p^p = \sum_{j=1}^n |x_j+y_j|^{p-1}|x_j+y_j|$$

$$\leq \sum_{j=1}^n |x_j+y_j|^{p-1}|x_j| + \sum_{j=1}^n |x_j+y_j|^{p-1}|y_j|$$

$$\leq \|x\|_p \Big(\sum_{j=1}^n |x_j+y_j|^{(p-1)q}\Big)^{1/q} + \|y\|_p \Big(\sum_{j=1}^n |x_j+y_j|^{(p-1)q}\Big)^{1/q}$$

$$= \big(\|x\|_p + \|y\|_p\big)\|x+y\|_p^{p/q}.$$

Ist $x=y=0$, so ist die Aussage klar. Andernfalls liefert Division mit $\|x+y\|_p^{p/q}$ wegen $p-p/q=1$ die Behauptung. $\qquad\square$

Aufgaben

1. Es seien $f,g:(0,\infty)\to\mathbb{R}$, definiert durch $f(x):=\sin(1/x)$ und $g(x):=\cos(1/x)$. Man zeige mittels des Satzes von Rolle: Zwischen zwei aufeinanderfolgenden Nullstellen von f liegt genau eine von g.

2. Es sei $f:(0,1]\to\mathbb{R}$ eine differenzierbare Funktion derart, dass $\sup\{|f'(\xi)|:\xi\in(0,1]\}<\infty$ gilt. Man zeige:

   a) Für jede Folge $(x_n)_{n\in\mathbb{N}}\subset(0,1]$ mit $\lim_{n\to\infty}x_n=0$ ist $\big(f(x_n)\big)_{n\in\mathbb{N}}$ eine Cauchy-Folge.

   b) $\lim_{x\to 0}f(x)$ existiert.

3. Man zeige durch Anwenden des Mittelwertsatzes:

   a) $\sqrt{1+x}<1+\frac{x}{2}$, $\quad x>0$,

   b) $e^x(y-x)<e^y-e^x<e^y(y-x)$, $\quad x<y$.

4. Man zeige: Es existiert jeweils genau eine zweimal differenzierbare Funktion $f:\mathbb{R}\to\mathbb{R}$, welche der Gleichung $\varphi''=\varphi$ und den Bedingungen

   $$\varphi(0)=0,\ \varphi'(0)=1 \quad \text{bzw.} \quad \varphi(0)=1,\ \varphi'(0)=0$$

   genügt. Die Funktion f stimmt mit sinh bzw. mit cosh überein.

5. Man vervollständige den Beweis von Korollar 2.7.

6. a) Es sei $\alpha>0$. Man zeige mittels des Mittelwertsatzes, angewandt auf die Funktion $f:[1,\infty)\to\mathbb{R}, x\mapsto x^{-\alpha}$, dass für $n\in\mathbb{N}$ gilt:

   $$\frac{1}{n^{1+\alpha}}<\frac{1}{\alpha}\Big(\frac{1}{(n-1)^\alpha}-\frac{1}{n^\alpha}\Big).$$

   b) Man verwende die obige Ungleichung, um zu zeigen, dass $\sum_{n=1}^\infty \frac{1}{n^s}$ für jedes $s>1$ konvergiert.

7. Man vervollständige den Beweis von Korollar 2.10.

8. Man bestimme die folgenden Grenzwerte:

$$\text{a)} \quad \lim_{x \to \infty} \log x - \log \left(\frac{\log(x-1)}{\log(x+1)} \right) \qquad \text{b)} \quad \lim_{x \to 0} \frac{x^2 \sin(1/x)}{\sin x}.$$

9. Man bestimme

$$\lim_{x \to 0} \frac{e^{ax} - e^{bx}}{\log(1+x)} \quad \text{für } a, b \in \mathbb{R}.$$

10. (Funktionen mit subexponentiellem Wachstum). Eine Funktion $f : \mathbb{R} \to \mathbb{R}$ heißt von *subexponentiellem Wachstum*, wenn

$$\lim_{|x| \to \infty} f(x) e^{-\varepsilon |x|} = 0 \quad \text{für jedes} \quad \varepsilon > 0$$

gilt. Man zeige: Ist $f \in C^1(\mathbb{R}; \mathbb{R})$ mit $f(x) \neq 0$ für alle $x \in \mathbb{R}$ und gilt $\lim_{|x| \to \infty} \frac{f'(x)}{f(x)} = 0$, so ist f von subexponentiellem Wachstum. Hinweis: Man verwende die Regeln von L'Hospital.

11. Man vervollständige den Beweis von Bemerkung 2.13.

12. Man zeige, dass jede konvexe Funktion $f : (a, b) \to \mathbb{R}$ lokal Lipschitz-stetig ist. Diese Eigenschaft wurde in Aufgabe III.3.12 definiert.

13. Für $n \in \mathbb{N}$ und $a_j \in \mathbb{R}$ mit $a_j \geq 0$ für alle $1 \leq j \leq n$ beweise man die folgende Ungleichung zwischen dem geometrischen und arithmetischen Mittel:

$$\left(\prod_{j=1}^{n} a_j \right)^{\frac{1}{n}} \leq \frac{1}{n} \sum_{j=1}^{n} a_j.$$

3   Satz von Taylor

In der bis hierher entwickelten Differentialrechnung haben wir eine im Punkt a differenzierbare Funktion f durch eine affine Funktion approximiert, d. h., es galt die Darstellung

$$f(x) = f(a) + f'(a)(x - a) + \varphi(x)$$

für eine Funktion φ, welche

$$\lim_{x \to a} \frac{\varphi(x)}{x - a} = 0$$

erfüllt. Unser jetziges Ziel besteht darin, eine gegebene Funktion f durch Polynome genauer als mit linearen Funktionen zu approximieren.

Satz von Taylor

Genauer gesagt suchen wir für eine gegebene n-mal differenzierbare Funktion f ein Polynom p vom Grad kleiner oder gleich n mit

$$p(a) = f(a), \quad p'(a) = f'(a), \quad \ldots, \quad p^{(n)}(a) = f^{(n)}(a). \tag{3.1}$$

Die Koeffizienten $a_0, \ldots, a_n$ eines solchen Polynoms $p(x) = \sum_{j=0}^{n} a_j (x-a)^j$ errechnen sich dann, wegen $p^{(k)}(a) = k! a_k$, zu

$$a_k = \frac{f^k(a)}{k!}, \quad k = 0, \ldots, n.$$

Es existiert also genau ein Polynom vom Grad kleiner oder gleich n, welches (3.1) erfüllt, nämlich

$$(T_n f)(x, a) = f(a) + \frac{f'(a)}{1!}(x - a) + \frac{f''(a)}{2!}(x - a)^2 + \ldots + \frac{f^{(n)}(a)}{n!}(x - a)^n.$$

Dies motiviert die folgende Definition.

3.1 Definition. Es seien $I \subset \mathbb{R}$ ein Intervall, $f : I \to \mathbb{R}$ eine n-mal differenzierbare Funktion und $a \in I$. Dann heißt $T_n f$ n-tes Taylor-Polynom von f im *Entwicklungspunkt a*.

Die Frage, wie gut sich eine Funktion f durch $T_n f$ approximieren lässt, hängt natürlich vom *Restglied*

$$(R_n f)(x, a) := f(x) - (T_n f)(x, a)$$

ab. Eine befriedigende Antwort hierauf liefert der Satz von Taylor.

3.2 Theorem. (Satz von Taylor). *Es seien $I \subset \mathbb{R}$ ein Intervall, $a, x \in I$ mit $a \neq x$, $n \in \mathbb{N}_0$, $k > 0$ und $f \in C^{n+1}(I; \mathbb{R})$. Dann existiert ein $\xi \in \big(\min\{a, x\}, \max\{a, x\} \big)$ derart, dass*

$$f(x) = \sum_{j=0}^{n} \frac{f^{(j)}(a)}{j!} (x - a)^j + \frac{f^{(n+1)}(\xi)}{k n!} \left(\frac{x - \xi}{x - a} \right)^{n-k+1} (x - a)^{n+1}$$

gilt.

Beweis. Wir zeigen, dass das Restglied der Approximation durch

$$(R_n f)(x, a) = \frac{f^{(n+1)}(\xi)}{k n!} \left(\frac{x - \xi}{x - a} \right)^{n-k+1} (x - a)^{n+1}$$

gegeben ist. Hierzu definieren wir Funktionen $g : J \to \mathbb{R}$ und $h : J \to \mathbb{R}$ durch

$$g(t) := \sum_{j=0}^{n} \frac{f^{(j)}(t)}{j!} (x - t)^j, \qquad h(t) := (x - t)^k,$$

wobei J das Intervall $J := (\min\{a, x\}, \max\{a, x\})$ bezeichnet. Es gilt dann

$$g'(t) = f^{(n+1)}(t) \frac{(x - t)^n}{n!} \quad \text{und} \quad h'(t) = -k(x - t)^{k-1} \quad \text{für alle } t \in J,$$

und nach dem verallgemeinerten Mittelwertsatz existiert ein $\xi \in J$ mit

$$\frac{g(x) - g(a)}{h(x) - h(a)} = \frac{g'(\xi)}{h'(\xi)}.$$

Ferner gilt $g(x) - g(a) = R_n f(x, a)$ sowie $h(x) - h(a) = -(x - a)^k$, und deshalb ist

$$R_n f(x, a) = \frac{f^{(n+1)}(\xi)}{k\, n!} \left(\frac{x - \xi}{x - a}\right)^{n-k+1} (x - a)^{n+1}. \qquad \square$$

Setzen wir in Theorem 3.2 speziell $k = n + 1$ bzw. $k = 1$, so erhalten wir die Restglied-darstellungen von Lagrange und Cauchy.

3.3 Korollar. *Unter den obigen Voraussetzungen gilt*

$$R_n f(x, a) = \frac{f^{(n+1)}(\xi)}{(n + 1)!} (x - a)^{n+1} \quad \text{(Lagrangesche Darstellung des Restglieds)}$$

und

$$R_n f(x, a) = \frac{f^{(n+1)}(\xi)}{n!} \left(\frac{x - \xi}{x - a}\right)^n (x - a)^{n+1} \quad \text{(Cauchysche Darstellung des Restglieds)}.$$

Wir betrachten eine beliebig oft differenzierbare Funktion f auf einem Intervall $I \subset \mathbb{R}$. Für $a \in I$ heißt

$$(Tf)(x, a) = \sum_{n=0}^{\infty} \frac{f^{(n)}(a)}{n!} (x - a)^n = \lim_{n \to \infty} (T_n f)(x, a)$$

die *Taylor-Reihe* von f in a. Es stellen sich dann in natürlicher Weise die folgenden Fragen:

a) Konvergiert die obige Reihe und, wenn ja, gegen welchen Wert?

b) Wird f in einer Umgebung von a durch seine Taylor-Reihe dargestellt?

Eine erste Antwort auf Frage b) gibt der folgende Satz.

3.4 Satz. *Für $f \in C^\infty(I; \mathbb{R})$ und $x, a \in I$ gilt*

$$(Tf)(x, a) = f(x) \iff \lim_{n \to \infty} R_n f(x, a) = 0.$$

Dieser Satz folgt natürlich sofort aus dem Taylorschen Satz (Theorem 3.2) und der Definition der Konvergenz einer Reihe. Auf den ersten Blick erscheint die Aussage dieses Satzes als relativ banal; es existieren jedoch Funktionen f, für welche $\lim_{n \to \infty} R_n f(x, a)$ existiert, aber der Grenzwert verschieden von 0 ist. In diesem Fall konvergiert die Taylor-Reihe an der Stelle x, aber *nicht* gegen den Funktionswert $f(x)$! Im folgenden Beispiel geben wir explizit eine solche Funktion an.

3.5 Beispiel. Wir betrachten die Funktion $f : \mathbb{R} \to \mathbb{R}$, gegeben durch

$$f(x) := \begin{cases} e^{-\frac{1}{x^2}}, & x \neq 0, \\ 0, & x = 0. \end{cases}$$

Wir zeigen in den Übungsaufgaben, dass f auf $\mathbb{R}$ beliebig oft differenzierbar ist und dass $f^{(n)}(0) = 0$ für alle $n \in \mathbb{N}_0$ gilt. Also ist

$$\sum_{n=0}^{\infty} \frac{f^{(n)}(0)}{n!} x^n = 0 \ \text{ für alle } \ x \in \mathbb{R}, \text{ aber } f(x) \neq 0 \text{ für } x \neq 0.$$

Ein hinreichendes Kriterium für die Konvergenz der Taylor-Reihe gegen f wird in Korollar 3.6 gegeben.

3.6 Korollar. *Es seien $f \in C^{\infty}(I; \mathbb{R})$ und $x, a \in I$. Existiert ein $M > 0$ mit*

$$\sup_{n \in \mathbb{N}_0} \max_{\xi \in [a,x]} |f^{(n)}(\xi)| \leq M \text{ falls } x > a \text{ bzw. } \sup_{n \in \mathbb{N}_0} \max_{\xi \in [x,a]} |f^{(n)}(\xi)| \leq M \text{ falls } x \leq a,$$

so gilt

$$f(x) = \sum_{n=0}^{\infty} \frac{f^{(n)}(a)}{n!} (x - a)^n.$$

Der Beweis ist einfach. Da

$$|(R_n f)(x, a)| = \left| \frac{f^{(n+1)}(\xi)}{(n+1)!} (x - a)^{n+1} \right| \leq \frac{M |x - a|^{n+1}}{(n+1)!} \xrightarrow{n \to \infty} 0$$

gilt, folgt die Behauptung aus Satz 3.4.

Wir erläutern den Satz von Taylor anhand einiger Beispiele.

3.7 Beispiele. a) Es gilt

$$\exp(x) = \sum_{n=0}^{\infty} \frac{x^n}{n!}, \quad x \in \mathbb{R},$$

denn die Exponentialfunktion $\exp$ ist auf $\mathbb{R}$ beliebig oft differenzierbar, und es gilt $f^{(n)}(x) = \exp(x)$ für alle $x \in \mathbb{R}$ und alle $n \in \mathbb{N}$. Also ist

$$\frac{f^{(0)}(0)}{0!} = 1, \quad \frac{f^{(n)}(0)}{n!} = \frac{1}{n!}, \quad (T_n f)(x, 0) = \sum_{j=0}^{n} \frac{x^j}{j!},$$

und ferner gilt

$$\max_{\xi \in [0,x]} |f^{(n)}(\xi)| = e^x \text{ für } x > 0 \text{ und } \max_{\xi \in [x,0]} |f^{(n)}(\xi)| = 1 \text{ für } x < 0$$

und für alle $n \in \mathbb{N}$. Korollar 3.6 impliziert daher die Behauptung.

b) Für $x \in (-1, 1]$ gilt:

$$\log(1 + x) = \sum_{n=1}^{\infty} (-1)^{n+1} \frac{x^n}{n}.$$

Zum Beweis betrachten wir die Funktion $f : (-1, \infty) \to \mathbb{R}$, gegeben durch $f(x) := \log(1 + x)$. Dann ist f beliebig oft differenzierbar, und es gilt

$$f^{(n)}(x) = \frac{(n-1)!(-1)^{n+1}}{(1+x)^n}, \quad \frac{f^{(0)}(0)}{0!} = 0, \quad \frac{f^{(n)}(0)}{n!} = \frac{(-1)^{n+1}}{n}, \quad n \in \mathbb{N}$$

und somit

$$T_n f(x, 0) = \sum_{j=1}^{n} \frac{(-1)^{j+1}}{j} x^j.$$

Die Lagrangesche Restglieddarstellung für $x \in [0, 1]$ lautet

$$R_n f(x, 0) = \frac{f^{(n+1)}(\xi) x^{n+1}}{(n+1)!} = \frac{(-1)^n x^{n+1}}{(1+\xi)^{n+1}(n+1)}$$

für ein $\xi \in (0, x)$. Somit ist $|R_n f(x, 0)| \leq \frac{1}{n+1} \left| \frac{x}{1+\xi} \right|^{n+1} \leq \frac{1}{n+1}$ für alle $n \in \mathbb{N}$, und daher gilt

$$R_n f(x, 0) \xrightarrow{n \to \infty} 0, \quad x \in [0, 1].$$

Falls $-1 < x < 0$, so gilt nach der Cauchyschen Restglieddarstellung für $\xi \in (x, 0)$

$$R_n f(x, 0) = \frac{f^{(n+1)}(\xi)}{n!} \left(\frac{x - \xi}{x} \right)^n x^{n+1} = \frac{n!(-1)^n}{(1+\xi)^{n+1} n!} x^{n+1} \left(\frac{x - \xi}{x} \right)^n$$

und somit

$$|R_n f(x, 0)| = \frac{|x - \xi|^n}{|1 + \xi| \, |1 + \xi|^n} |x|.$$

Für $\xi \in (x, 0)$ gilt $\xi - x = \xi + 1 - (x + 1)$ und somit $\left| \frac{x - \xi}{1 + \xi} \right| = \frac{\xi - x}{1 + \xi} = 1 - \frac{1 + x}{1 + \xi} < 1$. Also folgt

$$|R_n f(x, 0)| \xrightarrow{n \to \infty} 0.$$

Insbesondere gilt für $x = 1$

$$\log(x + 1) = \log 2 = \sum_{n=1}^{\infty} \frac{(-1)^{n-1}}{n} = 1 - \frac{1}{2} + \frac{1}{3} - \frac{1}{4} + \ldots,$$

womit wir den Wert der alternierenden harmonischen Reihe explizit bestimmt haben.

3.8 Bemerkungen. (Die Landauschen Symbole o und O). Wir wollen an dieser Stelle noch die *Landauschen Symbole* o und O definieren. Hierzu seien $M \subset \mathbb{R}$, $x_0 \in \overline{M}$ und $f : M \to \mathbb{R}$ sowie $h : M \to \mathbb{R}$ Funktionen mit $h(x) \neq 0$ für $x \in M$ mit $0 < |x - x_0| < r$ für ein $r > 0$.

Wir sagen „ f *ist von der Ordnung klein o von h für* $x \to x_0$ ", wenn

$$\lim_{x \to x_0} \frac{f(x)}{h(x)} = 0$$

gilt, und schreiben in diesem Fall $f(x) = o(h(x))$ für $x \to x_0$.

Analog sagen wir „ f *ist von der Ordnung groß O von h für* $x \to x_0$ ", wenn Konstanten $C, r > 0$ existieren mit

$$|f(x)| \leq C|h(x)| \quad \text{für} \quad x \in M \cap \{y \in \mathbb{R} : |y - x_0| < r\},$$

und schreiben in diesem Fall $f(x) = O(h(x))$ für $x \to x_0$.

Ist beispielsweise $f \in C^{n+1}(I)$ und sind $x_0, x_0 + h \in I$, so können wir den Satz von Taylor (Theorem 3.2) auch in der Form

$$f(x_0 + h) = a_0 + a_1 h + a_2 h^2 + \ldots + a_n h^n + R_n(h)$$

formulieren, wobei $a_k = \frac{1}{k!} f^{(k)}(x_0)$ für $k = 0, \ldots, n$ und

$$R_n(h) = O(h^{n+1}) \quad \text{für} \quad h \to 0$$

gilt. Weiter ist nach Satz 1.3 eine Funktion $f : \mathbb{R} \to \mathbb{R}$ in $x_0 \in \mathbb{R}$ genau dann differenzierbar, wenn ein $L \in \mathbb{R}$ existiert mit

$$f(x) - f(x_0) - L(x - x_0) = o(|x - x_0|) \quad \text{für} \quad x \to x_0.$$

Lokale Extrema

Der Satz von Taylor liefert ferner ein wichtiges hinreichendes Kriterium für die Bestimmung lokaler Extremwerte einer gegebenen Funktion.

3.9 Satz. (Hinreichendes Kriterium für lokale Extrema). *Es seien $n \in \mathbb{N}$ ungerade, $I \subset \mathbb{R}$ ein Intervall, $a \in I$, $f \in C^{n+1}(I; \mathbb{R})$, und es gelte*

$$f'(a) = \ldots = f^{(n)}(a) = 0 \quad \text{sowie} \quad f^{(n+1)}(a) \neq 0.$$

Dann gelten die folgenden Aussagen:

a) Ist $f^{(n+1)}(a) > 0$, so hat f in a ein lokales Minimum.

b) Ist $f^{(n+1)}(a) < 0$, so hat f in a ein lokales Maximum.

Beweis. Es sei $f^{(n+1)}(a) > 0$. Da nach Voraussetzung $f^{(n+1)}$ auf I stetig ist, existiert eine Umgebung $U_\delta(a) \subset I$ von a mit $f^{(n+1)}(x) > 0$ für alle $x \in U_\delta(a)$. Der Satz von Taylor, zusammen mit der Lagrangeschen Darstellung des Restglieds, impliziert, dass ein $\xi \in U_\delta(a)$ existiert mit

$$f(x) = f(a) + \overbrace{\frac{f^{(n+1)}(\xi)}{(n+1)!}}^{>0}(x-a)^{n+1} > f(a) \quad \text{für alle } x \in U_\delta(a).$$

Also folgt die Behauptung. Der Beweis für den Fall $f^{(n+1)}(a) < 0$ verläuft analog. $\qquad\square$

Weitere Charakterisierung konvexer Funktionen

Ist f zweimal stetig differenzierbar, so erlaubt uns der Satz von Taylor, die Konvexität von f, neben den schon in Abschnitt 2 gefundenen Kriterien, neu zu charakterisieren.

3.10 Satz. *Es seien $I \subset \mathbb{R}$ ein Intervall und $f \in C^2(I; \mathbb{R})$ eine Funktion. Dann ist f genau dann konvex, wenn*

$$f(y) \geq f(x) + f'(x)(y - x) \quad \text{für alle } x, y \in I$$

gilt.

Beweis. Es seien $x, y \in I$. Nach dem Taylorschen Satz und der Lagrangeschen Darstellung des Restglieds existiert ein $\xi \in I$ mit

$$f(y) = f(x) + f'(x)(y - x) + \frac{f''(\xi)}{2}(y - x)^2.$$

Ferner ist die Funktion f nach Korollar 2.15 genau dann konvex, wenn $f''(\xi) \geq 0$ für alle $\xi \in I$ gilt. Hieraus folgt die Behauptung dann unmittelbar. $\qquad\square$

Newton-Verfahren

Zum Abschluss dieses Abschnitts wollen wir Nullstellen differenzierbarer Funktionen näherungsweise berechnen. Hierzu betrachten wir zunächst eine affine Approximation von $f : [a, b] \to \mathbb{R}$, gegeben durch $F(x) = f(x_0) + f'(x_0)(x - x_0)$. Ist $f'(x_0) \neq 0$, so setzen wir

$$x_1 := x_0 - \frac{f(x_0)}{f'(x_0)}.$$

Ist $x_1 \in [a, b]$, so verfahren wir analog weiter und setzen $x_2 := x_1 - \frac{f(x_1)}{f'(x_1)}$. Allgemeiner definieren wir die $(n+1)$-te Iterierte dieses Verfahrens als

$$x_{n+1} = x_n - \frac{f(x_n)}{f'(x_n)}, \quad n = 0, 1, 2, \dots. \tag{3.2}$$

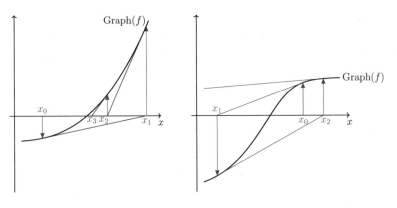

konvergentes Newton-Verfahren   nicht konvergentes Newton-Verfahren

Dieses Verfahren zur näherungsweisen Bestimmung einer Nullstelle einer gegebenen Funktion heißt *Newton-Verfahren*.

3.11 Satz. (Konvergenzsatz für das Newton-Verfahren). *Es seien $a, b \in \mathbb{R}$, $a < b$, $f \in C^2([a, b]; \mathbb{R})$ eine Funktion, und es gelte:*

a) *f besitzt in $[a, b]$ eine Nullstelle ξ,*

b) *$f'(x) \neq 0$ für alle $x \in [a, b]$,*

c) *f ist konvex oder konkav auf $[a, b]$,*

d) *$x_0 - \frac{f(x_0)}{f'(x_0)} \in [a, b]$ für $x_0 = a$ und $x_0 = b$.*

Dann konvergiert das Newton-Verfahren für jedes $x_0 \in [a, b]$ monoton gegen ξ, und es gilt die Fehlerabschätzung

$$|x_k - \xi| \leq \frac{M}{2m} |x_k - x_{k-1}|^2, \quad k \in \mathbb{N},$$

wobei $m := \min\{|f'(\tau)| : \tau \in [a, b]\}$ und $M := \max\{|f''(\tau)| : \tau \in [a, b]\}$ gilt.

3.12 Bemerkung. Das Newtonverfahren konvergiert *quadratisch*, d. h., es existiert eine Konstante $K > 0$ mit

$$|x_{n+1} - \xi| \leq K|x_n - \xi|^2, \quad n \in \mathbb{N}.$$

In der Tat existieren für $n \in \mathbb{N}$ nach dem Satz von Taylor $\eta_n \in \big(\min(\xi, x_n), \max(\xi, x_n)\big)$ mit

$$0 = f(\xi) = f(x_n) + f'(x_n)(\xi - x_n) + \frac{1}{2}f''(\eta_n)(\xi - x_n)^2.$$

Daher impliziert (3.2) die Gleichung

$$\xi - x_{n+1} = \xi - x_n + \frac{f(x_n)}{f'(x_n)} = -\frac{1}{2}\frac{f''(\eta_n)}{f'(x_n)}(\xi - x_n)^2.$$

Setzen wir $K := \frac{M}{2m}$, so folgt die Behauptung.

Beweis. Wir unterscheiden die vier Fälle $f' > 0$, $f'' \geq 0$ bzw. $f' < 0$, $f'' \geq 0$ bzw. $f' > 0$, $f'' \leq 0$ bzw. $f' < 0$, $f'' \leq 0$ und beweisen hier im Detail nur den ersten Fall. Der Beweis der anderen Fälle verläuft analog.

Definieren wir eine Funktion $\varphi : [a, b] \to \mathbb{R}$ durch

$$\varphi(x) := x - \frac{f(x)}{f'(x)},$$

so erhalten wir, da f nach Voraussetzung monoton steigend ist und da $f(\xi) = 0$ sowie $f'' \geq 0$ gilt,

$$\varphi'(x) = 1 - \frac{f'(x)^2 - f(x)f''(x)}{f'(x)^2} = \frac{f(x)f''(x)}{f'(x)^2} \left\{ \begin{array}{ll} \leq 0, & x \in [a, \xi], \\ \geq 0, & x \in [\xi, b]. \end{array} \right.$$

Also ist $\varphi(\xi) = \xi$ ein Minimum von φ in $[a, b]$. Nach Voraussetzung d) ist deshalb $\varphi(x) \in [\xi, b]$ für alle $x \in [a, b]$, und es gilt $\varphi(x) \leq x$ für alle $x \in [\xi, b]$. Setzen wir nun

$$x_{k+1} := \varphi(x_k), \quad k \in \mathbb{N}_0,$$

so gilt $x_1 \in [\xi, b]$ für beliebiges $x_0 \in [a, b]$, und $x_k \in [\xi, b]$ impliziert $\xi \leq x_{k+1} \leq x_k$. Deshalb ist $(x_k)_{k \in \mathbb{N}}$ eine monoton fallende und beschränkte Folge, welche einen Grenzwert besitzt. Dieser ist wegen der Stetigkeit von φ ein Fixpunkt von φ und somit eine Nullstelle von f. Also folgt $\lim_{k \to \infty} x_k = \xi$.

Zum Beweis der Fehlerabschätzung benutzen wir den Mittelwertsatz und erhalten

$$\left| \frac{f(x_k) - f(\xi)}{x_k - \xi} \right| \geq m;$$

dies bedeutet wiederum $|x_k - \xi| \leq \frac{|f(x_k)|}{m}$. Wir schätzen $|f(x_k)|$ mit Hilfe des Satzes von Taylor im Entwicklungspunkt x_{k-1} anhand des Lagrangeschen Restglieds ab und erhalten

$$f(x_k) = \underbrace{f(x_{k-1}) + f'(x_{k-1})(x_k - x_{k-1})}_{=0 \text{ nach Konstruktion}} + \frac{1}{2} f''(\tilde{x})(x_k - x_{k-1})^2$$

für ein $\tilde{x} \in (x_{k-1}, x_k)$. Also gilt $|f(x_k)| \leq \frac{M}{2} (x_k - x_{k-1})^2$ und daher

$$|x_k - \xi| \leq \frac{M}{2m} |x_k - x_{k-1}|^2. \qquad \square$$

Aufgaben

1. Man bestimme das Taylor-Polynom dritten Grades der Funktion $x \mapsto \tan x$ im Entwicklungspunkt 0.

2. Man bestimme das Taylor-Polynom zweiter Ordnung der Funktion $\arcsin: (-1, 1) \to \mathbb{R}$, $x \mapsto \arcsin(x)$ im Entwicklungspunkt 0.

3. Man bestimme ein Polynom p, so dass gilt:

$$|\sin x - p(x)| < 10^{-4} \quad \text{für alle } x \in [-2, 2].$$

4. Man zeige mit Hilfe des Satzes von Taylor, dass für alle $x > 0$ gilt:

$$\sqrt{1 + x} \le 1 + \tfrac{1}{2}\, x.$$

5. Es seien $f, g : \mathbb{R} \to \mathbb{R}$ differenzierbare Funktionen, und es gelte $f' = g$ und $g' = -f$, sowie $f(0) = 0$ und $g(0) = 1$. Man zeige:

    a) f und g sind beliebig oft differenzierbar.

    b) Die Taylor-Reihen von f und g im Entwicklungspunkt 0 konvergieren gegen f und g.

    c) Es gilt $f = \sin$ und $g = \cos$.

6. Man bestimme alle Extremstellen der Funktion

$$f \colon [-5, 5] \to \mathbb{R}, \quad x \mapsto \left(x - \frac{1}{2}\right)^2 - |5x - 2| + 6$$

    und gebe deren Art an.

7. (Krümmungskreis). Man zeige, dass für eine Funktion $f \in C^2(\mathbb{R}; \mathbb{R})$ gilt: Besitzt f ein lokales Minimum in $(0, f(0))$, so existiert ein $r > 0$ und ein Kreis vom Radius r mit Mittelpunkt auf der y-Achse, der oberhalb des Graphen von f liegt und den Graphen von f in $(0, f(0))$ berührt.

8. Man beweise die Aussagen von Beispiel 3.5: Hierzu sei $f \colon \mathbb{R} \longrightarrow \mathbb{R}$ gegeben durch

$$f(x) := \begin{cases} e^{-\frac{1}{x^2}}, & x > 0, \\ 0, & x \le 0. \end{cases}$$

    Man zeige:

    a) $f \in C^\infty(\mathbb{R})$, und es gilt $f^{(k)}(0) = 0$ für alle $k \in \mathbb{N}$.

    b) Für jedes $k \in \mathbb{N}$ ist $f^{(k)}$ beschränkt, und es gilt $\lim_{x \to \infty} f^{(k)}(x) = 0$.

    Ferner skizziere man für $\varepsilon = 2, 1, \tfrac{1}{2}$ die Funktionen $f_\varepsilon \colon \mathbb{R} \longrightarrow \mathbb{R}, x \mapsto f\left(\tfrac{x}{\varepsilon}\right)$.

9. (Tschebyscheff-Polynome). Die Tschebyscheff-Polynome T_n wurden bereits in Abschnitt III.6.8 eingeführt. Für $n \in \mathbb{N}_0$ kann man sie alternativ auch rekursiv durch

$$T_0(x) = 1, \quad T_1(x) = x \quad \text{und} \quad T_{n+1}(x) = 2x T_n(x) - T_{n-1}(x), \qquad n \ge 2$$

    definieren. Man zeige:

    a) T_n ist ein Polynom vom Grad n und man gebe T_n explizit für $n = 2, 3, 4$ an.

    b) Für $z \in \mathbb{C}$ gilt $\cos(nz) = T_n\big(\cos(z)\big)$ und man skizziere ferner $T_n\big(\cos(x)\big)$ für $n = 2, 3, 4$ für $x \in [-1, 1]$.

    c) Für $n \in \mathbb{N}$ besitzt T_n die Nullstellen $x_k = \cos\big((2k-1)\pi/2n\big)$, $k = 1, \dots, n$.

    d) Für $n \in \mathbb{N}$ besitzt die Funktion $f_n \colon [-1, 1] \to \mathbb{R}, \ x \mapsto T_n(x)$ für $k = 0, 1, \dots, n$ die Extremalstellen $\xi_k = \cos(k\pi/n)$.

10. (Landausche Ungleichung). Für eine Funktion $f \in C^2((0, \infty); \mathbb{R})$ und $j = 0, 1, 2$ setze man $M_j := \sup\{f^{(j)}(x) : x > 0\}$. Man zeige:

$$M_1^2 \le 4 M_0 M_2.$$

Hinweis: Nach dem Satz von Taylor gilt $f'(x) = [f(x + 2h) - f(x)]/2h - hf''(\xi)$ für ein $\xi \in (x, x + 2h)$ und somit $|f'(x)| \leq hM_2 + M_0/h$ für alle $h > 0$. Man minimiere nun die rechte Seite dieser Ungleichung.

11. Es sei $f \in C^2(\mathbb{R}; \mathbb{R})$ eine Funktion derart, dass f'' auf $\mathbb{R}$ gleichmäßig beschränkt ist. Man zeige unter Verwendung von Aufgabe 10: Gilt $\lim_{t \to \infty} f(t) = 0$, so folgt $\lim_{t \to \infty} f'(t) = 0$.

---

4 Konvergenz von Funktionenfolgen

In der Analysis sind Approximationsverfahren für Funktionen f mittels Funktionenfolgen $(f_n)_{n \in \mathbb{N}}$ mit gewissen, oft „besseren" Eigenschaften, als f sie besitzt, von zentraler Bedeutung. So ist zum Beispiel unsere Konstruktion des Integrals im folgenden Kapitel ganz wesentlich von einem solchen Approximationsverfahren bzw. einem solchen Grenzprozess bestimmt.

Wir beginnen diesen Abschnitt mit der Betrachtung einer Folge $(f_n)_{n \in \mathbb{N}}$ von Funktionen $f_n : D \to \mathbb{K}$ mit einem gemeinsamen Definitionsbereich $D \subset \mathbb{K}$. Die Folge $(f_n)_{n \in \mathbb{N}}$ heißt auf D *punktweise konvergent*, falls für jedes $x \in D$ die Folge $\left(f_n(x)\right)_{n \in \mathbb{N}}$ in $\mathbb{K}$ konvergiert. Die Vorschrift

$$f(x) := \lim_{n \to \infty} f_n(x)$$

definiert dann eine *Grenzfunktion* $f : D \to \mathbb{K}$. Es stellen sich nun in natürlicher Weise die folgenden Fragen:

a) Übertragen sich zentrale Eigenschaften der Funktionen f_n, wie Stetigkeit oder Differenzierbarkeit im Falle von $D \subset \mathbb{R}$, auf die Grenzfunktion f?

b) Lässt sich gegebenenfalls die Ableitung f' der Grenzfunktion durch die Ableitungen der Funktionen f_n berechnen?

Sind die Funktionen f_n für jedes $n \in \mathbb{N}$ in $x_0 \in D$ stetig, so ist die Grenzfunktion f in $x_0 \in D$ genau dann stetig, wenn $\lim_{x \to x_0} f(x) = f(x_0)$ gilt, also genau dann, wenn

$$\lim_{x \to x_0} \lim_{n \to \infty} f_n(x) = \lim_{n \to \infty} \lim_{x \to x_0} f_n(x)$$

gilt. Die Frage nach der Stetigkeit der Grenzfunktion führt uns also auf die Problematik der *Vertauschbarkeit von Grenzprozessen*. Wir zeigen nun, dass solche Grenzprozesse im Allgemeinen nicht vertauscht werden dürfen.

4.1 Beispiele. a) Es sei $D = [0, 1]$ und $f_n(x) = x^n$ für alle $x \in [0, 1]$ und alle $n \in \mathbb{N}$.

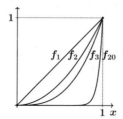

Dann sind die Funktionen f_n für jedes $n \in \mathbb{N}$ auf D stetig, die Grenzfunktion f, gegeben durch

$$f(x) = \begin{cases} 0, & x \in [0,1), \\ 1, & x = 1, \end{cases}$$

hingegen ist unstetig im Punkt $x = 1$.

b) Es sei wiederum $D = [0,1]$ und $g_n(x) = \frac{\sin nx}{\sqrt{n}}$ für alle $n \in \mathbb{N}$.

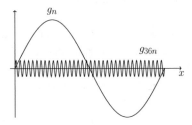

Die Grenzfunktion ist dann $g \equiv 0$ mit der Ableitung $g' \equiv 0$. Andererseits gilt $g_n'(x) = \sqrt{n} \cos nx$ für alle $n \in \mathbb{N}$, und die Folge $\left(g_n'(x)\right)_{n \in \mathbb{N}}$ divergiert an jeder Stelle $x \in D$.

Gleichmäßige Konvergenz von Funktionenfolgen

Die gleichmäßige Konvergenz einer Funktionenfolge ist wie folgt definiert.

4.2 Definition. Es sei $D \subset \mathbb{K}$ eine Menge und $f_n : D \to \mathbb{K}$ für jedes $n \in \mathbb{N}$ eine Funktion. Dann heißt die Folge $(f_n)_{n \in \mathbb{N}}$ *gleichmäßig konvergent auf D gegen $f : D \to \mathbb{K}$*, wenn zu jedem $\varepsilon > 0$ ein $N_0 \in \mathbb{N}$ existiert mit

$$|f(x) - f_n(x)| < \varepsilon \quad \text{für alle } x \in D \text{ und alle } n \geq N_0.$$

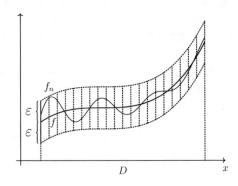

4.3 Bemerkungen. a) Eine gleichmäßig gegen f konvergente Funktionenfolge $(f_n)_{n \in \mathbb{N}}$ konvergiert natürlich auch punktweise gegen f. Die Umkehrung ist im Allgemeinen falsch.

b) Setzen wir

$$\|f\|_\infty := \sup\{|f(x)| : x \in D\},$$

so konvergiert $(f_n)_{n\in\mathbb{N}}$ gleichmäßig gegen f genau dann, wenn

$$\|f_n - f\|_\infty \overset{n\to\infty}{\longrightarrow} 0$$

gilt. Sind $f, g : D \to \mathbb{K}$ beschränkte Funktionen, so gilt

$$\|f + g\|_\infty \le \|f\|_\infty + \|g\|_\infty.$$

c) Für die Funktionenfolgen aus Beispiel a) und b) gilt $\|f_n - f\|_\infty = 1$ bzw. $\|g_n - g\|_\infty = 1/\sqrt{n}$ für alle $n \in \mathbb{N}$. Die Folge $(f_n)_{n\in\mathbb{N}}$ aus Beispiel a) konvergiert nicht gleichmäßig auf $[0, 1]$, denn ansonsten würde zu $\varepsilon = \frac{1}{2}$ ein N_0 existieren mit $x^n < \frac{1}{2}$ für jedes $x \in [0, 1)$ und alle $n \ge N_0$. Es ist aber $\lim_{x\to 1} x^n = 1 > \frac{1}{2}$. Widerspruch!

Hingegen konvergiert $(g_n)_{n\in\mathbb{N}}$ aus Beispiel b) gleichmäßig auf $[0, 1]$ gegen $g \equiv 0$, aber $(g_n')_{n\in\mathbb{N}}$ konvergiert nicht.

d) Der Unterschied zwischen punktweiser und gleichmäßiger Konvergenz kann wie folgt beschrieben werden: Betrachten wir bei *punktweiser Konvergenz* ein $x \in D$, so existiert zu jedem $\varepsilon > 0$ eine Zahl $N = N(\varepsilon, x)$ so, dass $|f_n(x) - f(x)| < \varepsilon$ für alle $n \ge N$ gilt. Die Zahl $N(\varepsilon, x)$ darf hier von x abhängen. Bei *gleichmäßiger Konvergenz* gibt es zu jedem $\varepsilon > 0$ eine universelle Zahl $N = N(\varepsilon)$ so, dass für alle $n > N(\varepsilon)$ und *alle* $x \in D$ gilt: $|f_n(x) - f(x)| < \varepsilon$.

e) Für $x > 0$ und $n \in \mathbb{N}$ betrachten wir die Funktionen $f_n(x) = \frac{1}{nx}$. Dann konvergiert $(f_n)_{n\in\mathbb{N}}$ punktweise gegen 0, für $a > 0$ konvergiert $(f_n)_{n\in\mathbb{N}}$ sogar gleichmäßig auf $[a, \infty)$ gegen 0, aber $(f_n)_{n\in\mathbb{N}}$ konvergiert nicht gleichmäßig gegen 0 auf $(0, \infty)$.

Satz 4.4 gibt – analog zur Untersuchung bei Reihen – ein inneres Kriterium für die gleichmäßige Konvergenz einer Funktionenfolge an, ohne die Grenzfunktion explizit kennen zu müssen.

4.4 Satz. (Cauchy-Kriterium für gleichmäßige Konvergenz). *Es sei $D \subset \mathbb{K}$. Dann konvergiert eine Folge $(f_n)_{n\in\mathbb{N}}$ von Funktionen $f_n : D \to \mathbb{K}$ genau dann gleichmäßig auf D, wenn für jedes $\varepsilon > 0$ ein $N_0 \in \mathbb{N}$ existiert mit*

$$\|f_n - f_m\|_\infty < \varepsilon \quad \text{für alle } n, m \ge N_0.$$

Beweis. $\Rightarrow$: Konvergiert die Folge $(f_n)_{n\in\mathbb{N}}$ gleichmäßig gegen die Grenzfunktion f, so existiert zu jedem $\varepsilon > 0$ ein $N_0 \in \mathbb{N}$ mit $\|f_n - f\|_\infty < \frac{\varepsilon}{2}$ für alle $n > N_0$. Somit gilt

$$\|f_n - f_m\|_\infty \le \|f_n - f\|_\infty + \|f - f_m\|_\infty < \varepsilon \quad \text{für alle } n, m \ge N_0.$$

$\Leftarrow$: Die Voraussetzung impliziert, dass $\big(f_n(x)\big)_{n\in\mathbb{N}}$ für jedes $x \in D$ eine Cauchy-Folge in $\mathbb{K}$ ist. Da $\mathbb{K}$ vollständig ist, besitzt diese Folge einen eindeutigen Grenzwert, welchen wir mit $f(x)$ bezeichnen. Für jedes $\varepsilon > 0$ existiert nach Voraussetzung ein $N(\varepsilon)$ mit $|f_n(x) - f_m(x)| < \varepsilon/2$ für alle $x \in D$ und alle $n, m \geq N(\varepsilon)$. Daher ist

$$|f_n(x) - f(x)| = \lim_{m \to \infty} |f_n(x) - f_m(x)| \leq \varepsilon/2, \quad n \geq N(\varepsilon), x \in D,$$

und somit existiert für jedes $\varepsilon > 0$ ein $N(\varepsilon)$ mit $|f_n(x) - f(x)| < \varepsilon$ für alle $n \geq N(\varepsilon)$ und alle $x \in D$.   □

Im Folgenden beschäftigen wir uns nun im Detail mit der eingangs gestellten Frage, unter welchen Bedingungen gewisse Eigenschaften der Funktionen f_n, wie etwa Stetigkeit, Beschränktheit oder Differenzierbarkeit, sich auf die Grenzfunktion f übertragen lassen. Wir beginnen mit der Eigenschaft der Beschränktheit.

4.5 Lemma. *Sind $f_n : D \to \mathbb{K}$ für jedes $n \in \mathbb{N}$ beschränkte Funktionen und konvergiert die Folge $(f_n)_{n\in\mathbb{N}}$ gleichmäßig auf D gegen eine Funktion f, so ist auch f beschränkt auf D.*

Beweis. Zu $\varepsilon = 1$ existiert ein $N_1 \in \mathbb{N}$ mit $|f(x) - f_{N_1}(x)| < 1$ für alle $x \in D$. Nach Voraussetzung existiert weiter eine Konstante M_{N_1} mit $|f_{N_1}(x)| \leq M_{N_1}$ für alle $x \in D$. Also gilt

$$|f(x)| \leq \underbrace{|f(x) - f_{N_1}(x)|}_{<1} + \underbrace{|f_{N_1}(x)|}_{\leq M_{N_1}} \leq 1 + M_{N_1} \quad \text{für alle } x \in D. \qquad □$$

Gleichmäßiger Limes stetiger und differenzierbarer Funktionen

Das folgende Resultat besagt, dass die Eigenschaft der Stetigkeit einer approximierenden Funktionenfolge $(f_n)_{n\in\mathbb{N}}$ sich auf die Grenzfunktion f überträgt, sofern die Konvergenz gleichmäßig ist.

4.6 Theorem. (Gleichmäßiger Limes stetiger Funktionen ist stetig). *Es sei $D \subset \mathbb{K}$, und für jedes $n \in \mathbb{N}$ seien $f_n : D \to \mathbb{K}$ stetige Funktionen. Konvergiert $(f_n)_{n\in\mathbb{N}}$ gleichmäßig gegen $f : D \to \mathbb{K}$, so ist f stetig.*

Beweis. (Ein typisches $\varepsilon/3$-Argument). Es seien $x_0 \in D$ und $\varepsilon > 0$. Da $(f_n)_{n\in\mathbb{N}}$ gleichmäßig gegen f konvergiert, existiert ein $N_0 \in \mathbb{N}$ mit $|f_{N_0}(x) - f(x)| < \frac{\varepsilon}{3}$ für jedes $x \in D$. Ferner, da f_{N_0} nach Voraussetzung stetig ist, existiert ein $\delta > 0$ mit

$$|f_{N_0}(x) - f_{N_0}(x_0)| < \frac{\varepsilon}{3} \quad \text{für alle } x \in U_\delta(x_0) \cap D.$$

Deshalb gilt

$$|f(x) - f(x_0)| \leq \underbrace{|f(x) - f_{N_0}(x)|}_{<\frac{\varepsilon}{3}} + \underbrace{|f_{N_0}(x) - f_{N_0}(x_0)|}_{<\frac{\varepsilon}{3}} + \underbrace{|f_{N_0}(x_0) - f(x_0)|}_{<\frac{\varepsilon}{3}} < \varepsilon$$

für alle $x \in U_\delta(x_0) \cap D$.   □

Beispiel 4.1b) zeigt, dass ein zu Theorem 4.6 analoger Satz für differenzierbare Funktionen im Allgemeinen nicht gültig sein kann. Wir müssen in dieser Situation vielmehr die gleichmäßige Konvergenz der Folge $(f_n')_{n\in\mathbb{N}}$ der Ableitungen gegen eine Grenzfunktion fordern. Genauer gesagt gilt das in Theorem 4.7 formulierte Resultat.

4.7 Theorem. *Es seien $a, b \in \mathbb{R}$ mit $a < b$ und für jedes $n \in \mathbb{N}$ seien $f_n \in C^1([a, b]; \mathbb{K})$ Funktionen mit den folgenden Eigenschaften:*

a) *Die Folge $(f_n(c))_{n\in\mathbb{N}} \subset \mathbb{K}$ konvergiert für ein $c \in [a, b]$.*

b) *Es existiert eine Funktion $f^* : [a, b] \to \mathbb{K}$ derart, dass die Folge $(f_n')_{n\in\mathbb{N}}$ gleichmäßig auf $[a, b]$ gegen f^* konvergiert.*

Dann konvergiert die Folge $(f_n)_{n\in\mathbb{N}}$ gleichmäßig, die Grenzfunktion f ist differenzierbar, und die Folge $(f_n')_{n\in\mathbb{N}}$ konvergiert gleichmäßig gegen $f' = f^*$.

Beweis. Wir unterteilen den Beweis in drei Schritte:

Schritt 1: Wir zeigen zunächst, dass die Folge $(f_n)_{n\in\mathbb{N}}$ gleichmäßig auf $[a, b]$ konvergiert. In der Tat gilt

$$|f_n(x) - f_m(x)| \leq \left| f_n(x) - f_m(x) - \big(f_n(c) - f_m(c)\big) \right| + |f_n(c) - f_m(c)|$$

für alle $n, m \in \mathbb{N}$ und für alle $x \in [a, b]$. Der Mittelwertsatz, angewandt auf den ersten Term der rechten Seite, liefert

$$|f_n(x) - f_m(x)| \leq |f_n'(\xi) - f_m'(\xi)| \, |x - c| + |f_n(c) - f_m(c)| \quad \text{für ein } \xi \in (a, b).$$

Für $\varepsilon > 0$ existiert nach Voraussetzung a) und b) ein $N_0 \in \mathbb{N}$ mit

$$\|f_n' - f_m'\|_\infty \leq \frac{\varepsilon}{2(b - a)} \quad \text{für alle } n, m \geq N_0$$

und $|f_n(c) - f_m(c)| \leq \frac{\varepsilon}{2}$ für alle $n, m \geq N_0$. Deshalb ist

$$|f_n(x) - f_m(x)| \leq \frac{\varepsilon}{2(b - a)}\, (b - a) + \frac{\varepsilon}{2} = \varepsilon$$

für alle $n, m \geq N_0$ und alle $x \in [a, b]$. Die erste Behauptung folgt dann also aus dem Cauchy-Kriterium (Satz 4.4).

Schritt 2: Setzen wir

$$f := \lim_{n\to\infty} f_n,$$

so konvergiert $(f_n)_{n\in\mathbb{N}}$ gleichmäßig gegen f nach Schritt 1. Nach Theorem 4.6 ist die Grenzfunktion f stetig auf $[a, b]$, und auch $f^* := \lim_{n\to\infty} f_n'$ ist stetig auf $[a, b]$.

Schritt 3: Wir zeigen, dass die Grenzfunktion f differenzierbar ist und dass $f' = f^*$ gilt. Hierzu betrachten wir für $x_0 \in [a, b]$ und $n \in \mathbb{N}$ die Funktionen $g_n : [0, 1] \to \mathbb{K}$, gegeben durch

$$g_n(t) := f_n\big(x_0 + t(x - x_0)\big) - t f_n'(x_0)(x - x_0).$$

Nach dem Mittelwertsatz gilt $g_n(1) - g_n(0) = g_n'(\xi_n)$ für ein $\xi_n \in (0, 1)$. Also ist

$$
\begin{aligned}
|g_n(1) - g_n(0)| &= |f_n(x) - f_n(x_0) - f_n'(x_0)(x - x_0)| \\
&\le \sup_{\xi \in (0,1)} |f_n'\big(x_0 + \xi(x - x_0)\big) - f_n'(x_0)| \, |x - x_0|.
\end{aligned}
$$

Der Grenzübergang $n \to \infty$ liefert

$$|f(x) - f(x_0) - f^*(x_0)(x - x_0)| \le \sup_{\xi \in (0,1)} |f^*\big(x_0 + \xi(x - x_0)\big) - f^*(x_0)| \, |x - x_0|.$$

Nun ist f^* nach Schritt 2 stetig, und es gilt daher

$$\lim_{x \to x_0} \frac{f(x) - f(x_0) - f^*(x_0)(x - x_0)}{x - x_0} = 0.$$

Somit ist f nach Satz 1.3 in x_0 differenzierbar, und es gilt $f'(x_0) = f^*(x_0)$. $\square$

4.8 Bemerkungen. a) Es sei $D = \mathbb{R}$, und die Funktionen $f_n : D \to \mathbb{R}$ seien für $n \in \mathbb{N}$ definiert durch

$$f_n(x) := \frac{nx}{1 + |nx|}.$$

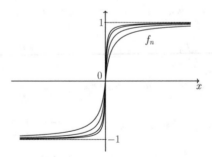

Dann sind die Funktionen f_n für jedes $n \in \mathbb{N}$ stetig, aber die Grenzfunktion f, definiert durch

$$f(x) = \begin{cases} +1, & x > 0, \\ 0, & x = 0, \\ -1, & x < 0, \end{cases}$$

ist unstetig in $x = 0$. Also konvergiert die Folge $(f_n)_{n \in \mathbb{N}}$ *nicht* gleichmäßig gegen f.

b) Für $n \in \mathbb{N}$ betrachten wir die Funktionen $f_n : \mathbb{R} \to \mathbb{R}$, gegeben durch

$$f_n(x) = \frac{1}{n} \sin(n^2 x).$$

Dann konvergiert die Folge $(f_n)_{n \in \mathbb{N}}$ gleichmäßig gegen $f \equiv 0$, denn es gilt $\sin(n^2 x) \leq 1$ für alle $n \in \mathbb{N}$ und alle $x \in \mathbb{R}$. Also ist auch $f' \equiv 0$. Andererseits ist die Folge $(f_n')(x) = (n \cos(n^2 x))_{n \in \mathbb{N}}$ für alle $x \in \mathbb{R}$ divergent. Dies bedeutet, dass Voraussetzung b) für die Gültigkeit von Theorem 4.7 unabdingbar ist.

Konvergenz von Funktionenreihen

Im Folgenden betrachten wir Kriterien für die Konvergenz von *Reihen von Funktionen* und beginnen mit dem Weierstraßschen Kriterium.

4.9 Satz. (Weierstraßsches Konvergenzkriterium). *Es sei $D \subset \mathbb{K}$ und für jedes $n \in \mathbb{N}$ seien $f_n : D \to \mathbb{K}$ Funktionen derart, dass*

$$\sum_{n=0}^{\infty} \| f_n \|_{\infty} < \infty$$

gilt. Dann konvergiert die Funktionenreihe $\sum_{n=0}^{\infty} f_n$ gleichmäßig auf D, d. h., die Folge der Partialsummen konvergiert gleichmäßig auf D.

Der Beweis folgt direkt aus dem Cauchyschen Kriterium (Satz 4.4) für gleichmäßige Konvergenz.

Obwohl das Weierstraßsche Kriterium einfach zu beweisen ist, hat es weitreichende Konsequenzen, insbesondere für die Theorie der Potenzreihen. Wir notieren zunächst das folgende Korollar über die gleichmäßige Konvergenz von Potenzreihen im Inneren ihres Konvergenzkreises.

4.10 Korollar. *Eine Potenzreihe $\sum_{n=0}^{\infty} a_n z^n$ mit Konvergenzradius $\varrho > 0$ konvergiert für jedes $r \in (0, \varrho)$ absolut und gleichmäßig auf $\overline{B_r(0)} := \{z \in \mathbb{C} : |z| \leq r\}$.*

Beweis. Aus den uns schon bekannten Ergebnissen über Potenzreihen wissen wir, dass $\sum_{n=0}^{\infty} |a_n| r^n$ konvergiert. Betrachten wir für $n \in \mathbb{N}$ die Funktionen $f_n : \overline{B_r(0)} \to \mathbb{C}$, gegeben durch $f_n(z) := a_n z^n$, so gilt $\| f_n \|_{\infty} \leq |a_n| r^n$, und das Weierstraßsche Kriterium (Satz 4.9) liefert die Behauptung. $\square$

Theorem 4.6, kombiniert mit Korollar 4.10, impliziert, den uns bereits aus Abschnitt III.1 bekannten Tatsache, dass Potenzreihen im Inneren ihres Konvergenzkreises stetige Funktionen definieren.

4.11 Korollar. *Eine Potenzreihe mit Konvergenzradius $\varrho > 0$ definiert auf $B_\varrho(0)$ eine stetige Funktion.*

4.12 Beispiele. a) Die Reihe

$$\sum_{n=1}^{\infty} \frac{\cos(nx)}{n^2}$$

konvergiert absolut und gleichmäßig auf $\mathbb{R}$, denn es gilt $\left|\frac{\cos(n \cdot x)}{n^2}\right| \leq \frac{1}{n^2}$ für alle $x \in \mathbb{R}$ und alle $n \in \mathbb{N}$.

b) Die *Riemannsche Zeta-Funktion* ζ, gegeben durch

$$\zeta(z) := \sum_{n=1}^{\infty} \frac{1}{n^z}, \quad \operatorname{Re} z > 1,$$

konvergiert absolut und gleichmäßig auf der Menge $\{z \in \mathbb{C} : \operatorname{Re} z \geq \alpha\}$ für jedes $\alpha > 1$, denn es ist $\left|\frac{1}{n^z}\right| = \left|\frac{1}{n^{\operatorname{Re} z}}\right| \leq \frac{1}{n^\alpha}$ für alle $n \in \mathbb{N}$.

Schließlich untersuchen wir die Frage, ob die durch eine Potenzreihe dargestellte Funktion differenzierbar ist.

4.13 Lemma. *Ist $\sum_{n=0}^{\infty} a_n x^n$ eine Potenzreihe mit Konvergenzradius $\varrho > 0$, so besitzen die formale Ableitung und das formale Integral, definiert durch*

$$\sum_{n=1}^{\infty} n a_n x^{n-1} \quad bzw. \quad \sum_{n=0}^{\infty} \frac{a_n}{n+1} x^{n+1},$$

ebenfalls den Konvergenzradius ϱ.

Den Beweis überlassen wir dem Leser als Übungsaufgabe.

4.14 Satz. *Ist $f(x) = \sum_{n=0}^{\infty} a_n x^n$ eine Potenzreihe mit Konvergenzradius $\varrho > 0$, so ist $f : (-\varrho, \varrho) \to \mathbb{K}$ differenzierbar, und es gilt*

$$\left(\sum_{n=0}^{\infty} a_n x^n\right)' = f'(x) = \sum_{n=1}^{\infty} n a_n x^{n-1} = \sum_{n=0}^{\infty} (a_n x^n)', \quad x \in (-\varrho, \varrho),$$

d. h., Potenzreihen dürfen gliedweise differenziert werden.

Der Beweis folgt direkt aus Korollar 4.10 und Theorem 4.7. $\qquad\qquad\qquad\square$

Betrachten wir zum Beispiel für $|x| < 1$ die Reihe $\sum_{n=0}^{\infty} x^n$, so gilt daher insbesondere

$$\sum_{n=1}^{\infty} n x^n = x \sum_{n=1}^{\infty} n x^{n-1} = x \frac{d}{dx} \sum_{n=0}^{\infty} x^n = x \frac{d}{dx} \frac{1}{(1-x)} = \frac{x}{(1-x)^2}.$$

Iterieren wir die Aussage des obigen Satzes, so erhalten wir eine Verschärfung von Satz 4.14.

4.15 Korollar. *Ist $f(x) = \sum_{n=0}^{\infty} a_n x^n$ eine Potenzreihe mit Konvergenzradius $\varrho > 0$, so ist $f : (-\varrho, \varrho) \to \mathbb{K}$ beliebig oft differenzierbar, f stimmt mit seiner Taylor-Reihe $Tf(x, 0)$ überein, und es gilt*

$$a_n = \frac{f^{(n)}(0)}{n!} \quad \text{für alle } n \in \mathbb{N}_0.$$

4.16 Beispiel. Wir verifizieren mittels des Quotientenkriteriums, dass die Potenzreihe

$$J_0(x) := \sum_{n=1}^{\infty} \frac{(-1)^n}{(n!)^2 2^{2n}} x^{2n} = 1 - \frac{1}{2^2} x^2 + \frac{1}{(2!)^2 2^4} x^4 - \frac{1}{(3!)^2 2^6} x^6 + \dots$$

den Konvergenzradius $\varrho = \infty$ besitzt. Daher ist die Funktion J_0 beliebig oft auf $\mathbb{R}$ differenzierbar. Die Funktion J_0 heißt *Bessel-Funktion der ersten Art von der Ordnung 0*. Sie spielt eine gewisse Rolle in der Theorie der Differentialgleichungen und ist insbesondere eine in gewissen Computeralgebrasystemen, wie etwa Mathematica oder Maple, eingebaute Funktion.

Analytische Funktionen
Die nachfolgende Definition einer analytischen Funktion ist natürlich.

4.17 Definition. Ist $D \subset \mathbb{K}$ eine offene Menge, so heißt eine Funktion $f : D \to \mathbb{K}$ *analytisch*, wenn es zu jedem $x_0 \in D$ ein $r > 0$ mit $B_r(x_0) \subset D$ und eine Potenzreihe $\sum_{n=0}^{\infty} a_n x^n$ mit Konvergenzradius $\varrho \geq r$ derart existiert, dass

$$f(x) = \sum_{n=0}^{\infty} a_n (x - x_0)^n, \quad x \in B_r(x_0)$$

gilt.

In diesem Fall sagen wir, dass f in x_0 in die Potenzreihe $f(x) = \sum_{n=0}^{\infty} a_n (x - x_0)^n$ *entwickelt* ist mit dem *Entwicklungspunkt* x_0. Die Menge aller in D analytischen Funktionen bezeichnen wir mit $C^{\omega}(D)$ und nennen $f \in C^{\omega}(D)$ reell- bzw. *komplex-analytisch*, wenn $\mathbb{K} = \mathbb{R}$ bzw. $\mathbb{K} = \mathbb{C}$ gilt.

4.18 Bemerkungen. a) Es folgt sofort, dass Polynome analytisch sind.

b) Eine Funktion f ist genau dann analytisch in $D \subset \mathbb{R}$, wenn f in D beliebig oft stetig differenzierbar ist und in jedem $x_0 \in D$ lokal durch seine Taylor-Reihe darstellbar ist. Dies folgt unmittelbar aus Korollar 4.15.

c) Die Funktionen $f : \mathbb{R}_+ \to \mathbb{R}_+$, $x \mapsto 1/x$ und $g : \mathbb{R} \to \mathbb{R}$, $x \mapsto 1/(1 + x^2)$ sind analytisch.

d) Die bereits in Beispiel 3.5 diskutierte Funktion $f : \mathbb{R} \to \mathbb{R}$, gegeben durch

$$f(x) := \begin{cases} e^{-\frac{1}{x^2}}, & x \neq 0, \\ 0, & x = 0, \end{cases}$$

ist auf $\mathbb{R}$ beliebig oft differenzierbar, aber es gilt $f(x) \neq Tf(x, 0) = 0$ für $x > 0$. Daher ist f *nicht* analytisch.

e) Ist $f(x) = \sum_{n=1}^{\infty} a_n x^n$ eine Potenzreihe mit Konvergenzradius $\varrho > 0$, so wissen wir bereits, dass das formale Integral

$$\sum_{n=0}^{\infty} \frac{a_n}{n + 1} x^{n+1}$$

wiederum eine Potenzreihe mit Konvergenzradius ϱ ist. Es stellt die bis auf additive Konstanten eindeutig bestimmte differenzierbare Funktion F dar, für welche $F' = f$ gilt.

Durch geschicktes Anwenden von Satz 4.14 können wir nun die Potenzreihendarstellung vieler Funktionen explizit angeben.

4.19 Beispiele. a) Nach Beispiel 1.11 ist $\arctan : \mathbb{R} \to \mathbb{R}$ eine differenzierbare Funktion, und es gilt $\arctan'(x) = 1/(1 + x^2)$ für alle $x \in \mathbb{R}$. Für $x \in (-1, 1)$ lässt sich $1/(1 + x^2)$ in eine geometrische Reihe entwickeln, so dass

$$\frac{1}{1 + x^2} = \sum_{j=0}^{\infty}(-x^2)^j = \sum_{j=0}^{\infty}(-1)^j x^{2j}, \quad x \in (-1, 1)$$

gilt. Diese Potenzreihe besitzt den Konvergenzradius 1; Bemerkung 4.18e), Satz 4.14 sowie die Tatsache, dass $\arctan(0) = 0$ gilt, implizieren daher die Darstellung

$$\arctan(x) = \sum_{j=0}^{\infty}(-1)^j \frac{x^{2j+1}}{2j + 1}, \quad x \in (-1, 1).$$

b) Die Logarithmusfunktion $\log : (0, \infty) \to \mathbb{R}$ ist nach Beispiel 1.11 differenzierbar mit der Ableitung $(\log x)' = 1/x$ für alle $x > 0$. Also ist auch die Funktion $f : (-1, 1) \to \mathbb{R}$, $f(x) := \log(1 + x)$ differenzierbar, und es gilt

$$f'(x) = \frac{1}{1 + x} = \sum_{j=0}^{\infty}(-1)^j x^j, \quad x \in (-1, 1).$$

Wiederum ergibt sich aus Bemerkung 4.18e), Satz 4.14 und wegen $\log 1 = 0$

$$\log(1 + x) = f(x) = \sum_{j=0}^{\infty}(-1)^{j-1} \frac{x^{j+1}}{j + 1} = \sum_{j=1}^{\infty}(-1)^{j-1} \frac{x^j}{j}, \quad x \in (-1, 1).$$

Abelscher Grenzwertsatz und Anwendungen

Das Weierstraßsche Konvergenzkriterium (Satz 4.9) impliziert die gleichmäßige Konvergenz einer Potenzreihe mit Konvergenzradius $\varrho > 0$ auf Kreisen der Form $\{z \in \mathbb{C} : |z| < r\}$ für jedes $r \in (0, \varrho)$, es ist jedoch im Allgemeinen zu grob, um die gleichmäßige Konvergenz auf dem Kreis $\{z \in \mathbb{C} : |z| \leq \varrho\}$ zu untersuchen. Der folgende Abelsche Grenzwertsatz ist in diesem Zusammenhang daher von großem Interesse.

4.20 Satz. (Abelscher Grenzwertsatz). *Ist $\sum_{n=0}^{\infty} a_n$ eine konvergente Reihe, so konvergiert die Potenzreihe*

$$f(x) := \sum_{n=0}^{\infty} a_n x^n$$

gleichmäßig für $x \in [0, 1]$ und stellt eine stetige Funktion $f : [0, 1] \to \mathbb{K}$ dar.

4.21 Beispiele. Wir haben bereits in Beispiel 4.19a) gezeigt, dass die Reihenentwicklung der arctan-Funktion durch

$$\arctan(x) = \sum_{n=0}^{\infty} (-1)^n \frac{x^{2n+1}}{2n+1}, \quad x \in (-1, 1), \tag{4.1}$$

gegeben ist. Weiterhin wissen wir aufgrund des Leibniz-Kriteriums, dass die Reihe $\sum_{n=0}^{\infty} (-1)^n \frac{1}{2n+1}$ konvergiert. Nach den Resultaten aus Abschnitt III.5 gilt $\arctan(1) = \pi/4$, und der Abelsche Grenzwertsatz impliziert daher, dass beide Seiten von (4.1) sich stetig in $x = 1$ fortsetzen lassen und dass daher

$$\frac{\pi}{4} = \arctan(1) = \sum_{n=0}^{\infty} (-1)^n \frac{1}{2n+1} = 1 - \frac{1}{3} + \frac{1}{5} - \frac{1}{7} + \cdots$$

gilt. Mit den gleichen Argumenten können wir mit der aus Beispiel 4.19b) bekannten Reihendarstellung des Logarithmus

$$\log(1 + x) = \sum_{n=1}^{\infty} (-1)^{n-1} \frac{1}{n} \text{ für } x \in (-1, 1)$$

schließen, dass

$$\log(2) = \sum_{n=1}^{\infty} (-1)^{n-1} \frac{1}{n} = 1 - \frac{1}{2} + \frac{1}{3} - \frac{1}{4} + \cdots$$

gilt. Es ist interessant, dieses Argument, mit unserem in Beispiel 3.7 ausgeführten Argument mittels der Lagrangeschen Restglieddarstellung zu vergleichen.

Der Beweis des Abelschen Grenzwertsatzes beruht auf der Methode der partiellen Summation, welche auf Niels Abel zurückgeht. Wir beschreiben diese in Lemma 4.22.

4.22 Lemma. *Sind* $(a_n)_{n \in \mathbb{N}}$ *und* $(b_n)_{n \in \mathbb{N}_0}$ *Folgen in* $\mathbb{C}$*, so gilt für jedes* $n \in \mathbb{N}$*:*

$$\sum_{j=1}^{n} a_j(b_j - b_{j-1}) = a_n b_n - a_1 b_0 - \sum_{j=1}^{n-1}(a_{j+1} - a_j)b_j.$$

Weiter basiert der Beweis des Abelschen Grenzwertsatzes auf dem folgenden Satz über die gleichmäßige Konvergenz der in Lemma 4.22 betrachteten Reihe.

4.23 Satz. *Für* $D \subset \mathbb{R}$ *und* $n \in \mathbb{N}_0$ *seien Funktionen* $g_n, h_n : D \to \mathbb{K}$ *gegeben. Konvergiert*

a) *die Folge* $(g_n \cdot h_n)_{n \in \mathbb{N}}$ *gleichmäßig auf* D *gegen* 0 *und*

b) *die Reihe* $\sum_{j=1}^{\infty}(g_{j+1} - g_j)h_j$ *gleichmäßig auf* D*,*

so konvergiert auch die Reihe $\sum_{j=1}^{\infty} g_j(h_j - h_{j-1})$ *gleichmäßig auf* D*.*

Den Beweis von Lemma 4.22 überlassen wir dem Leser als Übungsaufgabe; die Aussage von Satz 4.23 folgt dann aus Lemma 4.22.

Beweis (von Satz 4.20). Definieren wir für $n \in \mathbb{N}$

$$h_n := \sum_{j=n+1}^{\infty} a_j \quad \text{und} \quad g_n : [0, 1] \to \mathbb{R}, \ g_n(x) := x^n,$$

so ist $(h_n)_{n \in \mathbb{N}}$ eine Nullfolge, und es gilt $\|g_n\|_{\infty} = 1$ für alle $n \in \mathbb{N}$. Also konvergiert die Folge $(g_n h_n)_{n \in \mathbb{N}}$ gleichmäßig auf D gegen 0.

Wir zeigen weiter die gleichmäßige Konvergenz der Reihe $\sum_{j=1}^{\infty}(g_{j+1} - g_j)h_j$ auf D mittels des Cauchyschen Kriteriums (Satz 4.4). Für gegebenes $\varepsilon > 0$ existiert zunächst ein $N_0 \in \mathbb{N}$ mit $|h_j| < \varepsilon$ für alle $j \geq N_0$. Da $x^j \geq x^{j+1}$ für jedes $x \in [0, 1]$ und jedes $j \in \mathbb{N}$ gilt, erhalten wir für jedes $m > n \geq N_0$ und jedes $x \in [0, 1]$

$$\left| \sum_{j=n+1}^{m}(g_{j+1}(x) - g_j(x)) \cdot h_j \right| \leq \sum_{j=n+1}^{m}(x^j - x^{j+1})|h_j| \leq \varepsilon \sum_{j=n+1}^{m}(x^j - x^{j+1})$$

$$= \varepsilon(x^{n+1} - x^{m+1}) \leq \varepsilon x^{n+1} \leq \varepsilon.$$

Satz 4.23 impliziert nun die gleichmäßige Konvergenz der Reihe

$$\sum_{j=1}^{\infty} g_j(x)(h_j - h_{j-1}) = \sum_{j=1}^{\infty} x^j(-a_j),$$

und somit auch die gleichmäßige Konvergenz von $f(x) = \sum_{j=0}^{\infty} a_j x^j$ für alle $x \in [0, 1]$. Die Stetigkeit von f folgt schließlich aus Theorem 4.6. $\qquad \square$

4.24 Beispiel. Als Anwendung des Abelschen Grenzwertsatzes wollen wir den Wert der Reihe

$$\sum_{k=1}^{\infty} \frac{e^{ikx}}{k} =: f(x)$$

für $x \in (0, 2\pi)$ in zwei Schritten explizit bestimmen:

Schritt 1: Für $\delta \in (0, \pi)$ konvergiert die Reihe

$$\sum_{k=1}^{\infty} \frac{e^{ik\varphi}}{k} =: f(\varphi)$$

gleichmäßig auf jedem Intervall $[\delta, 2\pi - \delta]$.

Um dies einzusehen, definieren wir für $n \in \mathbb{N}$ Funktionen $g_n, h_n : [\delta, 2\pi - \delta] \to \mathbb{C}$ durch $g_n(x) = 1/n$ und $h_n(x) = \sum_{k=1}^{n} e^{ikx}$. Dann gilt $f = \sum_{k=1}^{\infty} g_k(h_k - h_{k-1})$. Wir bemerken zunächst, dass $(h_n)_{n \in \mathbb{N}}$ gleichmäßig beschränkt ist, da aufgrund der endlichen geometrischen Reihe

$$|h_n(x)| = \left| \sum_{k=1}^{n} (e^{i\varphi})^k \right| = |e^{ix}| \left| \frac{e^{in\varphi} - 1}{e^{i\varphi} - 1} \right| \le \frac{2}{|e^{i\pi/2} - e^{-i\pi/2}|} = \left| \frac{1}{\sin(\varphi/2)} \right| \le \frac{1}{\sin(\delta/2)}$$

für alle $n \in \mathbb{N}$ und alle $\varphi \in [\delta, 2\pi - \delta]$ gilt. Somit konvergiert $g_n h_n$ für $n \to \infty$ gleichmäßig gegen 0. Weiter gilt

$$\|(g_{k+1} - g_k)h_k\|_\infty = \left| \frac{1}{k+1} - \frac{1}{k} \right| \sup_{\varphi \in [\delta, 2\pi - \delta]} |h_k(x)| \le \frac{1}{k(k+1)} \frac{1}{\sin(\delta/2)}, \quad k \in \mathbb{N},$$

und somit konvergiert $\sum_{k=1}^{\infty} (g_{k+1} - g_k)h_k$ nach dem Weierstraßschen Kriterium (Satz 4.9) gleichmäßig, da $\sum_{k=1}^{\infty} \frac{1}{k(k+1)}$ konvergiert. Die Behauptung folgt nun aus Satz 4.23.

Schritt 2: Nach dem Abelschen Grenzwertsatz konvergiert für jedes festgehaltene $\varphi \in (0, 2\pi)$ die Potenzreihe

$$F(x) := \sum_{k=1}^{\infty} \frac{e^{ik\varphi}}{k} x^k$$

gleichmäßig auf $[0, 1]$, und F stellt auf $[0, 1]$ eine stetige Funktion dar. Für $x \in [0, 1)$ ist F differenzierbar, und aufgrund der geometrischen Reihe und Korollar III.5.3 gilt

$$F'(x) = \sum_{k=1}^{\infty} e^{ik\varphi} x^{k-1} = \frac{e^{i\varphi}}{1 - e^{i\varphi}x} = \frac{e^{i\varphi} - x}{1 - 2\cos\varphi \cdot x + x^2}, \quad 0 \le x < 1.$$

Wir betrachten nun die Funktion $H : [0, 1) \to \mathbb{C}$, definiert durch

$$H(x) := -\frac{1}{2} \log(1 - 2\cos\varphi \cdot x + x^2) + i \arctan \frac{x \sin\varphi}{1 - x\cos\varphi}.$$

Nach Lemma 4.13 besitzen F und F' denselben Konvergenzradius. Weiter impliziert Aufgabe 1.5, dass $H'(x) = F'(x)$ für alle $x \in [0, 1)$ gilt. Daher folgt, unter Berücksichtigung von $F(0) = 0$, dass $F(x) = H(x)$ für alle $x \in [0, 1)$ gilt. Nun ist H für jedes $\varphi \in (0, 2\pi)$ sogar in $[0, 1]$ stetig, und es gilt

$$H(x) = F(x), \text{ für alle } x \in [0, 1].$$

Für $x = 1$ folgt daher

$$\sum_{k=1}^{\infty} \frac{e^{ik\varphi}}{k} = F(1) = H(1) = -\frac{1}{2} \log \left(2(1 - \cos \varphi)\right) + i \arctan \frac{\sin \varphi}{1 - \cos \varphi}$$

$$= -\log \left(2 \sin(\varphi/2)\right) + i \, \frac{\pi - \varphi}{2}.$$

Trennen wir die obige Darstellung in Real- und Imaginärteil und bezeichnen die Variable mit x anstatt mit φ, so erhalten wir

$$\sum_{k=1}^{\infty} \frac{\cos(kx)}{k} = -\log \left(2 \sin(x/2)\right) \text{ und}$$

$$\sum_{k=1}^{\infty} \frac{\sin(kx)}{k} = \frac{\pi - x}{2}, \quad x \in (0, 2\pi).$$

Reihen der Form

$$\sum_{k=0}^{\infty} c_k e^{ikx} \quad \text{bzw.} \quad \sum_{k=0}^{\infty} a_k \cos(kx) + b_k \sin(kx)$$

werden *Fourier-Reihen* genannt. Die Reihe $\sum_{k=1}^{\infty} \frac{\sin(kx)}{k}$ konvergiert auch für $x = 0$ und $x = 2\pi$, und setzen wir

$$\sum_{k=1}^{\infty} \frac{\sin(kx)}{k} = \begin{cases} \frac{\pi-x}{2}, & x \in (0, 2\pi), \\ 0, & x = 0 \text{ oder } x = 2\pi, \end{cases}$$

so erhalten wir, wegen der Gültigkeit von $\sin(x) = \sin(x + 2\pi)$ für alle $x \in \mathbb{R}$,

$$\sum_{k=1}^{\infty} \frac{\sin(kx)}{k} = h(x) \quad \text{für alle} \quad x \in \mathbb{R}.$$

mit h wie in der folgenden Abbildung:

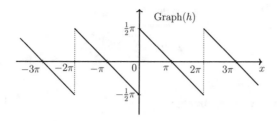

Die Funktion h heißt auch *Sägezahnfunktion* und wird in Kapitel X über Fourierreihen eine wichtige Rolle spielen als Beispiel einer 2π-periodischen Funktion mit einer Sprungstelle im Periodenintervall.

Wir bemerken ferner, dass die Reihe $\sum_{k=1}^{\infty} \frac{\sin(kx)}{k}$ auf $[0, 2\pi]$ punktweise, aber nicht gleichmäßig konvergiert, da ansonsten die Grenzfunktion h auf $[0, 2\pi]$ stetig sein müsste.

Aufgaben

1. Für $n \in \mathbb{N}$ und $D = [0, \infty)$ seien die Funktionen $f_n : D \to \mathbb{R}$, gegeben durch

$$f_n(x) = x + \frac{x}{e^n x}.$$

Man zeige, dass die Folge $(f_n)_{n\in\mathbb{N}}$ auf D gleichmäßig gegen f, definiert durch $f(x) = x$, konvergiert.

2. Man untersuche die folgenden Funktionenfolgen $(f_n)_{n\in\mathbb{N}}$ auf punktweise und gleichmäßige Konvergenz und gebe gegebenenfalls ihre Grenzfunktionen an:

a) $f_n : \mathbb{R} \to \mathbb{R}$, $f_n(x) := \sqrt{\frac{1}{n^2} + x^2}$,

b) $f_n : \mathbb{R} \to \mathbb{R}$, $f_n(x) := x^2 \sum_{k=0}^{n-1} (1 + x^2)^{-k}$.

c) $f_n : [0, \infty) \to \mathbb{R}$, $f_n(x) := e^{-\frac{x}{n}}$.

d) $f_n : [0, 2] \to \mathbb{R}$, $f_n(x) := \begin{cases} nx, & 0 \leq x \leq \frac{1}{n}, \\ 2 - nx, & \frac{1}{n} < x < \frac{2}{n}, \\ 0, & \frac{2}{n} \leq x \leq 1. \end{cases}$

3. Für $n \in \mathbb{N}$ seien die Funktionen $f_n : \mathbb{R} \to \mathbb{R}$ definiert durch

$$f_n(x) := \frac{|x|^n}{1 + |x|^n}.$$

Man zeige:

a) Die Folge $(f_n)_{n\in\mathbb{N}}$ konvergiert auf $\mathbb{R}$ nicht gleichmäßig.

b) Für jedes $r > 1$ konvergiert die Folge $(f_n)_{n\in\mathbb{N}}$ gleichmäßig auf den Mengen

$$\{x \in \mathbb{R} : |x| \geq r\} \text{ und } \{x \in \mathbb{R} : |x| \leq 1/r\}.$$

4. Man beweise Lemma 4.13.

5. Die Funktion $f : \mathbb{R} \to \mathbb{R}$ sei gegeben durch

$$f(x) := \sum_{n=1}^{\infty} \frac{\cos(n^2 x)}{2^n}.$$

Man zeige:

a) f ist unendlich oft differenzierbar.

b) Für jedes $k \in \mathbb{N}$ gilt $f^{(2k-1)}(0) = 0$ und $\left| f^{(2k)}(0) \right| > \dfrac{(2k)^{4k}}{2^{2k}}$.

c) Für $x \neq 0$ divergiert die Folge $\left(\frac{f^{(2k)}(0)}{(2k)!} x^{2k} \right)_{k \in \mathbb{N}}$.

d) Die Taylor-Reihe von f an der Stelle 0 besitzt den Konvergenzradius 0.

6. Aus der in Beispiel 3.7b) angegebenen Taylor-Entwicklung für den Logarithmus folgt

$$\frac{\log(1-x)}{x} = -1 - \sum_{k=1}^{\infty} \frac{x^k}{k+1}, \quad x \in (0, 1).$$

Man zeige:

a) $\lim_{x \to 0+} \frac{\log(1-x)}{x} = -1$.

b) Setzt man $x = t/n$ für $t > 0$ und $n \in \mathbb{N}$, so konvergiert die Folge $\left(n \log(1 - t/n) \right)_{n \in \mathbb{N}}$ gegen $-t$.

c) Für jedes $t \geq 0$ ist die Folge $\left((1 - t/n)^n \right)_{n \in \mathbb{N}}$ monoton steigend und konvergiert gegen e^{-t}.

d) Die Abbildung $x \mapsto \frac{\log(1-x)}{x}$ ist gleichmäßig stetig auf kompakten Intervallen von $\{ x \in \mathbb{R} : x \geq 0 \}$. Hinweis: Man verwende Aufgabe III.4.11.

e) Für $T > 0$ und $n \in \mathbb{N}$ sei $g_n : [0, T] \to \mathbb{R}$, definiert durch

$$g_n(t) := n \log(1 - t/n).$$

Dann konvergiert die Folge $(g_n)_{n \in \mathbb{N}}$ gleichmäßig auf $[0, T]$ gegen die Funktion $g : [0, T] \to \mathbb{R}$, definiert durch $g(t) = -t$.

f) Für $T > 0$ und $n \in \mathbb{N}$ sei $f_n : [0, T] \to \mathbb{R}$, definiert durch

$$f_n(t) := (1 - t/n)^n.$$

Dann konvergiert die Folge $(f_n)_{n \in \mathbb{N}}$ gleichmäßig auf $[0, T]$ gegen die Funktion $f : [0, T] \to \mathbb{R}$, definiert durch $f(t) := e^{-t}$.

7. (Bessel-Funktionen). Für $n \in \mathbb{N}_0$ sind die Bessel-Funktionen $J_n : \mathbb{R} \to \mathbb{R}$ der Ordnung n, definiert durch

$$J_n(x) := \sum_{k=0}^{\infty} \frac{(-1)^k}{k!(k+n)!} \left(\frac{x}{2} \right)^{2k+n}.$$

Man zeige:

a) Die Folge $(J_n)_{n \in \mathbb{N}}$ konvergiert für jedes $x \in \mathbb{R}$ punktweise und auf $[-1, 1]$ sogar gleichmäßig.

b) Für jedes $x \in \mathbb{R}$ und jedes $n \in \mathbb{N}$ gilt $\left(x^n J_n(x)\right)' = x^n J_{n-1}(x)$.

c) Die Funktion J_n erfüllt für $n \in \mathbb{N}$ die Besselsche Differentialgleichung

$$x^2 J_n''(x) + x J_n'(x) + (x^2 - n^2) J_n(x) = 0, \quad x \in \mathbb{R}.$$

8. Man beweise Lemma 4.22 und Satz 4.23.

5 Anmerkungen und Ergänzungen

1 Historisches

Die Differentialrechnung wurde von Isaac Newton (1643–1727) und Gottfried Wilhelm Leibniz (1646–1716) entwickelt.

Der Mittelwertsatz geht auf Joseph Lagrange (1736–1813) zurück. Trotz seines französisch klingenden Namens wird er von vielen italienischen Mathematikern als ihr Landsmann betrachtet, da er als Sohn italienischer Eltern in Turin geboren wurde. Im Jahre 1766 wurde er als Nachfolger von Euler an die Berliner Akademie berufen; später im Jahre 1787 wechselte er an die Académie des Sciences in Paris. Unter Napoleon wurde er 1808 in die Ehrenlegion aufgenommen.

Der französische Mathematiker Marquis de L'Hospital (1661–1704) veröffentliche 1696 Europas erstes Lehrbuch zur Analysis mit dem Titel *Analyse des infiniment petits, pour l'intelligence des lignes courbes*, das dazu gedacht war, die Techniken der Differentialrechnung einem breiteren Publikum zur Verfügung zu stellen. Die Differentialrechnung war wenige Jahre zuvor von Newton und Leibniz erfunden worden, und auch die Brüder Jakob und Johann Bernoulli (1654–1705) bzw. (1667–1748) beschäftigten sich damit. Bis zur Herausgabe von L'Hospitals Buch waren es nur wenige Personen, die von der Analysis wussten. L'Hospital bezahlte an Johann Bernoulli Geld, um von ihm Analysis zu lernen und von seinen Entdeckungen zu erfahren, die L'Hospital dann in seinem Buch beschrieb. Nach dem Tode L'Hospitals machte Bernoullli diesen Handel öffentlich.

Jean Darboux (1842–1917) war Professor an der Sorbonne in Paris. Neben vielen Beiträgen zur Geometrie geht das heute nach ihm benannte *Darboux-Integral* auf ihn zurück. Die Liste seiner Doktoranden umfasst insbesondere die Namen Émile Borel, Elie Cartan, Éduard Goursat und Émile Picard.

Brook Taylor (1685–1731) war ein britischer Mathematiker der sich neben den in Abschnitt 3 beschriebenen analytischen Fragestellungen unter anderem auch für ein mathematisches Verständnis der Perspektive in der Kunst interessierte. Die in Theorem 3.2 angegebene Darstellung des Restglieds geht auf Oskar Schlömilch (1823–1901) zurück.

Das Newton-Verfahren erscheint bereits in Newtons *Principia Mathematicia* aus dem Jahre 1687.

2 Riemann- und Takagi-Funktion

Die Frage, ob es eine auf einem Intervall J stetige Funktion $f : J \to \mathbb{R}$ gibt, welche in keinem $x \in J$ differenzierbar ist, wurde schon von Riemann und Weierstraß untersucht. Riemann betrachtete hierzu die Funktion

$$f(x) := \sum_{n=1}^{\infty} \frac{1}{n^2} \sin(n^2 x).$$

Da $\sum_{n=1}^{\infty} \frac{1}{n^2}$ eine kovergente Majorante für die obige Reihe ist, folgt sofort die Stetigkeit von f. Die Frage nach der Differenzierbarkeit von f wurde erst 1971 endgültig geklärt [NS78]. Die Funktion f ist insbesondere nicht differenzierbar an den Stellen $x = \pi\xi$ mit $\xi \in \mathbb{R} \setminus \mathbb{Q}$, jedoch differenzierbar, falls $\xi = (2p + 1)/(2q + 1)$ für $p, q \in \mathbb{N}$ gilt.

Ist $(q_k)_{k \in \mathbb{N}}$ eine Abzählung von $\mathbb{Q} \cap (0, 1)$, so kann man zeigen, dass die Riemann-Funktion f, gegeben durch

$$f : (0, 1) \to \mathbb{R}, \; x \mapsto \sum_{k=1}^{\infty} 2^{-k} |x - q_k|,$$

auf $(0, 1)$ stetig ist und zum einen für jedes $x \in (0, 1) \setminus \mathbb{Q}$ differenzierbar, aber zum anderen für jedes $x = q_k$ nicht differenzierbar ist.

Weierstraß untersuchte für $q \in (0, 1)$ und $a \in \mathbb{N}_0$ die Funktion

$$f(x) = \sum_{n=0}^{\infty} q^n \cos(a^n \pi x),$$

und zeigte insbesondere, dass für ungerades a mit $qa > 1 + 3/2\pi$ die Funktion f an keiner Stelle differenzierbar ist. Wir betrachten ein verwandtes und auf den japanischen Mathematiker Teiji Takagi (1875–1960) zurückgehendes Beispiel der Funktion

$$f(x) = \sum_{n=0}^{\infty} q^n g(a^n x) \quad \text{mit} \quad g(x) = \operatorname{dist}(x, \mathbb{Z}),$$

wobei $q \in (0, 1)$, $a \in \mathbb{N}$ mit $a \geq 4$ mit $aq > 2$. Dann ist g Lipschitz-stetig und periodisch mit Periode 1, und es gilt $g'(x) = \pm 1$ für $2x \notin \mathbb{Z}$. Nach dem Majorantenkriterium konvergiert obige Reihe also gleichmäßig auf $\mathbb{R}$, und f ist daher stetig. Berechnet man den Differenzenquotienten

$$\Delta_k f(x) := \frac{f(x + h_k) - f(x)}{h_k} \quad \text{mit} \quad h_k = \pm a^{-k-1}, \; k \in \mathbb{N},$$

so kann man für diese Wahl von h_k zeigen, dass $\Delta_k g(a^k x) = \pm a^k$ und somit

$$|\Delta_k f(x)| \geq (1 - \eta) q^k a^k \to \infty, \quad k \to \infty$$

gilt mit $\eta = 1/(aq - 1)$. Also ist f an keiner Stelle $x \in \mathbb{R}$ differenzierbar. In Anspielung auf ein französisches Dessert wird die obige Funktion f manchmal auch *Blancmange-Funktion* genannt.

3 Satz von Baire

Der Bairesche Kategoriensatz aus der Funktionalanalysis erlaubt es häufig, relativ einfache Beweise für Existenzaussagen zu führen, welche jedoch dann nicht konstruktiv sind. So kann man mit Hilfe dieses Satzes zum Beispiel die Existenz einer stetigen Funktion auf $[0, 1]$ beweisen, die an keiner Stelle differenzierbar ist.

4 Jensensche Ungleichung

Systematische Untersuchungen konvexer Funktionen gehen auf den dänischen Mathematiker Johann Jensen (1859–1925) zurück. Die folgende Ungleichung trägt auch seinen Namen.

Satz. (Jensensche Ungleichung). *Es seien $J \subset \mathbb{R}$ ein Intervall und $f : J \to \mathbb{R}$ eine konvexe Funktion und $n \in \mathbb{N}$. Sind $\lambda_i \geq 0$ für alle $i = 1, \ldots, n$ mit $\lambda_1 + \ldots + \lambda_n = 1$, so gilt für beliebige $x_1, \ldots, x_n \in J$*

$$f(\lambda_1 x_1 + \ldots + \lambda_n x_n) \leq \lambda_1 f(x_1) + \ldots + \lambda_n f(x_n).$$

5 Satz von Bernstein

Ein hinreichendes Kriterium für die Konvergenz der Taylor-Reihe einer Funktion f wurde von Sergei Bernstein (1880–1968) bewiesen.

Satz von Bernstein. *Es sei $I = (-r, r)$ für $r > 0$ und $f \in C^\infty(I)$. Existiert eine $N \in \mathbb{N}$ mit $f^{(n)}(x) \geq 0$ für alle $x \in I$ und alle $n \geq N$ oder $(-1)^n f^{(n)}(x) \geq 0$ für alle $x \in I$ und alle $n \geq N$, so gilt*

$$f(x) = \sum_{n=0}^\infty \frac{f^{(n)}(0)}{n!} x^n, \quad x \in I.$$

Betrachten wir die Funktion $f : (-1, 1) \to \mathbb{R}, x \mapsto \log(1 + x)$, so sind die Vorzeichen der Ableitung alternierend, und wir erhalten somit die Taylor-Entwicklung des Logarithmus auf eine andere Art und Weise. Ebenso erhalten wir für $f : (-1, 1) \to \mathbb{R}, x \mapsto (1 - x)^\alpha$ für $\alpha \leq 0$ die Darstellung

$$f(x) = \sum_{n=0}^\infty \binom{\alpha}{n}(-x)^n, \quad x \in (-1, 1),$$

da $f^{(n)}(x) \geq 0$ für alle $n \in \mathbb{N}$ und alle $x \in (-1, 1)$.

6 Konvergenz und Ordnung

Die Ordnungsstruktur von $\mathbb{R}$ erlaubt es, die Aussage von Theorem 4.6 unter gewissen Bedingungen auch umzukehren. Genauer gesagt gilt der folgende *Satz von Dini*.

Satz von Dini. *Es seien $K \subset \mathbb{R}^n$ kompakt und $f_n : K \to \mathbb{R}$ für jedes $n \in \mathbb{N}$ stetige Funktionen mit*

$$f_n(x) \leq f_{n+1}(x) \quad \text{für alle } x \in K \text{ und alle } n \in \mathbb{N}.$$

Konvergiert die Folge $(f_n)_{n \in \mathbb{N}}$ punktweise auf K gegen eine stetige Funktion $f : K \to \mathbb{R}$, so konvergiert die Folge $(f_n)_{n \in \mathbb{N}}$ gleichmäßig auf K gegen f.

Der folgende Satz stellt eine Variante des Satzes von Dini dar, jedoch werden die Funktionen f_n jetzt nicht mehr notwendigerweise als stetig vorausgesetzt.

Satz von Pólya-Szegö. *Es seien $I = [a, b]$ und $f_n : I \to \mathbb{R}$ für jedes $n \in \mathbb{N}$ monoton wachsende Funktionen, derart dass die Folge $(f_n)_{n \in \mathbb{N}}$ punktweise gegen eine Funktion $f : I \to \mathbb{R}$ konvergiert. Dann ist f monoton wachsend; ist f zudem stetig, so konvergiert die Folge $(f_n)_{n \in \mathbb{N}}$ gleichmäßig auf I gegen f.*

7 Satz von Arzelà-Ascoli

Der Satz von Bolzano-Weierstraß besagt, dass eine beschränkte Folge reeller Zahlen immer eine konvergente Teilfolge enthält. Der Satz von Arzelà-Ascoli beschäftigt sich mit Bedingungen, unter welchen ein entsprechender Satz auch für Folgen stetiger reellwertiger Funktionen auf einem kompakten Intervall $I \subset \mathbb{R}$ gilt.

Genauer sei $I \subset \mathbb{R}$ ein Intervall und $(f_n) \subset C(I; \mathbb{R})$ eine Folge stetiger Funktionen. Die Folge (f_n) heißt *punktweise beschränkt*, wenn

$$\sup_n |f_n(x)| < \infty, \quad x \in I$$

gilt. Weiter heißt eine Folge $(f_n) \subset C(I; \mathbb{R})$ *gleichgradig stetig*, wenn zu jedem $\varepsilon > 0$ ein $\delta > 0$ derart existiert, dass

$$|f_n(x) - f_n(y)| < \varepsilon$$

für alle $n \in \mathbb{N}$ und alle $x, y \in I$ mit $|x - y| < \delta$ gilt. Der Satz von Arzelà-Ascoli lautet dann wie folgt.

Satz von Arzelà-Ascoli.   *Es sei $K \subset \mathbb{R}$ ein kompaktes Intervall. Dann besitzt jede punktweise beschränkte und gleichgradig stetige Folge $(f_n) \subset C(K; \mathbb{R})$ eine gleichmäßig konvergente Teilfolge.*

Beweis.   Wegen der gleichgradigen Stetigkeit von $(f_n) \subset C(K)$ existiert zu jedem $\varepsilon > 0$ und jedem $y \in I$ ein offenes Intervall I_y so, dass

$$|f_n(x) - f_n(y)| < \varepsilon/3$$

für alle $n \in \mathbb{N}$ und alle $x \in I_y \cap K$ gilt. Die Familie dieser Intervalle stellt eine offene Überdeckung der kompakten Menge K dar. Es existieren also bereits endlich viele Intervalle, $I_1, \ldots, I_k$, welche K überdecken, und auf diesen gilt die obige Ungleichung für *ein* hinreichend großes N.

Wählen wir für $1 \leq i \leq k$ jeweils ein $y_i \in I_i \subset K$, so sind aufgrund der punktweisen Beschränktheit der Folge (f_n) die Folgen $(f_n(y_i))_{n \in \mathbb{N}}$ beschränkt. Nach dem Satz von Bolzano-Weierstraß (Theorem II.2.3) existiert daher eine Teilfolge (g_n) von (f_n) derart, dass $(g_n(y_i))_{n \in \mathbb{N}}$ für alle $i = 1, \ldots, k$ konvergiert und daher auch eine Cauchy-Folge bildet. Wählen wir $N \in \mathbb{N}$ groß genug, so gilt

$$|g_n(y_i) - g_m(y_i)| < \varepsilon/3, \quad n, m \geq N, 1 \leq i \leq k.$$

Da $x \in K$ in mindestens einem I_i liegt, folgt für alle $n, m \geq N$

$$|g_n(x) - g_m(x)| \leq |g_n(x) - g_n(y_i)| + |g_n(y_i) - g_m(y_i)| + |g_m(y_i) - g_m(x)| < \varepsilon$$

für jedes $x \in K$ und somit

$$\|g_n - g_m\|_\infty < \varepsilon, \quad n, m \geq N.$$

Schließlich sei $\varepsilon_j = 2^{-j}$ für alle $j \in \mathbb{N}$. Dann existiert für ε_1 eine solche Teilfolge (f_n^1). Für ε_2 existiert dann eine Teilfolge (f_n^2) von (f_n^1) mit obiger Eigenschaft. Fahren wir auf diese Art fort, so erhalten wir für $j \in \mathbb{N}$ Teilfolgen (f_n^j) mit der Eigenschaft

$$\|f_n^j - f_m^j\|_\infty < \varepsilon_j, \quad n, m \geq N_j$$

für genügend große N_j. Die mittels des in Abschnitt II.6.7 beschriebenen Cantorschen Diagonalverfahrens definierte Diagonalfolge $(f_n^n)_{n \in \mathbb{N}}$ ist dann eine Cauchy-Folge bezüglich $\|\cdot\|_\infty$. Sie konvergiert nach Theorem 4.6 gleichmäßig gegen ein $f \in C(K)$. $\square$

Eine Inspektion des obigen Beweises zeigt, dass sich die Aussage des Satzes von Arzelà-Ascoli auf beliebige kompakte Teilmengen des $\mathbb{R}^n$ und auch auf $\mathbb{R}^n$-wertige Funktionen f verallgemeinern lässt, da wir im Wesentlichen nur die Existenz einer endlichen Teilüberdeckung einer offenen Überdeckung einer kompakten Menge, sowie den Satz von Bolzano-Weierstraß verwendet haben.

Integralrechnung einer Variablen

V

Die Bestimmung von Flächen, Volumen und Kurvenlängen gehört zu den historisch gese-hen ältesten Problemen der Mathematik, und viele dieser Fragestellungen sind aus heuti-ger Sicht klassische Themen der Integrationstheorie. Um den Flächeninhalt einer krumm-linig begrenzten Figur zu bestimmen, wurde dieser „von innen" und „von außen" durch einfachere Objekte mit bekanntem Flächeninhalt approximiert.

Die systematische Untersuchung des Integralbegriffs begann mit der Entdeckung des Zusammenhangs von Differentiation und Integration durch Gottfried Wilhelm Leibniz (1646–1716) und Isaac Newton (1642–1727) im 17. Jahrhundert. Es war Augustin-Louis Cauchy (1789–1857), der als Erster die Notwendigkeit einer Definition des Integrals und einer sich hierauf aufbauenden Integrationstheorie erkannte. Bernhard Riemann (1826–1866) erweiterte diesen Begriff dann auf allgemeinere Funktionen. Ein andersartiger, je-doch sehr umfassender Integralbegriff wurde schließlich von Henri Léon Lebesgue (1845–1941) im Jahre 1902 eingeführt; wir werden diesen später in der Maß- und Integrations-theorie intensiv untersuchen.

Wir beschränken uns in diesem Kapitel zunächst auf das Integral für sogenannte sprungstetige Funktionen, einer etwas weniger allgemeinen Klasse von Funktionen als diejenige der Riemann-integrierbaren Funktionen. Der Vorteil dieses Zugangs liegt darin, dass wir den Integralbegriff zunächst für sogenannte Treppenfunktionen direkt erklären können und diesen dann – mittels Approximationsprozess – auf allgemeinere Funktionen ausdehnen können. Insofern ähnelt unser Zugang daher mehr dem Lebesgueschen als dem Riemannschen Integralbegriff.

Wir beginnen in Abschnitt 1 mit der Einführung von Treppen- und sprungstetigen Funktionen. Der Approximationssatz für sprungstetige Funktionen durch Treppenfunk-tionen bildet den Hauptsatz dieses Abschnitts und die Grundlage unseres Integralbegriffs. Abschnitt 2 widmet sich dem Hauptsatz der Differential- und Integralrechnung und dem Vergleich unseres Integralbegriffs mit dem Riemann-Integral. Ersterer besagt, vereinfacht ausgedrückt, dass das Integrieren und Differenzieren einer Funktion zueinander inverse Operationen sind.

© Springer-Verlag GmbH Deutschland, ein Teil von Springer Nature 2018
M. Hieber, *Analysis I*, https://doi.org/10.1007/978-3-662-57538-3_5

Danach betrachten wir in Abschnitt 3 klassische Integrationstechniken wie partielle Integration und Substitution. Erste Anwendungen beschäftigen sich mit der exakten Bestimmung des Wallisschen Produkts, und der Berechnung der Fläche des Einheitskreises sowie der Integration rationaler Funktionen, basierend auf der Partialbruchzerlegung aus der Linearen Algebra.

Abschnitt 4 widmet sich der Untersuchung von uneigentlichen Integralen, verbunden mit einer Diskussion der wichtigsten Eigenschaften der Gamma-Funktion, die es uns erlaubt, insbesondere den Wert des Gaußschen Fehlerintegrals $\int_{-\infty}^{\infty} e^{-x^2} \, dx$ als $\sqrt{\pi}$ zu bestimmen.

In Abschnitt 5 beschreiben wir das klassische Wechselspiel zwischen Summation und Integration anhand der Eulerschen Summationsformel und berechnen näherungsweise den Wert gewisser Summen durch die Werte gewisser Integrale. Insbesondere leiten wir, diesem Weg folgend, die Sehnentrapezregel zur numerischen Berechnung von Integralen her und beweisen ferner die Stirlingsche Formel zur Approximation der Fakultät für große n sowie die Produktdarstellung der Riemannschen ζ-Funktion mittels der Primzahlen.

1 Treppen- und sprungstetige Funktionen

In diesem Abschnitt seien immer $a, b \in \mathbb{R}$ mit $a < b$, und I bezeichne das abgeschlossene Intervall $I := [a, b]$. Wie schon in Kapitel IV sei wiederum $\mathbb{K} = \mathbb{R}$ oder $\mathbb{K} = \mathbb{C}$.

Treppen- und sprungstetige Funktionen
Die zentralen Begriffe dieses Abschnitts sind Treppen- und sprungstetige Funktionen.

1.1 Definition.
a) Gilt
$$a = x_0 < x_1 < x_2 < \ldots < x_n = b,$$

so heißt $Z := (x_0, \ldots, x_n)$ eine *Zerlegung von I*.

b) Eine Zerlegung $\overline{Z} := (y_0, \ldots, y_k)$ heißt *Verfeinerung von Z*, falls $\{x_0, \ldots, x_n\} \subset \{y_0, \ldots, y_k\}$ gilt. In diesem Fall schreiben wir $Z \subset \overline{Z}$.

c) Eine Funktion $f : I \to \mathbb{K}$ heißt *Treppenfunktion*, falls eine Zerlegung $Z = (x_0, \ldots, x_n)$ von I existiert, so dass f auf jedem Intervall (x_{j-1}, x_j) konstant ist für alle $j = 1, \ldots, n$.

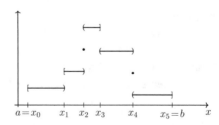

d) Eine Funktion $f : I \to \mathbb{K}$ heißt *sprungstetig* auf I, wenn f

   i) für jedes $x \in (a, b)$ einen links- und rechtsseitigen Grenzwert und

   ii) in a und b einen rechts- bzw. linksseitigen Grenzwert besitzt.

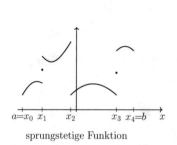
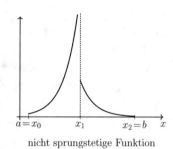

      sprungstetige Funktion   nicht sprungstetige Funktion

1.2 Bemerkungen. a) Die Menge der Treppenfunktionen

$$T[a, b] := \{\varphi : [a, b] \to \mathbb{K} : \varphi \text{ ist Treppenfunktion auf } [a, b]\}$$

sowie die Menge der sprungstetigen Funktionen

$$S[a, b] := \{\varphi : [a, b] \to \mathbb{K} : \varphi \text{ ist sprungstetig auf } [a, b]\}$$

sind Vektorräume über $\mathbb{K}$, und $T[a, b]$ ist ein Untervektorraum von $S[a, b]$.

   b) Jede stetige Funktion auf $[a, b]$ ist sprungstetig.

   c) Jede monotone Funktion auf $[a, b]$ ist nach Satz III.4.14 sprungstetig.

   d) Wir haben bereits in Abschnitt IV.1 die Vektorräume

$$C[a, b] := C([a, b]; \mathbb{K}) \ \ = \{f : [a, b] \to \mathbb{K} : f \text{ ist stetig auf } [a, b]\} \text{ und}$$
$$C^1[a, b] := C^1([a, b]; \mathbb{K}) = \{f : [a, b] \to \mathbb{K} : f \text{ ist stetig differenzierbar auf } [a, b]\}$$

eingeführt. Setzen wir weiter

$$B[a, b] := B([a, b]; \mathbb{K}) := \{f : [a, b] \to \mathbb{K} : f \text{ ist beschränkt auf } [a, b]\},$$

so ist $B[a, b]$ ebenfalls ein Vektorraum über $\mathbb{K}$, und es gilt

$$C^1[a, b] \subset C[a, b] \subset S[a, b] \subset B[a, b]$$

im Sinne von Untervektorräumen. Wir verwenden ebenfalls die Notation $C([a, b]; \mathbb{R})$ für den Vektorraum aller reellwertigen und stetigen Funktionen auf $[a, b]$.

Integral für Treppenfunktionen

Wir definieren nun das Integral für Treppenfunktionen.

1.3 Definition. Es seien $f : I = [a, b] \to \mathbb{K}$ eine Treppenfunktion und $Z = (x_0, \ldots, x_n)$ eine Zerlegung von I. Gilt $f(x) = c_j$ für alle $x \in (x_{j-1}, x_j)$ und alle $j = 1, \ldots, n$, so heißt

$$\int_Z f := \sum_{j=1}^{n} c_j (x_j - x_{j-1})$$

das *Integral von f (bezüglich Z)*.

Wir müssen nun zunächst zeigen, dass das Integral $\int_Z f$ einer Funktion f nur von f, aber nicht von der gewählten Zerlegung Z abhängt.

1.4 Lemma. *Sind $f \in \mathcal{T}[a, b]$ und Z sowie Z' Zerlegungen von $[a, b]$, so gilt*

$$\int_Z f = \int_{Z'} f.$$

Beweis. Betrachten wir die Zerlegung $Z = (x_0, \ldots, x_n)$ sowie die einpunktige Verfeinerung $Z' = (x_0, \ldots, x_k, y, x_{k+1}, \ldots, x_n)$ von Z, so gilt

$$\int_Z f = \sum_{j=1}^{n} c_j (x_j - x_{j-1})$$

$$= \sum_{j=1}^{k} c_j (x_j - x_{j-1}) + \underbrace{c_{k+1}(x_{k+1} - x_k)}_{=c_{k+1}(x_{k+1}-y)+c_{k+1}(y-x_k)} + \sum_{j=k+2}^{n} c_j (x_j - x_{j-1}) = \int_{Z'} f.$$

Ist Z' eine beliebige Verfeinerung von Z, so folgt die Behauptung durch wiederholtes Anwenden des obigen Arguments. Sind Z und Z' beliebige Zerlegungen des Intervalls I, so ist $Z \cup Z'$ eine Verfeinerung von jeweils Z und Z'. Deshalb gilt

$$\int_Z f = \int_{Z \cup Z'} f = \int_{Z'} f. \qquad \square$$

Lemma 1.4 impliziert, dass wir nun das *Integral einer Treppenfunktion* als

$$\int_I f := \int_a^b f(x)\, dx := \int_I f\, dx := \int_I f := \int_Z f$$

definieren können. Die folgenden Eigenschaften des Integrals sind dann offensichtlich.

1.5 Lemma. *Für Treppenfunktionen $\varphi, \psi \in \mathcal{T}[a, b]$ und $\alpha, \beta \in \mathbb{K}$ gelten die folgenden Aussagen:*

a) $\int_I (\alpha \varphi + \beta \psi) = \alpha \int_I \varphi + \beta \int_I \psi$ (*Linearität des Integrals*).

b) $\left| \int_I \varphi \right| = \left| \int_a^b \varphi(x) dx \right| \le (b - a) \, \|\varphi\|_\infty.$

c) *Sind φ und ψ reellwertig mit $\varphi \le \psi$, so gilt $\int_I \varphi \le \int_I \psi$* (*Monotonie des Integrals*).

Unser Ziel ist es nun, das Integral, welches wir bisher nur für Treppenfunktionen definiert haben, so auf sprungstetige Funktionen fortzusetzen, dass die obigen Eigenschaften des Integrals erhalten bleiben. Hierzu ist der Approximationssatz für sprungstetige Funktionen durch Treppenfunktionen von entscheidender Bedeutung.

1.6 Theorem. (Approximationssatz für sprungstetige Funktionen). *Eine Funktion f : $[a,b] \to \mathbb{K}$ ist genau dann sprungstetig auf $[a,b]$, wenn eine Folge $(\varphi_n)_{n \in \mathbb{N}} \subset \mathcal{T}[a,b]$ von Treppenfunktionen auf $[a,b]$ derart existiert, dass $(\varphi_n)_{n \in \mathbb{N}}$ gleichmäßig auf $[a,b]$ gegen f konvergiert, d. h., wenn $\|f - \varphi_n\|_\infty \xrightarrow{n \to \infty} 0$ gilt.*

Beweis. $\Rightarrow$: Für eine sprungstetige Funktion $f \in S[a,b]$ und $n \in \mathbb{N}$ existieren für jedes $x \in I := [a,b]$ reelle Zahlen α_x und β_x mit $\alpha_x < x < \beta_x$ und

$$|f(s) - f(t)| < \frac{1}{n} \quad \text{für alle } s,t \in (\alpha_x, x) \cap I \text{ oder } s,t \in (x, \beta_x) \cap I.$$

Nun ist die Menge $\{(\alpha_x, \beta_x) : x \in I\}$ eine offene Überdeckung des kompakten Intervalls $[a,b]$. Es existiert daher eine endliche Teilüberdeckung von I, d. h., es existieren $x_0 < x_1 < \ldots < x_m$ in I mit $I \subset \bigcup_{j=0}^{m}(\alpha_{x_j}, \beta_{x_j})$ für ein $m \in \mathbb{N}$. Je nachdem ob $x_0 \neq a$ oder $x_m \neq b$ gilt, betrachten wir die Zerlegung Z_0, gegeben durch $(a, x_0, \ldots, x_m, b)$, $(x_0, \ldots, x_m)$, $(a, x_0, \ldots, x_m)$ oder $(x_0, \ldots, x_m, b)$. Betrachten wir eine Verfeinerung $Z_1 = (z_0, \ldots, z_k)$ von Z_0 durch Hinzunahme derjenigen α_{x_j} und β_{x_j} für $j \in \{0, \ldots, m\}$, welche in I liegen, so ist jedes Intervall (z_{j-1}, z_j) mit $j = 1, \ldots, k$ für ein $l \in \{0, \ldots, m\}$ in einem Intervall (α_{x_l}, x_l) oder (x_l, β_{x_l}) enthalten, und es gilt

$$|f(s) - f(t)| < \frac{1}{n}, \quad s,t \in (z_{j-1}, z_j), j = 1, \ldots, k.$$

Definieren wir die approximierenden Funktionen $\varphi_n : [a,b] \to \mathbb{K}$ mittels

$$\varphi_n(x) := \begin{cases} f(x), & x \in \{z_0, \ldots, z_k\}, \\ f(\frac{z_{j-1}+z_j}{2}), & x \in (z_{j-1}, z_j), \ j = 1, \ldots, k, \end{cases}$$

so ist φ_n für jedes $n \in \mathbb{N}$ eine Treppenfunktion auf $[a,b]$, und nach Konstruktion gilt

$$|f(x) - \varphi_n(x)| < \frac{1}{n} \quad \text{für alle } x \in I.$$

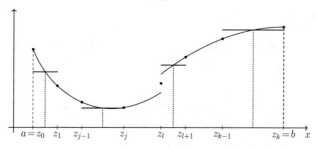

Daher gilt $\|f - \varphi_n\|_\infty < \frac{1}{n}$ für alle $n \in \mathbb{N}$.

$\Leftarrow$: Nach Voraussetzung existiert eine Folge $(\varphi_n) \subset \mathcal{T}[a,b]$ mit $\|\varphi_n - f\|_\infty < \frac{1}{n}$ für jedes $n \in \mathbb{N}$. Für $\varepsilon > 0$ wählen wir $N_1 \in \mathbb{N}$ so, dass $|f(x) - \varphi_{N_1}(x)| < \frac{\varepsilon}{2}$ für alle $x \in I$ gilt. Weiter, da φ_{N_1} eine Treppenfunktion ist, existiert für jedes $x \in [a,b)$ ein $a' \in [a,x)$ mit $\varphi_{N_1}(s) = \varphi_{N_1}(t)$ für alle $s,t \in (a',x)$. Deshalb gilt

$$|f(s) - f(t)| \le |f(s) - \varphi_{N_1}(s)| + |\varphi_{N_1}(s) - \varphi_{N_1}(t)| + |\varphi_{N_1}(t) - f(t)| < \varepsilon \qquad (1.1)$$

für alle $s,t \in (a',x)$. Ist nun $(s_j)_{j\in\mathbb{N}} \subset I$ eine Folge, welche von links gegen x konvergiert, so existiert ein $N_2 \in \mathbb{N}$ derart, dass $s_j \in (a',x)$ für alle $j \ge N_2$ gilt und (1.1) impliziert

$$|f(s_j) - f(s_k)| < \varepsilon \quad \text{für alle } j,k \ge N_2.$$

Daher ist $\big(f(s_j)\big)_{j\in\mathbb{N}}$ eine Cauchy-Folge und es existiert ein $r \in \mathbb{K}$ mit $\lim_{j\to\infty} f(s_j) = r$. Ist $(t_k)_{k\in\mathbb{N}}$ eine weitere Folge wie oben, so gilt $\lim_{n\to\infty} f(t_n) = r'$ für ein $r' \in \mathbb{K}$. Wegen (1.1) folgt dann $|f(s_j) - f(t_k)| < \varepsilon$ für alle $j,k > N_3$ für ein genügend großes $N_3 \in \mathbb{N}$ und daher $|r - r'| \le \varepsilon$. Somit gilt $r = r'$, und daher existiert der linksseitige Grenzwert $\lim_{y\to x-0} f(y)$. Der Beweis für den rechtsseitigen Grenzwert verläuft analog. $\qquad \square$

1.7 Korollar. *Eine Funktion $f : [a,b] \to \mathbb{K}$ ist genau dann sprungstetig, wenn f dargestellt werden kann als*

$$f = \sum_{n=1}^{\infty} \varphi_n \ \text{ mit } \ \varphi_n \in \mathcal{T}[a,b] \ \text{ und } \ \sum_{n=1}^{\infty} \|\varphi_n\|_\infty < \infty.$$

Beweis. $\Rightarrow$: Nach Theorem 1.6 können wir für jedes $k \in \mathbb{N}$ eine Funktion $\psi_k \in \mathcal{T}[a,b]$ derart wählen, dass $\|f - \psi_k\|_\infty \le \frac{1}{2^k}$ gilt. Setzen wir ferner $\varphi_1 := \psi_1$ und $\varphi_n := \psi_n - \psi_{n-1}$ für $n \ge 2$, so gilt

$$\left| f(x) - \sum_{n=1}^{k} \varphi_n(x) \right| = |f(x) - \psi_k(x)| \le \|f - \psi_k\|_\infty \le \frac{1}{2^k},$$

und somit ist $\sum_{n=1}^{\infty} \varphi_n(x) = f(x)$ für alle $x \in [a,b]$. Ferner erhalten wir

$$\|\varphi_n\|_\infty \le \underbrace{\|\psi_n - f\|_\infty}_{\le \frac{1}{2^n}} + \underbrace{\|f - \psi_{n-1}\|_\infty}_{\le \frac{1}{2^{n-1}}} \le \frac{3}{2^n}$$

und somit $\sum_{n=1}^{\infty} \|\varphi_n\|_\infty < \infty$.

$\Leftarrow$: Für $n \in \mathbb{N}$ definieren wir $\psi_n := \sum_{j=1}^{n} \varphi_j$. Dann ist $\psi_n \in \mathcal{T}[a,b]$ für alle $n \in \mathbb{N}$, und es gilt

$$\|f - \psi_n\|_\infty = \left\| f - \sum_{j=1}^{n} \varphi_j \right\|_\infty = \Big\| \sum_{j=n+1}^{\infty} \varphi_j \Big\|_\infty \le \sum_{j=n+1}^{\infty} \|\varphi_j\|_\infty \xrightarrow{n\to\infty} 0.$$

Also folgt die Behauptung aus Theorem 1.6. $\qquad \square$

1.8 Korollar. *Eine sprungstetige Funktion* $f \in S[a, b]$ *besitzt höchstens abzählbar viele Unstetigkeitsstellen. Insbesondere gilt diese Aussage für monotone Funktionen.*

Beweis. Nach Korollar 1.7 können wir f darstellen als $f = \sum_{n=1}^{\infty} \varphi_n$ mit $\sum_{n=1}^{\infty} \|\varphi_n\|_{\infty} < \infty$. Nach Satz IV.4.9 und Theorem IV.4.6 kann f nur an denjenigen Stellen unstetig sein, an denen φ_n für mindestens ein $n \in \mathbb{N}$ unstetig ist. Nun ist $\varphi_n \in \mathcal{T}[a, b]$ für jedes $n \in \mathbb{N}$ eine Treppenfunktion und besitzt also höchstens endlich viele Unstetigkeitsstellen. Damit besitzt f nach Bemerkung I.6.7f) aber höchstens abzählbar viele Unstetigkeitsstellen. $\square$

Aufgaben

1. Man zeige: Ist $I \subset \mathbb{R}$ ein Intervall und $f, g \in S(I)$, so gilt dies auch für $f \cdot g$, $\max\{f, g\}$ und $\min\{f, g\}$.

2. Man beweise Bemerkung 1.2d), d. h., ist $I \subset \mathbb{R}$ ein kompaktes Intervall und $f \in S(I)$, so ist f beschränkt.

3. Für $n \in \mathbb{N}$ definiere man die Treppenfunktionen $\varphi_n : [0, 1] \to \mathbb{R}$ durch

$$\varphi_n(x) := \begin{cases} 1, & x = 1, \\ \frac{k}{n}, & x \in \left[\frac{k-1}{n}, \frac{k}{n}\right), \ k = 1, \ldots, n. \end{cases}$$

Man zeige, dass die Folge (φ_n) gleichmäßig auf $[0, 1]$ gegen $f : x \mapsto x$ konvergiert.

4. Man entscheide, ob die Funktion $f : [0, 1] \to \mathbb{R}$, definiert durch

$$f(x) := \begin{cases} \sin(1/x), & x \in (0, 1], \\ 0, & x = 0, \end{cases}$$

eine sprungstetige Funktion ist.

5. Man beweise: Sind $f \in S([a, b], \mathbb{R})$ und $g \in C(\mathbb{R}; \mathbb{R})$, so ist $g \circ f \in S([a, b]; \mathbb{R})$.

2 Integral und Eigenschaften

Ziel dieses Abschnitts ist es, das bisher nur für Treppenfunktionen definierte Integral auf sprungstetige Funktionen fortzusetzen, und zwar in einer solchen Art und Weise, dass die im vorherigen Abschnitt hergeleiteten Eigenschaften des Integrals sinngemäß weitergelten.

Integral für sprungstetige Funktionen

Es seien wiederum $a, b \in \mathbb{R}$ mit $a < b$ und $I = [a, b]$. Wir betrachten die folgende Situation: Gegeben sei eine sprungstetige Funktion $f \in S[a, b]$, die durch eine Folge $(\varphi_n)_{n \in \mathbb{N}} \subset \mathcal{T}[a, b]$ von Treppenfunktionen, wie in Theorem 1.6 beschrieben, gleichmäßig approximiert wird, d. h., es gilt $\|f - \varphi_n\|_\infty \xrightarrow{n \to \infty} 0$. Setzen wir $I_n := \int_a^b \varphi_n$, so gilt wegen Lemma 1.5b)

$$|I_n - I_m| \le (b - a)\|\varphi_n - \varphi_m\|_\infty \le (b - a)\big(\|\varphi_n - f\|_\infty + \|f - \varphi_m\|_\infty\big) \xrightarrow{n \to \infty} 0,$$

d. h., $(I_n)_{n \in \mathbb{N}}$ ist eine Cauchy-Folge in $\mathbb{K}$ und somit konvergent. Ist ferner $(\psi_n)_{n \in \mathbb{N}} \subset \mathcal{T}[a, b]$ eine weitere Folge von Treppenfunktionen mit $\|\psi_n - f\|_\infty \xrightarrow{n \to \infty} 0$, und betrachten wir die Folge $(\varphi_1, \psi_1, \varphi_2, \psi_2, \dots) =: (g_n)_{n \in \mathbb{N}}$ von Treppenfunktionen, so gilt $\|f - g_n\|_\infty \xrightarrow{n \to \infty} 0$. Also konvergiert die Folge $(\int_a^b g_n)_{n \in \mathbb{N}}$, und die Teilfolgen $(\int_a^b \varphi_n)_{n \in \mathbb{N}}$ und $(\int_a^b \psi_n)_{n \in \mathbb{N}}$ besitzen denselben Limes. Diese Überlegungen zeigen, dass wir das Integral über eine sprungstetige Funktion in natürlicher Weise als Grenzwert der Folge der Integrale über die approximierenden Treppenfunktionen definieren können.

2.1 Theorem und Definition. *Es seien $f \in S[a, b]$ und $\varphi_n \in \mathcal{T}[a, b]$ für alle $n \in \mathbb{N}$ mit $\|f - \varphi_n\|_\infty \xrightarrow{n \to \infty} 0$. Dann existiert*

$$\lim_{n \to \infty} \int_a^b \varphi_n(x)\, dx =: \int_a^b f(x)\, dx.$$

Der Grenzwert ist unabhängig von der Wahl der Folge $(\varphi_n)_{n \in \mathbb{N}}$ und heißt das Integral von f auf $[a, b]$.

Im Folgenden verwenden wir auch die Bezeichnungen

$$\int f, \quad \int_I f \quad \text{oder} \quad \int f\, dx$$

für das Integral einer sprungstetigen Funktion f. Da stetige und monotone Funktionen sprungstetig sind, ist Korollar 2.2 unmittelbar klar.

2.2 Korollar. *Das Integral $\int_a^b f(x)\, dx$ existiert für jede stetige und jede monotone Funktion f auf $[a, b]$.*

Andererseits bemerken wir, dass nicht jede Funktion auf $[a, b]$ integrierbar ist. Ein Gegenbeispiel ist die uns schon aus Kapitel III bekannte Dirichletsche Sprungfunktion: So existiert das Integral für die Funktion $f : [0, 1] \to \mathbb{R}$, gegeben durch

$$f(x) = \begin{cases} 1, & x \in \mathbb{Q} \cap [0, 1], \\ 0, & x \in (\mathbb{R} \setminus \mathbb{Q}) \cap [0, 1], \end{cases}$$

nicht. Ein Argument hierfür ist, dass f nach Beispiel III.1.3f) für jedes $x \in [0, 1]$ unstetig ist, also insbesondere für eine überabzählbare Menge, was aber aufgrund von Korollar 1.8 für sprungstetige Funktionen nicht sein kann.

2.3 Bemerkung. Die folgende Skizze veranschaulicht die Tatsache, dass $\int_I \varphi_n$ eine Approximation der orientierten Fläche „unterhalb" des Graphen von f ist:

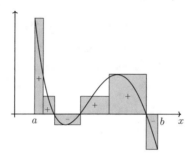

Eigenschaften des Integrals
Wir formulieren nun zentrale Eigenschaften des Integrals.

2.4 Satz. *Sind* $\alpha, \beta \in \mathbb{K}$ *und* $f, g \in S[a, b]$, *so gilt:*

a) $\int_a^b (\alpha f + \beta g) = \alpha \int_a^b f + \beta \int_a^b g$ (Linearität des Integrals).

b) $|f| \in S[a, b]$ *und*

$$\left| \int_a^b f \right| \leq \int_a^b |f| \leq (b - a) \|f\|_\infty.$$

c) *Sind* f, g *reellwertig und* $f \leq g$, *d. h., ist* $f(x) \leq g(x)$ *für jedes* $x \in [a, b]$, *so gilt*

$$\int_a^b f \leq \int_a^b g \quad \text{(Monotonie des Integrals)}.$$

Beweis. a) Für jedes $n \in \mathbb{N}$ seien φ_n und $\psi_n \in \mathcal{T}[a, b]$ Treppenfunktionen derart, dass $(\varphi_n)_{n \in \mathbb{N}}$ bzw. $(\psi_n)_{n \in \mathbb{N}}$ gleichmäßig gegen f bzw. g konvergieren. Somit konvergiert auch

$(\alpha\varphi_n + \beta\psi_n)_{n\in\mathbb{N}}$ gleichmäßig gegen $\alpha f + \beta g$, und es gilt

$$\int_a^b (\alpha f + \beta g) = \lim_{n\to\infty}\left(\int_a^b(\alpha\varphi_n + \beta\psi_n)\right) = \alpha\int_a^b f + \beta\int_a^b g,$$

also Behauptung a).

b) Da die Folge $(|\varphi_n|)_{n\in\mathbb{N}}$ gleichmäßig gegen $|f|$ konvergiert und damit nach Theorem 1.6 auch $|f| \in S[a,b]$ gilt, folgt $\int_a^b |f| = \lim_{n\to\infty}\int_a^b |\varphi_n|$ aufgrund von Theorem 2.1. Somit gilt

$$\left|\int_a^b f\right| = \left|\lim_{n\to\infty}\int_a^b \varphi_n\right| = \lim_{n\to\infty}\left|\int_a^b \varphi_n\right| \leq \lim_{n\to\infty}\int_a^b |\varphi_n| \leq \lim_{n\to\infty}\|\varphi_n\|_\infty|b-a| = \|f\|_\infty|b-a|.$$

c) Es seien φ_n und ψ_n reellwertige Treppenfunktionen auf $[a,b]$. Dann sind auch

$$\varphi_n^- := \varphi_n - \|f - \varphi_n\|_\infty \quad \text{sowie} \quad \psi_n^+ := \psi_n + \|g - \psi_n\|_\infty$$

Treppenfunktionen auf $[a,b]$ mit der Eigenschaft $\varphi_n^- \leq f \leq g \leq \psi_n^+$ für jedes $n \in \mathbb{N}$, und $(\varphi_n^-)_{n\in\mathbb{N}}$ bzw. $(\psi_n^+)_{n\in\mathbb{N}}$ konvergieren gleichmäßig gegen f bzw. g. Daher gilt

$$\int_a^b f = \lim_{n\to\infty}\int_a^b \varphi_n^- \leq \lim_{n\to\infty}\int_a^b \psi_n^+ = \int_a^b g. \qquad \square$$

Wir betrachten nun eine sprungstetige Funktion $f \in S[a,b]$, $c,d \in \mathbb{R}$ mit $c,d \in [a,b]$ und setzen

$$\int_c^d f := \int_c^d f(x)\,dx := \begin{cases} \int_{[c,d]} f, & c < d, \\ 0, & c = d, \\ -\int_{[d,c]} f, & d < c. \end{cases}$$

Insbesondere gilt

$$\int_c^d f = -\int_d^c f.$$

2.5 Lemma. (Additivität des Integrals). *Sind $f \in S[a,b]$ und $c \in [a,b]$, so gilt*

$$\int_a^b f = \int_a^c f + \int_c^b f.$$

Beweis. Es sei $a \leq c \leq b$. Dann ist die Aussage offensichtlich richtig für alle Treppenfunktionen $f \in \mathcal{T}[a,b]$. Wir betrachten deshalb eine Folge $(\varphi_n)_{n\in\mathbb{N}} \subset \mathcal{T}[a,b]$, welche gleichmäßig auf $[a,b]$ gegen f konvergiert. Dann ist $\varphi_n|_J \in \mathcal{T}(J)$, und $(\varphi_n|_J)_{n\in\mathbb{N}}$ konvergiert gleichmäßig gegen $f|_J$ für jedes kompakte Teilintervall J von $[a,b]$. Da $\int_a^b \varphi_n = \int_a^c \varphi_n + \int_c^b \varphi_n$ gilt, folgt $\int_a^b f = \int_a^c f + \int_c^b f$. $\qquad\square$

2.6 Lemma. *Es sei* $f \in S[a,b]$ *eine reellwertige Funktion mit* $f(x) \geq 0$ *für alle* $x \in [a,b]$. *Ist* f *stetig in* $c \in [a,b]$ *und gilt* $f(c) > 0$, *so ist* $\int_a^b f > 0$.

Beweis. Es sei $a < c < b$. Da nach Voraussetzung f in c stetig ist, existiert ein $\delta > 0$ mit $[c - \delta, c + \delta] \subset [a,b]$ und

$$f(x) \geq \frac{1}{2} f(c), \quad \text{für alle } x \in [c - \delta, c + \delta].$$

Da $f \geq 0$ ist, impliziert die Monotonie des Integrals (Satz 2.4c)), dass $\int_a^{c-\delta} f \geq 0$ sowie $\int_{c+\delta}^b f \geq 0$ gilt. Die Additivität des Integrals (Lemma 2.5) impliziert daher

$$\int_a^b f = \int_a^{c-\delta} f + \int_{c-\delta}^{c+\delta} f + \int_{c+\delta}^b f \geq \int_{c-\delta}^{c+\delta} f \geq \frac{1}{2} f(c) \int_{c-\delta}^{c+\delta} 1 = \delta f(c) > 0.$$

Der Beweis für die Fälle $c = a$ und $c = b$ verläuft analog. $\qquad\square$

2.7 Satz. (Mittelwertsatz für das Integral). *Sind* $f, \varphi \in C([a,b]; \mathbb{R})$ *Funktionen und ist* $\varphi \geq 0$, *so existiert ein* $\xi \in [a,b]$ *mit*

$$\int_a^b f(x)\varphi(x)\,dx = f(\xi) \int_a^b \varphi(x)\,dx.$$

Beweis. Ist $\varphi \equiv 0$, so ist nichts zu beweisen. Es gelte also $\varphi(x) > 0$ für ein $x \in [a,b]$. Nach Lemma 2.6 gilt dann $\int_a^b \varphi > 0$. Setzen wir

$$m := \min_{x \in [a,b]} f(x), \quad M := \max_{x \in [a,b]} f(x),$$

so ist $m\varphi \leq f\varphi \leq M\varphi$, und die Monotonie sowie die Linearität des Integrals implizieren $m \int_a^b \varphi \leq \int_a^b f\varphi \leq M \int_a^b \varphi$. Es gilt also

$$m \leq \frac{\int_a^b f\varphi}{\int_a^b \varphi} \leq M,$$

und nach dem Zwischenwertsatz existiert ein $\xi \in [a,b]$ mit

$$\frac{\int_a^b f\varphi}{\int_a^b \varphi} = f(\xi),$$

und somit folgt die Behauptung. $\qquad\square$

Betrachten wir in Satz 2.7 insbesondere den Fall $\varphi \equiv 1$, so ist das folgende Korollar offensichtlich.

2.8 Korollar. *Es sei* $f \in C([a, b]; \mathbb{R})$. *Dann existiert ein* $\xi \in [a, b]$ *mit*

$$\int_a^b f(x)\, dx = f(\xi)(b - a).$$

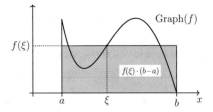

Hauptsatz der Differential- und Integralrechnung

Wir betrachten für $f \in S[a, b]$ die Abbildung

$$F : [a, b] \to \mathbb{K},\ \ F(x) := \int_a^x f(s)\, ds.$$

Dann gilt aufgrund der Additivität des Integrals

$$F(x) - F(y) = \int_a^x f(s)\, ds - \int_a^y f(s)\, ds = \int_y^x f(s)\, ds \quad \text{für alle } x, y \in [a, b].$$

Satz 2.4b) impliziert dann unmittelbar die Abschätzung

$$\bigl|F(x) - F(y)\bigr| \le \|f\|_\infty\, |x - y|, \quad x, y \in [a, b].$$

2.9 Theorem. (Differenzierbarkeit des Integrals nach der oberen Grenze). *Es sei* $f \in$ $S[a, b]$ *eine in* $c \in [a, b]$ *stetige Funktion, und* $F : [a, b] \to \mathbb{K}$ *sei definiert durch*

$$F(x) := \int_a^x f(s)\, ds.$$

Dann ist F *in* c *differenzierbar, und es gilt* $F'(c) = f(c)$.

Beweis. Es sei $h \in \mathbb{R} \setminus \{0\}$ mit $c + h \in [a, b]$. Dann gilt aufgrund der Additivität des Integrals

$$\frac{F(c + h) - F(c)}{h} = \frac{1}{h}\left(\int_a^{c+h} f(s)\, ds - \int_a^c f(s)\, ds \right) = \frac{1}{h} \int_c^{c+h} f(s)\, ds.$$

Wegen $\int_c^{c+h} f(c)\,ds = f(c)h$ gilt

$$\frac{F(c+h) - F(c) - f(c)h}{h} = \frac{1}{h} \int\limits_c^{c+h} \left(f(s) - f(c)\right) ds,$$

und da f in c stetig ist, existiert zu jedem $\varepsilon > 0$ ein $\delta > 0$ mit $|f(s) - f(c)| < \varepsilon$ für alle $s \in [a,b] \cap (c - \delta, c + \delta)$. Somit gilt nach Satz 2.4b) für alle h mit $0 < |h| < \delta$ und $c + h \in [a,b]$

$$\left| \frac{F(c+h) - F(c) - f(c)h}{h} \right| \leq \frac{1}{|h|} \left| \int\limits_c^{c+h} |f(s) - f(c)|\,ds \right| \leq \varepsilon.$$

Also ist F in c differenzierbar, und es gilt $F'(c) = f(c)$. $\qquad\square$

Wir fassen unsere bisherigen Überlegungen in folgendem Hauptsatz der Differential- und Integralrechnung zusammen.

2.10 Theorem. (Hauptsatz der Differential- und Integralrechnung). *Es sei f : $[a,b] \to \mathbb{K}$ eine stetige Funktion, und für $c \in [a,b]$ sei $F : [a,b] \to \mathbb{K}$ definiert durch*

$$F(x) := \int\limits_c^x f(s)\,ds, \quad x \in [a,b].$$

Dann gilt:

a) *F ist für jedes $x \in [a,b]$ differenzierbar, und es gilt $F'(x) = f(x)$ für alle $x \in [a,b]$.*

b) *Ist $\phi : [a,b] \to \mathbb{K}$ eine differenzierbare Funktion mit $\phi'(x) = f(x)$ für alle $x \in [a,b]$, so gilt*

$$\phi(x) = \phi(y) + \int\limits_y^x f(s)\,ds, \quad x, y \in [a,b].$$

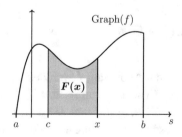

Beweis. Aussage a) folgt direkt aus Theorem 2.9. Um Aussage b) zu beweisen, seien F und ϕ wie in der Voraussetzung. Dann gilt $(F - \phi)' = 0$, also $F = \phi + \alpha$ für eine Konstante $\alpha \in \mathbb{K}$. Daher ist

$$\int_y^x f(s)\,ds = F(x) - F(y) = \phi(x) + \alpha - \phi(y) - \alpha = \phi(x) - \phi(y), \quad x, y \in [a, b]. \qquad \square$$

Stammfunktionen

Wir formulieren nun den Begriff der Stammfunktion.

2.11 Definition. Ist $f \in S[a, b]$, so heißt eine differenzierbare Funktion $F : [a, b] \to \mathbb{K}$ mit $F'(x) = f(x)$ für alle $x \in [a, b]$ *Stammfunktion von f*.

Der Hauptsatz der Differential- und Integralrechnung impliziert nun Korollar 2.12.

2.12 Korollar. *Jede stetige Funktion $f : [a, b] \to \mathbb{K}$ besitzt eine Stammfunktion F, und es gilt*

$$\int_y^x f(s)\,ds = F(x) - F(y) =: F\big|_y^x, \quad x, y \in [a, b].$$

Dieses Korollar garantiert also die Existenz einer Stammfunktion für stetige Funktionen. Wir bemerken an dieser Stelle, dass in den meisten Fällen eine explizite Angabe einer Stammfunktion jedoch nicht möglich ist.

2.13 Bemerkung. a) Grob gesprochen können wir aufgrund des Hauptsatzes die „Integration als inverse Operation der Differentiation" auffassen, möchten diese Formulierung nun aber präzisieren. Für $I := [a, b]$ mit $a, b \in \mathbb{R}$ und $a < b$ haben wir bereits die Vektorräume $C[a, b]$ und $C^1[a, b]$ der stetigen bzw. stetig differenzierbaren Funktionen auf $[a, b]$ eingeführt. Für $c \in [a, b]$ betrachten wir nun die Abbildungen

$$D : C^1[a, b] \to C[a, b],\, f \mapsto f',$$

$$I : C[a, b] \to C^1[a, b],\, f \mapsto \left(x \mapsto \int_c^x f(s)\,ds \right).$$

Der Hauptsatz impliziert, dass die Abbildung I wohldefiniert ist. Die (formale) Schwierigkeit D als inverse Abbildung von I aufzufassen, besteht darin, dass $D(f) = 0$ für jede konstante Funktion $f \in C^1[a, b]$ gilt und D somit nicht injektiv und auch nicht invertierbar ist. Ein Ausweg besteht darin, den Untervektorraum

$$C_0^1[a, b] := \{ f \in C^1[a, b] : f(c) = 0 \}$$

von $C^1[a,b]$ sowie die Einschränkungen $D_0 : C_0^1[a,b] \to C[a,b]$ und $I_0 : C[a,b] \to C_0^1[a,b]$ von D und I zu betrachten. Wir können den Hauptsatz dann auch als

$$D_0 \circ I_0 = \mathrm{id}_{C[a,b]},$$
$$I_0 \circ D_0 = \mathrm{id}_{C_0^1[a,b]}$$

formulieren, wobei id_V die Identität in einem Vektorraum V bezeichnet.

b) Betrachten wir die Funktion $f : [0,1] \to \mathbb{R}$, definiert durch

$$f(x) = \begin{cases} x^2 \sin(1/x^2), & x \in (0,1], \\ 0, & x = 0, \end{cases}$$

so ist f nach Bemerkung IV.1.15 differenzierbar, aber $f' \notin S[0,1]$, da f' in 0, wie in Bemerkung IV.1.15 gezeigt, keinen rechtsseitigen Grenzwert besitzt. Es gibt daher also Funktionen, welche nicht sprungstetig sind und trotzdem eine Stammfunktion besitzen.

Unbestimmtes Integral

Aufgrund des Hauptsatzes wird eine Stammfunktion oftmals auch als unbestimmtes Integral bezeichnet. Genauer gesagt definieren wir das *unbestimmte Integral* einer stetigen Funktion f auf einem Intervall I als die Familie

$$\int f := \{F + c : c \in \mathbb{K}\}$$

aller Stammfunktionen von f auf diesem Intervall. Oftmals schreiben wir hierfür auch nur $F + c$, und häufig wird auch die Konstante c weggelassen.

2.14 Beispiele. a) In der folgenden Tabelle sammeln wir Beispiele von Funktionen f, für welche wir ihre Stammfunktion $\int f$ explizit angeben können:

f	$\int f$
x^a	$\frac{x^{a+1}}{a+1}, a \neq -1$
$\frac{1}{x}$	$\log|x|$
e^x	e^x
$\cos x$	$\sin x$
$\sin x$	$-\cos x$
$\frac{1}{\cos^2 x}$	$\tan x$
$\frac{1}{1+x^2}$	$\arctan x$
$\frac{1}{\sqrt{1-x^2}}$	$\arcsin x$
$\cosh x$	$\sinh x$

b) Ist $f : (a, b) \to \mathbb{R}$ differenzierbar und $f(x) \neq 0$ für alle $x \in (a, b)$, so gilt

$$\int \frac{f'}{f} = \log |f|.$$

Insbesondere gilt

$$\int \tan x \, dx = \int \frac{\sin x}{\cos x} \, dx = -\log(\cos x), \quad x \in (-\pi/2, \pi/2).$$

c) Ist $\sum_{n=0}^{\infty} a_n x^n$ eine Potenzreihe mit Konvergenzradius $\varrho > 0$, so gilt aufgrund von Bemerkung IV.4.18

$$\int \left(\sum_{n=0}^{\infty} a_n x^n \right) dx = \sum_{n=0}^{\infty} \frac{a_n}{n+1} x^{n+1}, \quad -\varrho < x < \varrho.$$

Gleichmäßiger Grenzwert sprungstetiger Funktionen
In Analogie zu Abschnitt IV.4 betrachten wir jetzt eine Folge von sprungstetigen Funktionen $(f_n)_{n \in \mathbb{N}}$, welche auf $[a, b]$ gleichmäßig gegen eine Grenzfunktion f konvergiert, und fragen, ob f wiederum integrierbar ist. Der folgende Satz besagt, dass sich unser Integralbegriff gut mit Grenzprozessen verträgt.

2.15 Satz. *Es sei $(f_n)_{n \in \mathbb{N}} \subset S[a, b]$ eine Folge von sprungstetigen Funktionen.*

a) *Konvergiert $(f_n)_{n \in \mathbb{N}}$ gleichmäßig auf $[a, b]$ gegen f, so ist $f \in S[a, b]$, und es gilt*

$$\lim_{n \to \infty} \int_a^b f_n(x) \, dx = \int_a^b \lim_{n \to \infty} f_n(x) \, dx = \int_a^b f(x) \, dx.$$

b) *Konvergiert $\left(\sum_{n=1}^{\infty} f_n \right)$ gleichmäßig auf $[a, b]$, so ist $\sum_{n=1}^{\infty} f_n$ sprungstetig, und es gilt*

$$\int_a^b \left(\sum_{n=1}^{\infty} f_n \right)(x) \, dx = \sum_{n=1}^{\infty} \int_a^b f_n(x) \, dx.$$

Beweis. a) Zu gegebenem $\varepsilon > 0$ wählen wir $N \in \mathbb{N}$ so groß, dass $\| f - f_N \|_\infty \leq \varepsilon/2$ gilt, und zu f_N nach Theorem 1.6 eine Treppenfunktion φ mit $\| f_N - \varphi \|_\infty \leq \varepsilon/2$. Dann gilt $\| f - \varphi \|_\infty \leq \varepsilon$, und somit ist $f \in S[a, b]$. Ferner gilt

$$\left| \int_a^b f(x) \, dx - \int_a^b f_N(x) \, dx \right| \leq \| f - f_N \|_\infty (b - a) \leq \varepsilon(b - a),$$

und somit folgt die Behauptung.

b) Der Beweis der Aussage b) verläuft analog. Die Details hierzu verifizieren wir in den Übungsaufgaben. $\qquad \square$

2.16 Bemerkung. Satz 2.15 erlaubt es, einen einfachen und eleganten Beweis von Theorem IV.4.7 zu geben. Zunächst ist die Grenzfunktion $f^* = \lim_{n\to\infty} f_n'$ der Ableitungen nach Theorem IV.4.6 stetig auf $I = [a, b]$. Für festes $c \in I$ und beliebiges $x \in I$ gilt für jedes $n \in \mathbb{N}$

$$f_n(x) = f_n(c) + \int_c^x f_n'(t)\, dt,$$

und somit gilt nach Satz 2.15 für $n \to \infty$

$$f(x) = f(c) + \int_c^x f^*(t)\, dt.$$

Nach dem Hauptsatz der Differential- und Integralrechnung ist dann f differenzierbar, und es gilt $f'(x) = f^*(x) = \lim_{n\to\infty} f_n'(x)$.

Das Riemann-Integral
Wir betrachten nun die Approximation des Integrals durch *Riemannsche Summen*.

2.17 Definition. Es seien $f : [a, b] \to \mathbb{K}$ eine Funktion, $Z := (x_0, \dots, x_n)$ eine Zerlegung des Intervalls $[a, b]$ und $\xi_j \in [x_{j-1}, x_j]$ für jedes $j \in \{1, \dots, n\}$. Dann heißt

$$\sum_{j=1}^n f(\xi_j)\, (x_j - x_{j-1})$$

die *Riemann-Summe* von f bezüglich Z und den Stützstellen $\xi_1, \dots, \xi_n$. Die *Feinheit* der Zerlegung Z ist definiert durch $\max_{1 \leq j \leq n} (x_j - x_{j-1})$.

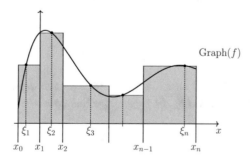

Das folgende Theorem zeigt, dass das Integral über eine sprungstetige Funktion beliebig genau durch Riemannsche Summen approximiert werden kann. Insbesondere können wir somit Aussagen über Summen auf Integrale übertragen.

2.18 Theorem. *Es sei* $f \in S[a,b]$ *eine sprungstetige Funktion. Dann existiert zu jedem* $\varepsilon > 0$ *ein* $\delta > 0$ *derart, dass für jede Zerlegung* $Z = (x_0, \ldots, x_n)$ *von* $[a,b]$ *der Feinheit* $< \delta$ *und jede Wahl der Stützstellen* $\xi_j \in [x_{j-1}, x_j]$ *gilt:*

$$\left| \sum_{j=1}^{n} f(\xi_j)\, (x_j - x_{j-1}) - \int_a^b f(x)\, dx \right| < \varepsilon.$$

Beweis. Wir zeigen die Behauptung zunächst für Treppenfunktionen; der Approximationssatz (Theorem 1.6) impliziert dann die Behauptung. Die Behauptung für Treppenfunktion beweisen wir mittels Induktion nach der Anzahl m der Sprungstellen von f.

a) Es sei also $\varphi \in \mathcal{T}[a,b]$ eine Treppenfunktion und $\varepsilon > 0$. Gilt $\varphi = c$ für alle $x \in [a,b]$ und ein $c \in \mathbb{K}$, so folgt die Behauptung unmittelbar. Besitzt φ genau eine Sprungstelle, so folgt die Behauptung leicht, indem wir $\delta := \frac{\varepsilon}{4\|\varphi\|_\infty}$ wählen.

Für den Induktionsbeweis nehmen wir an, dass die Behauptung schon für Treppenfunktionen mit m Sprungstellen bewiesen sei, und betrachten eine Treppenfunktion φ mit $m+1$ Sprungstellen. Wir zerlegen dann φ in $\varphi = \varphi' + \varphi''$, wobei φ' eine Treppenfunktion mit m und φ'' eine Treppenfunktion mit genau einer Sprungstelle ist. Zu gegebenem $\varepsilon > 0$ wählen wir für φ' ein $\delta'(\varepsilon/2)$ und zu φ'' ein $\delta''(\varepsilon/2)$ derart, dass die Behauptung für φ' und φ'' gilt; für $\delta = \min(\delta', \delta'')$ gilt sie dann für φ.

b) Für $f \in S[a,b]$ wählen wir $\varphi \in \mathcal{T}[a,b]$ mit $\|f - \varphi\|_\infty < \frac{\varepsilon}{3(b-a)}$ und $\delta := \delta(\frac{\varepsilon}{3})$. Nach Teil a) gilt $\left| \sum_{j=1}^{n} \varphi(\xi_j)(x_j - x_{j-1}) - \int_a^b \varphi\, dx \right| < \frac{\varepsilon}{3}$; also folgt

$$\left| \sum_{j=1}^{n} f(\xi_j)(x_j - x_{j-1}) - \int_a^b f\, dx \right| \le \left| \sum_{j=1}^{n} f(\xi_j)(x_j - x_{j-1}) - \sum_{j=1}^{n} \varphi(\xi_j)(x_j - x_{j-1}) \right|$$

$$+ \underbrace{\left| \sum_{j=1}^{n} \varphi(\xi_j)(x_j - x_{j-1}) - \int_a^b \varphi\, dx \right|}_{< \frac{\varepsilon}{3}} + \underbrace{\left| \int_a^b \varphi\, dx - \int_a^b f\, dx \right|}_{< \frac{\varepsilon}{3}}$$

$$< \sum_{j=1}^{n} \|f - \varphi\|_\infty (x_j - x_{j-1}) + \frac{\varepsilon}{3} + \frac{\varepsilon}{3} < \varepsilon. \qquad \square$$

2.19 Korollar. *Ist* $(Z_1, Z_2, \ldots)$ *eine Folge von Zerlegungen des Intervalls* $[a,b]$, *deren Feinheit gegen 0 konvergiert, und* S_n *die zugehörige Riemannsche Summe für* $f \in S[a,b]$, *so gilt*

$$\lim_{n \to \infty} S_n = \int_a^b f.$$

Ausgehend von Riemannschen Summen für beliebige und nicht notwendigerweise sprungstetige Funktionen ist die folgende Definition natürlich.

2.20 Definition. Eine Funktion $f : [a, b] \to \mathbb{K}$ heißt *Riemann-integrierbar*, wenn ein $c \in \mathbb{K}$ mit folgender Eigenschaft existiert: Für jedes $\varepsilon > 0$ existiert ein $\delta > 0$ mit

$$\left| c - \sum_{j=1}^{n} f(\xi_j) \, (x_j - x_{j-1}) \right| < \varepsilon$$

für jede Zerlegung $(x_0, \ldots, x_n)$ der Feinheit $< \delta$ und jede Wahl von $\xi_j \in [x_{j-1}, x_j]$.

2.21 Bemerkungen. a) Theorem 2.18 besagt anders formuliert, dass jede sprungstetige Funktion $f \in S[a, b]$ Riemann-integrierbar ist und dass das Riemann-Integral für diese Klasse von Funktionen mit unserem Integral übereinstimmt.

b) Das Riemann-Integral ist allgemeiner als das von uns definierte Integral in dem Sinne, dass Riemann-integrierbare Funktionen existieren, welche nicht sprungstetig sind.

Korollar 2.19 erlaubt es in vielen Fällen, Aussagen über Summen auf Integrale zu übertragen. Als Beispiel betrachten wir die Höldersche Ungleichung für Integrale. Hierzu setzen wir für $f \in S[a, b]$ und $1 \le p < \infty$

$$\| f \|_p := \left(\int_a^b |f(x)|^p \, dx \right)^{1/p}.$$

Es gilt dann Korollar 2.22.

2.22 Korollar. (Höldersche Ungleichung). *Für $f, g \in S[a, b]$ und $1 < p, q < \infty$ mit $1/p + 1/q = 1$ gilt*

$$\int_a^b |f(x) g(x)| \, dx \le \| f \|_p \, \| g \|_q.$$

Für $p = q = 2$ ist dies die *Cauchy-Schwarzsche Ungleichung* für Integrale. Für den Beweis verwenden wir die Höldersche Ungleichung (Korollar IV.2.18) für Elemente des $\mathbb{K}^n$, überlassen die Details jedoch dem Leser als Übungsaufgabe.

Als weiteres Beispiel dieser Vorgehensweise betrachten wir die Minkowskische Ungleichung für Integrale, deren Beweis wir wiederum auf die Minkowskische Ungleichung (Korollar IV.2.19) stützen.

2.23 Korollar. (Minkowskische Ungleichung für Integrale). *Sind $1 \le p < \infty$ und $f, g \in S[a, b]$ mit $a < b$, so gilt*

$$\| f + g \|_p \le \| f \|_p + \| g \|_p.$$

Aufgaben

1. Für $f : [0, 1] \to \mathbb{R}, x \mapsto x$ betrachte man die in Aufgabe 1.3 definierte Folge von Treppen-funktionen $(\varphi_n)_{n \in \mathbb{N}}$ auf $[0, 1]$ und zeige, dass

$$\lim_{n \to \infty} \int_0^1 \varphi_n(x) \, dx = \int_0^1 f(x) \, dx = \frac{1}{2}$$

gilt. Also ist $\int_0^1 f(x) \, dx$ genau der Flächeninhalt des Dreiecks unter dem Graphen von f.

2. Man berechne $\int_{-1}^1 \operatorname{sign}(x) \, dx$.

3. Man entscheide, ob die Thomaesche Sprungfunktion f (vgl. Beispiel III.1.3g), definiert durch

$$f : [0, 1] \to \mathbb{R}, \ f(x) := \begin{cases} \frac{1}{q}, & x = \frac{p}{q} \in \mathbb{Q} \quad \text{mit } q \in \mathbb{N} \text{ minimal,} \\ 0, & x \in \mathbb{R} \setminus \mathbb{Q}, \end{cases}$$

sprungstetig ist, und bestimme gegebenenfalls $\int_0^1 f(x) \, dx$.

4. Man beweise: Sind $a, b \in \mathbb{R}$ mit $a < b$ und $f : [a, b] \to \mathbb{C}$ eine sprungstetige Funktion, so existiert zu jedem $\varepsilon > 0$ eine stetige Funktion $g : [a, b] \to \mathbb{C}$ mit

$$\int_a^b |f(x) - g(x)| \, dx < \varepsilon.$$

5. Man beweise: Ist $f : [0, 1] \to \mathbb{R}$ eine sprungstetige Funktion, so sind $f^+ := \max\{f, 0\}$ und $f^- := \{-f, 0\}$ ebenfalls sprungstetige Funktionen, und es gilt

$$\int_0^1 f \leq \int_0^1 f^+ \quad \text{sowie} \quad -\int_0^1 f \leq \int_0^1 f^-.$$

6. Der Logarithmus $\log : \mathbb{R}_+ \to \mathbb{R}$ wurde in Abschnitt III.1 als Umkehrfunktion der Exponen-tialfunktion $\exp : \mathbb{R} \to \mathbb{R}_+$ eingeführt. Man kann ihn alternativ auch als Stammfunktion der Funktion $f : (0, \infty) \to (0, \infty), t \mapsto 1/t$ definieren. Man setze

$$L(x) := \int_1^x \frac{1}{t} \, dt, \quad x > 0$$

und zeige die folgenden Aussagen ohne Verwendung der schon bekannten Eigenschaften des Logarithmus:

a) Die Funktion $L : \mathbb{R}_+ \to \mathbb{R}$ ist differenzierbar mit Ableitung $L'(x) = 1/x$.

b) L ist streng monoton wachsend und eine konkave Funktion.

c) $L(x \cdot y) = L(x) + L(y)$ für alle $x, y \in \mathbb{R}_+$.

d) $L(e^x) = x$ für alle $x \in \mathbb{R}$.

7. Für Funktionen $f \in C([a, b]; \mathbb{R})$ und stetige Funktionen $g, h : [c, d] \to [a, b]$ sei $F : [a, b] \to \mathbb{R}$, definiert durch

$$F(x) := \int_{g(x)}^{h(x)} f(t)\, dt.$$

Man zeige, dass $F \in C^1([c, d]; \mathbb{R})$ gilt, und berechne F'.

8. Für $a > 0$ und $f \in C[-a, a]$ zeige man die folgenden Aussagen:
   a) Ist f ungerade, so gilt $\int_{-a}^{a} f = 0$.
   b) Ist f gerade, so gilt $\int_{-a}^{a} f = 2 \int_0^a f$.

9. Es sei $f : [a, b] \to \mathbb{R}$ eine sprungstetige Funktion mit $f \geq 0$, und es gelte

$$\int_a^b f(x)\, dx = 0.$$

Man zeige, dass $f(x_0) = 0$ an jeder Stetigkeitsstelle x_0 von f gilt.

10. Es sei $f : [0, \infty) \to \mathbb{R}$ eine stetige Funktion, und $F : \mathbb{R}_+ \to \mathbb{R}$ sei gegeben durch

$$F(x) = \frac{1}{x} \int_0^x f(s)\, ds.$$

Man zeige: Besitzt f einen Grenzwert s in ∞, so besitzt F denselben Grenzwert s in ∞.

11. Man beweise Satz 2.15b).

12. Man beweise: Ist $f : [a, b] \to \mathbb{R}$ eine Riemann-integrierbare Funktion, so ist f beschränkt.

13. Man beweise unter Verwendung von Theorem 2.18 und Korollar IV.2.18 die in Korollar 2.22 formulierte Höldersche Ungleichung für Integrale.

14. Man beweise Korollar 2.23, die *Minkowskische Ungleichung für Integrale*: Sind $1 < p < \infty$ und $f, g \in S[a, b]$ mit $a < b$, so gilt

$$\|f + g\|_p \leq \|f\|_p + \|g\|_p.$$

15. Es sei $f \in C^1([a, b]; \mathbb{R})$ mit $f(a) = f(b) = 0$. Man zeige die Ungleichung

$$\|f\|_\infty^2 \leq \frac{1}{2} \int_a^b \left(f^2 + (f')^2\right) dx.$$

Hinweis: Man wähle $x_0 \in [a, b]$ mit $f^2(x_0) = \|f\|_\infty^2$ und zeige $f^2(x_0) = \int_a^{x_0} ff'\, dx + \int_{x_0}^b ff'\, dx$ und verwende die Ungleichung zwischen dem geometrischen und arithmetischen Mittel (Aufgabe II.1.10).

16. Es seien $a, b \in \mathbb{R}$ mit $a < b$ und $f \in S[a, b]$. Man zeige: Zu jedem $\varepsilon > 0$ existiert $\delta > 0$ derart, dass für alle $h \in \mathbb{R}$ mit $|h| < \delta$ gilt:

$$\int_a^b |f(x + h) - f(x)|\, dx < \varepsilon.$$

3   Integrationstechniken

Der Hauptsatz der Differential- und Integralrechnung aus dem vorherigen Abschnitt erlaubt es uns, die Produkt- und Kettenregel aus der Differentialrechnung in sehr nützliche Integrationstechniken, wie die Methode der partiellen Integration und die Substitutionsregel, zu übertragen. Erste Anwendungen dieser Techniken beschäftigen sich dann mit der Wallisschen Produktdarstellung von $\pi/2$, der Fläche des Einheitskreises, der Integraldarstellung des Restglieds im Taylorschen Satz sowie der Integration rationaler Funktionen.

Im gesamten Abschnitt seien $I \subset \mathbb{R}$ ein kompaktes Intervall und $a, b \in \mathbb{R}$ mit $a < b$.

Substitutionsregel

Wir beginnen unsere Überlegungen mit der Substitutionsregel.

3.1 Satz. (Substitutionsregel). *Es seien* $f \in C(I)$ *und* $\varphi \in C^1[a, b]$ *mit* $\varphi([a, b]) \subset I$.
Dann gilt

$$\int_a^b f\big(\varphi(x)\big)\varphi'(x)\, dx = \int_{\varphi(a)}^{\varphi(b)} f(y)\, dy.$$

Beweis. Nach dem Hauptsatz der Differential- und Integralrechnung besitzt f eine Stammfunktion $F \in C^1(I)$. Die Kettenregel impliziert dann $F \circ \varphi \in C^1[a, b]$ sowie

$$(F \circ \varphi)'(x) = F'\big(\varphi(x)\big)\varphi'(x) = f\big(\varphi(x)\big)\varphi'(x), \quad x \in [a, b].$$

Deshalb gilt

$$\int_a^b f\big(\varphi(x)\big)\varphi'(x)\, dx = (F \circ \varphi)\Big|_a^b = F\big(\varphi(b)\big) - F\big(\varphi(a)\big) = F\Big|_{\varphi(a)}^{\varphi(b)} = \int_{\varphi(a)}^{\varphi(b)} f(y)\, dy. \quad \square$$

3.2 Bemerkung. Ist $\varphi : I \to \mathbb{R}$ eine differenzierbare Funktion, so nennen wir den formalen Ausdruck $d\varphi := \varphi'\, dx$ das Differential von φ. Wählen wir speziell $\varphi(x) = x$, so gilt $d\varphi = 1\, dx$, und wir bezeichnen $1\, dx$ mit dx. Die Substitutionsregel lässt sich daher unter Verwendung dieser Schreibweise intuitiv als

$$\int_a^b f \circ \varphi\, d\varphi = \int_{\varphi(a)}^{\varphi(b)} f\, dy$$

schreiben.

3.3 Beispiele. a) Sind $\alpha > 0$ und $\beta \in \mathbb{R}$ und substituieren wir $y(x) = \alpha x + \beta$ für $x \in \mathbb{R}$, so gilt $dy = \alpha\, dx$ und somit

$$\int_a^b \cos(\alpha x + \beta)\, dx = \frac{1}{\alpha} \int_{\alpha a + \beta}^{\alpha b + \beta} \cos y\, dy = \frac{1}{\alpha} \sin y \Big|_{\alpha a + \beta}^{\alpha b + \beta} = \frac{1}{\alpha}\big(\sin(\alpha b + \beta) - \sin(\alpha a + \beta)\big).$$

b) Ist $f : \mathbb{R} \to \mathbb{C}$ stetig und $c \in \mathbb{R}$, so gilt

$$\int_a^b f(x)\, dx = \int_{a+c}^{b+c} f(y - c)\, dy$$

mittels der Substitution $y(x) = x + c$ für $x \in \mathbb{R}$.

c) Für $n \in \mathbb{N}$ gilt

$$\int_0^1 x^{n-1} \sin(x^n)\, dx = \frac{1}{n}(1 - \cos 1),$$

denn, setzen wir $y(x) = x^n$, so gilt $dy = n x^{n-1}\, dx$ und somit

$$\int_0^1 x^{n-1} \sin\left(x^n\right) dx = \frac{1}{n} \int_0^1 \sin y\, dy = -\frac{\cos y}{n} \Big|_0^1 = \frac{1}{n}(1 - \cos 1).$$

d) Für $a \in \mathbb{R}$ gilt

$$\int \frac{1}{x - a}\, dx = \log|x - a|.$$

e) Für $a \in \mathbb{C}$ und $k \in \mathbb{N}$ mit $k \geq 2$ gilt

$$\int \frac{1}{(x - a)^k}\, dx = \frac{-1}{(k - 1)(x - a)^{k-1}}.$$

f) Für $b, c \in \mathbb{R}$ mit $c > b^2$ gilt

$$\int \frac{1}{x^2 + 2bx + c}\, dx = \frac{1}{\sqrt{c - b^2}} \arctan \frac{x + b}{\sqrt{c - b^2}}.$$

Setzen wir $d := \sqrt{c - b^2}$, so gilt $x^2 + 2bx + c = d^2[(\frac{x+b}{d})^2 + 1]$, und die Substitution $y(x) = \frac{1}{d}(x + b)$ liefert

$$\int \frac{1}{x^2 + 2bx + c}\, dx = \frac{1}{d} \arctan \frac{x + b}{d}.$$

g) Für $b, c, B, C \in \mathbb{R}$ mit $c > b^2$ gilt

$$\int \frac{Bx + C}{x^2 + 2bx + c} \, dx = \frac{B}{2} \log \left| x^2 + 2bx + c \right| + \frac{C - Bb}{\sqrt{c - b^2}} \arctan \frac{x + b}{\sqrt{c - b^2}}.$$

Bezeichnen wir mit q das Polynom $q(x) = x^2 + 2bx + c$, so gilt $Bx + C = \frac{B}{2} q'(x) + (C - Bb)$, und der Integrand besitzt somit die Darstellung

$$\frac{Bx + C}{x^2 + 2bx + c} = \frac{B}{2} \frac{q'(x)}{q(x)} + \frac{C - Bb}{q(x)}.$$

Die Behauptung folgt daher aus Beispiel 2.14b) und Beispiel f).

Partielle Integration

Wir betrachten nun die Methode der partiellen Integration.

3.4 Satz. (Partielle Integration). *Für Funktionen $f, g \in C^1[a, b]$ gilt*

$$\int_a^b fg' \, dx = fg \Big|_a^b - \int_a^b f'g \, dx.$$

Der Beweis ist einfach. Nach der Produktregel gilt $(fg)' = f'g + fg'$, und somit ist

$$\int_a^b (fg)' \, dx = \int_a^b f'g \, dx + \int_a^b fg' \, dx.$$

3.5 Beispiele. a) Es gilt

$$\int_a^b x \, e^x \, dx = xe^x \Big|_a^b - \int_a^b e^x \, dx = be^b - ae^a - (e^b - e^a).$$

b) Wir bestimmen eine Rekursionsformel für $I_n = \int \sin^n x \, dx$ für $n \geq 2$ wie folgt: Partielle Integration sowie die Kettenregel implizieren

$$I_n = \int \sin x \cdot \sin^{n-1} x \, dx = -\cos x \, \sin^{n-1} x + \int \cos x \, (n-1) \sin^{n-2} x \cos x \, dx$$

$$= -\cos x \, \sin^{n-1} x + (n-1) \int (1 - \sin^2 x) \sin^{n-2} x \, dx$$

$$= -\cos x \, \sin^{n-1} x + (n-1) I_{n-2} - (n-1) I_n,$$

und somit gilt

$$I_n = \frac{n-1}{n} I_{n-2} - \frac{1}{n} \cos x \, \sin^{n-1} x.$$

Insbesondere erhalten wir $I_0 = \int \sin^0 x = \int 1\,dx = x$ und $I_1 = \int \sin x = -\cos x$. Setzen wir

$$c_n := \int_0^{\pi/2} \sin^n x\,dx, \quad n \in \mathbb{N},$$

so gilt

$$c_0 = \pi/2, \quad c_1 = 1, \quad c_n = \frac{n-1}{n}\,c_{n-2}, \quad n \geq 2 \quad \text{sowie}$$

$$c_{2n} = \frac{2n-1}{2n} \cdots \frac{3}{4} \cdot \frac{1}{2} \cdot \frac{\pi}{2} = \frac{(2n)!}{(2^n n!)^2} \cdot \frac{\pi}{2} \quad \text{und}$$

$$c_{2n+1} = \frac{2n}{2n+1} \cdots \frac{4}{5} \cdot \frac{2}{3} = \frac{(2^n n!)^2}{(2n+1)!}, \quad n \in \mathbb{N}.$$

c) *Wallissches Produkt*: Es gilt

$$\frac{\pi}{2} = \prod_{j=1}^{\infty} \frac{4j^2}{4j^2-1} \quad \text{sowie} \quad \pi = \lim_{n \to \infty} \frac{2}{2n+1}\left(\frac{2^{2n}(n!)^2}{(2n)!}\right)^2.$$

Wir verwenden hier die folgende Notation: Es seien $(a_n)_{n \in \mathbb{N}} \subset \mathbb{K}$ eine Folge und $p_n := \prod_{j=1}^{n} a_j$ für $n \in \mathbb{N}$. Konvergiert die Folge $(p_n)_{n \in \mathbb{N}}$, so heißt ihr Grenzwert das *unendliche Produkt* der a_n und wird mit $\prod_{j=1}^{\infty} a_j$ bezeichnet.

Zum Beweis betrachten wir für $n \in \mathbb{N}$ die in Beispiel b) definierten Zahlen $c_n \in \mathbb{R}$ und erhalten

$$\frac{c_{2n+1}}{c_{2n}} = \frac{2}{\pi} \prod_{j=1}^{n} \frac{(2j)^2}{(2j)^2-1}$$

sowie

$$\lim_{n \to \infty} \frac{c_{2n+2}}{c_{2n}} = \lim_{n \to \infty} \frac{2n+1}{2n+2} = 1.$$

Für $x \in [0, \pi/2]$ gilt $\sin^2 x \leq \sin x \leq 1$ und somit $c_{2n+2} \leq c_{2n+1} \leq c_{2n}$ für alle $n \in \mathbb{N}$. Daher gilt

$$\frac{c_{2n+2}}{c_{2n}} \leq \frac{c_{2n+1}}{c_{2n}} \leq 1 \quad \text{für alle} \quad n \in \mathbb{N}$$

und somit die Behauptung.

3.6 Beispiel. (Fläche des Einheitskreises). Wir betrachten die Funktion $f : [-1, 1] \to \mathbb{R}$ gegeben durch $x \mapsto \sqrt{1-x^2}$. Setzen wir $A = \int_{-1}^{1} \sqrt{1-x^2}\,dx$ und substituieren wir $x = \cos t$, so folgt mittels partieller Integration

$$A = -\int_{\pi}^{0} \sqrt{1-\cos^2 t}\,\sin t\,dt = \int_0^{\pi} \sin^2 t\,dt = -\sin t \cos t \Big|_0^{\pi} + \int_0^{\pi} \cos^2 t\,dt$$

$$= \int_0^{\pi} (1 - \sin^2 t)\,dt = \pi - \int_0^{\pi} \sin^2 t\,dt.$$

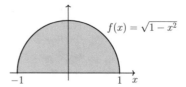

Nach Beispiel 3.5b) gilt $\int_0^\pi \sin^2 t \, dt = 2 \int_0^{\pi/2} \sin^2 t \, dt = \frac{\pi}{2}$, und somit erhalten wir $A = \pi/2$. Die Fläche des Einheitskreises beträgt daher

$$2A = 2 \cdot \frac{\pi}{2} = \pi.$$

Integraldarstellung des Restglieds in der Taylorschen Formel

Wir kommen an dieser Stelle nochmals zurück auf die Approximation einer Funktion $f \in C^{n+1}(I; \mathbb{R})$, $I \subset \mathbb{R}$ ein Intervall, durch die in Abschnitt IV.3 in einem Entwicklungspunkt a definierten Taylor-Polynome $T_n f(\cdot, a)$. Für das dort definierte Restglied

$$(R_n f)(x, a) = f(x) - (T_n f)(x, a)$$

können wir nun eine Integraldarstellung herleiten.

3.7 Satz. *Es seien $I \subset \mathbb{R}$ ein Intervall, $a, x \in I$ mit $a \neq x$, $n \in \mathbb{N}$ und $f \in C^{n+1}(I; \mathbb{R})$ eine Funktion. Dann gilt*

$$(R_n f)(x, a) = \frac{1}{n!} \int_a^x (x - t)^n f^{(n+1)}(t) \, dt.$$

Beweis. Wir beweisen die obige Restglieddarstellung durch vollständige Induktion nach n. Für $n = 0$ folgt die Behauptung direkt aus dem Hauptsatz der Differential- und Integralrechnung. Sei die Behauptung für $n - 1$ schon bewiesen. Nach der Induktionsvoraussetzung gilt dann

$$f(x) - (T_{n-1} f)(x, a) = \frac{1}{(n - 1)!} \int_a^x (x - t)^{n-1} f^{(n)}(t) \, dt.$$

Integrieren wir das Integral auf der obigen rechten Seite partiell, so erhalten wir

$$f(x) - (T_{n-1} f)(x, a) = \frac{f^{(n)}(a)}{n!} (x - a)^n + \frac{1}{n!} \int_a^x (x - t)^n f^{(n+1)}(t) \, dt.$$

Dies ist aber gerade die gewünschte Darstellung von $R_n f(x, a)$.   □

Integration rationaler Funktionen

Zum Abschluss dieses Abschnitts untersuchen wir noch das Integral rationaler Funktionen. Unter den *elementaren Funktionen* wollen wir die Menge aller Funktionen verstehen, die sich aus den Polynomen, der Exponentialfunktion, dem Sinus und jenen Abbildungen zusammensetzt, die hieraus mittels Addition, Subtraktion, Multiplikation und Division sowie durch Komposition und Bilden der Umkehrfunktion in endlich vielen Schritten erzeugt werden können.

Die Klasse der elementaren Funktionen ist abgeschlossen unter Differentiation, jedoch nicht unter Integration. Ein Beispiel für diesen Sachverhalt ist die Funktion f : $[0, 1/2] \to \mathbb{R}, x \mapsto 1/\sqrt{1 - x^4}$. Sie ist offensichtlich stetig und daher integrierbar, man kann jedoch zeigen (ein Beweis hiervon geht über unsere Darstellung hinaus, vgl. jedoch Abschnitt 6.6), dass sie keine elementare Stammfunktion besitzt.

Wir möchten nun zeigen, dass rationale Funktionen *elementar integrierbar* sind im Sinne, dass sie elementare Stammfunktionen besitzen. Unser Zugang hierzu basiert auf der *Partialbruchzerlegung* aus der Linearen Algebra.

3.8 Satz. *Jede rationale Funktion mit reellen Koeffizienten ist elementar integrierbar.*

Beweis. Die aus der Linearen Algebra bekannte Partialbruchzerlegung impliziert, dass jede rationale Funktion mit reellen Koeffizienten dargestellt werden kann als Summe eines Polynoms und von Termen der Gestalt

$$\frac{A}{(x - a)^k} \quad \text{mit } a, A \in \mathbb{R} \text{ und } k \in \mathbb{N}$$

sowie Paaren von Termen der Form

$$\frac{A}{(x - a)^k} + \frac{\overline{A}}{(x - \overline{a})^k} \quad \text{mit } A \in \mathbb{C}, a \in \mathbb{C} \setminus \mathbb{R} \text{ und } k \in \mathbb{N}.$$

Gilt $k \geq 2$, so können gemäß Beispiel 3.3e) alle auftretenden Terme elementar integriert werden, unabhängig davon, ob a reell oder komplex ist. Im Falle $k = 1$ gilt nach Beispiel 3.3d)

$$\int \frac{A}{x - a} = A \log |x - a|,$$

da $a \in \mathbb{R}$. Um die verbleibenden Terme im Falle $k = 1$ zu integrieren, stellen wir diese dar als

$$\frac{A}{x - a} + \frac{\overline{A}}{x - \overline{a}} = \frac{Bx + C}{x^2 + bx + c} \quad \text{mit } B, C, b, c \in \mathbb{R} \text{ und } c > b^2.$$

Die Integrale über Terme der obigen Form haben wir bereits in Beispiel 3.3g) mit Hilfe der Substitutionsregel als elementare Funktionen bestimmt, und der Beweis ist somit vollständig. $\quad\square$

3.9 Bemerkung. Sind p, q Polynome mit reellen Koeffizienten und $R = \frac{p}{q}$, so lassen sich auch die folgenden Integrale mittels Substitution auf Integrale über rationale Funktionen zurückführen:

a) $\displaystyle\int R(\cos\varphi, \sin\varphi)\, d\varphi$,

b) $\displaystyle\int R\left(x, \sqrt[n]{ax + b}\right) dx$, $a, b \in \mathbb{R}, n \in \mathbb{N}$,

c) $\displaystyle\int R(e^{ax})\, dx$, $a \in \mathbb{R}$, $a \neq 0$,

d) $\displaystyle\int R\left(x, \sqrt{ax^2 + bx + c}\right) dx$, $a, b, c \in \mathbb{R}, c > b^2$.

In Fall a) zeigt die Substitution $x = \tan\varphi/2$, dass solche Funktionen elementar integrierbar sind und dass

$$\int R(\cos\varphi, \sin\varphi)\, d\varphi = \int R\left(\frac{1 - x^2}{1 + x^2}, \frac{2x}{1 + x^2}\right) \frac{2}{1 + x^2}\, dx$$

gilt. Substituieren wir in Fall b) $y = \sqrt[n]{ax + b}$ und in Fall c) $y = e^{ax}$, so gilt

$$\int R\left(x, \sqrt[n]{ax + b}\right) dx = \frac{n}{a} \int R\left(\frac{y^n - b}{a}, y\right) y^{n-1}\, dy,$$

$$\int R(e^{ax})\, dx = \frac{1}{a} \int \frac{R(y)}{y}\, dy.$$

Für den Fall d) verweisen wir auf die Übungsaufgaben.

Aufgaben

1.   Man beweise

a) $\displaystyle\int x \sin(x^2)\, dx = -\frac{1}{2}\cos(x^2)$ und

b) $\displaystyle\int x^3 \sin(x^2 - 1)\, dx = \frac{1}{2}\left(-x^2\cos(x^2 - 1) + \sin(x^2 - 1)\right)$.

Hinweis: Man substituiere $y = x^2$ bzw. $y = x^2 - 1$.

2.   Man beweise mittels partieller Integration:

a) $\displaystyle\int x \sin x\, dx = -x \cos x + \sin x$,   b) $\displaystyle\int \log x\, dx = x \log x - x$,

c) $\displaystyle\int x^2 e^x\, dx = (x^2 - 2x + 2)e^x$.

3. Für $n \in \mathbb{N}$ sei $I_n := \int_0^1 x^n \tan x\, dx$. Man zeige:

   a) $\lim_{n \to \infty} I_n = 0$,

   b) $\lim_{n \to \infty} n I_n = 1$.

4. Man berechne die folgenden Integrale:

   a) $\displaystyle\int_0^1 \frac{6x^2 + 4}{x^3 + 2x + 1}\, dx,$ b) $\displaystyle\int_0^{\frac{1}{2}} \cosh^2 x\, dx,$ c) $\displaystyle\int_0^{\pi} e^{\sin x} \cos x\, dx,$

   d) $\displaystyle\int_1^e \frac{\log x}{x}\, dx,$ e) $\displaystyle\int_0^{\pi/2} \cos x / \sqrt{\sin x}\, dx.$

5. Man berechne das unbestimmte Integral $\int \dfrac{1}{1 + \sin x}\, dx$. Hinweis: Man führe die Substitution $x = 2 \arctan t$ durch und benutze die Darstellung $\sin x = \frac{2t}{1+t^2}$ mittels des Additionstheorems $\sin(x + y) = \sin x \cos y + \cos x \sin y$.

6. Man berechne die unbestimmten Integrale

   a) $\displaystyle\int \frac{x^5}{x^2 + x + 1}\, dx,$ b) $\displaystyle\int \frac{e^x - 1}{e^x + 1}\, dx,$ c) $\displaystyle\int \frac{x}{x^2 - 2x + 3}\, dx.$

7. Für $b, c \in \mathbb{R}$ sei $I := \int \frac{1}{x^2 + 2bx + c}$. Man zeige:

   a) Ist $c = b^2$, so gilt $I = -\frac{1}{x+b}$.

   b) Ist $c < b^2$, so gilt

   $$I = \frac{1}{2\sqrt{b^2 - c}} \log \left| \frac{x + b - \sqrt{b^2 - c}}{x + b + \sqrt{b^2 - c}} \right|.$$

8. Man beweise, dass sich die Integrale in Bemerkung 3.9d) durch eine lineare Transformation auf Integrale der Form

   $$\int R\big(y, \sqrt{y^2 + 1}\big)\, dy, \quad \int R\big(y, \sqrt{y^2 - 1}\big)\, dy, \quad \int R\big(y, \sqrt{1 - y^2}\big)\, dy$$

   zurückführen lassen und dass sie sich durch die Substitutionen $y = \sinh u$ bzw. $y = \pm \cosh u$ bzw. $y = \pm \cos u$ auf Integrale der Gestalt a) bzw. c) in Bemerkung 3.9 überführen lassen.

9. Für stetige Funktionen $f, g : [a, b] \to \mathbb{C}$ sei $(f \mid g)$ definiert durch

   $$(f \mid g) := \int_a^b f(x) \overline{g(x)}\, dx.$$

   a) Man zeige, dass $(\cdot \mid \cdot)$ auf $C([a, b]; \mathbb{C})$ ein Skalarprodukt definiert.

   b) Sind f und g Funktionen wie oben, so heißen f und g *orthogonal*, wenn $(f \mid g) = 0$ gilt. Man zeige, dass die Legendre-Polynome P_n auf $[a, b] = [-1, 1]$, definiert wie in Aufgabe IV.1.12, orthogonal sind, d. h., dass gilt:

   $$(P_m \mid P_n) = 0 \quad \text{für alle} \quad m \neq n.$$

4   Uneigentliche Integrale

Mit unserem bisherigen Integralbegriff konnten wir sprungstetige Funktionen, welche auf einem kompakten Intervall $I = [a, b]$ definiert sind, integrieren. In diesem Abschnitt wollen wir unseren Integralbegriff nun auf beliebige Intervalle der reellen Achse ausdehnen; dies führt uns zum Begriff des *uneigentlichen Integrals*.

Betrachten wir den Flächeninhalt A zwischen dem Graphen einer stetigen Funktion $f : \mathbb{R}_+ \to \mathbb{R}_+$ und der positiven Halbachse, so ist zu vermuten, dass dieser einen endlichen Wert annimmt, sofern f für $x \to \infty$ genügend schnell gegen 0 fällt. Daher werden wir zur Berechnung von A im Folgenden $\mathbb{R}_+$ durch $[0, n]$ ersetzen und dann n gegen ∞ streben lassen. In diesem Abschnitt präzisieren wir diese Überlegungen mit dem Ziel der Erweiterung unseres Integralbegriffs auf beliebige Intervalle.

Uneigentliche Integrale

Im gesamten Abschnitt gelte $-\infty \leq a < b \leq \infty$. Wir nennen eine Funktion $f : (a, b) \to \mathbb{K}$ *zulässig*, wenn die Einschränkung von f auf jedes beliebige kompakte Teilintervall von (a, b) sprungstetig ist. Es ist klar, dass eine stetige Funktion $f : (a, b) \to \mathbb{K}$ zulässig ist. Ebenso ist $f \in S[a, b]$ zulässig, falls $a, b \in \mathbb{R}$ sind, und weiter ist $|f| : (a, b) \to \mathbb{K}$ ebenfalls zulässig, falls f zulässig ist.

4.1 Definition. Eine zulässige Funktion $f : (a, b) \to \mathbb{K}$ heißt *uneigentlich integrierbar*, wenn eine Konstante $c \in (a, b)$ derart existiert, dass die beiden Grenzwerte

$$\lim_{\alpha \to a+0} \int_{\alpha}^{c} f \quad \text{und} \quad \lim_{\beta \to b-0} \int_{c}^{\beta} f$$

existieren.

Die Aussagen des folgenden Lemmas können wir direkt aus der obigen Definition herleiten.

4.2 Lemma. *Ist $f : (a, b) \to \mathbb{K}$ uneigentlich integrierbar, so existieren die oben definierten Grenzwerte für jedes $c \in (a, b)$. Außerdem gilt*

$$\lim_{\alpha \to a+0} \int_{\alpha}^{c} f + \lim_{\beta \to b-0} \int_{c}^{\beta} f = \lim_{\alpha \to a+0} \int_{\alpha}^{c'} f + \lim_{\beta \to b-0} \int_{c'}^{\beta} f$$

für jede Wahl von $c, c' \in (a, b)$.

Die folgende Definition des uneigentlichen Integrals ist nun natürlich.

4.3 Definition. Es seien $f : (a, b) \to \mathbb{K}$ uneigentlich integrierbar und $c \in (a, b)$. Dann heißt

$$\int\limits_a^b f \, dx := \int\limits_a^b f(x) \, dx := \lim_{\alpha \to a+0} \int\limits_\alpha^c f + \lim_{\beta \to b-0} \int\limits_c^\beta f$$

das *uneigentliche Integral* von f über (a, b).

Anstelle von „f ist uneigentlich integrierbar", sagen wir auch, dass das Integral $\int_a^b f$ *existiert* oder *konvergiert*.

4.4 Beispiele. a) Für $\alpha \in \mathbb{R}$ gilt:

$$\int\limits_1^\infty \frac{1}{x^\alpha} \, dx \text{ existiert} \Leftrightarrow \alpha > 1.$$

Um dies einzusehen, wählen wir $\alpha \neq 1$. Dann gilt für jedes $b > 1$

$$\int\limits_1^b \frac{1}{x^\alpha} \, dx = \frac{1}{1-\alpha} x^{1-\alpha} \Big|_1^b = \frac{1}{1-\alpha} (b^{1-\alpha} - 1),$$

und das obige Integral konvergiert für $b \to \infty$ genau dann, wenn $\alpha > 1$ ist.

Gilt $\alpha = 1$, so ist $\int_1^b \frac{1}{x} \, dx = \log b$, was bedeutet, dass der Grenzwert $\lim_{b \to \infty} \int_1^b \frac{1}{x} \, dx$ nicht existiert.

b) Analog beweisen wir die folgende Aussage:

$$\int\limits_0^1 \frac{1}{x^\alpha} \, dx \text{ existiert} \Leftrightarrow \alpha < 1.$$

c) Es gilt

$$\int\limits_0^\infty \frac{1}{1+x^2} \, dx = \frac{\pi}{2},$$

denn die Stammfunktion von $x \mapsto \frac{1}{1+x^2}$ ist gegeben durch $x \mapsto \arctan x$, und es gilt $\lim_{b \to \infty} \arctan x \big|_0^b = \frac{\pi}{2}$.

d) Für $\alpha > 0$ gilt

$$\int\limits_0^\infty e^{-\alpha x} \, dx = \frac{1}{\alpha},$$

denn es gilt $\int_0^R e^{-\alpha x} \, dx = \frac{1}{\alpha}(1 - e^{-\alpha R}) \xrightarrow{R \to \infty} \frac{1}{\alpha}$.

Der folgende Satz zeigt eine wichtige Beziehung zwischen uneigentlichen Integralen und Reihen auf.

4.5 Satz. (Vergleichssatz Integral-Reihe). *Ist $f : [1, \infty) \to \mathbb{R}_+$ eine zulässige und monoton fallende Funktion, so gilt:*

$$\sum_{n=1}^{\infty} f(n) < \infty \Longleftrightarrow \int_{1}^{\infty} f(x)\, dx \ \text{existiert}.$$

Beweis. Für $n \geq 2$ und $x \in [n-1, n]$ gilt nach Voraussetzung $f(n) \leq f(x) \leq f(n-1)$. Deswegen ist $f(n) \leq \int_{n-1}^{n} f(x)dx \leq f(n-1)$, und somit gilt

$$\sum_{n=2}^{N} f(n) \leq \int_{1}^{N} f(x)\, dx \leq \sum_{n=1}^{N-1} f(n), \quad N \geq 2.$$

Also ist

$$\int_{1}^{N} f(x)\, dx \leq \sum_{n=1}^{N-1} f(n) \leq \sum_{n=1}^{\infty} f(n),$$

und daher existiert $\lim_{N \to \infty} \int_{1}^{N} f(x)\, dx$, falls die obige Reihe $\sum_{n=1}^{\infty} f(n)$ konvergiert.

Um die umgekehrte Richtung zu zeigen, stellen wir zunächst fest, dass nach Voraussetzung

$$\sum_{n=2}^{N} f(n) \leq \int_{1}^{N} f(x)\, dx \leq \int_{1}^{\infty} f(x)\, dx < \infty$$

gilt. Daher ist $\left(\sum_{n=1}^{N} f(n) \right)_{N \in \mathbb{N}}$ eine monoton wachsende und beschränkte Folge, also ist $\sum_{n=1}^{\infty} f(n)$ konvergent. $\qquad\square$

4.6 Beispiele. a) Betrachten wir speziell die Funktion $f : (1, \infty) \to \mathbb{R}_+$, gegeben durch $f(x) = \frac{1}{x^\alpha}$ für ein $\alpha > 0$, so gilt nach dem Vergleichssatz 4.5 und nach Beispiel 4.4a)

$$\sum_{n=1}^{\infty} \frac{1}{n^\alpha} \ \text{ist konvergent} \ \Leftrightarrow \ \int_{1}^{\infty} \frac{1}{x^\alpha}\, dx \ \text{existiert} \ \Leftrightarrow \ \alpha > 1.$$

b) Bilden wir für $x > 1$ und $\alpha \in \mathbb{R}_+$ den iterierten Logarithmus $\log \log x$, so gilt

$$\frac{d}{dx}\left(\log \log x \right) = \frac{1}{x \log x} \quad \text{sowie} \quad \frac{d}{dx}\left(\log x \right)^{1-\alpha} = \frac{1-\alpha}{x (\log x)^\alpha},$$

und somit ist das Integral $\int_{2}^{\infty} \frac{1}{x (\log x)^\alpha}\, dx$ für $\alpha > 1$ konvergent und für $\alpha \leq 1$ divergent. Also konvergiert die Reihe

$$\sum_{n=2}^{\infty} \frac{1}{n (\log n)^\alpha}$$

genau dann, wenn $\alpha > 1$.

4.7 Bemerkung. Betrachten wir in der Situation von Satz 4.5 die Folge $(a_n)_{n\in\mathbb{N}}$, gegeben durch

$$a_n := \sum_{j=1}^{n} f(j) - \int_{1}^{n+1} f(x)\,dx, \quad n \in \mathbb{N},$$

so zeigt der obige Beweis, dass $(a_n)_{n\in\mathbb{N}}$ eine monoton wachsende Folge ist, welche der Bedingung $0 \le a_n \le f(1) - f(n+1)$ für jedes $n \in \mathbb{N}$ genügt. Also konvergiert die Folge $(a_n)_{n\in\mathbb{N}}$, und es gilt $0 \le \lim_{n\to\infty} a_n \le f(1)$.

Betrachten wir speziell die Funktion f, gegeben durch $f(x) = 1/x$, so ergibt sich hiermit die Existenz des Grenzwertes

$$\lim_{n\to\infty} \left(1 + \frac{1}{2} + \ldots + \frac{1}{n} - \log n\right) =: \gamma,$$

was besagt, dass die Partialsummen der harmonischen Reihe etwa wie $\log n$ anwachsen. Der obige Grenzwert heißt *Euler-Konstante*, und es folgt $\gamma \in [0,1]$.

Absolut integrierbare Funktionen

In Analogie zu dem uns wohlbekannten Begriff der absoluten Konvergenz von Reihen führen wir nun absolut integrierbare Funktionen ein.

4.8 Definition. Eine zulässige Funktion $f : (a,b) \to \mathbb{K}$ heißt *absolut integrierbar*, wenn $\int_a^b |f(x)|\,dx$ existiert.

4.9 Lemma. *Eine absolut integrierbare Funktion $f : (a,b) \to \mathbb{K}$ ist integrierbar.*

Beweis. Ist $c \in (a,b)$, so existiert nach Voraussetzung für jedes $\varepsilon > 0$ ein $\delta > 0$ mit

$$\left| \int_{\alpha_1}^{\alpha_2} |f| \right| = \left| \int_{\alpha_1}^{c} |f| - \int_{\alpha_2}^{c} |f| \right| < \varepsilon \quad \text{für } \alpha_1, \alpha_2 \in (a, a+\delta).$$

Satz 2.4 impliziert nun

$$\left| \int_{\alpha_1}^{c} f - \int_{\alpha_2}^{c} f \right| = \left| \int_{\alpha_1}^{\alpha_2} f \right| \le \left| \int_{\alpha_1}^{\alpha_2} |f| \right| < \varepsilon \quad \text{für } \alpha_1, \alpha_2 \in (a, a+\delta).$$

Ist nun $(\alpha_j) \subset (a,c)$ eine gegen a konvergente Folge, so folgt aus der obigen Abschätzung, dass $(\int_{\alpha_j}^{c} f)$ eine Cauchy-Folge in $\mathbb{K}$ ist und somit gegen ein $s \in \mathbb{K}$ konvergiert. Ist $(\alpha_j') \subset (a,c)$ eine weitere, gegen a konvergente Folge, so konvergiert wiederum $(\int_{\alpha_j'}^{c} f)$ gegen ein $s' \in \mathbb{K}$. Wählen wir nun $N \in \mathbb{N}$ mit $\alpha_j, \alpha_j' \in (a, a+\delta)$ für jedes $j \ge N$, so impliziert die obige Abschätzung $|\int_{\alpha_j}^{c} f - \int_{\alpha_j'}^{c} f| < \varepsilon$ für jedes $j \ge N$ und somit $s = s'$. Wir haben also bewiesen, dass $\lim_{\alpha\to a+0} \int_\alpha^c f$ existiert. Analog zeigen wir die Existenz von $\lim_{\beta\to b-0} \int_c^\beta f$, und somit ist f integrierbar. $\qquad\square$

Wiederum in Analogie zur Situation bei Reihen impliziert die Existenz einer integrierbaren Majorante von $|f|$ die absolute Integrierbarkeit von f.

4.10 Satz. (Majorantenkriterium für Integrale). *Es seien* $f : (a, b) \to \mathbb{K}$ *und* $g : (a, b) \to \mathbb{R}$ *zulässige Funktionen derart, dass*

$$|f(x)| \leq g(x), \quad x \in (a, b)$$

gilt. Ist g *integrierbar, so ist* f *absolut integrierbar.*

Beweis. Es seien $c \in (a, b)$ und $\alpha_1, \alpha_2 \in (a, c)$. Dann gilt

$$\left| \int_{\alpha_1}^{c} |f| - \int_{\alpha_2}^{c} |f| \right| = \left| \int_{\alpha_1}^{\alpha_2} |f| \right| \leq \left| \int_{\alpha_1}^{\alpha_2} g \right| = \left| \int_{\alpha_1}^{c} g - \int_{\alpha_2}^{c} g \right|.$$

Nach Voraussetzung existiert $\int_a^b g(x)dx$, d. h., für jedes $\varepsilon > 0$ existiert ein $\delta > 0$ mit $|\int_{\alpha_1}^{c} g - \int_{\alpha_2}^{c} g| < \varepsilon$ für alle $\alpha_1, \alpha_2 \in (a, a + \delta)$, und somit gilt

$$\left| \int_{\alpha_1}^{c} |f| - \int_{\alpha_2}^{c} |f| \right| < \varepsilon \quad \text{für } \alpha_1, \alpha_2 \in (a, a + \delta).$$

Ist nun $(\alpha_j) \subset (a, c)$ eine gegen a konvergente Folge, so können wir die Argumente aus dem Beweis von Lemma 4.9 wiederholen und erhalten die absolute Konvergenz von $\int_a^b f\, dx$. □

4.11 Beispiel. Das Integral

$$\int_0^{\infty} \frac{\sin x}{x} \, dx$$

ist konvergent, aber *nicht* absolut konvergent.

Um dies einzusehen, stellen wir zunächst fest, dass $\lim_{x \to 0} \frac{\sin x}{x} = 1$ gilt, der Integrand auf ganz $\mathbb{R}$ stetig ist und dass es daher genügt, die Konvergenz des Integrals $\int_1^{\infty} \frac{\sin x}{x} dx$ zu untersuchen. Mittels partieller Integration erhalten wir

$$\int_1^{R} \frac{\sin x}{x} \, dx = \cos 1 - \frac{\cos R}{R} - \int_1^{R} \frac{\cos x}{x^2} \, dx.$$

Das Integral $\int_1^{\infty} \frac{\cos x}{x^2} \, dx$ existiert, da es die konvergente Majorante $\int_1^{\infty} \frac{1}{x^2}$ besitzt. Dies bedeutet, dass der Grenzwert

$$\lim_{R \to \infty} \int_1^{R} \frac{\sin x}{x} \, dx$$

existiert.

Andererseits konvergiert $\int_1^\infty \frac{\sin x}{x} \, dx$ *nicht* absolut, denn für jedes $k \in \mathbb{N}$ gilt

$$\int\limits_{k\pi}^{(k+1)\pi} \left| \frac{\sin x}{x} \right| dx \geq \frac{1}{(k+1)\pi} \int\limits_{k\pi}^{(k+1)\pi} |\sin x| \, dx = \frac{2}{(k+1)\pi},$$

und somit ist

$$\int\limits_{0}^{(k+1)\pi} \left| \frac{\sin x}{x} \right| dx \geq \frac{2}{\pi} \sum_{n=0}^{k} \frac{1}{n+1}.$$

Letzterer Ausdruck ist gerade die harmonische Reihe, so dass der obige Grenzwert für $k \to \infty$ nicht existiert.

Zum Abschluss dieses Abschnitts betrachten wir noch die sogenannte *Gamma-* und *Beta-Funktion*. Beide Funktionen sind durch uneigentliche Integrale definiert und stellen wichtige Funktionen der Analysis dar.

Gamma-Funktion
Wir beginnen mit der Definition der Gamma-Funktion.

4.12 Definition. Die Funktion $\Gamma : \{z \in \mathbb{C} : \operatorname{Re} z > 0\} \to \mathbb{C}$, definiert durch

$$\Gamma(z) := \int\limits_{0}^{\infty} t^{z-1} e^{-t} \, dt,$$

heißt *Gamma-Funktion*.

Die Gamma-Funktion wurde von Euler eingeführt mit dem Ziel, die für $n \in \mathbb{N}$ definierte Fakultätsfunktion $n \mapsto n!$ zu interpolieren.

Wir bemerken zunächst, dass die Gamma-Funktion wohldefiniert ist. Für $t \in (0, 1]$ folgt dies aus der Abschätzung

$$|t^{z-1} e^{-t}| = t^{\operatorname{Re} z - 1} e^{-t} \leq t^{\operatorname{Re} z - 1},$$

die nach Beispiel 4.4b) und Satz 4.10 die absolute Integrierbarkeit des Integrals $\int_0^1 t^{z-1} e^{-t} \, dt$ liefert. Für $t \in [1, \infty)$ gilt

$$|t^{\operatorname{Re} z - 1} e^{-t}| \leq C_z e^{-t/2}$$

für eine von z abhängige Konstante C_z. Da nach Beispiel 4.4d) das Integral $\int_1^\infty e^{-t/2} \, dt$ existiert, ist das Integral $\int_1^\infty t^{z-1} e^{-t} \, dt$ absolut konvergent.

Die Gamma-Funktion $\Gamma : \{z \in \mathbb{C} : \operatorname{Re} z > 0\} \to \mathbb{C}$ besitzt die folgenden wichtigen Eigenschaften.

4.13 Lemma. *Für die Gamma-Funktion Γ gelten die folgenden Aussagen:*

a) Es gilt die Funktionalgleichung

$$\Gamma(z+1) = z\Gamma(z) \quad \text{für alle } z \in \mathbb{C} \text{ mit } \operatorname{Re} z > 0.$$

b) $\Gamma(1) = 1$.

c) $\Gamma(n+1) = n!$ für jedes $n \in \mathbb{N}$.

Beweis. Um Eigenschaft a) zu beweisen, integrieren wir partiell und erhalten

$$\int_a^b t^z e^{-t}\, dt = -t^z e^{-t}\Big|_a^b + z \int_a^b t^{z-1} e^{-t}\, dt, \quad 0 < a < b < \infty.$$

Für $a \to 0$ und $b \to \infty$ konvergiert das Integral auf der linken Seite gegen $\Gamma(z+1)$, der mittlere Ausdruck gegen 0 und das Integral auf der rechten Seite gegen $z\Gamma(z)$. Daher gilt $\Gamma(z+1) = z\Gamma(z)$ für alle $z \in \mathbb{C}$ mit $\operatorname{Re} z > 0$.

Eigenschaft b) folgt unmittelbar aus Beispiel 4.4d). Ebenso folgt Eigenschaft c) durch wiederholtes Anwenden von Eigenschaft a) in Verbindung mit Eigenschaft b). $\square$

Die obige Funktionalgleichung der Gamma-Funktion impliziert für $\operatorname{Re} z > 0$ und $n \in \mathbb{N}$ die Darstellung

$$\Gamma(z+n) = (z+n-1)(z+n-2)\cdots(z+1)z\Gamma(z)$$

und somit

$$\Gamma(z) = \frac{\Gamma(z+n)}{z(z+1)(z+2)\cdots(z+n-1)}.$$

Da die obige rechte Seite für jedes $z \in \mathbb{C} \setminus (-\mathbb{N}_0)$ mit $\operatorname{Re} z > -n$ wohldefiniert ist, ist es naheliegend, diese Darstellung für eine Fortsetzung der Gamma-Funktion auf $\mathbb{C} \setminus (-\mathbb{N}_0)$ zu verwenden. Setzen wir für $z \in \mathbb{C} \setminus (-\mathbb{N}_0)$ mit $n > -\operatorname{Re} z$

$$\Gamma_n(z) := \frac{\Gamma(z+n)}{z(z+1)(z+2)\cdots(z+n-1)},$$

so folgt für jedes $n, m \in \mathbb{N}_0$ mit $n > m > -\operatorname{Re} z$ aufgrund der Identität $\Gamma(z+n) = (z+n-1)\cdots(z+m)\Gamma(z+m)$

$$\Gamma_n(z) = \Gamma_m(z),$$

was bedeutet, dass $\Gamma_n(z)$ unabhängig von $n \in \mathbb{N}_0$ mit $n > \operatorname{Re} z$ ist. Wir können daher die Gamma-Funktion durch $\Gamma(z) := \Gamma_n(z)$ auf $\mathbb{C} \setminus (-\mathbb{N}_0)$ fortsetzen und Γ stimmt auf der Menge $\{z \in \mathbb{C} : \operatorname{Re} z > 0\}$ mit der ursprünglich in Definition 4.12 eingeführten Gamma-Funktion überein. Somit haben wir den folgenden Sachverhalt bewiesen.

4.14 Satz. *Ist $z \in \mathbb{C} \setminus (-\mathbb{N}_0)$ und $n \in \mathbb{N}_0$ mit $n > -\operatorname{Re} z$, so ist die Funktion*

$$\Gamma(z) := \Gamma_n(z)$$

eine Fortsetzung der ursprünglich auf $\{z \in \mathbb{C} : \operatorname{Re} z > 0\}$ definierten Gamma-Funktion auf $\mathbb{C} \setminus (-\mathbb{N}_0)$, welche zudem der Funktionalgleichung

$$\Gamma(z+1) = z\,\Gamma(z), \quad z \in \mathbb{C} \setminus (-\mathbb{N}_0)$$

genügt.

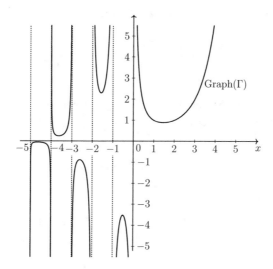

Gaußsche Darstellung und Gaußsches Fehlerintegral

Die folgende auf Carl Friedrich Gauß zurückgehende Darstellung der Gamma-Funktion hat wichtige Anwendungen, zum Beispiel hinsichtlich der expliziten Berechnung des Gaußschen Fehlerintegrals.

4.15 Theorem. *Für $z \in \mathbb{C} \setminus (-\mathbb{N}_0)$ gilt*

$$\Gamma(z) = \lim_{n \to \infty} \frac{n^z n!}{z(z+1)\ldots(z+n)}.$$

Wir stützen unseren Beweis von Theorem 4.15 auf das folgende Lemma. Da

$$\Gamma(z) = \lim_{n \to \infty} \int_0^n t^{z-1} e^{-t}\, dt, \quad \operatorname{Re} z > 0,$$

und da für $t \geq 0$

$$e^{-t} = \lim_{n \to \infty} \left(1 - \frac{t}{n}\right)^n$$

gilt, ist es zunächst verlockend, die Aussage von Lemma 4.16 zu vermuten. Diese Aussage ist in der Tat auch richtig, der Beweis ist jedoch umfangreicher, als zunächst zu erwarten wäre.

4.16 Lemma. *Für* $\operatorname{Re} z > 0$ *gilt*

$$\Gamma(z) := \lim_{n \to \infty} \int_0^n t^{z-1} \left(1 - \frac{t}{n}\right)^n dt.$$

Beweis. Es sei $\varepsilon > 0$. Aus der Konvergenz des Integrals $\int_0^\infty t^{z-1} e^{-t}\, dt$ folgt die Existenz eines $N_0 \in \mathbb{N}$ mit

$$\int_{N_0}^\infty t^{\operatorname{Re} z - 1} e^{-t}\, dt < \varepsilon/3.$$

Nach Aufgabe IV.4.6.c) ist die Folge $\left((1 - t/n)^n\right)_{n \in \mathbb{N}}$ für jedes $t \geq 0$ monoton wachsend und konvergiert gegen e^{-t}. Daher gilt

$$\int_{N_0}^\infty t^{\operatorname{Re} z - 1} (1 - t/n)^n\, dt \leq \int_{N_0}^\infty t^{\operatorname{Re} z - 1} e^{-t}\, dt < \varepsilon/3, \quad n \geq N_0.$$

Weiter konvergiert für $T > 0$ nach Aufgabe IV.4.6.f) die Folge $(f_n)_{n \in \mathbb{N}}$, gegeben für $n \in \mathbb{N}$ durch $f_n(t) = (1 - t/n)^n$, gleichmäßig für $t \in [0, T]$ gegen e^{-t}. Daher existiert ein $N_1 \in \mathbb{N}$ mit

$$\int_0^{N_0} t^{\operatorname{Re} z - 1} \left(e^{-t} - (1 - t/n)^n\right) dt \leq \varepsilon/3, \quad n \geq N_1.$$

Für $n > \max\{N_0, N_1\}$ erhalten wir dann

$$\left| \Gamma(z) - \int_0^n t^{z-1}(1 - t/n)^n\, dt \right|$$

$$\leq \left| \Gamma(z) - \int_0^{N_0} t^{z-1} e^{-t}\, dt \right| + \left| \int_0^{N_0} t^{z-1} e^{-t}\, dt - \int_0^n t^{z-1}(1 - t/n)^n\, dt \right|$$

$$\leq \int_{N_0}^\infty t^{\operatorname{Re} z - 1} e^{-t}\, dt + \int_0^{N_0} t^{\operatorname{Re} z - 1} \left(e^{-t} - (1 - t/n)^n\right) dt + \int_{N_0}^n t^{\operatorname{Re} z - 1}(1 - t/n)^n\, dt$$

$$\leq \varepsilon/3 + \varepsilon/3 + \varepsilon/3 = \varepsilon. \qquad \square$$

Beweis von Theorem 4.15. Wir unterteilen den Beweis in zwei Schritte:

Schritt 1: Der Fall $\mathrm{Re}\, z > 0$: Integrieren wir das in Lemma 4.16 betrachtete Integral $\int_0^n t^{z-1}\left(1-\frac{t}{n}\right)^n dt$ partiell, so erhalten wir

$$\int_0^n t^{z-1}\left(1-\frac{t}{n}\right)^n dt = \frac{1}{z}\int_0^n t^z\left(1-\frac{t}{n}\right)^{n-1} dt.$$

Integrieren wir nochmals partiell, so folgt

$$\int_0^n t^{z-1}\left(1-\frac{t}{n}\right)^n dt = \frac{1}{z}\frac{n-1}{n(z+1)}\int_0^n t^{z+1}\left(1-\frac{t}{n}\right)^{n-2} dt,$$

und mittels Induktion gilt

$$\int_0^n t^{z-1}\left(1-\frac{t}{n}\right)^n dt = \frac{1}{z}\cdot\frac{n-1}{n(z+1)}\cdots\cdot\frac{1}{n(z+n-1)}\int_0^n t^{z+n-1} dt$$

$$= \frac{n^z n!}{z(z+1)\cdots(z+n)}.$$

Lemma 4.16 impliziert dann die Behauptung.

Schritt 2: Der Fall $z \in \mathbb{C} \setminus (-\mathbb{N}_0)$: Setzen wir $\gamma_n(z) := \frac{n^z n!}{z(z+1)\dots(z+n)}$ für $z \in \mathbb{C} \setminus (-\mathbb{N}_0)$, so folgt

$$\gamma_n(z) = \frac{1}{z(z+1)\cdots(z+k-1)}\big(1+(z+1)/n\big)\cdots\big(1+(z+k)/n\big)\cdot\gamma_n(z+k), \quad k \in \mathbb{N}.$$

Wählen wir k so groß, dass $k > -\mathrm{Re}\, z$ gilt, so folgt aus Schritt 1, Lemma 4.16 sowie Satz 4.14, dass

$$\lim_{n\to\infty}\gamma_n(z) = \frac{\Gamma(z+k)}{z(z+1)\cdots(z+k-1)} = \Gamma(z), \quad z \in \mathbb{C}\setminus(-\mathbb{N}_0)$$

gilt.   □

Betrachten wir speziell die Gamma-Funktion an der Stelle $x = \frac{1}{2}$, so gilt

$$\Gamma\left(\frac{1}{2}\right) = \lim_{n\to\infty}\frac{2^{n+1}n!\sqrt{n}}{1\cdot 3\cdot 5\cdots(2n+1)} = \lim_{n\to\infty}\frac{2p_n\sqrt{n}}{(2n+1)},$$

wobei $(p_n)_{n\in\mathbb{N}}$ die in Beispiel II.1.13 untersuchte Folge bezeichnet, mit der Eigenschaft, dass $\left(\frac{p_n}{\sqrt{n}}\right)_{n\in\mathbb{N}}$ gegen ein $p \in [\sqrt{2}, 2]$ konvergiert. Für die in Beispiel 3.5c) betrachtete

Wallissche Produktfolge $(w_n)_{n \in \mathbb{N}}$ gilt

$$w_n = \frac{2}{1} \cdot \frac{2}{3} \cdot \frac{4}{3} \cdot \frac{4}{5} \cdots \frac{2n}{2n-1} \cdot \frac{2n}{2n+1} = p_n^2 \cdot \frac{1}{2n+1},$$

und wir haben dort bereits gezeigt, dass $\lim_{n \to \infty} w_n = \pi/2$ gilt. Somit ergibt sich

$$\frac{\pi}{2} = \frac{p^2}{2} \quad \text{und daher} \quad p = \sqrt{\pi}.$$

Zusammenfassend gilt

$$\Gamma\left(\frac{1}{2}\right) = \lim_{n \to \infty} \left(\frac{p_n}{\sqrt{n}} \cdot \frac{2n}{2n+1} \right) = \sqrt{\pi},$$

und wir haben das folgende Korollar bewiesen.

4.17 Korollar. *Es gilt*

$$\Gamma\left(\frac{1}{2}\right) = \sqrt{\pi}.$$

Als weitere Folgerung können wir den Wert des *Gaußschen Fehlerintegrals* explizit angeben. Dieses ist eines der wichtigsten uneigentlichen Integrale.

4.18 Korollar. (Gaußsches Fehlerintegral). *Es gilt*

$$\int_{-\infty}^{\infty} e^{-x^2} \, dx = \Gamma\left(\frac{1}{2}\right) = \sqrt{\pi}.$$

Beweis. Da $x \mapsto e^{-x^2}$ eine gerade Funktion ist, folgt analog zu Aufgabe 2.8 und mittels der Substitution $x = \sqrt{t}$

$$\int_{-\infty}^{\infty} e^{-x^2} \, dx = 2 \int_{0}^{\infty} e^{-x^2} \, dx = \int_{0}^{\infty} e^{-t} \frac{1}{\sqrt{t}} \, dt = \Gamma\left(\frac{1}{2}\right),$$

und die Behauptung folgt dann aus Korollar 4.17. $\square$

Setzen wir wie im Beweis von Theorem 4.15 $\gamma_n(z) := \frac{n^z n!}{z(z+1)\dots(z+n)}$ für $z \in \mathbb{C} \setminus (-\mathbb{N}_0)$ und $n \in \mathbb{N}$, so gilt

$$\frac{1}{\gamma_n(z)} = z \exp\left(z \left(\sum_{k=1}^{n} \frac{1}{k} - \log n \right) \right) \cdot \prod_{k=1}^{n} \frac{z+k}{k} e^{-z/k}.$$

Betrachten wir nun den Grenzwert $n \to \infty$, so folgt mittels der in Bemerkung 4.7 eingeführten Eulerschen Konstanten $\gamma := \lim_{n \to \infty} \left(\sum_{k=1}^{n} \frac{1}{k} - \log n \right)$ und der Tatsache, dass das Produkt $\prod_{k=1}^{n} \frac{z+k}{k} e^{-z/k}$ absolut konvergiert, d. h., dass $\prod_{k=1}^{n} \left| \frac{z+k}{k} \right| e^{-|z|/k}$ konvergiert (vgl. Übungsaufgabe 4.7) die Weierstraßsche Produktdarstellung der Gamma-Funktion.

4.19 Satz. (Weierstraßsche Produktdarstellung der Gamma-Funktion). *Für* $z \in \mathbb{C} \setminus (-\mathbb{N}_0)$ *gilt*

$$\frac{1}{\Gamma(z)} = z e^{\gamma z} \cdot \prod_{k=1}^{\infty} \frac{z + k}{k} e^{-z/k}.$$

Insbesondere besitzt die Gamma-Funktion keine Nullstellen.

4.20 Bemerkung. Die obige Darstellung der Gamma-Funktion impliziert eine weitere Funktionalgleichung der Gamma-Funktion: Es ist die sogenannte *Ergänzungsformel der Gamma-Funktion*:

$$\Gamma(z)\Gamma(1 - z) = \frac{\pi}{\sin(\pi z)}, \quad z \in \mathbb{C} \setminus \mathbb{Z}.$$

In Abschnitt 6 beweisen wir mit den uns bisher zur Verfügung stehenden Mitteln die sogenannte Produktdarstellung des Sinus für reelle Argumente, d. h.,

$$\pi x \cdot \prod_{k=1}^{\infty} \left(1 - \frac{x^2}{k^2}\right) = \sin(\pi x), \quad x \in \mathbb{R}.$$

Man kann zeigen, dass diese Produktdarstellung sogar für jedes $z \in \mathbb{C}$ gilt, und erhält somit die obige Ergänzungsformel.

4.21 Bemerkung. In vielen Anwendungen ist eine näherungsweise Berechnung von $\Gamma(x)$ bzw. von $n!$ für große Werte von x bzw. n von großer Bedeutung. Von besonderem Interesse hierbei ist die *Stirlingsche Formel*, welche wir im folgenden Abschnitt herleiten.

Beta-Funktion

Eine weitere wichtige Funktion, welche durch ein uneigentliches Integral definiert ist, ist die *Beta-Funktion*. Sie ist für $p, q \in \mathbb{C}$ mit $\operatorname{Re} p, \operatorname{Re} q > 0$ definiert durch

$$B(p, q) := \int_0^1 t^{p-1}(1 - t)^{q-1}\, dt.$$

Aufgrund von Beispiel 4.4b) ist das obige Integral absolut konvergent (vgl. Übungsaufgabe 4.8), und somit ist $B(p, q)$ wohldefiniert. Ferner gilt die Beziehung

$$\frac{\Gamma(p)\Gamma(q)}{\Gamma(p + q)} = B(p, q), \quad \operatorname{Re} p, \operatorname{Re} q > 0,$$

deren Beweis wir dem Leser als Übungsaufgabe überlassen.

Aufgaben

1.   Man beweise Lemma 4.2.

2.   Man beweise die Konvergenz der folgenden uneigentlichen Integrale:

$$\text{a) } \int\limits_{1}^{\infty} \frac{\sin x}{x^4}\, dx, \qquad \text{b) } \int\limits_{1}^{\infty} \frac{\sin(1/x)}{x}\, dx.$$

3.   Man berechne den Wert der folgenden Integrale:

$$\text{a) } \int\limits_{1}^{\infty} \frac{\log x}{x^2}\, dx, \qquad \text{b) } \int\limits_{0}^{\infty} x^n e^{-x}\, dx, \; n \in \mathbb{N}.$$

4.   Man zeige: a) Für $x > 0$ ist die Gamma-Funktion beliebig oft differenzierbar, und es gilt

$$\Gamma^{(k)}(x) = \int\limits_{0}^{\infty} e^{-t} (\log t)^k t^{x-1}\, dt, \quad k \in \mathbb{N}_0, x > 0.$$

   b) Alle obigen Integrale sind für $x > 0$ absolut konvergent.

5.   Man zeige $\Gamma(1) = \Gamma(2) = 1$ und verwende die Aussage von Aufgabe 4, um zu zeigen, dass die Gamma-Funktion für $x > 0$ genau ein Minimum m besitzt, für welches $m \in (1, 2)$ gilt.

6.   Man zeige, dass die Gamma-Funktion für $z \in \mathbb{C}$ mit $\operatorname{Re} z > 0$ die Darstellung

$$\Gamma(z) = \int\limits_{0}^{1} (-\log t)^{z-1}\, dt$$

   besitzt.

7.   Man zeige, dass das Produkt $\prod_{k=1}^{\infty} \frac{z+k}{k} e^{-z/k}$ für $\mathbb{C} \setminus (-\mathbb{N}_0)$ absolut konvergiert.

8.   beweise, dass $B(p,q) := \int_0^1 t^{p-1}(1-t)^{q-1}\, dt$ für $p, q \in \mathbb{C}$ mit $\operatorname{Re} p, \operatorname{Re} q > 0$ wohldefiniert, d. h., absolut konvergent, ist.

9.   Man beweise, dass $B(p,q) = \frac{\Gamma(p)\Gamma(q)}{\Gamma(p+q)}$ für alle $p, q > 0$ gilt.

10. Man beweise: Sind $m, n \in \mathbb{N}$, so gilt

$$\int\limits_{0}^{1} t^m (1-t)^n\, dt = \frac{m!n!}{(m+n+1)!}.$$

5   Summen, Integrale und Anwendungen

Im Abschnitt 2 haben wir gesehen, dass das Integral einer sprungstetigen Funktion beliebig genau durch Riemannsche Summen approximiert werden kann, und dass damit Aussagen über Summen auf Integrale übertragen werden können.

Im Folgenden möchten wir den umgekehrten Weg einschlagen und das Integral jetzt als einen Näherungswert für gewisse Summen ansehen. Dieses Wechselspiel zwischen Summation und Integration sowie die Idee der näherungsweisen Berechnung von Summen durch Integrale erweisen sich als äußerst fruchtbar und sollen in diesem Abschnitt beispielhaft an mehreren Situationen erläutert werden.

Grundlage für unsere Untersuchungen ist die *Eulersche Summationsformel*, mit deren Hilfe wir insbesondere die *Trapezregel* zur numerischen Berechnung von Integralen, die *Stirlingsche Formel* zur Berechnung von $n!$ sowie gewisse Abschätzungen und Aussagen über die *Riemannsche Zeta-Funktion* herleiten möchten.

Wir beginnen mit der Eulerschen Summationsformel, zunächst in der einfachen Version.

Einfache Eulersche Summationsformel

Eine wichtige Rolle spielt hierbei die periodische Funktion $H : \mathbb{R} \to \mathbb{R}$, welche durch

$$H(x) := \begin{cases} x - [x] - 1/2, & x \in \mathbb{R} \backslash \mathbb{Z}, \\ 0, & x \in \mathbb{Z} \end{cases}$$

definiert ist. Hierbei heißt für $T > 0$ eine Funktion $f : \mathbb{R} \to \mathbb{K}$ periodisch mit Periode $T > 0$, kurz T-*periodisch*, wenn $f(t + T) = f(t)$ für alle $t \in \mathbb{R}$ gilt. Ferner nennen wir $f : \mathbb{R} \to \mathbb{K}$ *periodisch*, wenn ein $T > 0$ derart existiert, dass f T-periodisch ist.

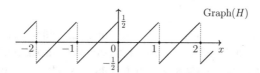

Die einfache Eulersche Summationsformel ist in Satz 5.1 formuliert.

5.1 Satz. (Einfache Eulersche Summationsformel). *Sind $n \in \mathbb{N}$ und $f \in C^1([1, n]; \mathbb{K})$ eine Funktion, so gilt*

$$\sum_{k=1}^{n} f(k) = \int_{1}^{n} f(x)\,dx + \frac{1}{2}\big(f(1) + f(n)\big) + \int_{1}^{n} H(x) f'(x)\,dx.$$

Beweis. Integrieren wir die Funktion $1 \cdot f$ partiell auf dem Intervall $[k, k+1]$, so folgt

$$\int\limits_k^{k+1} 1 \cdot f(x)\, dx = (x - k - 1/2)\, f(x)\Big|_k^{k+1} - \int\limits_k^{k+1} \big(x - k - 1/2\big) f'(x)\, dx.$$

Da die Funktion $x \mapsto (x - k - 1/2)\, f'(x)$ auf $[k, k+1]$ mit Ausnahme der Randpunkte mit Hf' übereinstimmt, sind die jeweiligen Integrale auf $[k, k+1]$ identisch, und es gilt

$$\int\limits_k^{k+1} 1 \cdot f(x)\, dx = \frac{1}{2}\big(f(k+1) + f(k)\big) - \int\limits_k^{k+1} H(x) f'(x)\, dx.$$

Summation über $k = 1, \dots, n - 1$ liefert dann die Behauptung. $\qquad\square$

5.2 Beispiel. (Fortsetzung der Zeta-Funktion auf $\{z \in \mathbb{C}\setminus\{1\} : \operatorname{Re} z > 0\}$). Betrachten wir für $z \in \mathbb{C}$ mit $\operatorname{Re} z > 0$ die Funktion $f : [1, \infty) \to \mathbb{C}, x \mapsto x^{-z}$, so gilt

$$\sum_{k=1}^n \frac{1}{k^z} = \int\limits_1^n \frac{1}{x^z}\, dx + \frac{1}{2}\Big(1 + \frac{1}{n^z}\Big) - z \int\limits_1^n \frac{H(x)}{x^{z+1}}\, dx.$$

Ist $\operatorname{Re} z > 1$, so folgt mit $n \to \infty$ für die in Beispiel IV.4.12 eingeführte Riemannsche Zeta-Funktion ζ

$$\zeta(z) = \frac{1}{z - 1} + \frac{1}{2} - z \int\limits_1^\infty \frac{H(x)}{x^{z+1}}\, dx. \tag{5.1}$$

Da wegen der Beschränktheit von H das Integral auf der rechten Seite für jedes $z \in \mathbb{C}$ mit $\operatorname{Re} z > 0$ konvergiert, können wir die Darstellung (5.1) von ζ dazu benutzen, die Zeta-Funktion auch für $z \in \{\lambda \in \mathbb{C}\setminus\{1\} : \operatorname{Re}\lambda \in (0, 1]\}$ zu definieren.

Sehnentrapezregel

Für viele Anwendungen ist es wichtig, gewisse Integrale numerisch näherungsweise zu berechnen. Die Riemannschen Rechtecksummen stellen natürlich solche Näherungswerte dar, es ist jedoch zu erwarten, dass wir für genügend glatte Funktionen die Fläche unter dem Graphen von f durch Trapeze, sogenannte Sehnentrapeze, besser approximieren können als durch Rechtecke.

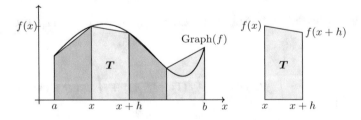

Hierbei stellt $\frac{h}{2}[f(x + h) + f(x)]$ den Flächeninhalt des Sehnentrapezes T dar.

Der folgende Satz zeigt, dass die *Sehnentrapezregel* für glatte Funktionen eine gute Approximation für $\int_a^b f$ liefert.

5.3 Satz. *Es seien $a, b \in \mathbb{R}$ mit $a < b$, $f \in C^2[a, b]$, $n \in \mathbb{N}$ und $h := (b - a)/n$. Dann gilt*

$$\int\limits_a^b f(x)\,dx = h\left[\frac{1}{2}(f(a) + f(b)) + \sum_{k=1}^{n-1} f(a + kh)\right] + R(f, h)$$

mit

$$|R(f, h)| \le \frac{b - a}{12}\, h^2\, \|f''\|_\infty.$$

Beweis. Die Additivität des Integrals sowie die Substitutionsregel mit $x = a + kh + th$ implizieren

$$\int\limits_a^b f(x)\,dx = \sum_{k=0}^{n-1} \int\limits_{a+kh}^{a+(k+1)h} f(x)\,dx = h\sum_{k=0}^{n-1} \int\limits_0^1 g_k(t)\,dt$$

mit $g_k(t) := f(a + kh + th)$ für $t \in [0, 1]$ und $k = 0, \ldots, n - 1$. Die Eulersche Summationsformel, hier nun angewandt auf dem Intervall $[0, 1]$, liefert für die Funktion g_k

$$\int\limits_0^1 g_k(t)\,dt = \frac{1}{2}\left[g_k(0) + g_k(1)\right] - \int\limits_0^1 H(t)g_k'(t)\,dt.$$

Da nach Voraussetzung $f \in C^2[a, b]$, können wir das Integral über Hg_k' durch partielle Integration weiter umformen und erhalten, da Φ, definiert durch $\Phi(t) = \frac{1}{2}\left(t^2 - t\right)$, eine Stammfunktion von H ist:

$$\int\limits_0^1 H(t)g_k'(t)\,dt = -\frac{1}{2}\int\limits_0^1 (t^2 - t)g_k''(t)\,dt.$$

Setzen wir $R(f, h) := h\sum_{k=0}^{n-1} \int_0^1 \Phi(t)g_k''(t)\,dt$, so erhalten wir

$$\int\limits_a^b f(x)\,dx = h\left[\frac{1}{2}\left(f(a) + f(b)\right) + \sum_{k=1}^{n-1} f(a + kh)\right] + R(f, h).$$

Den Fehler $R(f, h)$ können wir wegen

$$\left|\int\limits_0^1 \Phi(t)g_k''(t)\,dt\right| \le \frac{1}{2}\|g_k''\|_\infty \int\limits_0^1 t(1 - t)\,dt = \frac{1}{12}\|g_k''\|_\infty$$

und wegen $\|g_k''\|_\infty \le h^2 \|f''\|_\infty$ für $k = 0, \ldots, n-1$ sowie aufgrund der obigen Wahl von h schließlich wie folgt abschätzen:

$$|R(f,h)| \le h \sum_{k=0}^{n-1} \left| \int_0^1 \Phi(t) g_k''(t)\, dt \right| \le \frac{h^3}{12} \|f''\|_\infty \sum_{k=0}^{n-1} 1 = \frac{b-a}{12} h^2 \|f''\|_\infty. \qquad \square$$

Allgemeine Eulersche Summationsformel

Sind $n, k \in \mathbb{N}$ und $f \in C^{2k+1}([1,n]; \mathbb{K})$ eine Funktion, so können wir durch $2k$-malige partielle Integration von $\int_1^n Hf'$ die obige einfache Eulersche Summationsformel verfeinern. Hierzu definieren wir für $k \in \mathbb{N}$ Funktionen $H_k : \mathbb{R} \to \mathbb{R}$ sukzessive mittels folgender Eigenschaften:

a) $H_1 := H$ und H_k ist Stammfunktion von H_{k-1} für $k \ge 2$.

b) $\int_0^1 H_k(t)\, dt = 0$.

Die Funktionen H_k sind für jedes $k \in \mathbb{N}$ periodisch mit Periode 1. Für H_1 ist dies klar und für H_{k+1} folgt dies mit Eigenschaft b) aus der Periodizität von H_k, da

$$H_{k+1}(x+1) - H_{k+1}(x) = \int_x^{x+1} H_k(t)\, dt = \int_0^1 H_k(t)\, dt = 0.$$

Die Funktionen H_k sind durch die Eigenschaften a) und b) eindeutig bestimmt. Wegen $(-1)^k H_k(1-x) = H_k(x)$ für $x \in [0,1]$ folgt zusammen mit der 1-Periodizität von H_k

$$H_k(n) = 0, \quad k = 2m+1, m \in \mathbb{N}, n \in \mathbb{Z}.$$

Insbesondere gilt $H_2(x) = \frac{1}{2}\left(x^2 - x + \frac{1}{6}\right)$ und $H_3(x) = \frac{1}{6}\left(x^3 - \frac{3}{2}x^2 + \frac{1}{2}x\right)$ für $x \in [0,1]$.

Integrieren wir nun $H \cdot f'$ partiell $2k$-mal, so erhalten wir, unter Berücksichtigung von $H_{2k}(n) = H_{2k}(0)$ und $H_{2k+1}(n) = H_{2k+1}(0) = 0$, die Eulersche Summationsdarstellung von $\sum_{k=1}^n f(k)$.

5.4 Satz. (Allgemeine Eulersche Summationsformel).

Sind $n, k \in \mathbb{N}$ und $f \in C^{2k+1}([1,n]; \mathbb{K})$ eine Funktion, so gilt

$$\sum_{j=1}^n f(j) = \int_1^n f(x)\, dx + \frac{1}{2}\left(f(1) + f(n)\right) + \sum_{\ell=1}^k H_{2\ell}(0) f^{(2\ell-1)}\Big|_1^n + R(f)$$

mit

$$R(f) = \int_1^n H_{2k+1}(x) f^{(2k+1)}(x)\, dx.$$

Ist insbesondere $k = 1$ und $f : [1, n] \to \mathbb{C}$ eine C^3-Funktion, so folgt

$$\sum_{j=1}^{n} f(j) = \int_{1}^{n} f(x)\,dx + \frac{1}{2}\left(f(1) + f(n)\right) + \frac{1}{12}\left(f'(n) - f'(1)\right) + \int_{1}^{n} H_3(x) f^{(3)}(x)\,dx.$$

(5.2)

Stirlingsche Formel

Im Folgenden benutzen wir die allgemeine Eulersche Summationsformel, um die Stirling-sche Formel zu beweisen. Diese dient der asymptotischen Berechnung von $n!$ für große $n \in \mathbb{N}$.

Wir betrachten die Funktion $f : [1, \infty) \to \mathbb{R}$, definiert durch $f(x) = \log x$, und erhalten aufgrund der Eulerschen Summationsformel (5.2) für $k = 1$ die Darstellung

$$\log n! = \sum_{k=1}^{n} \log k = \int_{1}^{n} \log x\,dx + \frac{1}{2} \log n + \frac{1}{12}\left(\frac{1}{n} - 1\right) + 2 \int_{1}^{n} \frac{H_3(x)}{x^3}\,dx.$$

Da nach Aufgabe 3.2 die Funktion $x \mapsto x \log x - x$ eine Stammfunktion von $x \mapsto \log x$ ist, folgt

$$s_n := \log n! - (n + 1/2) \log n + n = \frac{11}{12} + \frac{1}{12n} + 2 \int_{1}^{n} \frac{H_3(x)}{x^3}\,dx, \quad n \in \mathbb{N}.$$

Da H_3 als Stammfunktion insbesondere stetig und ferner periodisch ist, ist H_3 beschränkt, und somit existiert das uneigentliche Integral $\int_{1}^{\infty} \frac{H_3(x)}{x^3}\,dx$. Daher konvergiert die Folge $(s_n)_{n \in \mathbb{N}}$ und besitzt den Grenzwert

$$s := \lim_{n \to \infty} s_n = \frac{11}{12} + 2 \int_{1}^{\infty} \frac{H_3(x)}{x^3}\,dx.$$

Setzen wir

$$R_n := \frac{1}{12n} - 2 \int_{n}^{\infty} \frac{H_3(x)}{x^3}\,dx, \quad n \in \mathbb{N},$$

(5.3)

so gilt $s_n = s + R_n$. Um nun den Grenzwert s explizit zu bestimmen, betrachten wir die Folge $(a_n)_{n \in \mathbb{N}}$, definiert durch

$$a_n := e^{s_n} = n! \left(\frac{n}{e}\right)^{-n} n^{-1/2}, \quad n \in \mathbb{N}$$

und verifizieren, dass

$$\frac{a_n^2}{a_{2n}} = \left(\frac{2}{n}\right)^{1/2} \cdot \frac{2}{1} \cdot \frac{4}{3} \cdots \frac{2n}{2n-1} = \left(\frac{2}{n}\right)^{1/2} \cdot p_n, \quad n \in \mathbb{N},$$

gilt, wobei $(p_n)_{n \in \mathbb{N}}$ die in Beispiel II.1.13 untersuchte Folge bezeichnet, mit der Eigenschaft, dass $\left(\frac{p_n}{\sqrt{n}}\right)_{n \in \mathbb{N}}$ gegen ein $p \in [\sqrt{2}, 2]$ konvergiert. Mit Hilfe der in Beispiel 3.5c) betrachteten Wallisschen Produktfolge $(w_n)_{n \in \mathbb{N}}$ haben wir bereits im Beweis des Korollars 4.17 zur Berechnung von $\Gamma(1/2)$ gezeigt, dass $p = \sqrt{\pi}$ gilt. Es folgt also

$$\lim_{n \to \infty} \frac{a_n^2}{a_{2n}} = \sqrt{2\pi}.$$

Andererseits folgt aus der Stetigkeit der Exponentialfunktion

$$\lim_{n \to \infty} \frac{a_n^2}{a_{2n}} = \lim_{n \to \infty} \frac{e^{s_n} e^{s_n}}{e^{s_{2n}}} = e^s,$$

und somit gilt $s = \log \sqrt{2\pi}$.

Zusammenfassend erhalten wir die in Theorem 5.5 formulierte Stirlingsche Formel.

5.5 Theorem. (Stirlingsche Formel). *Für $n \in \mathbb{N}$ und R_n, definiert wie in (5.3), gilt*

$$\log n! = (n + 1/2) \log n - n + \log \sqrt{2\pi} + R_n$$

beziehungsweise

$$n! = \sqrt{2\pi n} \left(\frac{n}{e}\right)^n e^{R_n}.$$

5.6 Bemerkungen. a) Wir nennen zwei komplexe Folgen $(a_n)_{n \in \mathbb{N}}$ und $(b_n)_{n \in \mathbb{N}}$ *asymptotisch äquivalent*, wenn

$$\lim_{n \to \infty} \frac{a_n}{b_n} = 1$$

gilt und schreiben in diesem Fall $a_n \sim b_n$.

b) Da $R_n \to 0$ für $n \to \infty$, erhalten wir somit die Asymptotik

$$n! \sim \sqrt{2\pi n} \left(\frac{n}{e}\right)^n \quad \text{für} \quad n \to \infty.$$

c) Die Funktion H_3 nimmt ihr Maximum bei $\frac{1}{2} + \frac{1}{6}\sqrt{3}$ an, und somit ergibt sich $|H_3(x)| \leq \frac{1}{120}$ für alle $x \in [0, 1]$. Also ist $\left|2 \int_n^\infty \frac{H_3(x)}{x^3} dx\right| \leq \frac{1}{120} \frac{1}{n^2}$, und wir erhalten mittels (5.3) die Fehlerabschätzung:

$$\frac{1}{12n} - \frac{1}{120} \frac{1}{n^2} \leq R_n \leq \frac{1}{12n} + \frac{1}{120} \frac{1}{n^2}, \quad n \in \mathbb{N}.$$

Riemannsche Zeta-Funktion

Zum Abschluss dieses Kapitels kommen wir nochmals auf die Riemannsche Zeta-Funktion ζ zurück. Sie war definiert als

$$\zeta : \{z \in \mathbb{C} : \operatorname{Re} z > 1\} \to \mathbb{C}, z \mapsto \sum_{n=1}^{\infty} \frac{1}{n^z},$$

und wir haben bereits in Beispiel IV.4.12b) gesehen, dass die Reihe $\sum_{n=1}^{\infty} \frac{1}{n^z}$ für jedes $z \in \mathbb{C}$ mit $\operatorname{Re} z > 1$ absolut konvergiert. Im Folgenden beweisen wir die Produktdarstellung der Zeta-Funktion.

5.7 Satz. (Produktdarstellung der Zeta-Funktion). *Bezeichnet* $(p_k)_{k \in \mathbb{N}}$ *mit* $p_1 < p_2 < p_3 < \dots$ *die Folge aller Primzahlen, so gilt*

$$\zeta(z) = \prod_{k=1}^{\infty} \frac{1}{1 - p_k^{-z}}, \quad \operatorname{Re} z > 1.$$

Beweis. Da $|1/p_k^z| < 1$ für alle $k \in \mathbb{N}$ gilt, folgt mittels der geometrischen Reihe

$$\frac{1}{1 - p_k^{-z}} = \sum_{j=0}^{\infty} \frac{1}{p_k^{jz}}, \quad k \in \mathbb{N}.$$

Daher ergibt sich für jedes $m \in \mathbb{N}$

$$\prod_{k=1}^{m} \frac{1}{1 - p_k^{-z}} = \prod_{k=1}^{m} \sum_{j=0}^{\infty} \frac{1}{p_k^{jz}} = {\sum}' \frac{1}{n^z}, \tag{5.4}$$

wobei die Reihe $\sum'$ alle Zahlen der Form $1/n^z$ enthält, in deren Primfaktorenzerlegung $n = q_1^{s_1} \dots q_l^{s_l}$ keine anderen Primzahlen als $p_1, \dots, p_m$ vorkommen. Insbesondere umfasst $\sum' 1/n^z$ alle $n \in \mathbb{N}$ mit $n \leq p_m$. Aufgrund der absoluten Konvergenz der Reihe $\sum_{n=1}^{\infty} \frac{1}{n^z}$ gilt daher

$$\left| \zeta(z) - \prod_{k=1}^{m} \frac{1}{1 - p_k^{-z}} \right| = \left| \sum_{n=1}^{\infty} \frac{1}{n^z} - {\sum}' \frac{1}{n^z} \right| \leq \sum_{n > p_m} \frac{1}{n^{\operatorname{Re} z}},$$

und da nach dem Satz von Euklid (vgl. Aufgabe I.5.8) $p_m \to \infty$ für $m \to \infty$ gilt, bilden die Reihenreste $\sum_{n > p_m} \frac{1}{n^{\operatorname{Re} z}}$ eine Nullfolge. $\qquad \square$

5.8 Satz. *Die Reihe* $\sum_{k=1}^{\infty} \frac{1}{p_k}$ *ist divergent.*

Beweis. Überlegungen analog zur Aussage (5.4) im Beweis von Satz 5.7 implizieren die Abschätzung

$$\prod_{p \leq m} \left(1 - \frac{1}{p} \right)^{-1} \geq \sum_{n=1}^{m} \frac{1}{n}, \quad m \in \mathbb{N}.$$

Da die Funktion $f : x \mapsto 1/x$ auf $\mathbb{R}_+$ monoton fallend ist, können wir, der Philosophie dieses Abschnitts folgend, die Summe auf der rechten Seite durch ein Integral abschätzen, in diesem Fall durch das Integral über die obige Funktion f, und erhalten

$$\sum_{n=1}^{m} \frac{1}{n} > \int_{1}^{m} \frac{1}{x} \, dx = \log m.$$

Die Monotonie des Logarithmus impliziert nun

$$\sum_{p \leq m} \log \left(1 - \frac{1}{p} \right)^{-1} > \log \log m, \quad m \geq 2.$$

Wenden wir nun die in Beispiel IV.4.19b) erzielte Reihendarstellung des Logarithmus,

$$\log(1-x)^{-1} = -\log(1-x) = \sum_{k=1}^{\infty} \frac{x^k}{k}, \quad |x| < 1,$$

auf unsere Situation an, so erhalten wir

$$\sum_{p \le m} \log\left(1 - \frac{1}{p}\right)^{-1} = \sum_{p \le m} \sum_{k=1}^{\infty} \frac{1}{kp^k} \le \sum_{p \le m} \frac{1}{p} + R$$

mit $R := \sum_{p \le m} \sum_{k=2}^{\infty} \frac{1}{kp^k} \le \frac{1}{2} \sum_{p \le m} \sum_{k=2}^{\infty} \frac{1}{p^k} < \frac{1}{2}$. Insgesamt ergibt sich also

$$\sum_{p \le m} \frac{1}{p} \ge \log\log m - \frac{1}{2}, \quad m \ge 2. \qquad \square$$

5.9 Bemerkungen. a) Satz 5.8 liefert uns erste Informationen über die Anzahl der Primzahlen. Genauer gesagt, da $\sum 1/p_k$ mindestens so schnell wie $\log\log m$ divergiert, strebt die Folge der Primzahlen $(p_k)_{k \in \mathbb{N}}$ nur „relativ langsam" nach ∞. Genauere Aussagen über die Primzahlenverteilung macht der *Primzahlensatz*, welcher besagt, dass, wenn $\pi(x)$ die Anzahl der Primzahlen $\le x$ bezeichnet, $\pi(n)$ asymptotisch äquivalent zu $n/\log n$ ist, d. h., dass gilt:

$$\pi(n) \sim \frac{n}{\log n}, \quad n \to \infty.$$

b) Wir haben bereits in Beispiel 5.2 gesehen, dass, unter Verwendung der einfachen Eulerschen Summationsformel, ζ auf die offene rechte Halbebene $\{z \in \mathbb{C} : \operatorname{Re} z > 0\}$ fortgesetzt werden kann. Benützen wir weiter die allgemeine Eulersche Summationsformel und betrachten anstelle des Integrals $\int_1^{\infty} \frac{H(x)}{x^{z+1}}\, dx$ in Beispiel 5.2 nun Integrale der Form

$$\int_1^{\infty} \frac{H_{2m+1}(x)}{x^{z+2m+1}}\, dx, \quad m \in \mathbb{N},$$

so können wir ζ auf ganz $\mathbb{C} \setminus \{1\}$ fortsetzen, da obige Integrale für $z \in \mathbb{C}$ mit $\operatorname{Re} z > -2m$ konvergieren.

Aufgaben

1. Man zeige, dass die Riemannsche Zeta-Funktion in $\{x \in \mathbb{R} : x > 1\}$ keine Nullstelle besitzt. Man wähle hierzu ein $m_0 \in \mathbb{N}$, so dass $\log(1 - p_k^{-x})$ für alle $k \ge m_0$ wohldefiniert ist, und wende Satz 5.7 an auf

$$\log\left(\prod_{k=m_0}^{N} \frac{1}{1 - p_k^{-x}}\right) = -\sum_{k=m_0}^{N} \log(1 - p_k^{-x}), \quad N \ge m_0.$$

Bemerkung: Die obige Aussage gilt auch für $\{z \in \mathbb{C} : \operatorname{Re} z > 1\}$; der Logarithmus einer komplexen Zahl $z \neq 0$ wir jedoch erst in Kapitel VIII eingeführt.

2. Man beweise die Integraldarstellung der Riemannschen Zeta-Funktion

$$\zeta(s) = \frac{1}{\Gamma(s)} \int\limits_0^\infty \frac{t^{s-1}}{e^t - 1}\, dt, \quad s > 1.$$

3. Man berechne mittels der Sehnentrapezregel Näherungswerte für

$$\int\limits_0^1 \frac{1}{1 + x^2}\, dx = \frac{\pi}{4}$$

für $n = 2$.

4. Es sei $f \in C^4([a, b]; \mathbb{R})$. Für $a_j := a + jh$ für $0 \le j \le 2n$ mit $h := (b - a)/2n$ und $n \in \mathbb{N}$ sei

$$S([a, b], h) := \frac{h}{3}\Big(f(a) + f(b) + 2\sum_{j=1}^{n-1} f(a_{2j}) + 4\sum_{j=1}^n f(a_{2j-1})\Big).$$

Man beweise, dass die *Simpsonsche Regel* zur näherungsweisen Berechnung des Integrals $\int_a^b f(x)\, dx$ der folgenden Fehlerabschätzung genügt:

$$\Big|\int\limits_a^b f(x)\, dx - S([a, b], h)\Big| \le (b - a)\, \frac{h^4}{180}\, \|f^{(4)}\|_\infty.$$

5. Man beweise:

$$\lim_{n\to\infty} \Big(\frac{1}{n + 1} + \frac{1}{n + 2} + \ldots + \frac{1}{2n}\Big) = \log 2.$$

6 Anmerkungen und Ergänzungen

1 Historisches

Die systematische Entwicklung des Integralbegriffs beginnt mit der Entdeckung des Zusammenhangs von Differentiation und Integration durch Gottfried Wilhem Leibniz (1646–1716) und Isaac Newton (1643–1727). Leibniz war unter anderem ebenfalls an der Gründung von Akademien und Zeitschriften beteiligt und wird oft als einer der großen Gelehrten Europas angesehen. Newtons wissenschaftliches Hauptwerk, die *Philisophiae naturalis principia mathematica* erschien 1687; er war darüber hinaus der Autor einer enormen Anzahl wissenschaftlicher Manuskripte. Das Integralzeichen $\int$ wurde von Leibniz eingeführt. Es soll ein stilisiertes S darstellen und steht für „Summe".

Das in Abschnitt 2 definierte Riemannsche Integral geht auf die Habilitationsschrift von Bernhard Riemann (1826–1866) zurück. Er war als Nachfolger von Dirichlet Professor in Göttingen. Neben dem bereits genannten Integralbegriff sind weitere wichtige Begriffe und Sätze in der Analysis und Geometrie, wie etwa die Riemannsche Zeta-Funktion, Riemannsche Mannigfaltigkeiten und der Riemannsche Abbildungssatz, nach ihm benannt.

Das Wallissche Produkt geht zurück auf John Wallis (1616–1703), Professor in Oxford. Die Definition der Gamma-Funktion mittels eines unendlichen Integrals geht auf Euler zurück.

Die von Carl Friedrich Gauß (1777–1855) gefundene Darstellung der Gamma-Funktion ist für viele Anwendungen zweckmäßig. Die Bezeichnung *Gaußsches Fehlerintegral* ist durch Untersuchungen in der Stochastik motiviert. Wegen seiner überragenden wissenschaftlichen Leistungen wurde er bereits zu Lebzeiten als *Princeps Mathematicorum*, also als Erster unter den Mathematikern, bezeichnet. Viele mathematischen Sätze, Definitionen und Methoden tragen seinen Namen. Beispielhaft erwähnen wir hier nur die Methode der kleinsten Quadrate, das Gaußsche Eliminationsverfahren zur Lösung linearer Gleichungssysteme, den Gaußschen Integralsatz sowie die Gaußsche Krümmung von Flächen. Seine Arbeitsweise war geprägt durch das Motto „Pauca sed matur", also „Weniges, aber Reifes". Er veröffentlichte seine Ergebnisse erst, wenn ein Resultat oder eine Theorie seiner Meinung nach komplett war.

Die festliche *Gauß-Vorlesung* ist eine von der Deutschen Mathematiker-Vereinigung vergebene Ehrung und findet meist zweimal im Jahr an wechselnden Orten in Deutschland statt.

Eine schwächere Form der in Theorem 5.5 bewiesenen Stirlingschen Formel findet sich schon in dem im Jahre 1730 erschienen Lehrbuch *Methodus differentialis* von James Stirling (1692–1770).

2 Charakterisierung Riemann-integrierbarer Funktionen

In Abschnitt 1 haben wir gesehen, dass eine sprungstetige Funktion höchstens abzählbar viele Unstetigkeitsstellen besitzen kann und unser Integralbegriff daher auf Funktionen mit höchstens abzählbar vielen Unstetigkeitsstellen beschränkt ist.

Die folgende intrinsische Charakterisierung Riemann-integrierbarer Funktionen beruht auf Mengen vom Maß 0: Eine Teilmenge $E \subset \mathbb{R}$ heißt vom *Maß* 0, falls für jedes $\varepsilon > 0$ eine höchstens abzählbare Familie von offenen Intervallen $(I_k)_{k \in \mathbb{N}}$ so existiert, dass

a) $E \subset \bigcup_{k=1}^{\infty} I_k$,

b) $\sum_{k=1}^{\infty} |I_k| < \varepsilon$,

gilt, wobei $|I_k|$ für jedes $k \in \mathbb{N}$ die Länge des Intervalls I_k bezeichnet. Offensichtlich hat jede endliche Menge das Maß 0, und man kann zeigen, dass die Vereinigung von abzählbar vielen Mengen vom Maß 0 wiederum das Maß 0 besitzt. Eine wichtige Beobachtung besteht darin, dass, falls $E \subset \mathbb{R}$ eine Menge vom Maß 0 und zusätzlich noch *kompakt* ist, es eine *endliche* Anzahl von offenen Intervallen $I_k, k = 1, \ldots, N$ gibt, welche die Eigenschaften a) und b) erfüllen. Es gilt dann das folgende Theorem.

Theorem.   *Es seien $a, b \in \mathbb{R}$ mit $a < b$. Dann ist eine auf $[a, b]$ beschränkte Funktion genau dann Riemann-integrierbar, wenn die Menge der Unstetigkeitsstellen von f das Maß 0 besitzt.*

Der Beweis beruht auf dem schon in Bemerkung III.4.16 eingeführten Begriff der Oszillation von f auf dem Intervall $I(c, r) = (c - r, c + r)$ mit $c \in [a, b]$ und $r > 0$, welcher durch

$$\mathrm{osc}(f, c, r) = \sup\{|f(x) - f(y)| : x, y \in [a, b] \cap I(c, r)\}$$

gegeben war. Definieren wir die *Oszillation von f in c* als

$$\mathrm{osc}(f, c) := \lim_{r \to 0} \mathrm{osc}(f, c, r),$$

so ist nach Unterabschnitt III.6.3 die Funktion f genau dann in c stetig, wenn $\mathrm{osc}(f, c) = 0$ gilt. Definieren wir für $\varepsilon > 0$ die Menge A_ε durch

$$A_\varepsilon = \{c \in [a, b] : \mathrm{osc}(f, c) \geq \varepsilon\},$$

so stimmt die Menge der Unstetigkeitsstellen von f auf $[a, b]$ mit $\bigcup_{\varepsilon>0} A_\varepsilon$ überein, und für jedes $\varepsilon > 0$ ist A_ε abgeschlossen und daher nach dem Satz von Heine-Borel auch kompakt. Dies ist ein wichtiger Schritt im Beweis des obigen Theorems.

3 Komposition sprungstetiger Funktionen

Das folgende Beispiel zeigt, dass die Komposition zweier sprungstetigen Funktionen im Allgemeinen nicht wieder sprungstetig ist. Wir betrachten hierzu die Funktion g definiert durch $g(x) :=$ $|\text{sign}|(x)$ sowie die in Beispiel III.1.3g) und in Aufgabe 2.3 untersuchte Thomaesche Sprungfunktion auf dem Intervall $[1, 2]$. Dann stimmt $g \circ f$ auf diesem Intervall mit der Dirichletschen Sprungfunktion überein, von welcher wir jedoch wissen, dass sie nicht integrierbar ist.

Dies bedeutet, dass schon eine Unstetigkeitsstelle der Funktion g zur Nichtintegrierbarkeit der Komposition $g \circ f$ führen kann.

4 Lemma von Gronwall

Das *Lemma von Gronwall* spielt in der Theorie der Differentialgleichungen eine wichtige Rolle. Wir betrachten hier eine vereinfachte Version.

Satz. *Es seien $a, b, T \geq 0$ und $f : [0, \infty) \to \mathbb{R}$ eine stetige Funktion mit $f(x) \geq 0$ für alle $x \geq 0$ derart, dass*

$$f(t) \leq a + b \int_0^t f(s)\, ds \quad \textit{für alle } t \in [0, T].$$

Dann gilt

$$f(t) \leq ae^{bt} \quad \textit{für alle } t \in [0, T].$$

Der Beweis verläuft wie folgt: Gilt $b = 0$, so ist die Behauptung offensichtlich. Für $b > 0$ betrachten wir dann die Abbildung $h : [0, T] \to \mathbb{R}$, definiert durch

$$h(t) = e^{-bt} \left(\int_0^t f(s)\, ds + \frac{a}{b} \right).$$

Nach dem Hauptsatz ist h stetig differenzierbar, und die Produktregel impliziert

$$h'(t) = e^{-bt} \left(f(t) - a - b \int_0^t f(s)\, ds \right) \leq 0 \quad \text{für alle} \quad t \in [0, T].$$

Daher ist h monoton fallend, und es gilt $h(t) \leq h(0) = a/b$ und somit

$$f(t) \leq a + b \int_0^t f(s)\, ds \leq ae^{bt} \quad \text{für alle} \quad t \in [0, T].$$

5 Bemerkungen zur $\|\cdot\|_p$-Norm

Es seien $a, b \in \mathbb{R}$ mit $a < b$ und $f : [a, b] \to \mathbb{R}$ eine stetige Funktion. Bezeichnen wir für $p \in [1, \infty)$ wie in Abschnitt 2

$$\|f\|_p = \left(\int_a^b |f(x)|^p \, dx \right)^{1/p} \quad \text{und} \quad \|f\|_\infty = \sup_{x \in [a,b]} |f(x)|,$$

so gilt

$$\lim_{p \to \infty} \|f\|_p = \|f\|_\infty.$$

6 Elementare Stammfunktionen

Nach dem Hauptsatz der Differential- und Integralrechnung besitzt jede stetige Funktion f eine Stammfunktion F, und wir haben in diesem Abschnitt verschiedene Methoden (Substitution, partielle Integration, Partialbruchzerlegung) erarbeitet, um so Stammfunktionen für gewisse Funktionen explizit angeben zu können. Betrachten wir eine gegebene elementare Funktion, so ist es leider nicht klar, ob diese Verfahren zu einer wiederum elementaren Stammfunktion führen. Die Frage, ob eine elementare Funktion eine elementare Stammfunktion besitzt, wurde eingehend von Joseph Liouville (1809–1882) untersucht, und er bewies, dass die Stammfunktionen der Funktionen

$$e^{-x^2}, \quad \frac{\sin x}{x}, \quad \frac{1}{\log x}$$

nicht elementar sind. Genauer gesagt, bewies er den folgenden Satz.

Satz. *Sind f und g rationale Funktionen, so besitzt die Funktion fe^g genau dann eine „elementare" Stammfunktion, wenn eine rationale Funktion h mit der Eigenschaft $f = h' + hg'$ existiert.*

Betrachten wir speziell die Funktionen f, g gegeben durch $f(x) = 1$ und $g(x) = x^2$ für $x \in \mathbb{R}$, so besitzt $x \mapsto e^{x^2}$ genau dann eine elementare Stammfunktion, wenn eine rationale Funktion h existiert mit $1 = h' + 2xh$. Dies ist jedoch nicht der Fall.

7 Elliptische Integrale

Eine wichtige Klasse von Integralen besteht aus Integralen der Form

$$\int R\left(x, \sqrt{p(x)}\right) dx,$$

wobei p ein Polynom vom Grade $n \geq 2$ bezeichnet. Methoden, welche mit dem obigen Satz von Liouville verwandt sind, erlauben es zu zeigen, dass diese Integrale keine elementaren Stammfunktionen besitzen. Für $n = 3, 4$ heißen diese Integrale *elliptische Integrale* und für $n > 4$ *hyperelliptische Integrale*. Durch Substitution können obige Integrale, bis auf die Terme, die durch elementare Funktionen beschrieben werden, auf die folgenden drei Standardformen gebracht werden:

$$\int \frac{1}{\sqrt{1 - k^2 \sin^2 x}} \, dx, \quad \int \sqrt{1 - k^2 \sin^2 x} \, dx, \quad \int \frac{1}{(1 + h \sin^2 x)\sqrt{1 - k^2 \sin^2 x}} \, dx$$

mit geeigneten Parametern h, k. Die obigen Integrale heißen *elliptische Integrale der ersten, zweiten* und *dritten Form*.

8 Irrationalität von π

Die Zahl π^2, und somit auch π, ist irrational. Eine Beweisskizze verläuft wie folgt: Angenommen, es ist $\pi^2 = \frac{p}{q}$ mit $p, q \in \mathbb{N}$. Wir wählen $n \in \mathbb{N}$ so groß, dass $\frac{\pi p^n}{n!} < 1$ gilt, und definieren die Funktion f durch $f(x) = \frac{x^n}{n!}(1-x)^n$. Dann nimmt f sowie alle ihre Ableitungen in 0 und in 1 nur ganzzahlige Werte an. Definieren wir F durch

$$F(x) := q^n \big(\pi^{2n} f(x) - \pi^{2n-2} f''(x) + \pi^{2n-4} f^{(4)}(x) - \ldots + (-1)^n f^{(2n)}(x) \big),$$

so gilt $F(0) \in \mathbb{Z}$ und $F(1) \in \mathbb{Z}$ sowie

$$\big(F'(x) \sin \pi x - \pi F(x) \cos \pi x \big)' = \pi^2 p^n f(x) \sin \pi x.$$

Somit folgt $I := \pi \int_0^1 p^n f(x) \sin \pi x \, dx = F(0) + F(1) \in \mathbb{Z}$. Andererseits gilt wegen $0 < f(x) < \frac{1}{n!}$ für $x \in (0, 1)$

$$0 < I < \frac{\pi p^n}{n!} < 1,$$

und wir erhalten einen Widerspruch. Dieser elegante Beweis wurde von Ivan Niven (1915–1999) im Jahre 1947 gefunden. Der erste rigorose Beweis der Irrationalität von π geht auf Johann H. Lambert (1728–1777) zurück. Er bewies im Jahre 1761 den folgenden Satz: Ist $x \neq 0$ rational, so ist $\tan x$ irrational. Da $\tan(\pi/4) = 1$ rational ist, muss somit π irrational sein.

9 Eulersche Konstante

Die in Bemerkung 4.7 diskutierte *Eulersche Konstante* γ hat eine lange Historie, und die genaue Natur der Zahl γ ist bis heute ungeklärt. Die Konstante γ ist dank der Weierstraßschen Produktformel aus Satz 4.19 eng mit der Gamma-Funktion verbunden. Erstere impliziert insbesondere $\Gamma'(1) = -\gamma$. Es ist bis heute nicht bekannt, ob γ eine irrationale oder eine transzendente Zahl ist. Es wird die Geschichte des englischen Mathematikers Godfrey Harold Hardy erzählt, der bereit war seinen Lehrstuhl in Oxford an denjenigen abzutreten, der beweisen konnte, dass γ irrational sei. Für weitere Informationen verweisen wir auf [Hav03].

10 Jensensche Ungleichung für Integrale

Die in Anmerkung IV.5.4 beschriebene Jensensche Ungleichung für konvexe Funktionen impliziert die folgende *Jensensche Ungleichung für Integrale*:

Sind $f : [0, 1] \to \mathbb{R}$ eine sprungstetige und $\varphi : \mathbb{R} \to \mathbb{R}$ eine konvexe Funktion, so gilt

$$\varphi \bigg(\int_0^1 f \bigg) \leq \int_0^1 \varphi \circ f.$$

Zum Beweis verwende man für $n \in \mathbb{N}$ die Ungleichung

$$\varphi \bigg(\frac{1}{n} \sum_{k=0}^n f(k/n) \bigg) \leq \sum_{k=0}^n \varphi \big(f(k/n) \big)$$

und betrachte den Grenzwert $n \to \infty$.

11 Fourier-Transformation

Ist $f : \mathbb{R} \to \mathbb{C}$ eine Funktion derart, dass $\int_{-\infty}^{\infty} f(x)\,dx$ absolut konvergiert, so gilt dies auch für $\int_{-\infty}^{\infty} e^{-ix\xi} f(x)$ für jedes $\xi \in \mathbb{R}$. Dieses Integral heißt das *Fourier-Integral* der Funktion f. Weiter heißt die durch

$$\widehat{f}(\xi) := \int\limits_{-\infty}^{\infty} e^{-ix\xi} f(x)\,dx, \quad \xi \in \mathbb{R}$$

definierte Funktion $\widehat{f} : \mathbb{R} \to \mathbb{C}$ die *Fourier-Transformierte* von f. Die Abbildung $f \mapsto \widehat{f}$ heißt *Fourier-Transformation* und hat vielfältigste Anwendungen in der Analysis.

12 Laplace-Transformation

Es sei $f : [0, \infty) \to \mathbb{R}$ eine stetige Funktion, und es existieren Konstanten $M, \omega \geq 0$ mit der Eigenschaft $|f(t)| \leq M e^{\omega t}$ für alle $t \geq 0$. Die *Laplace-Transformierte* von f ist für $\lambda \in \mathbb{C}$ mit $\operatorname{Re}\lambda > \omega$, definiert durch

$$\tilde{f}(\lambda) := \int\limits_{0}^{\infty} e^{-\lambda t} f(t)\,dt.$$

Die Abbildung $f \mapsto \tilde{f}$ heißt *Laplace-Transformation* und hat ebenso vielfältige Anwendungen in der Analysis. Ist $f : [0, \infty) \to \mathbb{R}$ stetig differenzierbar und existieren Konstanten $M, \omega \geq 0$ mit $|f(t)| \leq M e^{\omega t}$ für alle $t \geq 0$ sowie auch $|f'(t)| \leq M e^{\omega t}$ für alle $t \geq 0$, so gilt für die Laplace-Transformierte von f'

$$(\tilde{f}')(\lambda) = \lambda \tilde{f}(\lambda) - f(0), \quad \lambda > \omega.$$

13 Cauchyscher Hauptwert

Es seien $-\infty < a < 0 < b < \infty$ und $f : [a, 0) \cup (0, b] \to \mathbb{R}$ eine zulässige Funktion. Existiert

$$\lim_{\varepsilon \to 0} \left(\int\limits_{a}^{-\varepsilon} f(x)\,dx + \int\limits_{\varepsilon}^{b} f(x)\,dx \right),$$

so heißt dieser Grenzwert *Cauchyscher Hauptwert* von $\int_a^b f$ und wird mit $\mathrm{vp} \int_a^b f(x)\,dx$ bezeichnet. Das Symbol vp steht für die französische Bezeichnung *valeur principale*. Speziell gilt

$$\mathrm{vp} \int\limits_{-1}^{1} \frac{1}{x}\,dx = 0.$$

14 Stetigkeit der Translation

Ist $f : \mathbb{R} \to \mathbb{R}$ eine stetige Funktion, so definieren wir die *Translation* τ_h von f als $\tau_h : f \mapsto f(\cdot - h)$ für jedes $h \in \mathbb{R}$. Mit einem klassischen $\varepsilon/3$-Argument (vgl. Aufgabe 2.16) kann man zeigen, dass

$$\lim_{h \to 0} \int\limits_{\mathbb{R}} |\tau_h f(x) - f(x)|\,dx = 0$$

gilt. Dies bedeutet, dass die Translation stetig ist bezüglich der L^1-Norm $\|\cdot\|_1$. Den Begriff der Norm werden wir in Abschnitt VI.1 einführen und dort auch genauer untersuchen.

15 Fehler-Funktion

Die Funktion

$$\text{erf} : \mathbb{R} \to \mathbb{R}, \ x \mapsto \frac{1}{\sqrt{\pi}} \int\limits_{-x}^{x} e^{-t^2} \, dt$$

heißt *Fehlerfunktion* bzw. *Error-Funktion*. Sie ist auf $\mathbb{R}$ beliebig oft differenzierbar, und nach Korollar 4.18 gilt

$$\lim_{x \to \infty} \text{erf}(x) = 1.$$

Weiter gilt

$$\text{erf}(x) = \frac{2}{\sqrt{\pi}} \int\limits_{0}^{x} e^{-t^2} \, dt = 1 - \frac{2}{\sqrt{\pi}} e^{-x^2} \left(\frac{1}{2x} - \frac{1}{2^2 x^3} + \frac{1 \cdot 3}{2^3 x^5} - \frac{1 \cdot 3 \cdot 5}{2^4 x^7} + o\left(\frac{1}{x^7}\right) \right) \quad \text{für} \quad x \to \infty.$$

16 Bernoulli-Polynome und Bernoulli-Zahlen

Multiplizieren wir die Funktionen $x \mapsto \frac{x}{e^x - 1}$ und $x \mapsto e^{tx}$ für festes $t \geq 0$ unter Verwendung ihrer Potenzreihendarstellung, so erhalten wir

$$\frac{x}{e^x - 1} \cdot e^{tx} = \sum_{n=0}^{\infty} \frac{B_n(t)}{n!} x^n.$$

Für den Konvergenzradius ϱ dieser Reihe gilt $\varrho \geq 2\pi$ für jedes $t \geq 0$. Für $n \in \mathbb{N}_0$ heißen die Terme B_n *Bernoulli-Polynome* und besitzen die folgenden Eigenschaften:

a) $B_n(0) = B_n(1) = B_n$, $n \neq 1$, wobei B_n die in (III.5.1) definierte n-te Bernoulli-Zahl bezeichnet.

b) $B_n'(t) = t B_{n-1}(t)$.

c) $\int_0^1 B_n(t) \, dt = 0$ für alle $n \geq 1$.

Die in Abschnitt 5 definierten Funktionen H_n stimmen im Intervall $(0, 1)$ bis auf Normierungsfaktoren mit den Bernoulli-Polynomen überein. Genauer gesagt gilt $H_n(x) = \frac{1}{n!} B_n(x)$, und für $n \geq 2$ gilt $H_n(0) = \frac{1}{n!} B_n$, wobei B_n die n-te Bernoulli-Zahl ist.

17 Produktdarstellung des Sinus

Das in der Ergänzungsformel für die Gamma-Funktion in Bemerkung 4.20 auftretende Produkt lässt sich, dem Eulerschen Weg folgend, auch mit unseren bisherigen Mitteln explizit berechnen. Genauer gilt die *Produktdarstellung des Sinus*:

$$\sin \pi x = \pi x \prod_{n=1}^{\infty} \left(1 - \frac{x^2}{n^2} \right), \quad x \in \mathbb{R}.$$

Ein formaler Beweis ist einfach: Wenden wir auf obige Gleichung den Logarithmus an und differenzieren, so erhalten wir

$$\pi \cot \pi x = \frac{1}{x} - \sum_{n=1}^{\infty} \frac{2x}{n^2 - x^2}, \quad x \in \mathbb{R}.$$

Für einen rigorosen Beweis sei $x \in J := [-1/2, 1/2]$ und $f : J \to \mathbb{R}$ gegeben durch $f(x) :=$ $\log \frac{\sin \pi x}{\pi x}$. Da $x \mapsto (1/x) \sin x$ in eine Potenzreihe entwickelbar ist, ist f beliebig oft auf J differenzierbar, und es gilt

$$f'(x) = \pi \cot \pi x - \frac{1}{x} = -\sum_{n=1}^{\infty} \frac{2x}{n^2 - x^2}.$$

Die obige Reihe konvergiert gleichmäßig auf J. Bezeichnen wir mit $g : J \to \mathbb{R}$ die Funktion $g(x) := \sum_{n=1}^{\infty} \log\left(1 - \frac{x^2}{n^2}\right)$, so ergibt gliedweise Differentiation $g' = f'$ auf J, und wegen $f(0) = g(0) = 0$ folgt $f = g$ auf J. Also gilt

$$\log \frac{\sin \pi x}{\pi x} = \sum_{n=1}^{\infty} \log\left(1 - \frac{x^2}{n^2}\right) = \lim_{k \to \infty} \sum_{n=1}^{k} \log\left(1 - \frac{x^2}{n^2}\right) = \log \lim_{k \to \infty} \prod_{n=1}^{k} \left(1 - \frac{x^2}{n^2}\right),$$

und Anwenden der Exponentialfunktion liefert

$$\sin \pi x = \pi x \lim_{k \to \infty} \prod_{n=1}^{k} \left(1 - \frac{x^2}{n^2}\right), \quad x \in J.$$

Die obige rechte Seite lässt sich nun auf $[-1/2, 3/2]$ fortsetzen, und iterieren wir dies, so erhalten wir die Gültigkeit der Produktdarstellung in $[0, \infty)$. Da beide Seiten in der obigen Gleichung ungerade Funktionen sind, haben wir die Darstellung für jedes $x \in \mathbb{R}$ bewiesen.

Literatur

Im Text genannte Bücher und Artikel

[Ded32] Dedekind, R.: Was sind und was sollen die Zahlen? Gesammelte mathematische Werke. Bd. 3, Vieweg, Braunschweig (1932)

[Dei07] Deiser, O.: Reelle Zahlen. Springer (2007)

[Ebb79] Ebbinghaus, H.-D.: Einführung in die Mengenlehre. Wissenschaftliche Buchgesellschaft Darmstadt (1979)

[Ebb88] Ebbinghaus, H.-D.: Zahlen. Grundwissen Mathematik. Springer (1988)

[Hav03] Havil, J.: Gamma: Exploring Euler's Constant. Princeton University Press (2003)

[Hil23] Hilbert, D.: Grundlagen der Geometrie. Teubner, Leipzig (1923) Anhang VI: Über den Zahlbegriff

[Lau99] Laugwitz, D.: Bernhard Riemann 1826–1866. Birkhäuser, Boston (1999)

[Mue17] S. Müller-Stach: Richard Dedekind. Was sind und was sollen die Zahlen? Stetigkeit und Irrationale Zahlen. Springer Spektrum (2017)

[NS78] Neuenschwander, E., Segal, S.: Math. Intelligencer, 1. (1978), 40–44 und 81–82.

Einführende Lehrbücher

[Abb16] Abbott, S.: Understanding Analysis. Springer Undergraduate Texts in Mathematics, 2. Aufl. (2016)

[AE06] Amann, H., Escher, J.: Analysis I+II, 3. Aufl. Birkhäuser (2006)

[Beh11] Behrends, E.: Analysis 1, 5. Aufl. Vieweg+Teubner (2011)

[Con18] Conway, J.B.: A First Course in Analysis. Cambridge Mathematical Textbooks (2018)

[DR11] Denk, R., Racke, R.: Kompendium der ANALYSIS. Vieweg+Teubner (2011)

[For13] Forster, O.: Analysis I, 11. Aufl. Springer-Spektrum (2013)

[Gri15] Grieser, D.: Analysis I. Springer-Spektrum (2015)

[Hil06] Hildebrandt, S.: Analysis 1, 2. Aufl. Springer (2006)

[Kön04] Königsberger, K.: Analysis 1, 6. Aufl. Springer (2004)

[MK14] Modler, F., Kreh, M.: Tutorium Analysis 1 und Lineare Algebra 1, 3. Aufl. Springer-Spektrum (2014)

[Pös14] Pöschel, J.: Etwas Analysis. Springer-Spektrum (2014)

[Tre13] Tretter, C.: Analysis I. Birkhäuser (2013)

[Wal04] Walter, W.: Analysis 1, 7. Aufl. Springer (2004)

Grundlegendes

[Beu09] Beutelspacher, A.: Das ist o.B.d.A. trivial. Vieweg+Teubner (2009)

[Gri13] Grieser, D.: Mathematisches Problemlösen und Beweisen. Springer-Spektrum (2013)

[Küm16] Kümmerer, B.: Wie man mathematisch schreibt. Springer-Spektrum (2016)

© Springer-Verlag GmbH Deutschland, ein Teil von Springer Nature 2018
M. Hieber, *Analysis I*, https://doi.org/10.1007/978-3-662-57538-3

Sachverzeichnis

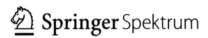

Printed in the United States
By Bookmasters